T0183171

Diskurse der Datenökonomie

Pauline Charlotte Marguerite Reinecke

Diskurse der Datenökonomie

Kontroversen und Prozesse kollektiver Wissensproduktion

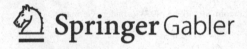

Pauline Charlotte Marguerite Reinecke
Hamburg, Deutschland

Dissertationsschrift Technische Universität Hamburg, 2023

ISBN 978-3-658-43512-7   ISBN 978-3-658-43513-4   (eBook)
https://doi.org/10.1007/978-3-658-43513-4

Die Deutsche Nationalbibliothek verzeichnet diese Publikation in der Deutschen Nationalbibliografie; detaillierte bibliografische Daten sind im Internet über http://dnb.d-nb.de abrufbar.

© Der/die Herausgeber bzw. der/die Autor(en), exklusiv lizenziert an Springer Fachmedien Wiesbaden GmbH, ein Teil von Springer Nature 2023

Das Werk einschließlich aller seiner Teile ist urheberrechtlich geschützt. Jede Verwertung, die nicht ausdrücklich vom Urheberrechtsgesetz zugelassen ist, bedarf der vorherigen Zustimmung des Verlags. Das gilt insbesondere für Vervielfältigungen, Bearbeitungen, Übersetzungen, Mikroverfilmungen und die Einspeicherung und Verarbeitung in elektronischen Systemen.
Die Wiedergabe von allgemein beschreibenden Bezeichnungen, Marken, Unternehmensnamen etc. in diesem Werk bedeutet nicht, dass diese frei durch jedermann benutzt werden dürfen. Die Berechtigung zur Benutzung unterliegt, auch ohne gesonderten Hinweis hierzu, den Regeln des Markenrechts. Die Rechte des jeweiligen Zeicheninhabers sind zu beachten.
Der Verlag, die Autoren und die Herausgeber gehen davon aus, dass die Angaben und Informationen in diesem Werk zum Zeitpunkt der Veröffentlichung vollständig und korrekt sind. Weder der Verlag noch die Autoren oder die Herausgeber übernehmen, ausdrücklich oder implizit, Gewähr für den Inhalt des Werkes, etwaige Fehler oder Äußerungen. Der Verlag bleibt im Hinblick auf geografische Zuordnungen und Gebietsbezeichnungen in veröffentlichten Karten und Institutionsadressen neutral.

Planung/Lektorat: Carina Reibold
Springer Gabler ist ein Imprint der eingetragenen Gesellschaft Springer Fachmedien Wiesbaden GmbH und ist ein Teil von Springer Nature.
Die Anschrift der Gesellschaft ist: Abraham-Lincoln-Str. 46, 65189 Wiesbaden, Germany

Das Papier dieses Produkts ist recyclebar.

Geleitwort

Es ist mir eine große Freude und Ehre, dem Wunsch von Frau Dr. Pauline Reinecke zu entsprechen und ein Geleitwort zur Veröffentlichung ihrer herausragenden Dissertation zu Diskursen der Datenökonomie zu verfassen. Die Datenökonomie bezeichnet das Phänomen, dass Daten zu einem wertvollen ökonomischen Gut geworden sind und aus Sicht der Wirtschaft und in der betriebswirtschaftlichen Forschung daher als Schlüsselressource für die digitale Transformation betrachtet werden. Mit der wirtschaftlichen Nutzung von Daten sind jedoch gleichzeitig auch nicht-ökonomische Risiken von Datenmissbrauch und -monopolisierung verbunden, die besonders deutlich durch kritische Events wie die NSA-Enthüllungen oder geopolitische Souveränitätsforderungen aufgebracht werden und regulatorische Eingriffe indizieren, wie sie sich etwa in der EU-Datenstrategie manifestieren. Die Diskurse der Datenökonomie sind daher gleichzeitig geprägt durch eine Reihe von Kontroversen, die aus widersprüchlichen Motivlagen und Interessen der an der Technologieentwicklung beteiligten Akteure resultieren.

Pauline Reinecke rekonstruiert in ihrer Dissertation über den Datenökonomiediskurs die Entfaltung solcher Kontroversen. Ein Beispiel einer solchen Kontroverse bildet etwa das Erfordernis einer intensiven Datennutzung gegenüber der Betonung des Datenschutzes, die den deutschen Diskurs insbesondere zwischen 2010 und 2016 stark geprägt hat. Die hier feinanalytisch mit einem anspruchsvollen Datensatz von bemerkenswertem Umfang rekonstruierten Kontroversen sind indes kein Einzelfall des Datenökonomiediskurses – vielmehr zeigt Frau Reinecke, dass Kontroversen eine Begleiterscheinung von vielen Diskursen der gesellschaftlichen Moderne sind und ganz besonders auch im Zusammenhang mit großen gesellschaftlichen Herausforderungen wie z. B. dem Klimawandel auftreten. Da Kontroversen und die damit verbundenen Definitionskämpfe und

Konflikte handlungslähmend wirken können, stellt die Handhabung und Austragung von Kontroversen eines „der" zentralen Forschungsfelder der aktuellen Organisationsforschung dar. Über die Integration von Callons Konzept der hybriden Foren und der empirischen Analyse ihrer Rolle als Austragungsräume für Kontroversen leistet Frau Reinecke einen beeindruckenden Beitrag zu dieser hochaktuellen und theoretisch anspruchsvollen Forschung.

Mit ihrer Dissertation hat Pauline Reinecke eine vielschichtige und in vieler Hinsicht innovative Arbeit vorgelegt, der eine möglichst breite Resonanz unter organisationstheoretisch orientierten Rezipient:innen zu wünschen ist. Aber auch „Zaungäste" aus dem Bereich der Wirtschaftsinformatik sowie aus der unternehmerischen und politischen Praxis sind eingeladen, in dieser Arbeit bemerkenswerte Erkenntnisse zur Datenökonomie und ihrer Kontroversen sowie Ansätze ihrer Handhabung zu finden.

Hamburg   Univ.-Prof. Dr. Thomas Wrona
31.08.2023

Vorwort und Danksagung

Die Beschäftigung mit kontroversen und emergierenden Themen – wie beispielsweise der Entwicklung der Datenökonomie – ist selbst kontrovers und emergierend. Im Rahmen dieser Dissertation wurde ich Teil einer Debatte über Chancen und Risiken anhaltender technologischer Entwicklungen. Einerseits war ich begeistert davon, eine gesamthafte Sicht zu erlangen und gleichzeitig ertappte ich mich dabei, von den Kontroversen ermüdet zu sein. Im Verlauf dieses Prozesses erkannte ich, dass sich mein Verständnis zur Rolle von Kontroversen veränderte: Ich verstand sie zunehmend als Motor von Entwicklungen, die Räume der Austragung bedürfen, und weniger als Bremse von Entwicklungen, die unterdrückt oder verschoben werden müssen. Diese Arbeit stellt einen Ansatz dar, solche Räume der Austragung von Kontroversen empirisch erfahrbar zu machen. Meines Wissens ist dies ein erster Versuch, das Konzept der „hybriden Foren", das einst von Michel Callon und Kollegen entwickelt wurde, im Bereich der Organisationsforschung anzuwenden. Ich möchte betonen, dass die Untersuchung keinen normativen Charakter hat: Weder ist das Modell als normativ zu verstehen, noch wurden die einzelnen Argumente kritisch bewertet. Vielmehr zielt die Arbeit darauf ab, hybride Foren in technologischen Entwicklungen zu identifizieren sowie ihre Rolle zu verstehen und greifbar zu machen. Die Gestaltung hybrider Foren – im Kontext der Datenökonomie und weiterer gesellschaftlicher Herausforderungen – bedarf offenkundig weiterer Entwicklungen und Lernfortschritte. Ich hoffe, dass meine Dissertation erste Impulse in diese Richtung geben wird.

An dieser Stelle möchte ich allen, die mich bei der Anfertigung meiner Dissertation unterstützt haben, meinen großen Dank aussprechen. Mein besonderer Dank gilt Thomas Wrona für die hervorragende Betreuung und die enorme Unterstützung bei der Umsetzung der gesamten Arbeit. Ebenfalls möchte ich mich

bei Markus Bick bedanken, der mich im Rahmen unserer jährlich stattfindenden Forschungsseminare mit wertvollen Anregungen begleitet hat. Für finanzielle
Unterstützung danke ich der Joachim Hertz Stiftung, der Hamburger Behörde
für Wissenschaft, Forschung, Gleichstellung und Bezirke sowie dem OpenInno-
Train Projekt des Horizon 2020 Programms der Europäischen Union. Ebenso
möchte ich all meinen Kollegen, Kollaborations- und Interviewpartnern für den
Austausch, die Gespräche und die Interviews danken. Meiner Familie, insbesondere meinen Eltern, meinen Geschwistern und meiner Schwägerin, sowie
meinen Freunden, insbesondere Valerie Haselbach und Philipp Schneuer, danke
ich für ihre Geduld, Ermutigungen und Zusprüche während der Arbeit an dieser
Dissertation.

Zusammenfassung der Arbeit

Die Datenökonomie birgt sowohl enorme wirtschaftliche Potenziale als auch fundamentale Bedrohungen für Gesellschaften und ihre Verhandlung ist Gegenstand anhaltender Kontroversen. Die verschiedensten Interessengruppen sind daran interessiert und beteiligt, die Datenökonomie mitzugestalten. Während sie Problemdefinitions- und Problemlösungskapazitäten erweitern, tragen sie auch Definitionskämpfe und Interessenkonflikte aus. Die Organisation solcher Wissensprozesse ist derzeit eines der größten Forschungsprobleme für Management- und Organisationswissenschaftler und wird unter dem Oberbegriff „Große gesellschaftliche Herausforderungen" untersucht. Überraschenderweise fehlt die Datenökonomie in diesem Forschungsstrang.

Vor diesem Hintergrund werden in der vorliegenden Arbeit zwei Forschungsfragen gestellt, um die kontrovers diskutierte Datenökonomie als eine große gesellschaftliche Herausforderung zu untersuchen: (1) Wie hat sich der Diskurs der Datenökonomie entwickelt und welche Kontroversen spielen in der Entwicklung eine Rolle? (2) Welche kollektiven Wissensprozesse gab es und wie haben sie die Entwicklung der Datenökonomie beeinflusst?

Zur Beantwortung der Forschungsfragen wird eine wissenssoziologische Diskursanalyse von Diskursdaten aus 443 Zeitungsartikeln, 146 Dokumenten und elf sensibilisierenden Interviews im Zeitraum von 2010 bis 2020 durchgeführt. Die Ergebnisse zeigen zwei Kontroversen über Datenschutz und Datennutzung (Phase 1) und über die Zusammenarbeit mit und die Abhängigkeit von außereuropäischen Technologieanbietern (Phase 2) auf. Die Kontroversen werden im öffentlichen Diskurs sowie in verschiedenen, politisch eingerichteten „hybriden Foren" ausgetragen. Im Umgang mit ihnen werden kollektive Strategien entwickelt, die zunächst zum Erhalt bestehender Institutionen (Datenschutzregulierung) und im weiteren Verlauf zur Schaffung neuer Institutionen (europäische Cloud-Strukturen, Datentreuhandmodelle) beitragen. Insgesamt zeigt sich eine kontinuierliche Demokratisierung des Technologieentwicklungsprozesses der Datenökonomie in Deutschland. Die Ergebnisse werden in einem Modell zur kollektiven Wissensproduktion in kontroversen Technologieentwicklungsprozessen zusammengefasst.

Die Arbeitet leistet Beiträge zur fragmentierten Technologiediskursforschung und zur Forschung zu großen gesellschaftlichen Herausforderungen, indem sie diese zusammenbringt und aufzeigt, wie die beiden Forschungsbereiche sich gegenseitig inspirieren und damit unser Wissen über die Kontroversen und kollektiven Wissensprozesse in der Datenökonomie erweitern können.

Anmerkung: In der vorliegenden Arbeit soll die männliche Form als geschlechtsneutral gelten. Im Sinne einer besseren Lesbarkeit wird darauf verzichtet, jeweils die weibliche und die männliche Form zu verwenden

Inhaltsverzeichnis

1 **Einleitung** 1
   1.1 Herleitung der Forschungsfragen 3
   1.2 Zusammenfassung der wesentlichen Ergebnisse 4

2 **Literatur zu Technologiediskursen** 7
   2.1 Literatur zur sozialen Konstruktion von Technologien 8
      2.1.1 Entwicklung der Technologieforschung 8
      2.1.2 Soziale Konstruktion von Technologie 9
         2.1.2.1 Sozialkonstruktivistische Studien über die
                Entstehung von Technologie 10
         2.1.2.2 Sozialkonstruktivistische Studien über die
                Implementierung von Technologie 13
         2.1.2.3 Multilevel-Perspektive auf
                Technologieentwicklungsprozesse 14
      2.1.3 Besonderheiten der Datenökonomie 19
         2.1.3.1 Technologien der Datenökonomie als
                emergierende Technologien 19
         2.1.3.2 Institutionelle Kontexte der
                Datenökonomie: Europa, USA,
                China 22
         2.1.3.3 USA: Laissez-faire Regime und
                Wirtschaftsoligopole 22
         2.1.3.4 Europa: „Mixed approach" der
                Datenverantwortlichkeit und Datennutzung 23
         2.1.3.5 China: Autoritäres Systemaufbauregime 24

    2.1.4   Implikationen für die Untersuchung der
            Datenökonomie   24
2.2 Technologierisikodiskurse und große gesellschaftliche
     Herausforderungen   25
    2.2.1   Technologierisikodiskurse   26
            2.2.1.1   Risiken der technologischen
                      Modernisierung   26
            2.2.1.2   Auseinanderfallen von Verursachung und
                      Betroffenheit   27
            2.2.1.3   Dilemma der Technologiepolitik   29
            2.2.1.4   Soziale Definitionsprozesse der
                      Risikokonstruktion   31
            2.2.1.5   Risiken in der Management- und
                      Organisationsforschung   32
    2.2.2   Große gesellschaftliche Herausforderungen   37
            2.2.2.1   Konsens und Kontroversen im
                      Umgang mit großen gesellschaftlichen
                      Herausforderungen   39
            2.2.2.2   Kontroversen und Organisation   40
            2.2.2.3   Kontroversen und große gesellschaftliche
                      Herausforderungen   41
            2.2.2.4   Große gesellschaftliche Herausforderungen
                      und Technologie   45
            2.2.2.5   Kommerzialisierung und Privatheit   46
            2.2.2.6   Ökonomische Geschäftsmodelle und
                      gesellschaftliche Normen   47
    2.2.3   Hybride Foren   48
            2.2.3.1   Defizite der delegativen Organisation   49
            2.2.3.2   Ansätze der dialogischen Organisation   50
            2.2.3.3   Hybride Foren als partizipative Strukturen
                      zur Austragung von Kontroversen   51
            2.2.3.4   Technologieentwicklungen als
                      Übersetzungen   53
    2.2.4   Implikationen für die Untersuchung der
            Datenökonomie und Forschungsfragen   58

3 Methodik 61
  3.1 Überblick über Diskursanalysen in der Management- und
     Organisationsforschung 61
     3.1.1 Makro- und Mikrolevel Diskursstudien 62
     3.1.2 Kritische und sozialkonstruktivistische Studien 62
  3.2 Einführung in den wissenssoziologischen Ansatz dieser
     Arbeit 63
     3.2.1 Theoretische Grundlagen der wissenssoziologischen
         Diskursanalyse (WDA) 64
     3.2.2 Analysekonzepte der WDA 66
         3.2.2.1 Phänomenstruktur 67
         3.2.2.2 Deutungsmuster 67
         3.2.2.3 Narrative Struktur 68
  3.3 Fallbeschreibung: Der Datenökonomie-Diskurs
     in Deutschland 69
     3.3.1 Wesentliche Technologiebegriffe 70
         3.3.1.1 Big Data 71
         3.3.1.2 Datenökonomie 71
         3.3.1.3 Algorithmen, Künstliche Intelligenz,
              maschinelles Lernen 71
         3.3.1.4 Technologieanbieter, Cloud-Anbieter,
              Plattformen 71
         3.3.1.5 Datenschutz, Datensicherheit,
              Datensouveränität 72
     3.3.2 Wesentliche Akteursgruppen 72
         3.3.2.1 Politik 73
         3.3.2.2 Wirtschaft 74
         3.3.2.3 Gesellschaft 75
     3.3.3 Wesentliche Ereignisse 76
         3.3.3.1 Regulierungen 76
         3.3.3.2 Enthüllungen über intransparente
              Datenzugriffe 79
         3.3.3.3 Geopolitische Konflikte 80
  3.4 Datensammlung 81
     3.4.1 Medienartikel 81
     3.4.2 Politikdokumente 83
     3.4.3 Publikationen von Branchenverbänden 85
     3.4.4 IT-/Digital-Gipfel 85
     3.4.5 Hybride Foren 86
     3.4.6 Sensibilisierende Interviews 87

3.5   Datenanalyse 88
       3.5.1   Informatorisches Lesen und Erstellung eines
               Zeitstrahls 89
       3.5.2   Feinanalytische Rekonstruktionsarbeit 91
               3.5.2.1   Phänomenstruktur 91
               3.5.2.2   Deutungsmuster 93
               3.5.2.3   Narrative Struktur 96
       3.5.3   Entwicklung eines theoretischen Modells 97

4   **Analyse** 99
    4.1   Chronologie des Diskurses 99
          4.1.1   Phase 1: Kontroversen über Datenschutz und
                  Datennutzung (2010–2016) 100
                  4.1.1.1   Episode 1a: Formierung eines Trends
                            (2010–2013) 101
                  4.1.1.2   Episode 1b: Reaktionen auf die
                            NSA-Enthüllungen (2013–2014) 115
                  4.1.1.3   Episode 1c: Beschleunigte Big
                            Data-Entwicklung (2014–2016) 133
          4.1.2   Zwischenergebnisse Phase 1 und Übergang zu
                  Phase 2 147
          4.1.3   Phase 2: Kontroversen über Souveränitäts- und
                  Machtfragen (2016–2020) 148
                  4.1.3.1   Episode 2a: Neue Souveränitäts- und
                            Machtfragen (2016–2017) 149
                  4.1.3.2   Episode 2b: Datensouveränität als
                            Leitmaxime für Cloud, KI und Open Data
                            (2018–2019) 162
                  4.1.3.3   Episode 2c: Datenstrategien für eine
                            europäische, souveräne Datenökonomie
                            (2020) 183
          4.1.4   Ergebnisse Phase 2 und Ausblick 190
    4.2   Analyse der hybriden Foren 191
          4.2.1   Hybride Foren zur Problemdefinition und ihre
                  Beiträge zur Strategieformulierung 192
                  4.2.1.1   Hybride Foren zur Problemdefinition
                            in Phase 1 193
                  4.2.1.2   Hybride Foren zur Problemdefinition
                            in Phase 2 199

4.2.1.3   Beiträge der Problemdefinition für die
Strategieformulierung 208
4.2.2   Hybride Foren zur Entwicklungsbegleitung und ihre
Beiträge zur Strategieimplementierung 209
4.2.2.1   Hybride Foren zur Entwicklungsbegleitung
in Phase 1 209
4.2.2.2   Hybride Foren zur Entwicklungsbegleitung
in Phase 2 214
4.2.2.3   Beiträge der Entwicklungsbegleitung für
die Strategieimplementierung 218
4.2.3   Hybride Foren zur Reflektion und ihre Beiträge zur
Strategiekontrolle 218
4.2.3.1   Hybride Foren zur Reflektion im Übergang
von Phase 1 zu Phase 2 219
4.2.3.2   Beiträge der Reflektion auf die
Strategiekontrolle 225

5   Modell der kollektiven Wissensproduktion in kontroversen
Technologieentwicklungsprozessen 227
5.1   Strategische Teilphasen im kollektiven Strategieprozess 228
5.2   Hybride Foren im Strategieprozess 232
5.3   Meta-strategische Kopplung von nationalen und
supranationalen Strategien 235

6   Diskussion der Ergebnisse und Beiträge zur Forschung 237
6.1   Theoretische Erweiterung der Forschung zu
Technologiediskursen 238
6.2   Theoretische Erweiterung der Forschung zu großen
gesellschaftlichen Herausforderungen 242
6.3   Theoretische Erweiterung der Forschung zu hybriden Foren 246

7   Limitationen der Arbeit und zukünftige Forschung 253

8   Schlussfolgerung und Ausblick 257

Literaturverzeichnis 259

Abkürzungsverzeichnis

AI Act	Artificial Intelligence Act
API	Application Programming Interface
BMBF.	Bundesministerium für Bildung und Forschung
BMJ.	Bundesministerium für Justiz
BMWi	Bundesministerium für Wirtschaft
BMWT.	Bundesministerium für Wirtschaft und Technologie
BPA	Bisphenol A
BSE	Bovine Spongiform Encephalopathy (Rinderwahn)
CEO	Chief Executive Officer
DA	Data Act
DEK	Datenethikkommission
DGA	Data Governance Act
DMA	Digital Markets Act
DSA	Digital Services Act
DSGVO	Datenschutzgrundverordnung
Ehem.	ehemalig
et al.	und andere
EUR	Euro
e. V.	eingetragener Verein
FZI	Forschungszentrum Informatik
GMO	genetically modified organisms (gentechnisch veränderte Organismen)
IKT	Informations- und Kommunikationstechnologie
IT.	Informationstechnologie
KI	Künstliche Intelligenz

LIBE-Ausschuss   Committee on Civil Liberties, Justice and Home Affairs
                 (Ausschuss für bürgerliche Freiheiten, Justiz und Inneres)
NRO   Nichtregierungsorganisation
NSA   National Security Agency
OECD   Organization for Economic Co-operation and Development
                 (Organisation für wirtschaftliche Zusammenarbeit und
                 Entwicklung)
WDA   wissenssoziologische Diskursanalyse

Abbildungsverzeichnis

Abbildung 2.1   Übersetzungsprozesse in der
                 Technologieentwicklung 54
Abbildung 3.1   Datenökonomie-Diskurs: Zeitungsartikel
                 2010–2020 82
Abbildung 3.2   Visueller Zeitstrahl der Phasen und Ereignisse 90
Abbildung 3.3   Deutungsmuster Datenökonomie-Diskurs; Phase 1 95
Abbildung 3.4   Deutungsmuster Datenökonomie-Diskurs; Phase 2 95
Abbildung 5.1   Modell der kollektiven Wissensproduktion
                 in kontroversen Technologieentwicklungsprozessen 228

Tabellenverzeichnis

Tabelle 3.1   Übersicht über die gesammelten Daten   88
Tabelle 3.2   Phänomenstruktur Datenökonomie-Diskurs; Phase 1   93
Tabelle 3.3   Phänomenstruktur Datenökonomie-Diskurs; Phase 2   94
Tabelle 3.4   Übersicht über die Datensammlung und die
              Datenanalyse   98
Tabelle 6.1   Stand der Forschung und theoretische Erweiterung   238

Einleitung

> *Ich dachte, es geht nur um Technologie und meinte, wenn wir ein paar Tausend Spezialisten einstellen und unsere Software auf den neuesten Stand bringen, müsste der Fall erledigt sein. Da habe ich mich geirrt. (Jeffrey Immelt, General Electrics)*

Es geht vermutlich vielen wie Jeffrey Immelt, dem ehemaligen CEO von General Electrics, wenn sie sich mit der Datenökonomie beschäftigen. Das Zitat aus einem Interview mit dem Handelsblatt *(21.01.2017)* drückt Vieles aus: *Komplexität*, *Unsicherheit* und einen *Wertstandpunkt* – typische Merkmale von strategischen Problemen. Die strategischen Probleme unserer Zeit betreffen jedoch nicht nur Unternehmer, die ihre Organisation grundlegend neu ausrichten müssen. Sie betreffen auch ein breites Spektrum gesellschaftlicher Akteure. Technologieprobleme machen nicht an den Rändern der Organisation halt. Ihre Auswirkungen erstrecken sich auf die gesamte Gesellschaft. Daher sind auch Politiker, Behörden, Verbraucherschutzorganisationen, andere zivile Organisationen, Bildungseinrichtungen, die Wissenschaft und die Zivilgesellschaft von der Datenökonomie betroffen, beteiligen sich an ihrer Aushandlung und beeinflussen ihre Gestaltung.

Die Entwicklung der Datenökonomie ist *komplex, unsicher* und *wertbeladen (Ferraro et al., 2015, S. 365)*. Ihre Entwicklung erfasst Gesellschaften nun schon seit über einem Jahrzehnt – und sie hält weiter an. Als *emergierende Technologie (Rotolo et al., 2015, S. 1830)* ist sie einer ständigen Erneuerung unterworfen, da sich ihre Auswirkungen in der Nutzung entfalten und ein breites Spektrum von Akteuren daran interessiert und beteiligt ist, die Datenökonomie mitzugestalten. Diese vielfältigen Wechselwirkungen begründen die *Komplexität* der Datenökonomie: Ihre Entwicklung unterliegt nichtlinearen Dynamiken,

© Der/die Autor(en), exklusiv lizenziert an Springer Fachmedien Wiesbaden GmbH, ein Teil von Springer Nature 2023
P. C. M. Reinecke, *Diskurse der Datenökonomie*, https://doi.org/10.1007/978-3-658-43513-4_1

weil sie aus mehreren voneinander abhängigen Teilproblemen besteht und die Lösung eines Problems neue Probleme hervorruft. Ihre Entwicklung ist auch gesäumt von unterschiedlichen Vorstellungen von Zukunft, die sich in zum Teil utopischen und dystopischen Zukunftsbildern widerspiegeln – über die tatsächliche zukünftige Entwicklung besteht jedoch hohe *Unsicherheit*. Im Umgang mit dieser Komplexität und Unsicherheit beziehen Akteure, die sich an der Gestaltung der Datenökonomie beteiligen, einen *Wertstandpunkt*. Indem sie Risiken bemessen und die Grenzen des Zumutbaren aushandeln, erweitern sie die technisch-ökonomischen Dimensionen der Technologieentwicklung durch soziale und moralische Werte – ein kontroverser Aushandlungsprozess.

Wahrscheinlich entstehen beim Lesen dieser Zeilen Assoziationen zu verschiedenen Aspekten der Datenökonomie – seien es personalisierte Empfehlungen beim Online-Shopping und auf Social Media-Plattformen oder intelligente Geräte, die viele Bereiche des privaten und beruflichen Lebens erleichtern; aber auch Fragen des Datenschutzes oder ein Gefühl der Überwachung durch diese Plattformen und Geräte kommen auf. Diese hohe Wiedererkennung ist unter anderem darauf zurückzuführen, dass die Entwicklung der Datenökonomie im öffentlichen Diskurs ständig präsent ist. Die enormen wirtschaftlichen Potenziale und die fundamentalen Bedrohungen für Gesellschaften durch die Datenökonomie sind Gegenstand anhaltender Kontroversen im Diskurs.

Die oben genannten Merkmale der Datenökonomie decken sich auch mit einer Vielzahl theoretischer Konzepte und Literaturströme über Technologie in der Management- und Organisationsforschungsliteratur (und darüber hinaus). Die Literatur zu Technologieentwicklungen in Organisationen erklärt, wie Technologiedesign und -anwendung auseinanderfallen und wie organisatorische Wahrnehmungs-, Interpretations- und Interaktionsprozesse die Entwicklung und Anwendung von Technologien beeinflussen *(z. B. Orlikowski, 2000, S. 420)*. Die Technologie-Risikoliteratur erläutert, wie sich die Risikokonstruktion von Akteuren und deren Verantwortungsbewusstsein unterscheiden *(Beck, 2012, S. 31)* sowie ferner, wie eine Risikokonstruktion sozial ausgehandelt wird, welche Akteure an der Aushandlung beteiligt sind und wie die endgültige Definition eines Risikos ein Ergebnis dieser Verhandlungen ist *(z. B. Hardy & Maguire, 2020, S. 710)*. Beide Literaturströme erklären jedoch nicht, wie die anhaltenden Kontroversen im Diskurs die Datenökonomie gestalten und beeinflussen.

Die Literatur zu „*großen gesellschaftlichen Herausforderungen*" weist darauf hin, dass gesellschaftliche Probleme von erheblichem sozioökonomischem Ausmaß sind und dass der Umgang mit ihnen kollaborative Ansätze einer Vielzahl von Akteuren erfordert *(Ferraro et al., 2015, S. 365)*. Sie erklärt zudem, dass koordinierte und kollaborative Anstrengungen verschiedener Akteure dazu beitragen,

Problemdefinitions- und -lösungskapazitäten zu erweitern sowie die Verantwortlichkeiten zwischen den verschiedenen Beteiligten zu verankern *(George et al.,
2016, S. 1880)*, aber auch Definitionskämpfe und Interessenkonflikte auslösen,
die die Organisation erheblich erschweren *(Reinecke & Ansari, 2015, S. 300)*. Die
Organisation solcher Prozesse ist derzeit eines der bedeutendsten Forschungsprobleme für Management- und Organisationswissenschaftler. Überraschenderweise
ist die Datenökonomie in diesem Forschungsstrang unterrepräsentiert.

1.1 Herleitung der Forschungsfragen

Shoshana Zuboff, deren bahnbrechende Arbeit über den Überwachungskapitalismus unser Wissen über die Bedrohungen der Gesellschaft und der Demokratie
durch eine Fehlentwicklung der Datenökonomie erweitert hat, bezeichnet den
aktuellen Stand der Datenökonomie als *„Meta-Krise von Demokratien" (Zuboff,
2022, S. 53)*, die es versäumt haben, Steuerungsmechanismen für die Datenökonomie zu etablieren und von den Nebenfolgen überwältigt werden. Versteht man
die Datenökonomie als große gesellschaftliche Herausforderung, deren Nebenfolgen die demokratischen Werte einer Gesellschaft gefährden *(Beck, 2012, S. 27)*,
stellt sich die Frage, wie die Datenökonomie sich entwickelt hat, welche Akteure
an der Risikodefinition beteiligt waren und welche Interessen sie verfolgt haben,
welche Kontroversen dabei aufkamen und wie sie ausgetragen wurden. Diese
Fragen bleiben bislang unbeantwortet.

Antworten auf diese Fragen scheinen allerdings von besonderer Dringlichkeit
zu sein vor dem Hintergrund zunehmender Datenskandale, steigender Regulierungsbestrebungen und der erhöhten Datenschutzsensibilität, die wir aktuell in
der Gesellschaft beobachten *(z. B. Kokshagina et al., 2022, S. 3)*. Gleichzeitig
ist die Datenökonomie eine Milliardenindustrie, die große Summen an privaten
und staatlichen Investitionen verschlingt und unter erheblichem Amortisations-
und Legitimationsdruck bezüglich der erhofften Ergebnisse steht. Beispielsweise
investierte Jeffrey Immelt über eine Milliarde US-Dollar in die Transformation
seines Unternehmens, um aus General Electrics ein Datenunternehmen zu machen
(Handelsblatt 21.01.2017). Die Europäische Kommission und die Bundesregierung kündigten im Jahr 2018 allein für die Realisierung ihrer KI-Strategien
Investitionsmittel im Umfang von 1,5 Mrd. Euro für den Zeitraum 2018–2020
(Europäische Kommission, 2018a, S. 12) und 3 Mrd. Euro für den Zeitraum
2018–2025 *(Bundesregierung, 2018b, S. 6)* an.

Zusammenfassend lässt sich festhalten, dass die Forschung zur Datenökonomie als große gesellschaftliche Herausforderung unterrepräsentiert ist. Es fehlt

an empirischen Studien, die insbesondere die Kontroversen und ihre Austragung in der Gesellschaft untersuchen. Vor diesem Hintergrund ergeben sich für die vorliegende Arbeit folgende Forschungsfragen:

(1) *Wie hat sich der Diskurs der Datenökonomie entwickelt und welche Kontroversen spielen in der Entwicklung eine Rolle?*
(2) *Welche kollektiven Wissensprozesse gab es und wie haben sie die Entwicklung der Datenökonomie beeinflusst?*

1.2   Zusammenfassung der wesentlichen Ergebnisse

Zur Untersuchung der Forschungsfragen wird eine wissenssoziologische Diskursanalyse durchgeführt, welche die wissenssoziologische Theorie von Berger und Luckmann mit der kritischen Diskurstheorie von Foucault verbindet *(Keller, 2011c, S. 179-192)*. Diskursdaten aus 443 Zeitungsartikeln, 146 Dokumenten und 11 sensibilisierenden Interviews im Zeitraum von 2010 bis 2020 werden in vier Schritten analysiert und die Ergebnisse in einem Modell zusammengefasst, das die kollektive Wissensproduktion in kontroversen Technologieentwicklungsprozessen theoretisch erklärt.

Die Diskursanalyse über die Datenökonomie in Deutschland zeigt, dass sich der Diskurs in zwei Phasen unterteilen lässt, in denen verschiedene Kontroversen über die Chancen und Risiken der Datenökonomie im öffentlichen Diskurs ausgetragen und durch politisch eingesetzte *„hybride Foren"* verhandelt wurden: In Phase 1 waren dies Kontroversen über Datenschutz und Datennutzung und in Phase 2 Kontroversen über die Zusammenarbeit mit und die Abhängigkeit von außereuropäischen Technologieanbietern. Im Umgang mit diesen Kontroversen wurden kollektive Strategien entwickelt, die zunächst zum Erhalt bestehender Institutionen – durch die Modernisierung der europäischen Datenschutzregulierung – und im weiteren Verlauf zur Schaffung neuer Institutionen – durch die Einrichtung von europäischen Cloud-Strukturen und Datentreuhandmodellen – beigetragen haben. Insgesamt zeigt sich eine kontinuierliche Demokratisierung des Technologieentwicklungsprozesses der Datenökonomie in Deutschland, bei der verschiedene Interessengruppen in die Aushandlung und Gestaltung der Datenökonomie einbezogen werden.

Die Ergebnisse werden im Vergleich zur bestehenden Literatur diskutiert und es werden drei Beiträge aus der Literatur über Technologiediskurse, große gesellschaftliche Herausforderungen und hybride Foren vorgestellt. Die Dissertation soll dazu beitragen, diese Ansätze zusammenzuführen und zu argumentieren, inwieweit ihre fruchtbare Kombination dabei helfen kann, neue Perspektiven auf die Datenökonomie zu entwickeln. Abschließend werden die Verallgemeinerbarkeit der Ergebnisse, die Randbedingungen der Studie und ihre Limitationen diskutiert, um zukünftigen Forschungsbedarf abzuleiten.

Insgesamt trägt die Arbeit zu einem besseren Verständnis der komplexen Prozesse der Datenökonomie bei und entwickelt ein Modell, das künftige Forschung anregen und Praktikern helfen kann, diese komplexen Prozesse zu organisieren.

Literatur zu Technologiediskursen

2

Ziel dieser Arbeit ist es, die Entwicklung der Datenökonomie in Deutschland zu untersuchen. Um auf dem breiten Wissen über Technologie in der Management- und Organisationsliteratur sowie auf verwandten Literaturströmen der Technologieforschung in der Soziologie und in der Philosophie aufzubauen, werden im Folgenden ausgewählte Erkenntnisse der Technologieforschung zusammengefasst. Dafür soll zunächst ein Überblick gegeben werden über die Forschung zu Technologien in der Management- und Organisationsforschung, die insbesondere die soziale Konstruktion von Technologien untersucht. Um den Untersuchungsgegenstand dieser Arbeit zu konkretisieren, wird im Anschluss auf die Besonderheiten der Datenökonomie eingegangen, deren Eigenschaft als emergierende Technologie sie von anderen Technologien unterscheidet. Aus diesem ersten Teil werden Implikationen für die Untersuchung der Datenökonomie zusammengefasst. Darauf aufbauend werden im zweiten Teil die Ergebnisse zur Technologierisikoforschung und die Literatur über große gesellschaftliche Herausforderungen zusammengefasst, um die Untersuchung der kontroversen Aspekte der Datenökonomie in Deutschland theoretisch zu fundieren. Zeitgleich wird das Konzept der „hybriden Foren" eingeführt, welches im Umgang mit kontroversen Technologieentwicklungen vorgeschlagen wurde und im Rahmen der Analyse der Datenökonomie in Kapitel 4 Anwendung findet. Der zweite Abschnitt der Literatur wird wiederum abschließend zusammengefasst, die Forschungslücke wird aufgedeckt und die Forschungsfragen, die in dieser Arbeit untersucht werden sollen, werden hergeleitet.

© Der/die Autor(en), exklusiv lizenziert an Springer Fachmedien Wiesbaden GmbH, ein Teil von Springer Nature 2023
P. C. M. Reinecke, *Diskurse der Datenökonomie*,
https://doi.org/10.1007/978-3-658-43513-4_2

2.1   Literatur zur sozialen Konstruktion von Technologien

Leonardi und Barley veröffentlichen im Jahr 2010 einen Aufsatz, der einen Überblick über die Technologieforschung in den Management- und Organisationswissenschaften gibt. Die These dieses Aufsatzes besteht darin, dass sich die Forschung über Technologie und Organisation auf einem Kontinuum abbilden lässt: Studien bewegen sich zwischen einem deterministischen und einem voluntaristischen Technologieverständnis. Die deterministische Technologieforschung geht davon aus, dass Handlungen in Organisationen durch Technologie verursacht werden, die als unabhängige Kraft *„von außen"* auf die Organisation einwirken. Technologiestudien mit einem voluntaristischen Technologieverständnis hingegen vertreten die Auffassung, dass der Mensch die Fähigkeit besitzt, den Technologieeinsatz so zu gestalten, dass er seine Ziele erreicht *(Leonardi & Barley, 2010, S. 3)*. Nachfolgend soll in Anlehnung an Leonardi und Barley *(2010)* ein kurzer Überblick über die Entwicklung der Technologieforschung gegeben werden, um zu erklären, wie die sozialkonstruktivistische Technologieforschung an Bedeutung gewonnen hat.

2.1.1   Entwicklung der Technologieforschung

In den frühen 1950–1970er Jahren dominierten kontingenztheoretische Technologiestudien, die untersuchten, welche Organisationsform am besten zur Technologie passt. Im Vordergrund standen Technologien wie Produktionssysteme, bestehend aus Menschen, Prozessen und Maschinen und die Frage, wie diese bestmöglich koordiniert werden können. Joan Woodward beispielsweise fand heraus, dass Unterschiede in der Struktur britischer Produktionsunternehmen auf unterschiedliche Arten von Produktionssystemen zurückgeführt werden können. Sie schlussfolgerte, dass *„verschiedene Technologien unterschiedliche Anforderungen an Individuen und Organisationen stellen und dass diese Anforderungen durch eine geeignete Organisationsform erfüllt werden müssen."* *(Woodward, 1958, S. 16; Übersetzung durch die Verfasserin)*.

Ab den 1970er und 1980er Jahren begannen Forscher, die kontingenztheoretischen Prämissen zu hinterfragen. Mit einem neuen Fokus auf die Rolle von Computern in Organisationen legten Studien in dieser Zeit einen stärkeren Schwerpunkt auf die sozialen Dynamiken der Einführung von Technologien und interessierten sich dafür, warum Menschen und Organisationen unterschiedlich auf Computer reagieren. Die vielzitierte Studie von Stephen Barley *(1986)* zeigt beispielsweise auf, dass die Einführung identischer Computertomographen in zwei radiologischen Abteilungen zu unterschiedlichen Formen der Organisation führte. Barley fand heraus, dass die Einführung von Technologie institutionalisierte Rollenverhältnisse zwischen Radiologen und Radiologietechnikern verändert und Organisationsstrukturen unterschiedlich modifiziert. Basierend auf diesen Ergebnissen argumentiert er, dass Technologie keine „*äußere Kraft*", sondern eine soziale Entität darstelle, die in der Anwendung Wirkungen entfalte, und dass Organisationsstrukturen keine statischen Entitäten seien, die man Organisationen „*überstülpe*", sondern in der Interaktion von Menschen und Technologien prozesshaft entstünden *(Barley, 1986, S. 78)*.

Leonardi und Barley *(2010, S. 5)* konstatieren, dass die Forschung zu dieser Zeit einen voluntaristischen Umgang mit der Technologie anerkannt habe, die den bis dato vorherrschenden technologischen Determinismus abgelöst habe. Sie beschreiben, dass die einzelnen technologischen Anwendungen (z. B. CT-Scanner, Computer) einen stärkeren Untersuchungsschwerpunkt erhalten, indem nicht mehr wie zuvor der gesamte Produktionsprozess als Entität untersucht wird, sondern die Eigenschaften und Wirkungen der Anwendungen auf Organisationen und Arbeitspraktiken stärker im Vordergrund stehen. Dem menschlichen Handeln wird eine größere Gestaltungsmacht im Umgang mit Technologien zugesprochen, die sich auf die Auswahl und die Anwendung der Technologie beziehen. Theorien, die auf deterministischen und kontingenztheoretischen Annahmen basieren, haben der Tatsache zu wenig Rechnung getragen, dass die Einführung, Umsetzung, Nutzung und Bedeutung einer Technologie von sozialer Konstruktion beeinflusst wird. Die Autoren zeigen nun auf, dass identische Technologien in verschiedenen Organisationen unterschiedliche Dynamiken und Ergebnisse auslösen können, und fordern, dass die Technologieforschung den sozialen Kontext der Anwendung berücksichtigen müsse *(Leonardi & Barley, 2010, S. 4–5)*. In der Folge rückt die soziale Konstruktion von Technologie stärker in den Vordergrund von organisationstheoretischen Untersuchungen.

2.1.2 Soziale Konstruktion von Technologie

Studien der sozialen Konstruktion von Technologie lassen sich in zwei Cluster unterteilen: Studien über die Entstehung von Technologie, die die gesellschaftliche Ebene von Multiparteienprozessen im frühen Stadium der Technologieentwicklung untersuchen, und Studien über die Implementierung von Technologie, die die Einführung und Anwendung von Technologien in Organisationen sowie die Wirkungen, die sie entfalten, betrachten.

2.1.2.1 Sozialkonstruktivistische Studien über die Entstehung von Technologie

Studien über die *Entstehung von Technologie* sind wissenssoziologisch geprägt und untersuchen soziale Prozesse, die zur Entwicklung neuer Technologien beitragen. Sie zeichnen sich durch einen starken Fokus auf direkt an der Technologieentwicklung beteiligte Gruppen aus. Dies sind unter anderem Forschungseinrichtungen *(z. B. Labore, siehe Latour, 1987, S. 64)*, Technologieentwicklungsprojekte *(z. B. ein Projekt zur Entwicklung von Elektromobilität, siehe Callon, 1986, S. 25)* oder ausgewählte soziale Gruppen *(z. B. die Zusammenarbeit von Lampenherstellern und Stromerzeugern zur Entwicklung von Leuchtstofflampen, siehe Bijker, 1995, S. 241)*.

Am Beispiel eines Projektes zur Einführung von Elektromobilität aus dem Jahr 1973 entwickelt Michel Callon *(1986)* einen Ansatz, um Technologieentwicklungen in der Gesellschaft anhand von Technologienetzwerken zu untersuchen und die *„Ko-Evolution"* von technischen Artefakten und gesellschaftlichem Wissen zu beschreiben *(Callon, 1986, S. 20)*. In seinem Artikel führt er die Konzepte *„Übersetzung"* (*„translation"*) und *„Akteurnetzwerk"* (*„actor-network"*) ein, indem er argumentiert, dass Technologieentwicklungen als *Akteurnetzwerke* konzipiert seien, in denen die Akteure ihre Beziehungen selbst definierten und interpretierten, d. h. *übersetzten.* Übersetzungen in Akteurnetzwerken beschreiben die Interpretationsvielfalt von Technologieentwicklungen, wenn jeder Akteur die eigene Position im Netzwerk sowie die Rollen und Handlungen anderer interpretiert: *„Übersetzen bedeutet, für andere zu sprechen, unentbehrlich zu sein und zu verdrängen."* *(Callon, 1986, S. 28; Übersetzung durch die Verfasserin).* Häufig entstehen dabei Uneinigkeiten über die Rollen der Akteure und Beziehungen, die sich unter anderem auf Interessen und Machtkonstellationen zurückführen lassen *(Callon, 1986, S. 30)*. Unstimmigkeiten wiederum können dazu führen, dass sich Netzwerke verändern, technologische Weiterentwicklungen entstehen oder Projekte scheitern – wie im vom Autor beschriebenen Fall zur Einführung von Elektromobilität in Frankreich im Jahre 1973. Dabei argumentiert Callon, dass jede Übersetzung einer Beziehung eine Vereinfachung impliziere, die wieder verworfen werden könne, wenn eine soziale Gruppe sich neu definiere oder ein technisches Artefakt komplexere Wirkungen entfalte als zunächst vorausgesetzt:

> *Wir haben gesehen, dass diese Vereinfachungen immer wieder verworfen werden können: eine soziale Gruppe, die auf einige Interessen und/oder Bedürfnisse reduziert ist, kann sich anders definieren; eine Brennstoffzelle, die auf einige wenige Elemente reduziert ist, deren Eigenschaften bekannt sind, kann plötzlich sehr komplex werden. Akteurwelten werden von allen Elementen getragen, die in den übersetzten und*

erfassten Entitäten gesammelt und vereinfacht wurden. Daraus beziehen sie ihre Kraft, und wenn sie zerfallen, werden sie entsprechend geschwächt. (Callon, 1986, S. 34; Übersetzung durch die Verfasserin)

Dieser Darstellung zufolge setzen Technologieentwicklungen sich durch (institutionalisieren sich), wenn sie in ein stabiles Netzwerk eingebunden sind *(Maguire, 2004, S. 114)*. Die Konzepte der Übersetzung und der Akteurnetzwerke, die in der Akteur-Netzwerk-Theorie verankert und weiterentwickelt wurden[1], stellen folglich einen Ansatz zur Verdeutlichung der Komplexität von Technologieentwicklungsprozessen durch die Interdependenz von Akteuren in Netzwerken und die Vielfalt an Übersetzungen von Rollen und Handlungen in Technologieentwicklungsprozessen dar.

Der von Pinch und Bijker *(1984)* entwickelte Ansatz der *„Sozialen Konstruktion von Technologie"* erweitert die Rolle von Übersetzungen, indem er Technologieentwicklungsprozesse auf gemeinsame Interpretationen gesellschaftlicher Untergruppen, die an der Technologieentwicklung beteiligt sind, zurückführt. Ihr Ansatz basiert im Wesentlichen auf vier Konzepten, die die Autoren einführen, um die Technologienentwicklung zu untersuchen: auf interpretativer Flexibilität, relevanten sozialen Gruppen, Mechanismen der Schließung und Stabilisierung und technologischen Frames. Die Autoren betonen die Rolle der gruppenübergreifenden Kommunikation und Interaktion in der Entwicklung neuer Technologien. Dieser Ansatz charakterisiert die gesellschaftliche Ebene vor allem durch den Begriff der relevanten sozialen Gruppen, die die Verkörperungen bestimmter Interpretationen sind, da *„die von einer relevanten sozialen Gruppe gegebenen Bedeutungen das Artefakt tatsächlich konstituieren" (Bijker, 1995, S. 77, Übersetzung durch die Verfasserin)*. Dabei besitzen technologische Artefakte eine *„interpretative Flexibilität" (Bijker, 1995, S. 76, Übersetzung durch die Verfasserin)* in dem Sinne, dass soziale Gruppen die Technologie durch ihren interpretativen Fokus auf bestimmte Probleme und Lösungen unterschiedlich konstruieren. Die soziale Konstruktion von Technologie erfolgt durch gruppeninterne Kommunikationsprozesse, in denen Interpretationen konvergieren *(„diskursive Schließung", Bijker, 1995, S. 85, Übersetzung durch die Verfasserin)*.

Während der Ansatz die Rolle kommunikativer Aushandlungsprozesse hervorhebt, bleibt unklar, wie eine diskursive Schließung erzielt wird, ob und wie ein kommunikativer Konsens entsteht und wie Differenzen gelöst oder unterdrückt werden. Klein und Kleinmann *(2002)* kritisieren die fehlende Erklärung dafür, wie

---

[1] Die vorliegende Arbeit zielt nicht darauf ab, den Ansatz umfassend zu behandeln. Daher soll an dieser Stelle auf die Arbeiten von Bruno Latour sowie Michel Callon und Kollegen verwiesen werden, die den Ansatz entwickelt und etabliert haben.

die Interpretation einer Gruppe in einem Artefakt verankert wird, welche rhetorischen und interaktionsspezifischen Machtmechanismen die Schließung erklären und wie Partizipationsbefugnisse erteilt werden *(Klein & Kleinman, 2002, S. 34).* Ein Beispiel für die Relevanz dieser Dimensionen ist die Studie von Bijker über Leuchtstofflampen, die aufzeigt, wie zwei relevante gesellschaftliche Gruppen – Lampenhersteller und Stromerzeuger – eine Lampe entwickelten, die für sie, aber nicht für die Verbraucher funktionierte *(Bijker, 1995, S. 241; Klein & Kleinman, 2002, S. 37).* Klein und Kleinman *(2002, S. 39)* fordern daher die Berücksichtigung von Abhängigkeitsbeziehungen und politischen Dimensionen in Prozessen der Schließung, die, wie sie argumentieren, nicht ausschließlich auf eine gemeinsame Bedeutungskonstruktion zurückzuführen seien. Üben die Akteure Macht aus (beispielsweise durch Ressourcenabhängigkeit), kann die mächtigere Organisation eine solche Abhängigkeit nutzen, um andere dazu zu zwingen, das Ergebnis zu akzeptieren, auch wenn das Artefakt für sie nicht geeignet ist. Klein und Kleinman *(2002)* schlussfolgern: *„Abschluss und Konsens über ein endgültiges Design lassen sich nur mit Bezug auf die Machtverhältnisse zwischen den Gruppen erklären." (Klein & Kleinman, 2002, S. 39; Übersetzung durch die Verfasserin).*

In der Management- und Organisationsforschung werden diese entstehungsorientierten Ansätze der sozialen Konstruktion von Technologien kaum berücksichtigt *(Leonardi & Barley, 2010, S. 5).* Leonardi und Barley *(2010)* argumentieren, dass Wissen über die Entstehung von Technologien wichtig sei, um bedeutende Entscheidungen und Ereignisse zu verstehen, welche die Entwicklung der Technologie maßgeblich beeinflusst hätten. Erst das Wissen über diese Entstehung ermögliche es, argumentieren sie weiter, zu verstehen, wie die Anwendung durch die *„Dynamik von Macht, Kontrolle, Status und Konflikten" (Leonardi & Barley, 2010, S. 38; Übersetzung durch die Verfasserin)* geprägt sei, die den Kontext der Nutzung bestimme. Dieses Argument ist insofern für diese Arbeit von Bedeutung, als der Diskurs Entwicklungsentscheidungen adressiert, die außerhalb der Gestaltungsmacht der Akteure in Deutschland erfolgten – z. B. die Technologieentwicklung durch amerikanische Anbieter –, und die Effekte und Konsequenzen dieser Entscheidungen, die sich in der Adaption und Anwendung zeigen, im Diskurs verhandelt wurden. Um die spezifischen Dynamiken der Adaption und Anwendung zu verstehen, wird im nächsten Abschnitt der Forschungsstand zur Implementierung von Technologie zusammengefasst.

2.1.2.2 Sozialkonstruktivistische Studien über die Implementierung von Technologie

Ein Großteil der bestehenden Organisationsforschung bezieht sich auf die Organisationsebene der Technologieimplementierung. In ihrem umfangreichen Literaturüberblick unterscheiden Leonardi und Barley *(2010, S. 6)* Studien über die *Implementierung von Technologie* nach den Phasen der Adoption, Implementierung und Angleichung.

Studien zur Technologie*adoption* untersuchen den Zusammenhang zwischen der Wahrnehmung einer neuen Technologie durch den Anwender und die Akzeptanz dieser Technologie *(Leonardi & Barley, 2010, S. 7–12)*. Dabei ergaben Untersuchungen, dass nicht die tatsächliche Nutzung einer Technologie, sondern die Wahrnehmung der Technologie im engeren Sozialkreis der Anwender, z. B. in Arbeitsgruppen *(Fulk, 1993, S. 921)* die Adoptionsentscheidung beeinflusst. Studien zur Anwendung eines E-Mail-Systems durch Ingenieure *(Fulk et al., 1987, S. 537)* und eines Informationssystems im Medizinbereich *(Rice & Aydin, 1991, S. 238)* zeigen, dass potenzielle Nutzer, die in einer engeren Beziehung stehen, ähnliche Vorstellungen vom Nutzen einer Technologie entwickeln und die Angleichung der Erwartungen und Werte unter potenziellen Nutzern zur Adaption führt.

Studien in der *Implementierung*sphase untersuchen, wie Menschen Technologien interpretieren und entsprechend anwenden *(Leonardi & Barley, 2010, S. 12–15)*. Forscher konnten aufzeigen, dass Anwender auf vertraute Schemata oder Rahmen („*Frames*") zurückgreifen, um einer neuen Technologie einen Sinn zuzuschreiben. Diese kognitiven Prozesse beinhalten beispielsweise eine Übertragung von Interpretationen von einem Bereich auf einen anderen, z. B. von der früheren Praxis auf die gegenwärtige Praxis oder von Erfahrungen mit mechanischen Geräten auf Begegnungen mit computergestützten Technologien. Orlikowski und Gash *(1994)* führen das Konzept der *„Technologierahmen"* (*„technology frames"*) ein, um kognitive Strukturen in Organisationen zu untersuchen. In ihrer Studie über die Groupware Lotus Notes zeigen sie auf, wie Entwickler und Anwender die Technologie unterschiedlich interpretieren und wie die Diskrepanz der Interpretationen zu Skepsis, Frustration und Ablehnung führt, weil die Technologie nicht die Vorteile generiert, die bei der Anschaffung von Notes erwartet wurden *(Orlikowski & Gash, 1994, S. 198)*. Prasad *(1993)* und Prasad und Prasad *(1994)* untersuchen die Einführung einer Verwaltungsdatenbank durch eine Gesundheitsorganisation und zeigen auf, dass Computer von Mitarbeitern akzeptiert wurden, weil sie erwarteten, dass es ihr berufliches Ansehen steigern würde *(Prasad, 1993, S. 1423; Prasad & Prasad, 1994, S. 1451)*. Walsham und Sahay *(1999)* berichten, dass indische Förster und Landwirtschaftsexperten die Karten von einem in Amerika entwickelten geografischen Informationssystem (GIS) ablehnten, weil Inder den Raum anders konzeptualisieren als Amerikaner. Sie argumentieren, dass:

> *die kartenbasierte Kultur westlicher Gesellschaften von den westlichen Entwicklern der GIS-Technologie als selbstverständlich vorausgesetzt wird, und die Annahme, dass die Benutzer mit Karten vertraut sind, in die Technologie eingeschrieben ist. Wenn die GIS-Technologie nach Indien übertragen wird, können sich diese impliziten kulturellen Annahmen, die in die Technologie eingebettet sind, als höchst problematisch erweisen. (Walsham & Sahay, 1999, S. 50; Übersetzung durch die Verfasserin)*

Weitere Studien der Implementierungsphase untersuchen, wie Anwender sich Technologien *aneignen* und sie in ihre Arbeitspraktiken einbinden. Forscher der *Aneignungsperspektive* interessieren sich für die Effekte der sozialen Konstruktion, wenn Organisationsmitglieder aushandeln, wie sie eine Technologie einsetzen, um eine Aufgabe zu bewältigen. Dabei stellen sie fest, dass Anwender von der ursprünglich angedachten Vorstellung der Designer abweichen oder dass sie in der Anwendung neue Arbeitspraktiken entwickeln. Letztere werden aus einer praxistheoretischen Perspektive untersucht, die nicht die Kognitionen der Anwendung, sondern die Routinen, situierten Improvisationen und pragmatischen Handlungen im Arbeitsalltag betrachtet *(Leonardi & Barley, 2010, S. 15–24)*. In einem Vergleich von drei Anwendungskontexten von Lotus Notes verweist Orlikowski *(2000)* auf unterschiedliche Struktur-Handlungs-Beziehungen der Technologieaneignung (z. B. Kollaborationsstrukturen und -praktiken; Kundenbetreuungsstrukturen und -praktiken; *Orlikowski, 2000, S. 420)*.

2.1.2.3 Multilevel-Perspektive auf Technologieentwicklungsprozesse

Die bestehende Forschung zur sozialen Konstruktion von Technologie hat dazu beigetragen, die soziale Einbettung der Technologieentwicklung und die kontextuellen Unterschiede der Anwendung zu verstehen und deterministische Sichtweisen auf Technologien abzulösen. Dabei lässt sich zum aktuellen Stand der Forschung eine Trennung von Studien zur Entstehung und solchen zur Implementierung feststellen, die unter anderem auf die unterschiedlichen Betrachtungsebenen zurückzuführen ist: Während sich sozialkonstruktivistische Studien über die Entstehung von Technologie auf die Gesellschaftsebene konzentrieren und Mikroprozesse in Organisationen vernachlässigen, betrachten Studien über die Implementierung von Technologie die Organisationsebene und lassen den größeren institutionellen Kontext unberücksichtigt *(Bailey & Barley, 2020, S. 3)*.

Im Kontext von datenbasierten Technologien fordern einige Forscher, Fragen der Macht und Ideologie in Studien der Technologieentwicklung zu berücksichtigen, um die Ziele und Perspektiven derjenigen zu untersuchen, die Entscheidungen über die Entwicklung und Einführung treffen *(Bailey & Barley, 2020, S. 4)*. Managemententscheidungen über die Einführung einer Technologie können durch die organisationale Umwelt beeinflusst werden und die Normen und Überzeugungen von Führungskräften prägen, die über die Investition und Nutzung von Technologie bestimmen *(Schildt, 2022, S. 239)*. Insbesondere in der Anwendungsforschung fehlen die Auseinandersetzung mit Anwendungsmöglichkeiten von Technologien, die gesellschaftlichen Regeln widersprechen, sowie Studien darüber, wie Organisationen mit diesen Widersprüchen umgehen. In diesem Zusammenhang argumentieren Leonardi und Barley *(2010, S. 35–38)* mit Bezug auf Misa *(1994, S. 139)* und Hughes *(1994, S. 112)*, dass z. B. Prozesse der Technologieentwicklung auf Feldebene von Prozessen der Technologieentwicklung in Organisationen abweichen könnten und einen gesonderten Betrachtungsfokus erforderten.

Während die vorangegangenen Ausführungen gezeigt haben, dass Studien einen unterschiedlichen Fokus auf die Entwicklung oder Implementierung haben können, lässt sich die Forschung auch nach der gewählten Betrachtungs*ebene* unterscheiden: in intraorganisationale Studien, interorganisationale Studien auf Branchen- oder Feldebene und in Studien, die nationale oder supranationale Entwicklungen betrachten. Für die vorliegende Arbeit wird eine Multilevel-Perspektive auf Technologieentwicklungsprozesse gewählt, die auf der „*Mikroebene*" einzelne Innovatoren und Innovationen berücksichtigt, auf der „*Mesoebene*" Dynamiken einzelner Industrien unterscheidet und die „*Makroebene*" der Langzeitbetrachtung und gesamtgesellschaftlichen Wirkungen berücksichtigt *(z. B. Bodrožić & Adler, 2022, S. 106)*. Eine umfassende Betrachtung der Entwicklung der Datenökonomie erfordert die Anerkennung einzelner Technologien der Datenökonomie, um ihrer Materialität und ihrem kontroversen Charakter gerecht zu werden (z. B. Cloud, Big Data, Künstliche Intelligenz, Plattformen). Sie verlangt auch, die unterschiedlichen Adaptionsdynamiken und -herausforderungen verschiedener Branchen zu unterscheiden. Und schließlich sind auch die gesellschaftlichen Konsequenzen über Branchen hinweg von Bedeutung, um die politischen Herausforderungen zu verstehen, die die Datenökonomie auslöst – z. B. neue Fragestellungen in Bezug auf den Arbeitsmarkt, auf Bildung, Regulierung, etc. Um eine solche Multilevel-Perspektive theoretisch zu fundieren, sollen nachfolgend für jede Ebene ausgewählte Konzepte der Technologieforschung eingeführt werden.

Studien auf *Organisationsebene* erklären, wie Technologien in Unternehmen adaptiert und angewendet werden und welche Prozesse der Aneignung sie in der Organisation auslösen. Wie die vorangegangenen Ausführungen gezeigt haben, zielt diese als „Mikroebene" bezeichnete Forschungsperspektive darauf ab, die Anwendung von Technologien in Organisationen vor dem Hintergrund unterschiedlicher Wahrnehmungen *(z. B. Rice & Aydin, 1991, S. 238)*, Interpretationen *(Orlikowski & Gash, 1994, S. 198)* und Interaktionen mit der Technologie *(Orlikowski, 2000, S. 420)* besser zu verstehen.

Studien zur Technologieentwicklung auf *Feldebene* erklären statt der unterschiedlichen Anwendungspraktiken und Effekte in Organisationen die Prozesse der Adaption und Institutionalisierung durch multiple Organisationen und die Auswirkungen auf gesellschaftliche Institutionen. Diese „Mesoebene" betrachtet institutionelle Akteure, *„die zwischen dem Unternehmen und dem Markt oder zwischen dem Individuum und dem Staat stehen." (Misa, 1994, S. 139, Übersetzung durch die Verfasserin).* Institutionelle Akteure sind z. B. Technologieanbieter und die Marktstrukturen, in denen sie agieren, Behören und öffentliche Einrichtungen, die als Normungsgremien für Berufe oder Branchen agieren, Beratungen und private Finanzinstitutionen wie Investoren und Banken, die Technologieentwicklungen unterstützen und finanzieren *(Misa, 1994, S. 139)*. Leonardi und Barley *(2010)* veranschaulichen am Beispiel von WebEx die Implikationen einer Untersuchung auf Mikro- und Mesoebene:

> *Nehmen wir eine Technologie wie WebEx, die es Nutzern ermöglicht, sich aus der Ferne zu treffen und gleichzeitig an Dokumenten zu arbeiten. Bei einer Analyse auf individueller Ebene würde man erwarten, dass die Art und Weise, wie die Menschen WebEx nutzen, beträchtlich variiert, z. B. welche Funktionen sie nutzen und welche sie vernachlässigen. Auf der Ebene einer Arbeitsgruppe oder Gemeinschaft würde man weniger Variation erwarten. Akademiker könnten WebEx beispielsweise hauptsächlich für die gemeinsame Datenanalyse und das Schreiben von Texten nutzen, während sie in Zweier- oder Dreiergruppen arbeiten. Manager hingegen sehen WebEx vielleicht weniger als Werkzeug für die gemeinsame Erstellung von Texten, sondern setzen es stattdessen als Medium für virtuelle Meetings und Präsentationen vor großem Publikum ein. Mit anderen Worten: Die Art und Weise, wie WebEx zu einer genutzten Technologie wird, dürfte eine starke Familienähnlichkeit innerhalb von Arbeitsgruppen, Berufen und anderen sozialen Gruppen aufweisen. Auf dieser Ebene der Analyse spielt es keine Rolle, wie viel Varianz es bei der Nutzung der Technologie auf individueller Ebene gibt, solange die unterschiedliche Nutzung eine Gruppe nicht daran hindert, ein gemeinsames Ziel zu erreichen. Auf der organisatorischen Ebene der Analyse könnte man sogar noch weniger Variation erwarten. Beispielsweise werden Tools wie WebEx von Unternehmen häufig eingesetzt, um dezentralisierte und geografisch verteilte Arbeitskräfte einzusetzen. Tatsächlich gibt es gute Gründe für die Annahme, dass der Trend zur verteilten Organisation im Allgemeinen und zum Offshoring im*

Besonderen ohne solche Technologien weniger ausgeprägt wäre. Auf dieser Ebene der Analyse sind die Unterschiede zwischen den eingesetzten Technologien weitgehend irrelevant. Das soll jedoch nicht heißen, dass die Nutzung von WebEx zur Erleichterung der Verlagerung von Arbeit technologisch bedingt ist, denn auch hier sind soziale Prozesse im Spiel. Wie Misa betont, handelt es sich bei den relevanten Akteuren wahrscheinlich um Organisationen, einschließlich Anbietern, Beratern und der Wirtschaftspresse, die das institutionelle Feld bilden, das die Technologie umgibt. Auf dieser Ebene der Analyse könnten institutionelle Dynamiken wie mimetischer, zwingender und normativer Isomorphismus durchaus zu der Art von Konsistenz führen, die frühere Technologiestudenten fälschlicherweise für technologischen Determinismus hielten. Wir vermuten, dass die sozialen Akteure auf den unteren Analyseebenen heterogene soziomaterielle Verflechtungen hervorrufen, während die relevanten sozialen Akteure auf den höheren Analyseebenen die Homogenität fördern. (Leonardi & Barley, 2010, S. 37, Übersetzung durch die Verfasserin)

Studien auf Feldebene erklären, wie Technologien sich im Feld etablieren („*mimetischer Isomorphismus*") und wie sie die soziale Ordnung innerhalb eines institutionellen Feldes verschieben. Leonardi und Barley *(2010)* fordern, dass die Forschung mikrosoziale Dynamiken und makrosoziale Prozesse der Technologieentwicklung zusammen untersuchen müsste, um diese Adaption und Verschiebung zu erkennen *(Leonardi & Barley, 2010, S. 37)*.

Studien auf *Makroebene* beschreiben die Dynamiken der Technologieentwicklung aus einer gesamtgesellschaftlichen Perspektive. Beispielsweise nutzen Bodrožić und Adler *(2022)* Schumpeters Theorie der technologischen Revolutionen *(Bodrožić & Adler, 2022, S. 106; mit Verweis auf Schumpeter 1934, 1939, 1942)*, um Technologieentwicklung durch das Zusammenspiel von *Technologie, Organisation* und *Politik* zu beschreiben. Ihre Darstellung dieser drei Sphären stützt sich auf eine Analyse von vier industriellen Revolutionen: (1) Wasserkraft und Baumwolle (1750er-1840er Jahre), (2) Dampfkraft und die Eisenbahn (ca. 1790er-1890er Jahre), (3) Stahl und Elektrizität (ca. 1850er-1940er Jahre) und (4) Öl und das Automobil (ca. 1880er-1980er Jahre). Sie argumentieren, dass Informations- und Kommunikationstechnologien (IKT) die jüngste, technologische Revolution darstellten, die seit den 1960ern mit der Einführung von Computern gestartet und seit 2010 durch das Aufkommen von KI, Big Data, etc. geprägt sei *(Bodrožić & Adler, 2022, S. 113)*. Die von ihnen beschriebenen drei Sphären der *Technologie, Organisation* und *Politik* sollen nachfolgend zusammengefasst werden.

Technologie: Installationsphase; Einsatzphase. Technologische Revolutionen vollziehen sich in zwei Phasen: einer *Installationsphase*, in der eine Innovation eingeführt und ihr Potenzial bewiesen wird, was Investitionen freisetzt, und einer

Einsatzphase, in der eine Reihe von Anwendungen und komplementären Produkten zur Ausweitung, Skalierung und Vergünstigung der Technologie führen. Technologische Umbrüche finden folglich statt, wenn eine anfängliche Innovation durch unterstützende Technologien diffundiert und sich schließlich ein System an komplementären Technologien etabliert – ein neues *„technologisches Paradigma" (Bodrožić & Adler, 2022, S. 108)*, bestehend aus *Infrastrukturen* (z. B. Autobahnen und Flughäfen in der vierten industriellen Revolution, Eisenbahnnetze in der zweiten industriellen Revolution), *Komplementärtechnologien* (z. B. Kunststoffe im Automobilbau in der vierten industriellen Revolution), *Produktionsverfahren* (z. B. Fließbandproduktion in der vierten industriellen Revolution, dampfbetriebene industrielle Produktion von Werkzeugmaschinen in der zweiten industriellen Revolution) und *Anwendungen* (z. B. das Telefon in der dritten industriellen Revolution) *(siehe Bodrožić & Adler, 2022, S. 108–109)*.

Organisation: Externe und interne Anpassungsprozesse. Die Autoren beschreiben, dass technologische Revolutionen zwei Arten von Veränderungen auf Organisationsebene auslösen: Zunächst müssen die Organisationen im Feld sich an die neuen Technologien *„anpassen" (Bodrožić & Adler, 2022, S. 109)*, um die Potenziale der Technologie für die Organisation anwendbar zu machen – z. B. durch Investitionen in die Technologie und/oder durch Anpassung des Geschäftsmodells. Danach muss sich die Organisation intern anpassen – quasi an sich selbst. Z. B. müssen die Prozesse und Strukturen an das neue Geschäftsmodell angepasst werden. Technologische Revolutionen lösen folglich Reorganisationsprozesse aus, um die Technologie in der Organisation zu verankern *(Bodrožić & Adler, 2022, S. 109; Schildt, 2022, S. 236)*.

Politisches Regime: Laissez-Faire; Systembildung. Die Autoren argumentieren, dass technologische Revolutionen durch zwei Arten von politischen Regimen begleitet würden: In der Installationsphase dominiere typischerweise ein *Laissez-faire-Regime*. Wenn die neuen technologischen Möglichkeiten eine Investitionswelle und ein beschleunigtes Produktivitätswachstum auslösten, fördere eine schwache Regulierung einen *„Rausch spekulativer Börseninvestitionen"* und eine Ausweitung von Verbraucherkrediten *(Bodrožić & Adler, 2022, S. 110)*. Ein Laissez-faire-Regime führt zu einer Krise, wenn der Konzentrationsgrad in den Kernindustrien zunimmt, während Industrien, die durch die technologischen Umbrüche umgewälzt werden, geschwächt werden und die Beschäftigung in den Industrien abnimmt, was zu mehr Ungleichheit führt. In einer solchen Krise werden *systembildende Maßnahmen* zur Stärkung der Kaufkraft der Verbraucher und der systemischen Infrastruktur notwendig, um Produktion und Nachfrage der neuen technologischen Produkte aufrechtzuerhalten. Es erfordert eine politische Entscheidung, ob in einer solchen Krise ein Laissez-faire-Regime ausgebaut oder systembildende Maßnahmen und Regulierungen ergriffen werden, wobei Letzteres wiederum die Entscheidungsfreiheit von Organisationen erweitern oder einschränken kann *(Bodrožić & Adler, 2022, S. 116)*.

Die Konzepte von Bodrožić & Adler *(2022)* sowie die Erkenntnisse aus der Management- und Organisationsforschung, die im vorangegangenen Abschnitt ausgeführt wurden, sensibilisieren die Multilevel-Perspektive auf Technologie-entwicklungen, die in dieser Arbeit eingenommen wird. Sie werden am Ende des Abschnitts 2.1 noch einmal aufgegriffen. Im folgenden Abschnitt soll zunächst der Untersuchungsgegenstand – die Datenökonomie – näher beschrieben und durch seine Besonderheiten von anderen Technologien abgegrenzt werden.

2.1.3 Besonderheiten der Datenökonomie

Zwei Besonderheiten kennzeichnen die Datenökonomie: (1) Es handelt sich um emergierende Technologien, die sowohl in ihren technisch-ökonomischen als auch in ihren sozialen Ausprägungen noch in der Entwicklung und Aushandlung sind und (2) die Gestaltung der Datenökonomie unterscheidet sich in unterschiedlichen institutionellen Kontexten – z. B. in den USA, Europa und China. Beide Aspekte werden nachfolgend näher erläutert.

2.1.3.1 Technologien der Datenökonomie als emergierende Technologien

Das Besondere an Technologieentwicklungen der Datenökonomie besteht darin, dass es sich um *emergierende Technologien* handelt *(Bailey & Barley, 2020, S. 1; Bailey et al., 2022, S. 1)*, das heißt, sie sind noch in der Entwicklung und werden durch diese Entwicklung kontinuierlich weiterentwickelt. Rotolo und Kollegen *(2015)* beschreiben emergierende Technologien anhand von fünf Merkmalen: (i) radikale Neuartigkeit, (ii) schnelles Wachstum, (iii) Kohärenz, (iv) heraus-ragende Wirkung und (v) Unsicherheit und Mehrdeutigkeit *(Rotolo et al., 2015, S. 1830)*. Bei emergierenden Technologien handelt es sich folglich um *radikal neuartige* und relativ *schnell wachsende* Technologien, die sich durch ein gewisses Maß an *Kohärenz* auszeichnen, welches im Laufe der Zeit bestehen bleibt, und die das Potenzial haben, einen *erheblichen sozioökonomischen Einfluss* auf die Gesellschaft auszuüben. Emergierende Technologien sind in der Entstehungs-phase noch *unsicher* und *mehrdeutig*, weil sich ihre vielfältigen Auswirkungen erst in der Zukunft zeigen werden *(Rotolo et al., 2015, S. 1846–1855)*. Die Autoren argumentieren, dass die Entwicklung emergierender Technologien im Wesentlichen von den beteiligten Akteuren und Institutionen sowie von deren Interaktion und Wissensproduktion abhänge *(Rotolo et al., 2015, S. 1853)*. Daran anknüpfend beschreiben Hilgartner und Lewenstein *(2014)* sowie Bodrožić und Adler *(2022)* wichtige Aspekte der Technologieentwicklung und Wissensproduktion emergierender Technologien der Datenökonomie.

Hilgartner und Lewenstein *(2014)* bezeichnen emergierende Technologien als *„spekulative Räume"* der sozialen, politischen und technischen Technologiekonstruktion. Sie zeigen vier Spannungsfelder auf, entlang derer sich Technologieentwicklungen nachzeichnen lassen: Rhetorik, wissenschaftliche und technologische Praxis, neue institutionelle Arrangements und politische Prozesse der Entscheidungsfindung *(Hilgartner & Lewenstein, 2014, S. 1)*. Das *Spannungsfeld der Rhetorik* wird von Befürwortern und Kritikern bedient, die den Diskurs für ihre Zwecke mobilisieren, indem sie Werberhetoriken und Risikoszenarien erzeugen, die sich zwischen überzogenem Hype und narrativer Zukunftsgestaltung unter Unsicherheit bewegen *(Hilgartner & Lewenstein, 2014, S. 1)*. Das *Spannungsfeld der wissenschaftlichen und technologischen Praxis* sensibilisiert dafür, dass technologische Entwicklungen nicht im Labor aufhören, sondern sich fortsetzen, wenn die Nutzer die Technologien übernehmen, sie verändern oder sogar neu erfinden *(Hilgartner & Lewenstein, 2014, S. 2)*. Das *Spannungsfeld der neuen institutionellen Arrangements* ergibt sich aus der Vielfalt an Akteuren, die am Diskurs beteiligt sind – unter anderem, weil in den vergangenen Jahren neue institutionelle Arrangements zur breiteren Unterstützung und Kommerzialisierung emergierender Technologien geschaffen wurden. Dadurch entstehen emergierende Technologien heute nicht mehr im traditionellen akademischen oder unternehmerischen Umfeld, sondern in einer komplexen Mischung aus öffentlichem und privatem, universitärem und industriellem Bereich und zwischen Grundlagenforschung und angewandter Forschung. Beispielsweise haben Regierungen Programme zur Bildung neuartiger Allianzen zwischen Wissenschaft und Industrie entwickelt, um politische und wirtschaftliche Interessen zu verbinden, sowie Ausgründungen von Startups an Universitäten gefördert, um öffentliches und privates Kapital zu hebeln *(Hilgartner & Lewenstein, 2014, S. 3)*. Und schließlich existiert ein *Spannungsfeld für politische Institutionen,* die eine Doppelfunktion übernehmen, emergierende Technologien aufgrund ihrer makroökonomischen Potenziale zu fördern und zugleich die Öffentlichkeit vor ihren unerwünschten Folgen zu schützen *(siehe auch Kokshagina et al., 2022, S. 3)*. Emergierende Technologien konfrontieren die Gesellschaften mit einer Reihe kontroverser Fragen, von denen einige medial und andere nur in Expertenkreisen diskutiert werden, bis sie durch Enthüllungen oder technologische Unfälle an die Öffentlichkeit gelangen. Die Herausforderung für politische Institutionen besteht einerseits darin, Entscheidungen unter Unsicherheit zu treffen und andererseits, die Kontrolle über die öffentliche Darstellung von Informationen zu behalten, wenn die Sorge um unvorhergesehene Folgen mit der Sorge um eine unangemessene Beunruhigung der Öffentlichkeit konkurriert *(Hilgartner & Lewenstein, 2014, S. 4–5)*. Anhand dieser vier Spannungsfelder konkretisieren die Autoren den wissensabhängigen, spekulativen Charakter emergierender Technologien.

Bodrožić und Adler *(2022)* beschreiben die Datenökonomie als jüngste Phase der *„Computer- und Datenrevolution" (Bodrožić & Adler, 2022, S. 106)* bzw. IKT-Revolution, die sich aktuell im Übergang zur Einsatzphase befinde: Computer seien als Basistechnologie etabliert und digitale Daten (z. B. personenbezogene Daten, Maschinendaten), unterstützende Infrastrukturen (z. B. das Internet, die sozialen Medien), anwendungsorientierte Technologien (z. B. Big-Data-Analytik, KI) und Endgeräte (z. B. Smartphones, Apps) stellten Komplementäre dar *(Bodrožić & Adler, S. 112)*. Zum aktuellen Zeitpunkt hat sich ein Konsens über die ökonomischen Potenziale herausgebildet, der Investitionen und einen breiten Ansatz befeuert. Beschleunigt wird die breite Entwicklung insbesondere durch das Internet als offene Infrastruktur zum Austausch von Daten sowie durch kosteneffiziente, benutzerfreundliche Anwendungen. Zum jetzigen Zeitpunkt bleibt insbesondere die Frage offen, wie der breite Einsatz aussehen wird, da die Entwicklung zunehmend von großen Privatunternehmen wie Google und Facebook dominiert wird und neben den erheblichen Chancen auch zunehmend Risiken wie Kontrolle, Manipulation und Überwachung sowie Machtkonzentrationen der großen Privatunternehmen durch die Netzwerkeffekte, auf denen ihre Dienste basieren, entstehen *(Bodrožić & Adler, 2022, S. 113)*. Den emergierenden Charakter unterstützend argumentieren die Autoren, dass die weitere Entwicklung von den Entscheidungen abhängen werde, die in Organisationen und der öffentlichen Politik getroffen würden *(Bodrožić & Adler, 2022, S. 114)*.

Die vorangegangenen Ausführungen unterstreichen die Bedeutung makroinstitutioneller Kontexte und supranationaler Technologieentwicklungen für die vorliegende Arbeit: Wenn Technologien der Datenökonomie vorwiegend in den USA entwickelt werden und international Adaptionsdynamiken auslösen, spielen neben den Anwendungsmöglichkeiten der Technologie selbst auch Fragen der politischen, kulturellen und sozialen Unterschiede eine Rolle für die Technologieentwicklung. Daher sollen im Folgenden drei institutionelle Kontexte der Datenökonomie näher betrachtet werden: USA, Europa und China *(Bodrožić & Adler, 2022, S. 118–121)*.

2.1.3.2   Institutionelle Kontexte der Datenökonomie: Europa, USA, China

Die Analyse in Kapitel 4 wird aufzeigen, dass im Datenökonomie-Diskurs in Deutschland und Europa diverse Bezüge zu den Entwicklungen in den USA und China zu berücksichtigen sind. Die nachfolgenden Ausführen fassen die Datenökonomie-spezifischen Unterschiede zwischen den institutionellen Kontexten zusammen, um die Analyse zu sensibilisieren.

2.1.3.3   USA: Laissez-faire Regime und Wirtschaftsoligopole

Bodrožić und Adler *(2022)* beschreiben das US-amerikanische Technologieregime als *„laissez-faire regime"* und argumentieren, dass nur so das Entstehen der Oligopolstellung der Technologieunternehmen Amazon, Apple, Google, Facebook und Microsoft möglich geworden sei *(Bodrožić & Adler, 2022, S. 117–119)*. Die geringen regulatorischen Eingriffe der US-amerikanischen Regierung in die Technologieentwicklung überlassen die Gestaltungsmacht der Datenökonomie den *„Marktkräften" (Bodrožić & Adler, 2022, S. 119; Übersetzung durch die Verfasserin)*. In den USA fehlt eine horizontale, d. h. umfassende Datenschutzregelung auf Bundesebene für den privaten Sektor. Stattdessen existieren vertikale, d. h. sektorale (z. B. Finanzdaten, Gesundheitsdaten), personengruppenspezifische (z. B. Kinder) und bundesstaatliche Regulierungen (z. B. der California Consumer Privacy Act, *Chander et al., 2021, S. 1737)*. Einige Autoren bezeichnen diese vertikalen Regulierungen als Schwächung der Legislative auf Bundesebene und als Treibkräfte für das Entstehen der milliardenschweren Datenindustrie in nur wenigen Jahren *(Chander, 2014, S. 642)*.

Bodrožić und Adler *(2022)* beschreiben diese Bedingungen der Technologieentwicklung als *„fruchtbaren Boden" (Bodrožić & Adler, 2022, S. 119; Übersetzung durch die Verfasserin)* für den Aufstieg der genannten Oligopolisten, die eine *„Winner-takes-all"*-Position eingenommen, ihre Anwendungen auf der Basis von Netzwerkeffekten gestaltet und ihre marktwirtschaftliche und politische Macht ausgeweitet haben – z. B. durch die Zukäufe komplementärer Technologie-Startups. Beispielsweise hat Apple Siri, Facebook Instagram, Google DeepMind, Microsoft Skype und Amazon Zoox dazugekauft *(Bodrožić & Adler, 2022, S. 119)*. Bei der Ausgestaltung der Datenökonomie stellen diese Oligopolisten zunehmend etablierte institutionelle Normen und Regeln in Frage – z. B. erheben sie Eigentumsrechte über die nationale Daten- und Technologiesouveränität hinweg, sammeln und kommerzialisieren persönliche Daten in regulatorischen Grauzonen der Datenschutzbestimmungen und verantworten traditionell politische Themen wie das Recht auf freie Meinungsäußerung *(Bodrožić & Adler, 2022, S. 119; Kokshagina et al., 2022, S. 2; Zuboff, 2015, S. 85)*.

Die Europäische Kommission stellt in diesem Zusammenhang fest, dass *„in den USA die Organisation des Datenraums dem privaten Sektor überlassen wird, was erhebliche Konzentrationswirkungen hat."* *(Europäische Kommission, 2020, S. 4)*. Diese Konzentration von zentral gehaltenen Daten durch große Internetunternehmen wird in der Folge durch die Europäische Kommission und andere zunehmend als Hindernis für einen offenen Wettbewerb in einer globalen, datenagilen Wirtschaft angesehen *(Europäische Kommission, 2020, S. 9)*.

2.1.3.4 Europa: „Mixed approach" der Datenverantwortlichkeit und Datennutzung

Der Ansatz der EU und seiner Mitgliedsstaaten wird von einigen Forschern als *„mixed"* Ansatz *(Bodó et al., 2021, S. 6)* oder *„Mittelweg" (Bodrožić & Adler, 2022, S. 120)* bezeichnet, der politisch darauf abzielt, die ökonomischen Potenziale einer Datenökonomie zu fördern und zugleich die etablierten gesellschaftlichen Normen und Regeln zu schützen. Die Datenstrategie der Europäischen Kommission beispielsweise formuliert das Ziel: *„Um Europas Potenzial freizusetzen, müssen wir unseren eigenen, europäischen Weg finden, indem wir den Austausch und die breite Nutzung von Daten kanalisieren und gleichzeitig hohe Datenschutz-, Sicherheits- und Ethik-Standards wahren."* *(Europäische Kommission, 2020, S. 4)*.

Einige Autoren sehen den europäischen Ansatz als Chance für Europa, als Regulierungsvorreiter internationale Standards zu setzen. Unter dem Begriff des *„Brüsseler Effekts"* wird *„Europas einseitige Macht zur Regulierung der globalen Märkte"* beschrieben *(Bradford, 2015, S. 3)*. Die Fähigkeit, einen globalen Regulierungsstandard für einen bestimmten Regulierungsbereich zu setzen, hängt dabei von verschiedenen Faktoren wie Marktgröße und Regulierungskapazität sowie von unelastischen Zielen (z. B. Verbraucher) und Kostenvorteilen einheitlicher Standards globaler Unternehmen ab. Bradford argumentiert, dass die extraterritoriale Wirkungskraft der DSGVO auf diese Faktoren zurückgeführt werden könne und wertet die DSGVO als globalen Regulierungsstandard *(Bradford, 2020, S. 131–169)*.

Andere Autoren diskutieren den europäischen Ansatz kritisch. Bodrožić und Alder *(2022)* argumentieren, dass die europäischen Bemühungen, einen Mittelweg zu finden, das Risiko bergen könnten *„in der Mitte stecken zu bleiben"* *(Bodrožić & Adler, 2022, S. 121)*, da Europa derzeit keine global wettbewerbsfähigen Technologieunternehmen und öffentlichen Plattformen etabliert habe. Dort, wo die europäische Strategie auf kleinere, innovative Tech-Firmen als Gegenmodell zu den großen Oligopolen setzt, besteht zudem die Gefahr der Übernahme dieser Firmen durch amerikanische Technologieunternehmen *(Bodrožić & Adler, 2022, S. 121)*. Darüber hinaus bergen horizontale Regulierungsansätze wie die

DSGVO die Gefahr, mit erheblicher Rechtsunsicherheit behaftet zu sein, wenn sie gleichzeitig auf unterschiedliche Datentypen und Anwendungskontexte anwendbar sind. Wenn beispielsweise maschinengenerierte Daten, Daten des öffentlichen Sektors, etc. unter eine einheitliche Regulierung fallen, besteht die Gefahr eines Gesetzes *„für alles" (Purtova, 2018, S. 40)*.

2.1.3.5 China: Autoritäres Systemaufbauregime

Der chinesische Weg unterscheidet sich von dem der USA und dem Europas durch einen stärkeren Einfluss des autoritären Regimes auf die Technologieentwicklung *(Bodrožić & Adler, 2022, S. 119)*: Hier spielt die Regierung eine aktive Rolle bei der Investition in die Entwicklung und der Entscheidung über den Einsatz von Technologien. Bodrožić und Adler *(2022)* bezeichnen diesen Ansatz als *„digitalen Autoritarismus" (Bodrožić & Adler, 2022, S. 119)* und zeigen auf, dass er ein zentrales Organisationsprinzip innerhalb der Regierung sowie eine staatliche Überwachung und Kontrolle privater Unternehmen – z. B. Plattformen, soziale Netzwerke – und der Bürger in sich vereint. Die Schwächen des Ansatzes werden durch die Beschleunigung der Technologieentwicklung und das gesamtwirtschaftliche Wachstum legitimiert *(Yang, 2006, S. 160)*.

Ein System, welches den chinesischen Ansatz zur Entwicklung der Datenökonomie veranschaulicht, ist das chinesische Sozialkreditsystem: Dieses System basiert auf der zentralisierten Sammlung personenbezogener und anderer Daten zur Reputationsbewertungen von Einzelpersonen, Unternehmen, öffentlichen und privaten Einrichtungen. Positive sowie negative Bewertungen können durch unangepasstes, beziehungsweise angepasstes Verhalten erworben und verwendet werden, um den Zugang zu einer wachsenden Zahl privater und öffentlicher Dienstleistungen zu regeln: von der Kinderbetreuung über Hochgeschwindigkeitsreisen bis hin zu niedrigen Zinssätzen. Dieser Ansatz ersetzt die *„Verpflichtung, dem Befehl eines Gesetzes, einer Verordnung oder einer Verwaltungsentscheidung zu folgen"* durch eine *„Steuerung durch Messung, Bewertung und Belohnung." (Backer, 2019, S. 210; Knorre et al., 2020, S. 23)*.

2.1.4 Implikationen für die Untersuchung der Datenökonomie

Die vorangegangenen Ausführungen fassen ausgewählte Ergebnisse von *Technologiestudien in der Management- und Organisationsforschung* zusammen und unterstützen eine Multilevel-Perspektive auf Technologieentwicklungsprozesse in der Datenökonomie, welche die Rolle individueller Entscheidungen in einem breiteren Geflecht der interdependenten Beziehungen verschiedener Akteure in einer Branche sowie die makro-sozioökonomischen Effekte von Technologieentwicklungsprozessen berücksichtigt. Das Wissen über die *Besonderheiten der Technologien der Datenökonomie* als emergierende Technologien und die Unterschiede der institutionellen Kontexte in Europa, USA und China als wichtige Technologienationen sensibilisieren diese Arbeit für ausgewählte Spannungsfelder zum derzeitigen Stand der Entwicklung.

Bodrožić und Adler *(2022)* argumentieren, dass sich die Datenökonomie im Übergang zur Einsatzphase befinde und dass die Entscheidungen in dieser Phase die weiteren Entwicklungen der Datenökonomie maßgeblich beeinflussten *(Bodrožić & Adler, 2022, S. 112)*. Genauer gesagt: Der aktuelle Zeitpunkt stellt einen geeigneten Startpunkt zur Untersuchung der Datenökonomie dar: Vergangene Entscheidungen entfalten erste Wirkungen, die wiederum neue Entscheidungen in der Gegenwart erfordern, um über die Gestaltung der Technologie in der Zukunft zu bestimmen. Die Autoren argumentieren weiter, dass die Fehlfunktionen des Laissez-faire-Regimes systembildende Maßnahmen motiviert hätten, die neue *„dialektische Spannungen"* zwischen einem Systemaufbauprogramm in politischer und wirtschaftlicher Verantwortung auslösten *(Bodrožić & Adler, 2022, S. 117)*. Als Ergebnis fordern sie, dass die künftige Forschung zur Datenökonomie die *„Kräfte"* (d. h. Akteure), welche die Entscheidungen im Zusammenhang mit der Datenökonomie untereinander ausfechten, untersuchen sollte: *„Wie entfalten sich diese Kämpfe im Laufe der Zeit? Welche Mechanismen liegen dem Fortbestehen überkommener Managementmodelle und Politikregime zugrunde?"* (Bodrožić & Adler, 2022, S. 121; *Übersetzung durch die Verfasserin).*

Da solche Interaktionen, Aushandlungen und Machtbeziehungen insbesondere in Technologiediskursen zum Tragen kommen, soll im zweiten Teil der Literaturbetrachtung näher auf die unterschiedlichen Forschungsrichtungen zu Technologiediskursen eingegangen werden.

2.2 Technologierisikodiskurse und große gesellschaftliche Herausforderungen

Für den Betrachtungsgegenstand dieser Arbeit – die Diskurse der Datenökonomie – sind drei Forschungszweige von besonderer Relevanz: (1) die *Forschung zu Risikodiskursen* in der Soziologie- und Management- und Organisationsforschung, die aufzeigt, wie Gesellschaften von den Nebenfolgen der technologischen Modernisierung betroffen sind und welche Implikationen diese für die

Organisation von Gesellschaften haben; (2) die *Forschung zu „großen gesellschaftlichen Herausforderungen"*, die aufzeigt, wie solche Risiken durch koordinierte und gemeinschaftliche Anstrengungen angegangen werden können und (3) die *Forschung zu hybriden Foren*, die einen konkreten Vorschlag beinhaltet, wie partizipative Strukturen geschaffen werden können, um unterschiedliche Parteien im Umgang mit Risiken oder großen gesellschaftlichen Herausforderungen zu organisieren. Diese drei Forschungsfelder liefern wesentliche Erkenntnisse für die Untersuchung der Datenökonomie-Diskurse, lassen aber auch wichtige Fragen unbeantwortet, die mit dieser Arbeit adressiert werden. Insofern schließt das Kapitel mit den Implikationen für die Untersuchung der Datenökonomie und leitet daraus zwei Forschungsfragen ab.

2.2.1   Technologierisikodiskurse

Einen ersten Fokus auf Technologien und ihre gesellschaftlichen Folgen formuliert Ulrich Beck in seinem in der ersten Auflage 1986 erschienenen Buch *„Risikogesellschaft. Auf dem Weg in eine andere Moderne"*. Darin beschreibt er, wie die technologischen Neuerungen der Moderne wie Atomkraft, Gentechnik oder Pestizide Nebenfolgen verursacht haben, die schädliche Wirkungen auf die Natur und die Menschheit haben. Im zunehmenden Auftreten und Wahrnehmen dieser Nebenfolgen konstituiert sich eine Gesellschaft, die für mögliche Nebenfolgen als Risiken technologischer Modernisierung sensibilisiert ist. Beck skizziert eine *„Risikogesellschaft"* als Ergebnis einer gesellschaftlichen Transformation von einer *„ersten Moderne"* zu einer *„zweiten Moderne"*, die er auch als *„reflexive Moderne"* bezeichnet *(Beck, 2012, S. 26–28; Keller, 2006, S. 41)*. Den Beginn des Transformationsprozesses in Deutschland führt Beck auf den Beginn der 1970er Jahre zurück. Nachfolgend sollen zunächst die für diese Arbeit wesentlichen Aspekte der umfangreichen Arbeiten von Beck und Kollegen ausgeführt werden *(Beck, 2012; Beck & Bonß, 2001; Beck et al., 2019; Beck & Lau, 2004)*, um im Anschluss auf ihre Adaptionen in die Management- und Organisationsforschung einzugehen.

2.2.1.1   Risiken der technologischen Modernisierung
Im Zentrum der Risikogesellschaft stehen die schädlichen Nebenfolgen der technologischen Modernisierung der Industriegesellschaft und die Unsicherheit darüber, welche weiteren Nebenfolgen die gegenwärtigen Handlungen der technologischen Modernisierung auf die Zukunft haben werden. In dieser Parallelentwicklung von Modernisierung und Risikoentwicklung besteht ein *reflexives*

Verhältnis[2], weil die technologische Modernisierung gleichzeitig Lösung und Problem ist, die iterativ zu behandeln sind: *„Der Modernisierungsprozess wird 'reflexiv', sich selbst zum Thema und Problem." (Beck, 2012, S. 26; Kursivsetzung im Original).* Fragen der Technologieentwicklung werden von Fragen der politischen und wissenschaftlichen Handhabung der Risiken dieser Technologieentwicklung begleitet. Nebenfolgen haben eine kritische Öffentlichkeit hervorgebracht, deren Sicherheitsanforderungen mit den Risiken wachsen. Die Technologieentwicklung, so Beck, muss daher kontinuierlich an diese kritische Öffentlichkeit angepasst und ihr gegenüber legitimiert werden *(Beck, 2012, S. 26).* Insofern schreibt Beck der Risikogesellschaft eine *„Utopie der Sicherheit"* zu, die auf die Verhinderung von Risiken abzielt und Risiken zu kontrollieren versucht, damit sie weder den Modernisierungsprozess behindern noch die *„Grenzen des Zumutbaren"* überschreiten *(Beck, 2012, S. 65).* Die Risiken der zweiten Moderne lassen sich von den Risiken der ersten Moderne durch drei Aspekte unterscheiden, die im Folgenden kurz beschrieben werden: (1) ein *Auseinanderfallen von Verursachung und Betroffenheit,* (2) ein daraus resultierendes *Dilemma der Technologiepolitik* und (3) die Wissensabhängigkeit von *sozialen Definitionsprozessen der Risikokonstruktion.*

2.2.1.2 Auseinanderfallen von Verursachung und Betroffenheit

Während bei traditionellen Risiken (der ersten Moderne) Risikoträger und -betroffene typischerweise zusammenfallen, driften Verursachung und Betroffenheit bei neuen Risiken auseinander: Bei der Insolvenz eines Unternehmens in der Folge einer riskanten Investitionsentscheidung ist vor allem der Unternehmer betroffen, der die Risikoentscheidung getroffen hat. Die Folgen eines Atomreaktorunfalls dagegen treffen Bevölkerungsteile, die nicht an Entscheidungsprozessen über die Entwicklung, den Bau oder die Nutzung des Atomkraftwerks beteiligt waren, jedoch von den Folgen eines Reaktorunfalls betroffen sind, wenn radioaktive Stoffe in die Atmosphäre gelangen und sich ausbreiten *(Beck, 2012, S. 27–28; Lau, 1989, S. 421–424).*

Sobald Ursache und Betroffenheit auseinanderfallen, lösen die Risiken Verantwortungsverschiebungen aus. An dieser Stelle schließen die Ausführungen zur Risikogesellschaft an die Systemtheorie von Niklas Luhmann an.[3] Das

---

[2] Über die Reflexivität im Theorieprogramm der Reflexiven Modernisierung, das durch Becks Risikogesellschaft ausgelöst wurde, gibt es eine umfassendere Diskussion, die für diese Arbeit jedoch zweitrangig ist. Daher soll an dieser Stelle nur auf weiterführende Beiträge hingewiesen werden, siehe z. B. *Beck et al. 2019, S. 289–337; Lamla, 2011, S. 283–315; Lamla & Laux, 2012, S. 129–141.*

[3] In den weiteren Veröffentlichungen der Autoren, in denen sie sich mehr auf die Ausarbeitung ihrer „Theorie der reflexiven Modernisierung" fokussieren, distanzieren sie sich

Auseinanderfallen von Risikoentscheidung und -belastung kann über das Prinzip der funktionalen Differenzierung erklärt werden, das in der Systemtheorie
verankert ist. Luhmann betrachtet in seiner umfassenden Theorie der sozialen Systeme die funktionale Differenzierung der Gesellschaft in verschiedene
Subsysteme, die jeweils auf die Erfüllung bestimmter gesellschaftlicher Funktionen spezialisiert sind – z. B. Politik, Wirtschaft, Wissenschaft, etc. Diese
funktionale Differenzierung dient Luhmann zufolge der Reduktion von Komplexität und der Aufrechterhaltung von Systemen in Umwelten, die stets einen
Komplexitätsüberschuss aufweisen *(Luhmann, 2008, S. 22–27)*. Alle funktionalen Subsysteme bauen auf ihren eigenen Logiken auf und funktionieren nach
diesen, wobei jedes von ihnen systemspezifische Bedeutung erzeugt und sich
auf der Grundlage von Kommunikation reproduziert. Organisationen sind dieser Theorie zufolge funktional spezialisierte Akteure, die in unterschiedlichen
gesellschaftlichen Subsystemen angesiedelt sind und nach deren Logiken funktionieren. So sind beispielsweise Entscheidungen in Wirtschaftsorganisationen
durch die ökonomische Logik von Umsatz, Kosten und Gewinn geprägt, während
Entscheidungen in politischen Organisationen den politischen Zielen der Regie-
rungsmacht folgen *(Luhmann, 2008, S. 45–119)*. Aus systemtheoretischer Sicht
liegen die Schwierigkeiten dieser Subsysteme im Umgang mit Risiken darin,
dass jedes System sie nur nach seiner eigenen Logik verarbeiten kann und Risiken für andere gesellschaftliche Subsysteme nicht berücksichtigt. Folglich können
Ursache und Folgen auseinanderfallen, wenn ein unternehmerisches Vorhaben zur
technologischen Modernisierung soziale Risiken nicht verarbeiten kann und die
Verantwortung dafür ablehnt *(Lau, 1989, S. 424; Luhmann, 2008, S. 149–155)*.
Eine offensichtliche Folge davon ist, dass Risiken zwangsläufig in die Logik des
eigenen Systems übersetzt werden *(Luhmann, 2008, S. 26–33)*, was wiederum
das Interpretationsrepertoire und die Wissensproduktion begrenzt. So übersetzen
beispielsweise wirtschaftliche Teilsysteme Technologierisiken in die Wirtschafts-
sprache, wenn sie Anforderungen an einen ethischen oder moralischen Umgang
mit Kosten oder einem Wegfall an Umsatz übersetzen und die Verantwortung
ablehnen. Beck fasst das Auseinanderfallen von Ursache und Verantwortung wie
folgt zusammen: *„Mit Risiken wird die Wirtschaft ‚selbstreferentiell‘, (…).“ (Beck,*

---

sukzessive von der funktionalen Differenzierung und der Systemtheorie nach Luhmann. In
„Entgrenzung und Entscheidung" argumentieren die Autoren beispielsweise: *„Die Theorie
reflexiver Modernisierung lehnt einen totalisierenden Begriff von Gesellschaft als einem sich
selbstreferentiell reproduzierenden System ab. Der aus beiden Ansätzen resultierende theoretische Widerspruch ließe sich nur historisch-empirisch auflösen, doch bezeichnenderweise
entziehen sich die Abstraktionswelten Luhmanns dieser Art von empirisch Überprüfung"*
(Beck & Lau, 2004, S. 48).

2012, S. 30, Hervorhebung im Original) und bezeichnet sie an anderer Stelle als *„organisierte Unverantwortlichkeit" (Beck, 1988, S. 11)*, die insbesondere im Dilemma der Technologiepolitik zum Tragen kommt.

2.2.1.3 Dilemma der Technologiepolitik

Beck bezeichnet das Auseinanderfallen von Ursache und Betroffenheit, bzw. Risikoentscheidung und -belastung bei Technologieentwicklungen als *„Dilemma der Technologiepolitik" (Beck, 2012, S. 28)*. Er schreibt die Risikoentscheidung typischerweise Wirtschaft und Wissenschaft zu, während die Risikobelastung die Gesellschaft trifft und in den Verantwortungsbereich der Politik fällt *(Beck, 2012, S. 28; Lamla & Laux, 2012, S. 131)*. Wirtschaft und Wissenschaft obliegen demnach die Entscheidungsautonomie über Investitionen und den Technologieeinsatz. Weil diese unter Ausschluss der Öffentlichkeit und aus Wettbewerbsgründen gegenüber der Konkurrenz abgeschirmt stattfinden, wird der Technologieeinsatz erst mit der Markteinführung für die Öffentlichkeit und die Politik sichtbar. Bis dahin unterliegen die Entscheidungen über Technologieentwicklungen und folglich auch die Risikobemessungen den ökonomischen Zielsystemen der Wirtschaft und einem Rentabilitätsdruck zur Amortisation der ursprünglichen Investitionskosten. Risikobemessungen sind begrenzt auf die *„harten Kosten"* der direkten Risiken für das Unternehmen und vernachlässigen die sozialen Kosten gesellschaftlicher Risiken – Unternehmen preisen folglich lediglich die Aufwendungen für Vorsorgemaßnahmen, Gefährdungsschutz und Entschädigungen im Risikofall in die Technologieentwicklung ein *(Lau, 1989, S. 428)*. Zudem sind Risikobemessungen grundsätzlich unterkomplex und können die Unsicherheiten der Nebenfolgeentwicklungen nicht abbilden *(Beck, 2012, S. 28)*. Wenn sich beispielsweise Studien über die Reaktorsicherheit auf die Schätzung bestimmter quantifizierbarer Risiken anhand wahrscheinlicher Unfälle beschränken, wird die Dimensionalität des Risikos auf seine technische Handhabbarkeit begrenzt. Folglich weichen die Risikobemessungen zwischen *Katastrophenpotenzial* und *Unfallwahrscheinlichkeit* voneinander ab, wenn eine Kernenergie-kritische Bevölkerung das Katastrophenpotenzial höher bewertet als ein Unternehmen die durchschnittliche Unfallwahrscheinlichkeit. In der subjektiven Bewertung kommen Risikovariablen hinzu, die in den Berechnungen der technischen Handhabbarkeit keine Rolle spielen, wie z. B. menschliches Versagen oder die Betroffenheit zukünftiger Generationen in der Frage der Atommüll-Entsorgung *(Beck, 2012, S. 39)*.

Wenn die Nebenfolgen einer technischen Modernisierung auftreten und gesellschaftliche Konsequenzen haben, die sich dem betrieblichen Verantwortungsbereich entziehen – z. B. Folgen auf Märkte, Sozial- und Gesundheitssysteme – erlangen sie die Aufmerksamkeit der Öffentlichkeit und werden dem Verantwortungsbereich der Politik zugschrieben. Öffentlichkeit und Politik „regieren" dann in ursprünglich unternehmerische Verantwortungsbereiche der Produktplanung und technischen Ausgestaltung „rein" (Beck, 2012, S. 29). Der Staat kann dann sozialstaatliche Maßnahmen zur Technologiefolgenabschätzung ergreifen, Rechtsgrundlagen erlassen, die den Verursacher in die Pflicht nehmen und politische Institutionen als Kontrollinstanz der Technologiefolgen einsetzen (Beck, 2012, S. 366–367). Die einzige Einflussmöglichkeit des Staates auf die Technologieentwicklung ist die Forschungsförderung, die jedoch ein politisches Handeln erst legitimiert, wenn die entwickelte Technologie sich als bedeutsam für die wirtschaftliche Zukunft des Landes erwiesen hat, weil sie zu wirtschaftlichem Wachstum, Produktivitätssteigerung und zur Schaffung von Arbeitsplätzen beiträgt. Das Dilemma der Technologiepolitik liegt darin, dass im Moment der Markteinführung das Aufzeigen von Risiken als wirtschaftlicher Schaden für Unternehmen, die ihre Investitionen nicht amortisieren können, und als wirtschaftspolitischer Schaden für das Land zu einem Legitimierungsdruck führen. Beck schreibt dazu:

> Darin liegt eine doppelte Beschränkung: Zum einen finden Nebenfolgenabschätzungen unter dem Druck getroffener Investitionsentscheidungen im Rentabilitäts-Muss statt. Zum anderen wird dies aber dadurch entlastet, dass Folgen einerseits sowieso schwer absehbar sind, andererseits staatliche Gegenmaßnahmen lange Wege und Zeiten zu ihrer Durchsetzung benötigen (Beck, 2012, S. 343)

Während der politische Handlungsspielraum durch die Handlungsautonomie und legitimierende Macht des wirtschaftlichen „Fortschrittsglaubens" (Beck, 2012, S. 344) bei der Technologiegestaltung begrenzt wird, gewinnen politische Institutionen an Handlungsspielraum, wenn Nebenfolgen der Technologieentwicklung Kontroll- und Korrekturmaßnahmen erfordern (Beck, 2012, S. 363).

Das vorangegangene Beispiel macht deutlich, dass die Unsicherheit von Risiken einerseits kognitiv-rational und andererseits normativ-sozial ist. Damit lassen sich neue Risiken durch das Auseinanderfallen von Verursachung und Betroffenheit charakterisieren, die sich auf die funktionale Differenzierung der Gesellschaft und die unterschiedlichen Risikobemessungssysteme unterschiedlicher Subsysteme zurückführen lassen. Das „Dilemma der Technologiepolitik" bedeutet im Grunde, dass Unternehmen Technologierisiken verursachen und die

Politik Technologierisiken verantwortet. Ein weiteres Merkmal neuer Risiken ist ihre Definitionsoffenheit, die soziale Prozesse der Risikokonstruktion erfordert.

2.2.1.4 Soziale Definitionsprozesse der Risikokonstruktion

Risiken sind in besonderem Maße offen für soziale Definitionsprozesse, weil sie nicht sichtbar sind, sondern erst durch die soziale Definition sichtbar werden. Luftverschmutzung, giftige Pestizide in Nahrungsmitteln und radioaktive Stoffe in der Atmosphäre sind für Menschen nicht sichtbar und ihre Auswirkungen auf den Menschen oder die Natur unterliegen der Notwendigkeit der Aufdeckung über Kausalzusammenhänge *(Lau, 1989, S. 419–420)*. Die große Definitionsproblematik der Risiken besteht darin, dass Ursachen und Folgen sachlich, zeitlich und örtlich auseinanderfallen, wodurch naturwissenschaftliche Kausalanalysen an ihre Grenzen stoßen. Zum einen können die Folgen nicht eindeutig auf bestimmte Ursachen und einzelne Verantwortliche zurückgeführt werden: Der Klimawandel auf den Flugreisenden, die Luftverschmutzung auf den Autofahrenden, das Auftreten von Krankheiten auf den Pestizideinsetzenden. Ursache und Folgen können auch insofern zeitlich und örtlich auseinanderfallen, wenn die Folgen des Klimawandels oder des Pestizideinsatzes sich zeitlich und örtlich versetzt im Anstieg des Meeresspiegels oder im Auftreten von Krankheiten zeigen *(Beck, 2012, S. 36)*. Risiken sind damit *wissensabhängig (Beck, 2012, S. 35)*, weil sie sich erst im Wissen um sie formieren. Aufgrund dieser Wissensabhängigkeit lösen gesellschaftliche Risikodefinitionsverhältnisse einerseits politische Aushandlungsprozesse aus und stellen andererseits das Wissensmonopol der Wissenschaft an sich in Frage. Mit dem Anstieg der Unsicherheit über Nebenfolgen geraten etablierte Rationalitätspraktiken und Institutionen, insbesondere wissenschaftliche Experten und politische Akteure unter Druck. Die Unsicherheit von Risiken hat die Rolle von Experten bei der Definition von Risiken und deren Akzeptanz untergraben, weil wissenschaftliche Modelle keine eindeutigen Ergebnisse liefern, sondern im Gegenteil zu einer Politisierung von Risikokonflikten führen, die sich auf die Expertise und Gegenexpertise der Wissenschaft einerseits und auf breitere Interessensgruppen andererseits beziehen *(Beck, 2012, S. 35–40)*. Interessensgruppen können selbst wissenschaftliche Studien in Auftrag geben *(Lau, 1989, S. 428)*. Gleichzeitig gewinnen alternative Wissensformen an Bedeutung, die insbesondere von der kritischen Öffentlichkeit, von Nebenfolgen-Betroffenen, neuen sozialen Bewegungen und von den (Massen-)Medien in Diskurse eingebracht werden *(Beck & Bonß, 2001, S. 33–35;*

Beck, 2012, S. 35–40).[4] Das Ergebnis sind Wissensverhältnisse, in denen wissenschaftliche Wissensbestände kontrovers diskutiert und Wissenskonflikte aus der Wissenschaft in die Öffentlichkeit getragen werden *(Keller, 2006, S. 41–42)*. Diese Veränderung der Rolle des Wissens reflektiert die zunehmende Rolle nichttechnischen Wissens – wie etwa gesellschaftlicher Normen und Werte – in der Technologieentwicklung und äußert sich in Fragen der *Akzeptanz* von *(Beck, 2012, S. 37)* und des *Vertrauens* in Technologien *(Giddens, 2019, S. 157)*.

Für die politische Gestaltung der Zukunft schlägt Beck Handlungsmöglichkeiten vor, bei denen die Idee der *Entgrenzung* von Politik im Zentrum stehen. Dabei stellt er fest, dass die funktionale Differenzierung der Gesellschaft auch zu einer Begrenzung des politischen Handlungsspektrums geführt habe. Sozialstaatliche Maßnahmen, die in das Spektrum des politischen Subsystems fallen, zementieren die Begrenzung von Politik durch einen *„bürokratischen Zentralismus"* und *„Interventionismus" (Beck, 2012, S. 368)*. Die funktionale Differenzierung hat zu einer *„organisierten Unverantwortlichkeit"* geführt, weil sie sich in eine Reihe von Systemen untergliedert und es kein Steuerungssystem für systemübergreifende Risiken gibt *(Luhmann, 2008, S. 142)*. Folglich verlangt Beck, dass das *„Gesetz der funktionalen Differenzierung" durch „Entdifferenzierungen"* aufgelöst werden müsse *(Beck, 2012, S. 368–369)*. Er fordert die Aushandlung von Risikokonflikten und die Ausdifferenzierung von Subsystemen durch eine institutionelle Einrichtung von *„Selbstkritik"* und *„zwischenfachliche[n] Teilöffentlichkeiten" (Beck, 2012, S. 373)*. Beispielsweise könnten subpolitische Systeme wie soziale Bewegungen zur Risikokonstruktion beitragen, indem sie die Lücken eines *„reformbedürftigen Institutionensystems"* aufzeigten *(Lamla & Laux, 2012, S. 132–133)*, und Wissenschaftler eine kritischere Position gegenüber den selbstreferentiellen Zielsystemen der Wirtschafts- und Politiksysteme einnähmen, um die aus der Technologieentwicklung resultierenden Risiken offenzulegen *(Beck, 2012, S. 110)*.

2.2.1.5 Risiken in der Management- und Organisationsforschung

Die Ideen der Risikogesellschaft sind in die Management- und Organisationsforschung eingegangen und haben zu einem Umdenken in der Beforschung von Risiken angeregt. Eine der ersten Anknüpfungen an die Ideen der Risikogesellschaft bietet die Studie von Haridimos Tsoukas *(1999)*. Er untersucht die

---

[4] Wobei Massenmedien eine Doppelfunktion als Vermittler von Risikopositionen einerseits und als ökonomischer Profiteur emotional aufgeladener Diskurse andererseits haben können *(Beck & Bonß, 2001, S. 33–35; Beck, 2012, S. 35–40)*.

Kontroverse zwischen Shell und Greenpeace über die Brent Oil-Ölplattform in der Nordsee im Jahre 1995. Nach dem Boykott der geplanten und bewilligten Entsorgung der Plattform im Meer wurde aufgrund der erhöhten medialen Aufmerksamkeit und der europaweiten Proteste politisch ein Versenkungsverbot verabschiedet und Shell gab öffentlich bekannt, die Plattform nicht zu versenken. Tsoukas führt die Auseinandersetzung auf die diskursiven Fähigkeiten der Akteure zurück. Er geht davon aus, dass die moralischen Argumente der Entsorgungsgegner eine breite Öffentlichkeit mobilisiert hätten und der instrumentellen, technisch-wissenschaftlichen Rationalität von Shell überlegen gewesen seien *(Tsoukas, 1999, S. 523)*. Tsoukas schlussfolgert, dass in der Risikogesellschaft der traditionelle, ökonomisch bemessene Wettbewerbsvorteil, der sich aus der Überlegenheit von Unternehmensgröße, Marktanteil und Ressourcen ergebe, durch eine zweite Arena des Wettbewerbs um die Deutung von Risiken ergänzt werde, die nicht mehr nur zwischen Unternehmen, sondern zwischen Unternehmen und einer breiteren Öffentlichkeit ausgetragen werde *(Tsoukas, 1999, S. 524)*.

Studien über die soziale Konstruktion von Risiken in der Management- und Organisationsforschung knüpfen an die Unterscheidung von Beck und Kollegen zwischen *„alten"* und *„neuen"* Risiken an. Anders als Beck starten sie aber nicht bei der Unterscheidung dieser Risiken selbst, sondern setzen an der bestehenden Risikoforschung an und klassifizieren sie nach der zugrundeliegenden Epistemologie von Risiken. Insofern lassen sich Risikostudien, die die diversen Methoden zur Risikoanalyse und -bewertung zum Fokus haben, einem wissenschaftlichen Realismus oder Konstruktivismus zuordnen *(Hardy et al., 2020, S. 1033; Jasanoff, 1998, S. 93–98)*, dem zufolge Risiken mit wissenschaftlichen Mitteln objektiv bewertet werden können. Nach diesem Schema rangiert das objektivierte Expertenwissen in der Risikobewertung vor der subjektiven Risikowahrnehmung von Laien *(Jasanoff, 1998, S. 94)*.

Studien dagegen, die die soziale Aushandlung von Risiken betrachten, lassen sich der sozialkonstruktivistischen Erkenntnistheorie zuordnen, der zufolge auch das objektivierte Expertenwissen subjektiven und wertbeladenen Annahmen unterliegt. Das Laienwissen wird als Wissensquelle anerkannt, indem es entweder das Problemverständnis erweitert oder das dominante wissenschaftliche Verständnis anfechten kann *(Jasanoff, 1998, S. 95)*. Mit dieser Unterteilung ist insbesondere die Forderung verbunden, die konstruktivistische Perspektive im Untersuchungskontext *„neuer Risiken"* (nach Beck) zu stärken. Diese können aufgrund ihrer zuvor beschriebenen Charakteristika – d. h., komplexer Kausalitäten, ihres globalen Ausmaßes, einer langen Vorlaufzeit, bevor negative Auswirkungen eintreten, und ihrer katastrophalen Auswirkungen *(Hardy & Maguire, 2020,*

S. 688) – nicht ausschließlich mit wissenschaftlichen Methoden bemessen werden, sondern unterliegen vor allem Wert-beladenen, diskursiv-sozialen Aushandlungsprozessen *(Gephart et al., 2009, S. 152; Hardy & Maguire, 2016, S. 81, 2020, S. 710; Hardy et al., 2020, S. 1052; Jasanoff, 1998, S. 98).*

Konstruktivistische Studien lassen sich weiter unterscheiden in partizipatorische und kritische Ansätze der sozialen Aushandlung, bei denen jeweils der Einbezug pluralistischer Interessengruppen oder die Machtprozesse sozialer Aushandlungen im Vordergrund stehen *(Jasanoff, 1998, S. 94)*. Hardy und Maguire *(2016)* sichten die bestehende Management- und Organisationsforschung zu Risiken in Anlehnung an die kritische Perspektive Foucaults und stellen fest, dass diese vor allem den *„dominierenden Diskurs"* (Foucault) des wissenschaftlichen Realismus reproduziert *(Hardy & Maguire, 2016, S. 81)*. Ein dominierender Diskurs besitzt die Eigenschaft, dass das dominierende Wissen kohärent ist und nicht mehr hinterfragt wird, wodurch es Machtwirkungen entfaltet, die den Widerstand gegen einen dominierenden Diskurs erschweren *(Foucault, 1980, S. 131; zitiert nach Hardy und Maguire, 2016, S. 84)*. Im Bereich der Risikobewertung dominieren Expertenmodelle zur Vorhersage und Vorbeugung von Risiken, für die Expertenwissen anderer Wissensformen hinzugezogen wird. Die Fähigkeiten dieser Expertenmodelle, die Korrelationen aus Vergangenheitsdaten identifizieren und Kausalmodelle erstellen, um Regelmäßigkeiten zu abstrahieren und auf eine hypothetische Zukunft anzuwenden, sind für die Vorhersage komplexer Risiken in einer unbekannten Zukunft potenziell begrenzt. Während eine Möglichkeit zur Kontrolle dieser Defizite im Einbezug von Laienwissen zur Problematisierung von Expertenmodellen liegen kann, besteht das Risiko, dass die Expertenmodelle nicht problematisiert, sondern stattdessen zementiert und in ihrer Anwendung verbreitet werden, wenn die Laien selbst zu Experten werden oder die Expertenmodelle schlicht mit neuen Variablen angereichert werden *(Hardy & Maguire, 2016, S. 95–98)*. Damit erweitert die Studie den Blick auf gesellschaftliche Aushandlungsprozesse, indem sie Machtprozesse aufzeigt, die nicht durch Akteure und ihre Intentionen selbst, sondern durch die Macht eines dominierenden Diskurses ausgelöst werden – in diesem Fall durch die etablierten Methoden der Risikobewertung, die durch eine Problematisierung oder den Einbezug von Laienwissen eher verstärkt als erneuert werden.

Maguire und Hardy *(2013)* haben empirische Studien veröffentlicht, die dem konstruktivistischen Strang folgen und ein differenzierteres Bild der Prozesse und Praktiken der Risikokonstruktion zeichnen. In einer ersten Studie zeigen sie am Beispiel von zwei Chemikalien auf, wie die jeweiligen Prozesse der Risikokonstruktion auf unterschiedliche Praktiken zurückgreifen, und zwar sowohl auf bestehendes Wissen zur Risikobewertung (*„Normalisierung"* bestehender

Risikomodelle) als auch auf neues Wissen (*„Problematisierung"* bestehender Risikomodelle). Chemikalie 1 wurde zunächst als giftig und zu einem späteren Zeitpunkt als sicher klassifiziert: Beide Klassifizierungen waren gesäumt von Normalisierungspraktiken, indem nicht die Risikobewertung an sich hinterfragt, sondern lediglich die Risikokategorie der Risikobewertung gewechselt wurde, sodass die Chemikalie nach der Risikobewertung entsprechend der neuen Risikokategorie nicht mehr als giftig zu bewerten war. Chemikalie 2 wurde als giftig klassifiziert und unterlief einem sehr viel kontroverseren Diskurs als Chemikalie 1, indem vorwiegend wissenschaftliche Methoden zur Risikobestimmung hinterfragt und problematisiert wurden, weil das bestehende Repertoire an Risikobewertungsmodellen unzureichend war, um die Besonderheiten der Chemikalie zu erfassen *(Maguire & Hardy, 2013, S. 244–247).*

Basierend auf dieser ersten Studie führen Hardy und Maguire eine zweite Studie durch, in der sie die Risikokonstruktionen für Chemikalie 2 (Bisphenol A, kurz „BPA") durch unterschiedliche Organisationen analysieren *(Hardy & Maguire, 2020, S. 685–689).* Der Schwerpunkt der Studie lag darauf, empirisch zu untersuchen, wie Risiken von unterschiedlichen Akteuren übersetzt werden, um sie *„handhaben"* zu können. Ohne sich direkt auf Luhmann zu beziehen, ist hier ein Anschluss an die systemtheoretischen Übersetzungslogiken von selbstreferentiellen Subsystemen zu erkennen.[5] Dabei argumentieren die Autoren, dass einzelne Organisationen mit der Unsicherheit und Komplexität eines Risikos nicht umgehen könnten, sondern sich mit einer Übersetzung in bekannte Risikokategorien behelfen, die es ihnen ermögliche, die entsprechenden bekannten Reaktionshandlungen abzurufen. Dabei unterteilen sie unterschiedliche betroffene Akteursgruppen in vier Kategorien der Risikoübersetzung: Professionsrisiken, Regulierungsrisiken, Reputationsrisiken und operative Risiken. Interessanterweise weisen sie theoretisch noch auf eine weitere Risikokategorie hin, die sie in ihrer Studie jedoch empirisch nicht belegen: auf strategische Risiken *(Hardy & Maguire, 2020, S. 689).*

Wissenschaftler mit divergierenden Ergebnissen bezüglich der Giftigkeit von BPA übersetzten die Kontroversen in *Professionsrisiken,* die ihre berufliche Integrität gefährden. Dabei beschuldigten sich die Wissenschaftler gegenseitig, fehlerhafte und auf zweifelhaften Methoden basierende Forschung durchzuführen und zu verbreiten. Damit verschob diese Gruppe das Risikoobjekt von der Chemikalie selbst auf die jeweils andere Personengruppe und reagierte auf das

---

[5] Hardy und Maguire beziehen sich dabei auf Arbeiten von Power, der seinerseits auf Luhmann verweist *(siehe z. B. Power, 2004, S. 37).*

Professionsrisiko, indem sie ihre jeweiligen Risikomodelle ausbaute und verteidigte. Chemiehersteller und ihre Industrieverbände übersetzten die Kontroversen um BPA in ein *regulatorisches Risiko*, bei dem sie sich durch Regierungen bedroht sahen, die die Einführung neuer Vorschriften erwogen. Sie reagierten auf diese Bedrohung, indem sie den Einsatz von BPA legitimierten und die Risikobewertung delegitimierten. Einzelhändler und Nichtregierungsorganisationen (NROs) übersetzten die Kontroversen um BPA in ein *Reputationsrisiko*: Bestimmte BPA-haltige Produkte wurden zu Risikoobjekten erklärt, weil sie eine Gegenreaktion der Verbraucher auslösten, die dem Ruf der Einzelhändler schaden könnte, wenn diese sie weiterhin verkauften, und dem Ruf der NROs schaden würde, wenn diese nicht für das Verbot der Produkte einträten. Folglich starteten NROs breite Aufklärungskampagnen über die Gefahr BPA-haltiger Produkte und Einzelhändler reagierten durch ihre Auslistung. *Operative Risiken* entstanden für Regierungen und deren Aufsichtsbehörden, die ihre etablierten Verfahren zur Risikobewertung in Frage gestellt sahen. Während kanadische Aufsichtsbehörden durch die Anerkennung neuer Verfahren der Risikobewertung reagierten, verteidigten australische Aufsichtsbehörden die bestehenden Verfahren. In der Studie wird aufgezeigt, wie die synergistischen Handlungen verschiedener Akteure schließlich zum Verbot von BPA führten: Nachdem kanadische Aufsichtsbehörden Regulierungen ankündigten, wurden neue wissenschaftliche Nachweise zur Schädlichkeit veröffentlicht, kanadische NROs riefen zum Boykott der Produkte auf und erwirkten die Auslistung durch Einzelhändler, was wiederum durch australische NROs als neue Evidenz aufgegriffen wurde *(Hardy & Maguire, 2020, S. 705)*. Hardy und Maguire *(2020)* liefern damit die erste Studie, die den unorganisierten Prozess der sozialen Aushandlung eines kontrovers diskutierten Risikos durch unterschiedliche Interessensgruppen in einem internationalen Kontext aufzeigt. Ihre Studie verdeutlicht, dass die Risikobewertung nicht das Ergebnis einer übergeordneten Strategie, sondern von kumulativen Risikoübersetzungshandlungen einzelner Akteure ist.

Die Risikoforschung zeigt ein Bild der Wissensprozesse bestehender Organisationen, Institutionen und Systeme und ihrer Grenzen, mit den neuartigen Risiken der technologischen Modernisierung umzugehen. Organisationale Risikobetrachtungen sind einseitig und mit Luhmanns Worten *selbstreferentiell,* wie insbesondere die Studie von Hardy und Maguire *(2020)* beweist. Jede Akteursgruppe berücksichtigt lediglich die eigene Übersetzung des Risikos – im genannten Beispiel etwa Aufsichtsbehörden das operative Risiko, Einzelhändler und NROs das Reputationsrisiko, Chemieunternehmen das Regulierungsrisiko und Wissenschaftler das Professionsrisiko. In der Phase, in der jede Akteursgruppe auf die eigene Übersetzung des Risikos fokussiert ist, zielt nicht nur .

jede Handlung auf die Reduzierung des eigenen Risikos ab, sondern die Risikohandlungen der einen Gruppe erhöhen zugleich das Risiko kontrahierender Gruppen. Der Fokus aller Akteure auf das eigene Risiko schließlich erhöht den Ausschluss der Öffentlichkeit aus dem Prozess, weil jede Akteursgruppe sich selbst als Betroffene der jeweiligen Risikointerpretation versteht und die Betroffenen der möglichen Risiken, v. a. die Verbraucher, nicht als Betroffene durch die Akteursgruppen anerkannt werden. In einer solchen Betrachtung werden Verbraucher im Diskurs zur Ressource, die genutzt wird, um Aufmerksamkeit für die eigene Position zu mobilisieren. Ähnlich zeigt eine Studie von Tsoukas *(1999)* auf, dass sich betroffene Gruppen ihre Stimmen zurückholen und beispielsweise den öffentlichen Diskurs mobilisieren, um *Werte* in technisch-rationale Debatten einzubringen.

Die Forschung über Risiken in der Management- und Organisationsforschung wurde in den vergangenen Jahren durch einen Forschungszweig ergänzt, der die großen gesellschaftlichen Herausforderungen wie den Klimawandel, Armut, Ungleichheit und andere globale Meta-Probleme betrifft. Risiken und große gesellschaftliche Herausforderungen weisen ähnliche Charakteristika auf *(Hardy & Maguire, 2020, S. 710)*. Anders als der Definitions- und Übersetzungsfokus, der die Risikoforschung prägt, widmet sich die Forschung zu großen gesellschaftlichen Herausforderungen allerdings der Frage, wie diese durch koordinierte und gemeinschaftliche Anstrengungen angegangen werden können *(George et al., 2016, S. 1880)*. Die wesentlichen für diese Arbeit relevanten Erkenntnisse sollen im Folgenden ausgeführt werden.

2.2.2   Große gesellschaftliche Herausforderungen

Als „große gesellschaftliche Herausforderungen" („*grand societal challenges*") werden in der Management- und Organisationsforschung „*globale Probleme*" bezeichnet, die „*durch koordinierte und kollaborative Anstrengungen plausibel gelöst werden können.*" *(George et al., 2016, S. 1880; Übersetzung durch die Verfasserin)*. Sie fanden Eingang in die Management- und Organisationsforschung, weil Lösungen für große gesellschaftliche Herausforderungen nicht mehr in erster Linie als Aufgabe von Regierungen diskutiert werden, sondern zunehmend werden auch Organisationen des privaten Sektors in die Verantwortung genommen. Der Begriff wird häufig synonym mit der Kurzform „*gesellschaftliche Herausforderungen*" und mit dem Begriff „*unlösbare Probleme*" („*wicked problems*") verwendet. In dieser Arbeit soll ein umfassenderes Verständnis von „*großen gesellschaftlichen Herausforderungen*" in Form von komplexen Problemen ohne einfache Lösungen und einem breiten Verantwortungskreis verwendet werden. Die einzelnen Definitionskomponenten werden im Folgenden erläutert.

Große gesellschaftliche Herausforderungen wurden als multiperspektiv und *evaluativ* definiert, weil die zugrundeliegenden Probleme multidisziplinär sind, sodass verschiedene Akteure unterschiedliche Definitionen des Problems bieten. Sie sind auch *komplex* in Bezug auf vielfältige Wechselwirkungen und nichtlineare Dynamiken, weil sie sich aus mehreren voneinander abhängigen Teilproblemen zusammensetzen, wobei die Lösung eines jeden dieser Probleme jeweils zu neuen Problemen führt. Große gesellschaftliche Herausforderungen sind ferner *unsicher* in Bezug auf mehrere mögliche Entwicklungen und Zukünfte, denen nur schwer Wahrscheinlichkeiten zugeordnet werden können *(Ferraro et al., 2015, S. 365)*. Die Bewältigung großer Herausforderungen erfordert daher eine gemeinsame Problembeschreibung und Zielsetzung durch mehrere und unterschiedliche Interessengruppen, um gemeinsam auf Veränderungen im Verhalten des Einzelnen, in der traditionellen Organisation und in der Gesellschaft als Ganzes hinzuarbeiten *(George et al., 2016, S. 1880)*.

Eine weitere Definition wurde eingeführt, um die Komplexität großer gesellschaftlicher Herausforderungen zu ergänzen und die *Schwere der Lösbarkeit* zu charakterisieren. In Anlehnung an die Definition von „wicked problems" nach Rittel und Webber *(1973)* werden große gesellschaftliche Herausforderungen als schwer oder unlösbar definiert, weil es für die voneinander abhängigen Teil- und Folgeprobleme keine unbegrenzt zuordenbaren Ursachen und folglich keine plausiblen Lösungen und Verantwortlichkeiten gibt *(Pradilla et al., 2022, S. 94)*.

Wird davon ausgegangen, dass es sich bei großen gesellschaftlichen Herausforderungen in der Regel um unlösbare Probleme handelt, machen die verschwimmenden Grenzen der Problemzuständigkeiten und das Auftreten diffuser unbeabsichtigter Folgen die Bewältigung großer Herausforderungen zu Prozessen der kontinuierlichen Rekonfiguration *(Ferraro et al., 2015, S. 367)*, die ein kollektives Handeln erschweren *(Reinecke & Ansari, 2015, S. 300)*. Die weitreichenden Probleme lösen wiederum Verhandlungen über Handlungsoptionen zwischen heterogenen Gruppen von Akteuren aus – beispielsweise darüber, ob Markt-, Regulierungs- oder Technologielösungen am besten geeignet sind, das jeweilige Problem anzugehen *(Reinecke & Ansari, 2015, S. 302)*. Da große Herausforderungen über die Problemlösungskapazitäten und Verantwortlichkeiten von Unternehmen, politischen Entscheidungsträgern oder anderen einzelnen gesellschaftlichen Akteuren hinausgehen, erfordert ihre Bewältigung zwangsläufig die Zusammenarbeit unterschiedlicher Akteure aus unterschiedlichen Bereichen wie Politik, Wirtschaft, Wissenschaft, etc. Eine solche Zusammenarbeit ist per se eine Herausforderung, da sie Akteure einbezieht, die eigene Werte und Ziele verfolgen, was wiederum Einfluss darauf hat, wie die einzelnen Akteure gesellschaftliche Herausforderungen deuten und Lösungsvorschläge sehen *(Stjerne et al., 2022, S. 140)*. Angesichts dieser Schwierigkeiten konzentriert sich ein wachsender Teil der Forschung auf die Frage, wie konkurrierende Werte und Interessen überwunden werden können, um wirksames kollektives Handeln angesichts großer gesellschaftlicher Herausforderungen zu ermöglichen. Diese Komplexität entfaltet sich auf unterschiedlichen Ebenen im Zusammenspiel von unterschiedlichen Akteuren und Maßnahmen: Auf institutioneller Ebene können vereinbarte Grundsätze, Normen, Regeln und Programme zu globalen Handlungsorientierungs- und Steuerungsmechanismen führen, um die herum die Erwartungen der diversen Akteure konvergieren, die ein kollektives Handeln zur Bewältigung großer gesellschaftlicher Herausforderungen leiten *(Ansari et al., 2013, S. 1041; Wijen & Ansari, 2007, S. 1080)*. Auf lokaler Ebene können Akteure zusammenarbeiten, um gemeinsam Lösungen zu entwickeln, die für den konkreten Anwendungskontext nützlich sind, wenn beispielsweise Unternehmen nachhaltige Geschäftsmodelle entwickeln oder neue Sozialunternehmen nachhaltige Lösungen einführen *(z. B. Reinecke, Wrona & Küberling-Jost, 2023; Reinecke, Küberling-Jost, Wrona & Zapf, 2023)*.

Forscher bemängeln, dass eine Lücke zwischen der abstrakten institutionellen Ebene und der situativ-konkreten lokalen Ebene herrscht. Lokale Handlungen müssen „*skalieren*", um dem Umfang und der Komplexität großer gesellschaftlicher Herausforderungen gerecht zu werden. Sie müssen jedoch hinreichend konkret bleiben, weil sie ansonsten riskieren, bei dem Versuch, die Anliegen aller Beteiligten zu befriedigen, stecken zu bleiben *(siehe Dittrich, 2022, S. 189; Reinecke & Ansari, 2015, S. 889–896)*. Um diese Lücke in der Management- und Organisationsforschung zu großen gesellschaftlichen Herausforderungen zu adressieren, befassen sich Forscher mit der Frage, wie mehrere Parteien interagieren können, um große Herausforderungen gemeinsam anzugehen. Solche Interaktionen führen zwangsläufig zu Konflikten aufgrund von divergierenden Interessen der einzelnen Parteien. Forscher, die sich mit diesen Partizipations- und Interaktionsprozessen beschäftigen, sehen sich daher gleichzeitig grundlegenden Fragen gegenüber, wie Prozesse, die von Konflikten durchsetzt sind, organisiert werden können *(Ferraro et al., 2015, S. 373)*.

2.2.2.1   Konsens und Kontroversen im Umgang mit großen gesellschaftlichen Herausforderungen

Die Management- und Organisationsforschung beschäftigt sich schon seit langem mit der Frage, wie unterschiedliche Parteien mit teilweise widersprüchlichen Interessen zusammenarbeiten können, um schwer lösbare Meta-Probleme oder große gesellschaftliche Herausforderungen zu handhaben, die koordinierte und gemeinschaftliche Handlungen erfordern *(George et al., 2016, S. 1880)*. Viele Debatten konzentrieren sich auf die Fragen, ob ein Handeln trotz widersprüchlicher Interessen möglich ist, ob Konflikte gelöst und ein Konsens erreicht werden müssen, um koordiniertes Handeln zu ermöglichen, oder ob koordiniertes Handeln möglich ist, obwohl widersprüchliche Interessen nicht vollständig berücksichtigt werden können. Erste Arbeiten zum Spannungsfeld zwischen Konsens und Kontroversen haben Gray, Bougon und Donnellon *(1985)* durch ihre Beschäftigung mit unlösbaren, ökologischen Konflikten adressiert. Ihre Erkenntnisse sind in der Forschung zu großen gesellschaftlichen Herausforderungen vor Kurzem aufgegriffen und weitergeführt worden. Im nachfolgenden Abschnitt werden diese Erkenntnisse zusammengefasst.

2.2.2.2 Kontroversen und Organisation

Die Arbeiten von Gray, Bougon und Donnellon haben sich mit dem Spannungsverhältnis zwischen Konsens und Kontroversen beschäftigt, noch bevor die Forschung zu großen gesellschaftlichen Herausforderungen in die Management- und Organisationsforschung Einzug fand. Zu dieser Zeit beschäftigten sich verschiedene Organisationsforscher mit *„unlösbaren Konflikten"* (*„intractable conflicts" siehe z. B. Brummans et al., 2008; Gray, 1997, 2004)*, d. h. anhaltenden Mehrparteienkonflikten über ein politisches, wirtschaftliches, soziales oder ökologisches Problem, bei dem sich unterschiedliche Interessengruppen bei der Definition der Situation über längere Zeiträume hinweg unversöhnlich gegenüberstanden *(Lewicki & Gray, 2003, S. 1)*.[6]

Gray und Kollegen *(1985, S. 84)* etablieren eine dialektische Auffassung des Organisierens: Handlung kann durch Konsens, aber auch in Abwesenheit von Konsens über Bedeutung entstehen *(Gray et al., 1985, S. 43)*. Die Beziehung zwischen Bedeutung (*„meaning"*) und Handlung (*„action"*), argumentieren sie, sei iterativ: Die Bewertung und Bedeutungskonstruktion löse Handlung aus, die wiederum zu einer Neubewertung führe. Insofern können Handlungen und Bedeutungen im Laufe der Zeit frühere Bedeutungen entweder bestätigen oder widerlegen *(Gray et al., 1985, S. 90 mit Bezug zu Weick, 1969)*. Diese dialektische Auffassung von Handlung im Zusammenspiel von Bestätigung und

---

[6] In der Entwicklung der Organisationsforschung (*Gray et al.*) und der Risikoforschung (*Beck*) sind gewisse Parallelen festzustellen: Beide beginnen Ende des 20. Jahrhunderts und adressieren vorwiegend ökonomische Probleme als Mehrparteienkonflikte. Sie entwickeln ihre Theorien weiter, um im 21. Jahrhundert Fragen der „Reflexiven Modernisierung" und „Großer gesellschaftlicher Herausforderungen" zu untersuchen.

Widerlegung von Bedeutung ermöglicht einen erklärenden Blick auf *Kontroversen.* Die Autoren argumentieren, dass Kontroversen eine Quelle von Wachstum und Veränderung seien: Durch die Lösung der Konflikte, die sich aus der kritischen Selbstreflexion ergäben, könne eine kritische Transformation der beteiligten Akteure stattfinden *(Gray et al., 1985, S. 93).*

In einer Diskursanalyse untersuchen Gray und Kollegen *(1985)* Diskurse im Vorfeld zu einem Streik. Sie zeigen auf, dass es zum Streik kommt, nachdem im Diskurs eine Reihe unterschiedlicher Bedeutungen erzeugt wird, die in ihren Verhaltensimplikationen konsistent sind. Die Autoren argumentieren auf dieser Basis, dass es für eine Handlung oft ausreiche, dass die Bedeutungen in Bezug auf die Handlungsimplikationen kompatibel seien, obwohl die Diskursteilnehmer unterschiedliche Interpretationen darüber vorwiesen, was die Handlung (z. B. ein Streik) bewirken werde *(Gray et al., 1985, S. 84, 1985, S. 52).* In diesem Sinne sind die Bedeutungen „*äquifinal*" („*equifinal meaning*", Gray et al., 1985, S. 44), d. h., die Mitglieder sind sich über die zu ergreifenden Maßnahmen einig, aber nicht unbedingt über die Gründe für deren Durchführung *(Gray et al., 1985, S. 90).* Die Autoren schlussfolgern, dass Gruppen gemeinsame Mittel entwickeln können, um divergierende Ziele zu erreichen. Trotz unterschiedlicher Bedeutungen oder Überzeugungen stimmen die Beteiligten im genannten Beispiel zu, die Aktion durchzuführen. Voraussetzung ist, dass die Akteure eine gegenseitige Abhängigkeit anerkennen und ein gemeinsames Verständnis über die Interaktion etablieren *(Gray et al., 1985, S. 52–53).* Diese ersten Erkenntnisse wurden von der Forschung zu großen gesellschaftlichen Herausforderungen aufgegriffen und weiterentwickelt.

2.2.2.3 Kontroversen und große gesellschaftliche Herausforderungen

In den vergangenen Jahren wurde in einer Reihe empirischer Studien untersucht, wie unterschiedliche Parteien zusammenarbeiten, wenn sie große gesellschaftliche Herausforderungen adressieren, um die seit langem bestehenden Spannungen zwischen Konsens und Dissens besser zu verstehen *(für einen Überblick siehe Ferraro et al., 2015, S. 373–375; Gehman et al., 2022, S. 262–265).*

Einen ersten Schritt in Richtung einer stärkeren Betrachtung kollektiver Entwicklungsprozesse in Abwesenheit von Konsens stellt die Studie von Levy, Reinecke und Manning *(2016)* dar. Die Autoren untersuchen die Entwicklung von Nachhaltigkeitsstandards im Kaffeesektor und zeigen auf, dass ein Wandel in der Branche als iterativer Prozess zwischen Herausforderern (z. B. Nachhaltigkeitsorganisationen) und etablierten Parteien (z. B. Kaffeehändlern) stattfindet, indem die Parteien ihre Strategien in der Interaktion aneinander anpassen, um auf die

Handlungen der anderen Partei zu reagieren und ihre Zielstellungen pragmatisch zu adaptieren. Diesen ko-evolutionären Prozess der gegenseitigen Anpassung bezeichnen die Autoren als *„akkommodierende Dynamik"*, bei der beide Parteien einander *„strategische Zugeständnisse"* machen und sich an *„stabilisierenden Neuausrichtungen"* von Elementen des Wertesystems beteiligen *(Levy et al., 2016, S. 373)*. Anstatt sich deutlich zu widersprechen, lassen sich die Parteien auf einen offenen Prozess ein, neue Standards zu etablieren. Statt Kontroversen im Prozess auszutragen, um einen Konsens zu bilden, passen sich Herausforderer und etablierte Parteien aus strategischen Gründen an, um ihre eigenen Agenden voranzutreiben. Beispielsweise machen die Herausforderer strategische Zugeständnisse und geben Forderungen auf, die eher mit denen der etablierten Parteien übereinstimmen, wenn sie nicht in der Lage sind, ihre eigenen Ansätze im Prozess zu etablieren. Zusammenfassend zeigt die Studie auf, dass die Entwicklung von Nachhaltigkeitsstandards sich als Prozess des gegenseitigen Entgegenkommens vollzieht, den beide Parteien in ihrem eigenen Interesse zu steuern versuchen *(Levy et al., 2016, S. 393)*.

Reinecke und Ansari *(2015)* erläutern in ihrer Studie zur Festlegung von Fairtrade-Mindestpreisen, wie sehr dieser Prozess mit Kontroversen über die Frage, was „fair" ist, durchsetzt ist. Wenn ethische Kontroversen im Prozess aufkommen und diese riskieren, den Prozess zur Festlegung von Fairtrade-Mindestpreisen zu unterbrechen oder zum Scheitern zu bringen, tragen *„ethische Waffenstillstände"* zur Aufrechterhaltung bei. Ethische Waffenstillstände sind vorläufige und pragmatische, zum Teil willkürliche Stabilisierungen von ungelösten oder unlösbaren ethischen Debatten, die entweder durch Aussetzung oder durch Exzeptionalisierung von strittigen und unentscheidbaren Fragen abgeschlossen werden *(Reinecke & Ansari, 2015, S. 901)*. Insofern argumentieren die Autoren, dass die Parteien möglicherweise keinen weitgehenden Konsens erlangten, aber ein minimales Maß an Übereinstimmung über strittige Fragen erreichten *(Reinecke und Ansari, 2015, S. 871; mit Bezug zu Gray et al., 1985)*. Die Mechanismen der Aussetzung und Exzeptionalisierung ermöglichen Fortschritte in Richtung eines temporären Ruhepunkts in einem rekursiven Prozess, bei dem kontinuierlich Debatten geführt werden, die sich zwischen mehreren Runden der Sinnfindung und Sinngebung wiederholen *(Reinecke und Ansari, 2015, S. 890)*. Im Laufe dieser Runden werden immer mehr eingeklammerte Themen durch Ruhepunkte abgeschlossen, auch wenn dies nur vorübergehend geschieht. Die Interpretationen werden in jeder Runde neu formuliert und verfeinert, bis ein ethischer Waffenstillstand erreicht ist. Dieser basiert nicht auf einem einheitlichen Konsens *(Reinecke und Ansari, 2015, S. 899)*. Stattdessen erklärt das Modell, wie Akteure mit Konflikten in Situationen umgehen, in denen sich kein konsensfähiger Sinn ergibt. Die

Parteien ändern ihre Positionen nicht unbedingt radikal, sondern verschieben sie so weit, dass eine Einigung möglich wird. Ethische Waffenstillstände entstehen nicht durch *„die Kraft des besseren Arguments" (Habermas, 1996; zitiert nach Reinecke und Ansari, 2015, S. 881)*, sondern durch pragmatische Bedenken, denen die Parteien aus ihren eigenen unterschiedlichen Gründen zustimmen, ohne ihre eigenen Interessen, Werte oder kulturellen Vorstellungen vollständig zu überwinden *(Reinecke & Ansari, 2015, S. 898)*.

Ferraro und Beunza *(2018, S. 1215)* bauen auf Reinecke und Ansaris *(2015)* Konzept der *„vorläufigen Waffenstillstände"* auf und führen das Konzept der *„gemeinsamen Basis"* ein. Auf der Grundlage einer Studie über die Interaktion des Automobilunternehmens Ford mit einer aktivistischen Gruppe von Aktionären, die Automobilunternehmen wie Ford und GE öffentlich für ihr geringes Engagement im Zusammenhang mit dem Klimawandel anklagen, entwickeln die Autoren ein dreistufiges Dialogmodell für zwei Parteien, die durch eine Neuinterpretation ihrer Beziehung zueinander, die Schaffung einer gemeinsamen Basis und die Aushandlung von Handlungsoptionen handlungsfähig werden, obwohl Differenzen bestehen bleiben *(Ferraro & Beunza, 2018, S. 1216)*. *Phase 1* des Prozesses beginnt mit einer Annäherung der konkurrierenden Parteien, indem sie ihre Bereitschaft zur Zusammenarbeit signalisieren. Die Autoren bezeichnen diesen Schritt als *„Neuinterpretation der Beziehung"*, da der Schwerpunkt des diskursiven Austauschs auf der Beziehung der Parteien zueinander liegt *(Ferraro & Beunza, 2018, S. 1202–1205)*. In *Phase 2* entwickeln die Parteien eine gemeinsame Problemformulierung, die das Risiko auf eine Handlungsebene übersetzt – im dargestellten Fall betrifft das die Neudefinition des Klimawandels als *„Klimarisiko"* durch und für den Autobauer Ford. Die Problemformulierung als *„Klimarisiko"* übersetzt die vom Klimawandel ausgehenden Umweltrisiken in ein wirtschaftliches Investitionsrisiko für das Unternehmen und wird von den Aktivisten als Signal zur Übernahme von Verantwortung gewertet *(Ferraro & Beunza, 2018, S. 1205–1207)*. Basierend auf dieser gemeinsamen Problemkonstruktion ist es Parteien in *Phase 3* möglich, sich auf die Aushandlung konkurrierender Argumente einzulassen, was wiederum Auswirkungen auf die Handlungen der Parteien hat – im dargestellten Fall führten die Annäherungen dazu, dass Ford als erster Automobilkonzern in den USA eine Strategie zur Emissionsreduzierung entworfen hat. Auf der Gegenseite erkannten die aktivistischen Aktionäre die Problematik der zeitnahen Umsetzung einer Emissionsreduzierung für Ford an. Nachdem Ford gegen den engen regulatorischen Zeitplan zur Umsetzung einer Emissionsreduzierung in Kalifornien geklagt hatte, zog die Organisation ihre Resolution gegen die Klage von Ford zurück *(Ferraro & Beunza, 2018, S. 1207–1210)*. Die Autoren argumentieren, dass die *„gemeinsame Basis"* die Fortsetzung der Kommunikation ermöglicht habe, auch wenn die endgültige Lösung nicht genau dem entsprochen habe, was beide Parteien ursprünglich gewollt hätten *(Ferraro & Beunza, 2018, S. 1217)*.

Schifeling und Hoffman *(2019)* schließlich beschreiben Situationen, in denen Kontroversen zu einem Diskursstillstand führten, weil die streitenden Parteien in ihren Positionen festgefahren waren. Die Autoren untersuchen, wie der Stillstand durch neue Ansätze aufgebrochen werden konnte. In ihrer Studie über den Klimawandel-Diskurs in Amerika zeigen die Autoren auf, dass der Diskurs festgefahren war, weil kontroverse und polarisierte Positionen etabliert waren, die keine Verhandlungen zuließen. Dennoch konnten die Kontroversen aufgebrochen werden, als die „*Divestment*"-Kampagne von Bill McKibben und 350.org neue Handlungsoptionen einführte. Die Kampagne bewirkte die Veräußerung von Aktienanteilen an Kohlebergbauunternehmen durch die Stanford University *(Schifeling & Hoffman, 2019, S. 228)*. Die Autoren argumentieren, dass die Kampagne die Trägheit des Diskurses durchbrochen und Raum für Veränderungen geschaffen habe, indem neue Lösungen im Umgang mit dem Klimawandel im Diskurs an Zugkraft gewonnen hätten, weil sie für verschiedene Organisationen umsetzbar gewesen seien. Gleichzeitig argumentieren die Autoren, dass zu radikale Vorschläge keine Resonanz gefunden hätten – im geschilderten Fall gab es neben der Divestment-Kampagne weitere Impulse im Diskurs, die die Ideologie der freien Marktwirtschaf kritisierten und vorschlugen, das kapitalistische System abzuschaffen. Anders als bei der Divestment-Kampagne wurden diese Vorschläge jedoch nicht umgesetzt *(Schifeling & Hoffman, 2019, S. 228)*.

Zusammenfassend lässt sich festhalten, dass die Management- und Organisationsforschung zu Interaktionen im Umgang mit großen gesellschaftlichen Herausforderungen verschiedene Möglichkeiten aufgezeigt hat, unter denen die Zusammenarbeit von unterschiedlichen Parteien mit unterschiedlichen Interessen stattfinden kann, obwohl die Parteien keinen umfangreichen Konsens über das Problem und die Lösung haben. Basierend auf diesem Stand der Forschung argumentieren die Autoren Gehman, Etzion und Ferraro *(2022, S. 265)*, dass sich die zukünftige Forschung partizipativen Strukturen widmen solle, die Raum für Kontroversen schafften. Während viele der vorangegangenen empirischen Studien eher reaktive und adaptive Prozesse betrachten – z. B. die gegenseitigen Anpassungen von Levy und Kollegen *(2016)* oder das drei-Stufen-Modell von Ferraro und Beunza *(2018)* – gehen Gehman und Kollegen *(2022, S. 265)* davon aus, dass die aktive Legitimierung kontroverser Haltungen den Fortschritt bei großen gesellschaftlichen Herausforderungen erleichtern kann, wenn Strukturen geschaffen werden, die Wertdifferenzen zulassen. Sie argumentieren, dass die

Aushandlung von Wertdifferenzen neue Bedeutungskonstruktionen und Handlungen herbeiführen könne. Daher fordern Sie eine tiefere Auseinandersetzung mit der politikwissenschaftlichen Literatur über Deliberation, da sie davon ausgehen, dass diese unser Verständnis dieser Prozesse bereichern und unsere Fähigkeit zur Gestaltung effektiverer partizipativer Prozesse verbessern könnte.

Bevor im nächsten Abschnitt näher auf die Gestaltung effektiverer partizipativer Prozesse im Rahmen von Kontroversen eingegangen wird, soll im Folgenden zunächst auf die wesentlichen großen gesellschaftlichen Herausforderungen im Zusammenhang mit Technologie und insbesondere mit Big Data und der Datenökonomie eingegangen werden.

2.2.2.4 Große gesellschaftliche Herausforderungen und Technologie

Die Debatten zur Risikogesellschaft sowie ein Großteil der Literatur zu großen gesellschaftlichen Herausforderungen beziehen sich typischerweise auf ökologische Folgen der technischen Modernisierung. Viele der beschriebenen Nebenfolgen manifestieren sich in Schäden von Natur und Umwelt, einige Ausnahmen umfassen die sozialen Folgen der globalen Finanzmarktkrise in 2008 oder die Gesundheitsfolgen von chemischen Produkten wie DDT und BPA.

Bei den Diskursen der Datenökonomie stehen weniger ökologische, sondern eher soziale Folgen der Technologieentwicklung im Fokus wie z. B. Eingriffe in die Privatsphäre des Einzelnen, die Selbstbestimmung von Organisationen oder die Werthaltung einer Gesellschaft. Daher soll im Folgenden kurz auf die wesentlichen Risikodebatten der Datenökonomie eingegangen werden, wenngleich festzuhalten ist, dass diese weiterer empirischer Forschung bedürfen. Die Datenökonomie wird in der Literatur nicht unter der Überschrift der großen gesellschaftlichen Herausforderungen diskutiert. Eine Literaturübersicht über die Forschung zu großen gesellschaftlichen Herausforderungen in den letzten Jahren zeigt auf, dass sich nur eine Studie über Big Data in der Forschung zu großen gesellschaftlichen Herausforderungen verorten lässt *(Howard-Grenville & Spengler, 2022, S. 285)*. Allerdings adressiert die Management- und Organisationsforschung neben den Chancen auch die *„dunklen Seiten" (Trittin-Ulbrich et al., 2021, S. 8; Wrona & Reinecke, 2019a, S. 1)* und *„institutionellen Risiken" (Kokshagina et al., 2022, S. 21; Zuboff, 2022, S. 53)* der Datenökonomie. In diesem Zusammenhang befasst sich die Management- und Organisationsforschung mit den wirtschaftlichen Potenzialen der Wertschöpfung anhand von Daten zur Verbesserung von unternehmerischen Produkten, Prozessen und Geschäftsmodellen sowie mit den ethischen und gesellschaftlichen Risiken, die sich als Nebenfolge einer zunehmenden Datenökonomie ergeben. Die wesentlichen Debatten werden nachfolgend zusammengefasst.

2.2.2.5 Kommerzialisierung und Privatheit

Im Rahmen des breiteren Diskurses über Daten werden unterschiedliche Sichtweisen auf Daten als kommerzielle Ressource oder privates Gut diskutiert. Die Sicht auf Daten als wirtschaftliche Ressource von strategischem Wert hat insbesondere bei Unternehmen Praktiken der Datensammlung, -analyse, -vermarktung und -kapitalisierung ausgelöst. Unternehmen wie Google, Facebook und Amazon erkennen neue Wertschöpfungsmöglichkeiten. Sie bieten kostenfreie Dienste an, um personenbezogene Daten zu sammeln und zu nutzen. Da sie ihre Dienste über Werbung finanzieren, nutzen sie personenbezogene Daten auf zwei Arten, um ihre Plattform für Werbepartner attraktiv zu machen: Zum einen zeigen sie Nutzern auf ihren Plattformen passgenaue Inhalte auf, um sie möglichst lange auf den Plattformen zu halten *(Riemer & Peter, 2021, S. 409)*, zum anderen können sie ihren Kunden und Werbepartnern anbieten, die Werbung passgenau auf die Vorlieben der Nutzer anzupassen, die sie anhand ihrer Daten erkennen *(Zuboff, 2022, S. 11–14)*. Über diese Kommerzialisierung von Daten haben Unternehmen neue Wertschöpfungslogiken kreiert, die sich in hohen Börsenbewertungen niederschlagen *(Schildt, 2022, S. 23; Wrona & Reinecke, 2019b, S. 444)*.

Die zunehmende Kommerzialisierung von personenbezogenen Daten wirft moralische und ethische Fragen im Umgang mit persönlichen Informationen auf. Diese kommen insbesondere zum Tragen, wenn die Daten ohne Einverständnis der Verbraucher verwendet werden, oder wenn keine Transparenz über Art und Umfang der Datenerhebungen besteht *(Martin, 2015, S. 70, 2020, S. 65; Zuboff, 2022, S. 20)*. Mit der zunehmenden Auswertung und Kommerzialisierung von personenbezogenen Daten ergeben sich neue Fragen über eine digitale Überwachung und den Schutz der Privatsphäre *(Flyverbom, 2022, S. 11; Flyverbom et al., 2019, S. 12)*. Wenn Daten personenbezogen genutzt werden, um das ökonomische Prinzip der Personalisierung durch die Erstellung von Personenprofilen und die Klassifizierung von Personen nach Persönlichkeitsmerkmalen und Verhaltensmustern zu maximieren, können Manipulation und Diskriminierung als unerwünschte Nebenfolge auftreten, weil in den Datensätzen ein Bias ist, der durch einen Algorithmus reproduziert wird und eine performative Wirkung entfaltet *(Zuboff, 2022, S. 40)*.

2.2.2.6 Ökonomische Geschäftsmodelle und gesellschaftliche Normen

Neue, datengetriebene Geschäftsmodelle wie digitale Plattformen werden als Chance zur Generierung von wirtschaftlichem und sozialem Wert hervorgehoben, weil sie Menschen über geografische Grenzen vernetzen, neue Vertriebsplattformen für Unternehmen darstellen und neue Formen der datenbasierten und personalisierten Ansprache von Stakeholdern wie Kunden und Dienstleistern ermöglichen *(Kokshagina et al., 2022, S. 1)*. Dies bedeutet, dass Unternehmen ihre Produkte, Dienstleistungen und letztlich ihre Geschäftsmodelle verändern, um den Kunden neue datenbasierte Angebote zu machen, um die ökonomischen Potenziale dieser datengetriebenen Wertschöpfungsformen zu heben. Dazu gehören intelligente, vernetzte Produkte oder Dienstleistungen *(Porter & Heppelmann, 2014, S. 65; van den Broek et al., 2021, S. 1565)* und disruptive Geschäftsmodelle wie die von Google, Amazon und Facebook, die etablierte Märkte (z. B. Werbung, Logistik) verändern *(Khanagha et al., 2022, S. 501; Mazzei & Noble, 2017, S. 411)*.

Die Entwicklung neuer Geschäftsmodelle und die Veränderung bestehender Marktstrukturen führen jedoch auch zu neuen Organisationslogiken und Machtverteilungen, die nicht nur etablierte Formen der ökonomischen Wertschöpfung, sondern auch die Werte und Normen einer Gesellschaft herausfordern *(Kokshagina et al., 2022, S. 1)*. Digitale Plattformunternehmen wie Google oder Facebook bieten zunehmend allgegenwärtige Dienste in vielen Bereichen der Gesellschaft an. Als Teil ihrer Dienste werden viele Inhalte über Algorithmen bestimmt und gesteuert, die den ökonomischen Zielen der Plattformen folgen *(Riemer & Peter, 2021, S. 409; Zuboff, 2015, S. 85)*. In dem Maße, in dem Algorithmen im Alltag präsenter werden, steigt jedoch auch die Erwartung an ihre Konformität mit gesellschaftlichen Werten. Fälle, in denen digitale Plattformunternehmen und ihre algorithmischen Systeme gegen gesellschaftliche Normen verstoßen – z. B. durch die Verbreitung von Falschinformationen und Hassreden, die zur Polarisierung von Gesellschaften und zur Beeinflussung von Wahlen führen können *(Zuboff, 2022, S. 2)* – lösen Debatten über die Regulierung dieser Geschäftsmodelle aus, wie sie in der EU seit einigen Jahren zur Datenschutzgrundverordnung, zur Plattformregulierung und zur Regulierung von Künstlicher Intelligenz geführt werden *(Kokshagina et al., 2022, S. 1)*.

Die vorangegangenen Beispiele zeigen, dass die Entwicklungen der Datenökonomie mit Kontroversen über die ökonomischen und sozialen Effekte der Technologieentwicklung durchsetzt sind. Wenngleich die verschiedenen Debatten nicht in der Literatur der „großen gesellschaftlichen Herausforderungen" geführt werden, werden sie in dieser Arbeit als solche verstanden.

2.2.3 Hybride Foren

In der Soziologie der Risikogesellschaft und der reflexiven Modernisierung sind Kontroversen die Austragung von Wissenskonflikten über die Risiken der technologischen Modernisierung, die sich in Nebenfolgen materialisieren, für die breite Bevölkerung sichtbar werden und so deren Aufmerksamkeit gewinnen. Das Ergebnis sind Wissensverhältnisse, in denen wissenschaftliche Wissensbestände kontrovers diskutiert und Wissenskonflikte aus der Wissenschaft in die Öffentlichkeit getragen werden. Diese Veränderung der Rolle des Wissens reflektiert die zunehmende Bedeutung nicht-technischen Wissens in der Technologieentwicklung, wie etwa gesellschaftlicher Normen und Werte. Ihre Austragung erfordert neue Räume *(Beck, 2012, S. 37; Giddens, 2019, S. 157; Keller, 2006, S. 41–42)*.

In der Literatur zu großen gesellschaftlichen Herausforderungen werden Kontroversen als Bestandteil komplexer Multiparteienprozesse im Umgang mit gesellschaftlichen Meta-Problemen definiert, um die Prozesshaftigkeit des Organisationsprozesses zu betonen *(Gray et al., 1985, S. 90; Reinecke & Ansari, 2015, S. 3)*. Weil große gesellschaftliche Herausforderungen komplex und evaluativ sind, erfordert der Umgang mit ihnen Multiparteienprozesse, die organisationalen und institutionellen Wandel – z. B. Nachhaltigkeitsstandards *(Levy et al., 2016)*, Fair–trade-Mindestpreise *(Reinecke & Ansari, 2015)*, Emissionsreduktionsstrategien (Ferraro & Beunza, 2018) oder Divestments *(Schifeling & Hoffman, 2019)* – herbeiführen, weil die zugrundeliegende Erkenntnis darin besteht, dass Organisationen und Institutionen zugleich Verursacher und Lösung von großen gesellschaftlichen Herausforderungen sind *(Howard-Grenville et al., 2014, S. 615)*. Diese Multiparteienprozesse erfordern neue Formen der Organisation *(Ferraro et al., 2015, S. 375; Gehman et al., 2022, S. 265)*.

Beide vorgenannten Forschungsfelder widmen sich in der Folge der Frage, wie Prozesse zum Umgang mit Risiken oder großen gesellschaftlichen Herausforderungen organisiert werden können, um unterschiedliche Parteien in den Prozess einzubinden und die Risiken und Nebenfolgen der Modernisierung besser handhaben zu können – z. B. durch die Forderung nach einer dialogischen Demokratie *(Giddens, 2019, S. 194)* oder nach Ansätzen, die partizipativer, mehrdeutiger, experimenteller und *„hoffentlich effektiver"* *(Gehman et al., 2022, S. 265)* sind.

Ein ausformuliertes Konzept, das sich der Gestaltung partizipativer Strukturen zur Austragung von Kontroversen widmet, betrifft *„hybride Foren"*. Callon, Lascoumes und Barthe *(2009)* schlagen die Einrichtung von hybriden Foren vor, um zur *„Demokratisierung von Technologie"* beizutragen, indem sie Technologieentwicklungsprozesse öffnen und für die Beteiligung der Öffentlichkeit zugänglich machen. Ausgangspunkt ist die Auffassung der Autoren, dass die institutionellen Rahmenbedingungen für Akteure in demokratischen Gesellschaften, sich im Zusammenhang mit Technologieentwicklungen mit Risiken und Kontroversen zu befassen, unzulänglich sind.

2.2.3.1 Defizite der delegativen Organisation

Die Autoren befassen sich mit den Defiziten der delegativen Organisation von Politik, Wissenschaft und Wirtschaft beim Umgang mit Risiken und bezeichnen diesen als *„delegativ"* *(Callon et al., 2009, S. 119; Callon et al., 2002, S. 194)*. Delegativ bezeichnet dabei die Zuordnung von Rollen und Aufgaben zu bestimmten gesellschaftlichen Gruppen wie Wissenschaft, Politik und Wirtschaft,[7] die weitgehend isoliert agieren und auf Impulse anderer Akteursgruppen begrenzt reagieren. Callon und Kollegen *(2009)* argumentieren, dass die Delegation darauf abziele, eine eindeutige Rollenzuordnung zu schaffen und Verwechslungen von Rollen und Verantwortlichkeiten zu vermeiden *(Callon et al., 2009, S. 120)*. Unter Bezugnahme auf Luhmanns Konzept der funktionalen Differenzierung kann zusätzlich argumentiert werden, dass die Organisation der Gesellschaft in selbstreferentiellen Subsystemen zur Effizienz in der Organisation gesellschaftlicher Prozesse beiträgt.

Sind Subsysteme delegativ organisiert, ist auch die Wissensproduktion der Akteure in diesen Subsystemen begrenzt, da sie im Wesentlichen ihren delegativen Aufgaben nachgehen, sodass Risiken und Unsicherheiten an den Rand gedrängt werden. Die *Wissenschaft*, argumentieren die Autoren, werde in delegativen Demokratien traditionell beauftragt, Wissen über ein zugrundeliegendes Problem und den möglichen Umgang damit zu schaffen, das als notwendige Wissensgrundlage für die Politik oder die Wirtschaft dienen könne. Die Prozesse der Wissenserzeugung erfolgen durch Spezialisten unter Anwendung ihrer etablierten Forschungsmethoden, wobei im Wesentlichen Nicht-Wissenschaftler aus dem Prozess der Wissensproduktion ausgegrenzt werden *(Beck, 2012, S. 28; Callon et al., 2009, S. 119–120)*. Die *Politik* ist traditionell delegativ organisiert, indem gewählte Vertreter zwar als Repräsentanten des Volkes agieren, die Auswahl von Themen und die Agendasetzung jedoch auf Wahlprogrammen basiert und die Umsetzung dieser Themen zeitlich auf eine Wahlperiode begrenzt ist. Weil politische Entscheidungen traditionell auf Basis der von der Wissenschaft geschaffenen

---

[7] Die Wirtschaft findet bei Callon und Kollegen (2009) keine explizite Berücksichtigung, da sein Buch einen Fokus auf die Organisation von Politik und Wissenschaft legt, wird aber in anderen Beiträgen adressiert (siehe z. B. *Callon et al., 2002*).

Wissensgrundlagen getroffen werden, bleiben die Wissensflüsse anderer Akteure eher unberücksichtigt *(Callon et al., 2009, S. 120–121)*.

Die Autoren sehen in delegativen Strukturen eine doppelte Ausgrenzung von denjenigen Gruppen, die sie als *„Nicht-Experten" („laypersons")* und *„normale Bürger" („ordinary citizens")* bezeichnen *(Callon et al., 2009, S. 121)*, weil sie an Wissensproduktionen von Wissenschaftlern im Auftrag von politisch gewählten Vertretern oder von Unternehmen nicht teilnehmen. Darüber hinaus kritisieren sie, dass diese Ausgrenzung in die Strukturen der Gesellschaft eingeschrieben, d. h. institutionalisiert sei *(Callon et al., 2009, S. 122)*. Problematisch sei dies, weil die Strukturen darauf ausgelegt seien, Stabilität zu schaffen und Unsicherheit zu reduzieren, um zur Aufrechterhaltung und Legitimität der Demokratie beizutragen. Das Problem in der Technologieentwicklung bestehe jedoch darin, dass das Risiko der Technologieentwicklung inhärent sei. Insofern argumentieren die Autoren, dass die mit der Technologieentwicklung verbundenen Kontroversen ausgetragen werden müssten, um die Technologieentwicklung im Sinne der Gesellschaft zu gestalten, statt Risiken wegzudrücken *(Callon et al., 2009, S. 122)*.

2.2.3.2 Ansätze der dialogischen Organisation

Die Frage, ob und wie politische und wissenschaftliche Institutionen und Unternehmen in der Lage sind, Risikodiskurse als Diskurse der Wissensproduktion zu begreifen und Räume zu schaffen, in denen Kontroversen ausgetragen werden können, argumentieren Callon und Kollegen *(2009, S. 9)*, sei deshalb so relevant, weil immer mehr Technologieentwicklungen dieser Zeit fundamental kontrovers seien – d. h. ihre Entwicklung oder Einführung in die Gesellschaft löse Kontroversen aus. Sie beziehen sich dabei auf Beispiele wie gentechnisch veränderte Organismen *(„genetically modified organisms"*, kurz: GMO), Rinderwahn *(„Bovine Spongiform Encephalopathy"*, kurz: BSE), Atommüll und andere, deren Entwicklung in den vergangenen Jahren durch kontroverse Diskurse gesäumt war. Diese Beispiele ziehen die Autoren in ihrem Buch anekdotisch heran, um die begrenzten Kapazitäten der delegativen Demokratie und ihrer institutionellen Akteure (insb. aus Politik und Wissenschaft) im Umgang mit den Risiken aufzuzeigen, die sich dann in unvorhergesehenen Ereignissen materialisieren:

> *Wissenschaft und Technologie können nicht von den politischen Institutionen gesteuert werden, die uns derzeit zur Verfügung stehen. Natürlich geht es nicht darum, sie abzuschaffen. Sie haben ihre Wirksamkeit hinreichend unter Beweis gestellt. Aber ihre Grenzen sind nicht weniger offensichtlich. Sie müssen bereichert, erweitert, ausgebaut und verbessert werden, um das zu erreichen, was manche als technische Demokratie bezeichnen, oder genauer gesagt, um unsere Demokratien besser in die Lage zu versetzen, die durch Wissenschaft und Technologie ausgelösten Debatten und Kontroversen*

aufzunehmen. GMOs, BSE, Atommüll, Mobiltelefone, Hausmüllbehandlung, Asbest, Tabak, Gentherapie, Gendiagnostik – die Liste wird von Tag zu Tag länger. Es ist nicht sinnvoll, jedes Problem einzeln zu behandeln, als ob es sich immer um außergewöhnliche Ereignisse handeln würde. Das Gegenteil ist der Fall. Diese Debatten werden immer mehr zur Regel. Überall überschreiten Wissenschaft und Technologie die Grenzen des bestehenden Rahmens. Die Welle bricht sich. Unvorhergesehene Auswirkungen vervielfachen sich. Sie können von den Märkten ebenso wenig verhindert werden wie von den wissenschaftlichen und politischen Institutionen. (Callon et al., 2009, S. 9; Übersetzung durch die Verfasserin).

Callon und Kollegen *(2009, S. 10)* fordern nicht die Abschaffung der delegativen Strukturen, sondern ihre Ergänzung durch dialogische Strukturen, in denen Kontroversen einen Raum finden, ausgetragen zu werden und einen Beitrag zur Wissensproduktion in der Technologieentwicklung zu leisten. Konkret schlagen sie die Schaffung von „hybriden Foren" vor, die zur *„Demokratisierung"* von Technologieentwicklungsprozessen beitragen sollen, indem diejenigen Akteure einer Gesellschaft, die in der delegativen Demokratie strukturell aus der Wissensproduktion ausgegrenzt sind, in die Wissensproduktion eingebunden werden. Diese Einbindung bezeichnen sie als *„dialogische"* Organisation *(Callon et al., 2009, S. 35)*. Hybride Foren schaffen die Strukturen zur dialogischen Organisation.

2.2.3.3 Hybride Foren als partizipative Strukturen zur Austragung von Kontroversen

Callon und Kollegen *(2009, S. 18)* fordern, dass Akteure, die in der delegativen Organisation der Gesellschaft traditionell aus der Wissensproduktion ausgeschlossen sind, in die Gestaltung der Technologieentwicklung einzubeziehen sind. Hybride Foren sind öffentliche Räume, die das Zusammenkommen von Gruppen ermöglichen und in denen Kontroversen ausgetragen werden, um Technologieentwicklungsalternativen zu diskutieren *(Callon et al., 2009, S. 18)*. „Hybrid" bezeichnet die Heterogenität der Akteure und Perspektiven – *„von der Ethik bis zur Wirtschaft einschließlich Physiologie, Kernphysik und Elektromagnetismus."* *(Callon et al., 2009, S. 18; Übersetzung durch die Verfasserin)* –, die sie in den Prozess einbringen, um Probleme zu definieren und Risiken zu adressieren. „Foren" bezeichnen die Aushandlungsräume, in denen Experten, Politiker, Wissenschaftler und Laien, die sich selbst als beteiligt betrachten, zusammenkommen und die kontroversen Seiten der Technologieentwicklung diskutieren *(Callon et al., 2009, S. 18)*.

Die Autoren argumentieren weiter, dass die delegative Demokratie dann effektiv sei, wenn Wissen stabilisiert werden könne *(Callon et al., 2009, S. 10)*. Wenn jedoch Unsicherheiten bestehen und Kontroversen auftreten, muss sie ergänzt werden, um diese Kontroversen auszuhandeln und unterschiedliche Perspektiven auf das zugrundeliegende Problem zu erhalten. Die Autoren sehen ihre Aufgabe darin, mithilfe hybrider Foren neue Räume zu schaffen, die dazu beitragen sollen, Unsicherheiten in den Mittelpunkt der Debatte zu stellen und aufzufangen *(Callon et al., 2009, S. 10)*. Sie führen dazu wie folgt aus:

> *Wenn wir mit Ungewissheiten konfrontiert werden, sind zwei Haltungen möglich. Die erste Haltung (die etwas kleinmütig ist) besteht darin, sie als Bedrohung zu betrachten, die es zu beseitigen und zu reduzieren gilt. Die zweite (positive) besteht darin, sie als Ausgangspunkt für eine Erkundung zu sehen, die darauf abzielt, die Welt, in der wir zu leben beschließen, zu verändern und zu bereichern. Die erste Haltung wird spontan von all jenen eingenommen, die davon überzeugt sind, dass nur die delegative Demokratie, vor allem aufgrund ihrer früheren Leistungen, die gesellschaftliche Akzeptanz von Wissenschaft und Technologie steuern kann. Die zweite Haltung, die wir eingenommen haben, sieht in der Erforschung und Diskussion sozialer, wissenschaftlicher und technischer Unsicherheiten das beste Mittel, um zu einer stets vorläufigen, akzeptablen und akzeptierten Ordnung zu gelangen. Die These, die wir vertreten, lautet, dass bestehende Kontroversen nicht nur begrüßt und als Teil der Demokratisierung der Demokratie anerkannt werden müssen, sondern dass sie darüber hinaus ermutigt, stimuliert und organisiert werden sollten. (Callon et al., 2009, S. 256–257; Übersetzung durch die Verfasserin)*

Hybride Foren schließen unter anderem an die Ausführungen Jürgen Habermas zu öffentlichen Räumen *(„public spaces")* an und stellen ebenfalls *„die Debatte, die Diskussion, den Austausch von Argumenten und den Willen aller, einander zu verstehen und zuzuhören" (Callon et al., 2009, S. 262; Übersetzung durch die Verfasserin)* in den Mittelpunkt. Hybride Foren setzen jedoch auch an der Kritik an Habermas an, die unter anderem in der Organisationstheorie vielfach erörtert wurde *(siehe z. B. Ferraro & Beunza, 2018, S. 1914)*. Diese bezieht sich auf die von Habermas angenommene Rationalität der Akteure und die normative Vorstellung, dass ein Konsens erreicht werden kann, weil beteiligte Parteien mithilfe der Vernunft zustimmen können, dass es nur eine richtige Entscheidung geben kann *(Callon et al., 2009, S. 263)*. Callon und Kollegen *(2009)* grenzen sich von Habermas ab, indem sie betonen, dass hybride Foren nicht darauf abzielen, einen rationalen Konsens herbeizuführen, sondern eine alternative Bedeutung zu schaffen *(Callon et al., 2009, S. 262; Gond & Nyberg, 2017, S. 1141)*. Gond und Nyberg illustrieren dies am Beispiel der „Carbon Tracker Initiative", einer gemeinnützigen Denkfabrik für den Finanzsektor, die es sich zum Ziel gesetzt hat, den Kapital- und Energiemarkt nachhaltiger zu machen *(Carbon Tracker Initiative, 2023)*. Die Carbon Tracker Initiative hat mit dem Begriff der *„gestrandeten Vermögenswerte"*

Investitionen in fossile Brennstoffe umdefiniert und bei großen Kapitalmarktinstitutionen ein Umdenken über ihre Investitionen angestoßen. Indem die Initiative sich in die Wissensproduktion einbrachte, konstruierte sie eine alternative Bedeutung von Kohlenstoff *(Gond & Nyberg, 2017, S. 1141)*. Die Autoren schlussfolgern, dass hybride Foren, wie in gewisser Weise auch die Carbon Tracker Initiative, nicht darauf abzielen, bestehende Märkte wie die fossile Brennstoffindustrie herauszufordern, mit ihr zu diskutieren und einen Konsens zu erreichen, sondern die Deutung der zugrundeliegenden Technologie zu erweitern *(Gond & Nyberg, 2017, S. 1141)*, womit sie zwar nicht dem Ideal von Callon und Kollegen entsprechen, sich aber immerhin deren Vorstellung annähern.

2.2.3.4 Technologieentwicklungen als Übersetzungen

Um die Grenzen der Wissensproduktion und die potenziellen Wissensbeiträge von hybriden Foren in verschiedenen Kontexten zu differenzieren, greifen Callon und Kollegen *(2009, S. 48–70)* auf drei Phasen im Prozess der Wissensproduktion zurück. Entlang dieser drei Phasen beschreiben sie drei Übersetzungsvorgänge der Technologieentwicklung[8] und weisen in jeder Phase auf Unzulänglichkeiten zur umfassenden Risikodiskussion hin, die sie darauf zurückführen, dass Technologieentwicklungen *„abgeschottet"* *(„secluded", Callon et al., 2009, S. 37–70)* stattfinden, d. h. wenig Raum für externe Wissensquellen zulassen.

Den ersten Übersetzungsvorgang („**Übersetzung 1**") bezeichnen die Autoren als Problemdefinition: Ein komplexes und vielschichtiges Problem wird auf eine konkrete Fragestellung reduziert, die im Technologieentwicklungsprozess bearbeitet wird – dieser Schritt wird als Übersetzung *„vom Makrokosmos zum Mikrokosmos"* *(„from the Macrocosm to the Microcosm", S. 48)* definiert. In der zweiten Phase („**Übersetzung 2**") erfolgt die Technologieentwicklung selbst unter Ausschluss der Öffentlichkeit, z. B. die Arbeit einer Forschungsgruppe im Labor. In der dritten Phase („**Übersetzung 3**") erfolgt die Implementierung der Technologie und löst Reflektionen über ihre Effekte aus, wenn sie im Kontext angewendet wird – Callon und Kollegen nennen das *„Rückübersetzung in den Makrokosmos"* *(„Return to the Big World", Callon et al. 2009, S. 59)*. Die Unterteilung der Technologieentwicklung in drei Übersetzungsschritte dient den Autoren im ersten Schritt dazu, die phasenspezifischen Probleme unzulänglicher Wissensproduktionen in abgeschotteten Technologieentwicklungsprozessen zu

---

[8] Die grundlegende Idee eines Übersetzungsvorgangs besteht darin, dass Transformationen/ Kontextualisierungen von einer „Ausgangssprache" in eine „Zielsprache" erfolgen, wobei jedoch das Wissen ausgeschlossen wird.

identifizieren. Darauf aufbauend, schlagen die Autoren im zweiten Schritt Erweiterungsmöglichkeiten entlang der drei Übersetzungsvorgänge vor, um externe Wissensquellen (z. B. Nicht-Experten) in den Technologieentwicklungsprozess einzubinden – z. B. in **Übersetzung 1** zur Problemdefinition, in **Übersetzung 2** zur Öffnung des Entwicklungsprozesses und in **Übersetzung 3** zur breiteren Reflektion über die Effekte der Technologieimplementierung *(Callon et al., 2009, S. 98)*.

Zusammenfassend zeigen die Autoren drei Unzulänglichkeiten im Prozess der Wissensproduktion und Technologieentwicklung auf und formulieren stattdessen Ansatzpunkte für eine kollektive Wissensproduktion. Diese werden in Abbildung 2.1 zusammengefasst und im Folgenden ausgeführt:

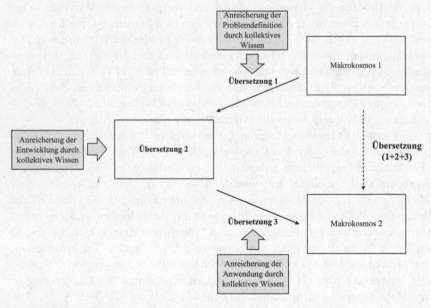

Abbildung 2.1 Übersetzungsprozesse in der Technologieentwicklung. (In Anlehnung an Callon et al., 2009, S. 69)

Als **Übersetzung 1** bezeichnen die Autoren den *„Übergang vom Makrokosmos zum Mikrokosmos" (Callon et al., 2009, S. 48–49)*. In diesem Schritt findet eine Reduzierung der größeren Problemlage in eine handhabbare Problemdefinition statt. Die Autoren beschreiben die Reduktion damit, dass *„die reale Welt"* (Makrokosmos) auf *„das Labor"* (Mikrokosmos) reduziert wird, indem die

Realität in eine vereinfachte Formen „*übersetzt*" wird, sodass sie anschließend untersucht werden kann.[9] Diese Übersetzung erfordert eine Komplexitätsreduktion und erfolgt durch „*sukzessive Extraktionen, Abstraktionen und Reduktionen*" *(Callon et al., 2009, S. 49).* Übersetzung 1 findet typischerweise unter Ausschluss der Öffentlichkeit statt – z. B., wenn Forschergruppen eine Fragestellung formulieren. Die Autoren kritisieren die Exklusion externer Wissensquellen durch den Ausschluss der Öffentlichkeit, da hierdurch der Prozess der Wissensproduktion begrenzt wird. Diese Exklusion externer Wissensquellen beschreiben sie wie folgt:

> *Wir werden diese Bewegung, die von der großen Welt ausgeht, um zum Labor zu gelangen, und die eine komplexe und rätselhafte Realität durch eine einfachere, besser manipulierbare Realität ersetzt, die aber dennoch repräsentativ bleibt, Übersetzung 1 nennen. (…) Der Abstand zwischen der Welt und dem Labor mag größer oder kleiner sein, die Forschung mag mehr oder weniger abgeschieden sein, aber in jedem Fall gibt es diesen Umweg – die Übersetzung –, der, wenn er gut bewältigt wird, einen gewissen Grad an realistischer Reduktion gewährleistet. So können sich die Forscher nach und nach in ihren Laboren vergraben und nur ihre Kollegen und ihre Instrumente zulassen. Was sie studieren, beschreiben, analysieren und interpretieren, ist eine gereinigte und vereinfachte Welt, aber wenn sie ihre Arbeit gut gemacht haben, ist es eine Welt, die mit der großen Welt verbunden werden kann, von der sie sich sorgfältig ferngehalten haben. (Callon et al., 2009, S. 50; Übersetzung durch die Verfasserin)*

Um die beschriebene Exklusion externer Wissensquellen in der Phase der Problemkonstruktion aufzulösen, schlagen die Autoren vor, dass Experten und Nicht-Experten in einen Dialog treten, um das Wissen der Nicht-Experten in die Problemdefinition einfließen zu lassen. Die Autoren veranschaulichen dies am Beispiel einer Kleinstadt in Massachusetts in den 1980er Jahren, in der Bewohner auf die steigenden Leukämie-Raten bei Kindern reagierten, indem sie eigene Untersuchungen über den Zusammenhang zwischen den Erkrankungen und der städtischen Mülldeponie einleiteten. Diese Partizipation der Bewohner an der Problemdefinition, argumentieren sie, veranschauliche, wie externe Wissensquellen zur Aufdeckung von Nebenfolgen beitragen könnten. Im gewählten Beispiel wurden die Existenz von Schadstoffen und der Zusammenhang mit den Erkrankungen später wissenschaftlich nachgewiesen *(Callon et al., 2009, S. 77–83).*

---

[9] Die Autoren verwenden den Term „Labor", um die Prozesse der Wissensproduktion in einer abgegrenzten Wissensrichtung zu bezeichnen. Diese Fokussierung auf Laborforschung ist unter anderem damit zu begründen, dass in den dargestellten Technologiebeispielen häufig chemische oder physikalische Laborprozesse in den Wissenschaftsprozess integriert waren, z. B. im Bereich der Kernforschung oder der Erforschung von Bakterien.

Als **Übersetzung 2** bezeichnen die Autoren den Prozess der Technologieentwicklung selbst. Die Labor-Metapher veranschaulicht, dass dieser Prozess unter Ausschluss der Öffentlichkeit – „im Labor" – stattfindet. In dieser Phase der Technologieentwicklung werden die zuvor formulierten Fragestellungen durch Experten unter Anwendung etablierter Methoden und Instrumente ausgearbeitet und getestet sowie Ergebnisse vor dem Hintergrund der Problemstellungen interpretiert. Mit Rückgriff auf die kritische Wissenschaftstheorie, die die unterstellte Objektivität der Wissenschaft in Frage stellt, bemängeln die Autoren die Subjektivität und Abgeschiedenheit der Wissenskonstruktion in dieser Phase der Technologieentwicklung und argumentieren – ähnlich wie Beck *(Beck, 2012, S. 28)*, – dass die Wissenskonstruktion den (politischen, wirtschaftlichen) Zielen ihrer Auftraggeber unterliege sowie alternative Interpretationen ausschließe *(Jasanoff, 1998, S. 95)*.

Im Kontext der vorliegenden Forschung relevant ist insbesondere die Kritik, dass die Prozesse der Wissensproduktion „*abgeschottet*" stattfinden und externe Wissensquellen aus dem Prozess der Technologieentwicklung ausschließen. Callon und Kollegen argumentieren, dass in der Übersetzung 2 Technologieentwicklungs- und Wissensprozesse in ein breiteres Kollektiv eingefügt werden müssten, bei dem neues Wissen und neue Kompetenzen eingebracht und Erklärungen für die vorgenommenen Vereinfachungen verlangt würden, was den Erklärungsdruck der Verantwortlichen für die Technologieentwicklung erhöhen und sie für alternative Perspektiven sensibilisieren würde.

Als **Übersetzung 3** bezeichnen die Autoren die Technologieimplementierung – oder „*Rückkehr in die große Welt*" („*Return to the big world*", Callon et al., 2009, S. 59). In dieser Phase werden die Ergebnisse der „*Laborforschung*" in die „*große Welt*" hinausgetragen und „*auf ihre Rezeptionsfähigkeit getestet*" (Callon et al., 2009, S. 59). Damit stellt Übersetzung 3 die Implementierung der Technologien in einen Kontext dar. Diese Implementierung, argumentieren die Autoren, löse eine Neukonfiguration der realen Welt aus, um die Laborbedingungen widerzuspiegeln und analoge Wirkungen wie im Labor zu erzeugen. Diesen unidirektionalen Adaptionsprozess bezeichnen die Autoren als „*Laboratisierung*": „*Damit sich die Welt so verhält wie im Forschungslabor (…) müssen wir die Welt einfach so umgestalten, dass an jeden strategischen Punkt eine ‚Replik' des Labors, des Ortes, an dem wir die untersuchten Phänomene kontrollieren können, platziert wird.*" (Callon et al., 2009, S. 65, Übersetzung durch die Verfasserin).

Callon und Kollegen veranschaulichen den geschilderten Prozess anhand der Einführung eines neuen Impfstoffs, der zunächst im Labor getestet und anschließend ins Feld eingeführt wird. Damit Ärzte diesen Impfstoff in ihr

Behandlungsrepertoire aufnehmen können, führen sie eine Reihe von Adaptionsmaßnahmen durch, wie die Teilnahme an Schulungen, die Einrichtung eines Labors in der Praxis zur Diagnoseunterstützung sowie den Aufbau der notwendigen Prozesse und Infrastrukturen zur Beschaffung und Lagerung des Impfstoffs. Mit dem Prozess der Technologieimplementierung wird der Prozess geöffnet und Nicht-Experten werden vor Ergebnisse gestellt. Als Betroffene können sie sich nun in den Prozess der Wissensproduktion einbringen, Effekte aufzeigen und Anpassungen einfordern *(Callon et al., 2009, S. 125)*.

Callon und Kollegen nutzen die Begriffe „Nicht-Experten" („non-experts"), „Laien" („laypersons") oder „normale Bürger" („ordinary citizens"), um Wissensquellen zu bezeichnen, die aus dem traditionellen Prozess der Wissensproduktion und Technologieentwicklung ausgeschlossen sind. Sie erkennen jedoch an, dass die Begriffe irreführend sind. Sobald „Nicht-Experten" etc. sich in Prozesse der Wissensproduktion einbringen, wechselt ihr Status von Nicht-Experten zu Beteiligten der Wissensproduktion, und damit auch der Prozess der Wissensproduktion, der nicht mehr *„zurückgezogen im Labor"*, sondern im gesellschaftlich eingebetteten Kontext (*„in freier Wildbahn"* bzw. *„in the wild"*) stattfindet. Die Autoren schlussfolgern entsprechend:

> *Es ist ein Fehler, in solchen Konstellationen immer noch von Laien zu sprechen: Um alle Spuren der Dissymmetrie zu beseitigen, auch und vor allem im Vokabular, ist es eindeutig richtiger, von zurückgezogenen Forschern und Forschern in freier Wildbahn zu sprechen und drei Formen von Beziehungen zwischen diesen beiden Populationen zu beschreiben. (Callon et al., 2009, S. 125, Übersetzung durch die Verfasserin)*

In dieser Arbeit wird von *„kollektiven Wissensprozessen"* gesprochen, wenn unterschiedliche Parteien Kontroversen über Technologieentwicklungen aushandeln und ihr Wissen in den Prozess der Technologieentwicklungen einbringen.

Callon und Kollegen *(2009, S. 48–70)* zeigen drei Phasen der Wissensproduktion in der Technologieentwicklung auf, bemängeln den Ausschluss externer Wissensquellen und unzulängliche Risikodiskussionen in den Phasen und schlagen die Einrichtung von hybriden Foren vor, um diese Wissensprozesse zu erweitern. Diese Anregung wurde zwar von der Organisations- und Managementforschung aufgegriffen *(Ferraro et al., 2015, S. 373)*, empirische Studien dazu fehlen allerdings bisher.

2.2.4   Implikationen für die Untersuchung der Datenökonomie und Forschungsfragen

Zusammenfassend lässt sich festhalten, dass die Forschung zur Datenökonomie als große gesellschaftliche Herausforderung unterrepräsentiert ist. Trotz der Anerkennung ihrer negativen Folgen für Individuen, Organisationen und die Gesellschaft fehlt es an empirischen Studien, die insbesondere die Kontroversen und ihre Austragung in der Gesellschaft untersuchen. Dies scheint jedoch von besonderer Dringlichkeit vor dem Hintergrund zunehmender Datenskandale, steigender Regulierungsbestrebungen und einer erhöhten Datenschutzsensibilität, die aktuell in der Gesellschaft zu beobachten ist *(z. B. Kokshagina et al., 2022, S. 3)*. Zuboff *(2022, S. 53)* bezeichnet den aktuellen Stand der Datenökonomie als *„Meta-Krise von Demokratien"*, die es versäumt haben, Steuerungsmechanismen für die Datenökonomie zu etablieren und von den Nebenfolgen überwältigt werden. Versteht man die Datenökonomie als große gesellschaftliche Herausforderungen, d. h. als *evaluativ, komplex* und *unsicher (Ferraro et al., 2015, S. 365)*, deren Nebenfolgen die demokratischen Werte der Gesellschaft gefährden *(Beck, 2012, S. 27)*, ergibt sich die Frage, wie die Datenökonomie sich entwickelt hat, welche Akteure an der Risikodefinition beteiligt waren und welche Interessen sie verfolgt haben, welche Kontroversen dabei aufkamen und wie sie ausgetragen wurden. Während Zuboff in ihren Arbeiten die Entwicklung in den USA aufgezeigt *(Zuboff, 2019, 2022)*, fehlt es für Europa und Deutschland zum aktuellen Forschungsstand an empirischen Langzeitstudien, die die Entwicklung der Datenökonomie aufzeigen. Vor diesem Hintergrund lautet die erste Forschungsfrage dieser Arbeit:

Forschungsfrage 1:   *Wie hat sich der Diskurs der Datenökonomie entwickelt und welche Kontroversen spielten in der Entwicklung eine Rolle?*

Die Management- und Organisationsforschung zu großen gesellschaftlichen Herausforderungen hat aufgezeigt, dass der Umgang mit ihnen fundamental kontrovers ist. Callon und Kollegen *(2009)* schlagen hybride Foren zur Austragung von Kontroversen vor und argumentieren, dass die Austragung von Kontroversen und der Einbezug externer Wissensquellen zum besseren Umgang mit Risiken im Technologieentwicklungsprozess beitragen könne. In der Management- und Organisationsforschung gibt es derzeit jedoch keine Forschung darüber, wie Kontroversen ausgetragen werden und welche Rolle sie für die Technologieentwicklung spielen. Auffällig ist, dass Kontroversen und Risikodiskurse häufig als

für die Technologieentwicklung hinderlich beschrieben werden *(z. B. Bodrožić &*
Adler, 2022, S. 120), oder dass einzelne Akteure fordern, die Chancen im Technologieentwicklungsprozess stärker zu betonen, um die Technologieentwicklung
überhaupt erst zuzulassen *(z. B. Bitkom, 2016, S. 3)*. Vor dem Hintergrund dieser im wissenschaftlichen und im öffentlichen Diskurs häufig hervorgebrachten
Argumentation scheint es wichtig, durch eine Langzeitstudie ein detailliertes
Bild der Rolle von Kontroversen in der Technologieentwicklung zu erhalten.
Zudem werden in der Management- und Organisationsforschung hybride Foren
zwar in konzeptionellen Beiträgen zu großen gesellschaftlichen Herausforderungen als Vehikel zur Austragung von Kontroversen vorgeschlagen, um Ansätze
für den Umgang mit großen gesellschaftlichen Herausforderungen aufzuzeigen
(Ferraro et al., 2015, S. 373; Gond & Nyberg, 2017, S. 1140), derzeit gibt es
jedoch keine empirischen Studien zur Rolle von hybriden Foren in kontroversen Technologieentwicklungsprozessen. Vor diesem Hintergrund lautet die zweite
Forschungsfrage dieser Arbeit:

Forschungsfrage 2:   *Welche kollektiven Wissensprozesse gab es und wie haben*
sie die Entwicklung der Datenökonomie beeinflusst?

Im nachfolgenden Kapitel wird der methodische Ansatz beschrieben, der entwickelt wurde, um die beiden Forschungsfragen zu beantworten.

Methodik

Um die Forschungsfragen zu beantworten, wie sich der Diskurs der Datenökonomie entwickelt hat, welche Kontroversen in der Entwicklung eine Rolle spielen, welche kollektiven Wissensprozesse es gab und wie sie die Entwicklung der Datenökonomie beeinflusst haben, wurde eine wissenssoziologische Diskursanalyse durchgeführt, die im Folgenden näher ausgeführt wird. Die wissenssoziologische Diskursanalyse eignet sich für die genannten Fragestellungen besonders, weil sie ein Programm zur Untersuchung der Aushandlungsprozesse von Kontroversen und anderen Themen des öffentlichen Diskurses anbietet und zugleich die Wissensabhängigkeit dieser Prozesse berücksichtigt.

In diesem Kapitel soll der methodische Ansatz der Untersuchung vorgestellt werden. Dafür wird zunächst ein kurzer Überblick über Diskursanalysen in der Management- und Organisationsforschung gegeben. Im Anschluss wird der wissenssoziologische Ansatz dieser Arbeit eingeführt. Es folgt eine Beschreibung des empirischen Vorgehens mit einer Vorstellung des untersuchten Falls, der Datenerhebung und der Datenanalyse.

3.1 Überblick über Diskursanalysen in der Management- und Organisationsforschung

Überblicke über Diskursanalysen in der Management- und Organisationsforschung bieten Alvesson und Karremann *(2000)*, Phillips und Hardy *(2002)* sowie Putnam und Fairhurst *(2001)*. Die angegebenen Studien lassen sich im Wesentlichen anhand des Analyselevels und des Betrachtungsschwerpunktes unterscheiden.

© Der/die Autor(en), exklusiv lizenziert an Springer Fachmedien Wiesbaden GmbH, ein Teil von Springer Nature 2023
P. C. M. Reinecke, *Diskurse der Datenökonomie*, https://doi.org/10.1007/978-3-658-43513-4_3

3.1.1 Makro- und Mikrolevel Diskursstudien

In ihrer Kategorisierung verschiedener Diskursstudien im Bereich der Organisations- und Managementforschung unterscheiden Phillips und Hardy *(2002)* Diskursstudien danach, ob sie den lokalen Kontext des untersuchten Textes (Mikroebene) oder den breiteren sozialen Kontext (Makroebene) in die Analyse einbeziehen *(Phillips & Hardy, 2002, S. 19; Wetherell, 2001, S. 387)*. In ähnlicher Weise kategorisieren Alvesson und Karremann *(2000)* Diskurse als lokale Diskurse gegenüber Mega-Diskursen *(2000, S. 1129–1130)*. Die Untersuchung eines lokalen Kontextes betrachtet konkrete Interaktionsmomente einschließlich:

> *(...) der Art des Anlasses oder des Genres der Interaktion, für die die Teilnehmer eine Episode halten (z. B. eine Beratung, ein Verhör, eine Familienmahlzeit), der Gesprächsabfolge, in der bestimmte Ereignisse stattfinden, und der Funktionen, in denen die Personen sprechen (als Initiator, Instrukteur oder Befragter). (Wetherell, 2001, S. 338; zitiert in Phillips & Hardy, 2002, S. 19; Übersetzung durch die Verfasserin)*

Die Betrachtung eines breiteren sozialen Kontextes dagegen betrifft: *„Dinge wie die soziale Klasse, die ethnische Zusammensetzung der Teilnehmer, die Institutionen oder Orte, an denen der Diskurs stattfindet, und die ökologischen, regionalen und kulturellen Rahmenbedingungen."* *(Wetherell, 2001, S. 338; zitiert in Phillips & Hardy, 2002, S. 19; Übersetzung durch die Verfasserin)*. Die Untersuchungsebenen können auch kombiniert werden, wenn Mikroanalysen bestimmter Texte Kontextelemente in der Analyse berücksichtigen *(Phillips & Hardy, 2002, S. 20)*. In ihrer Studie über die High-Tech-Wirtschaftsblase in Israel analysiert Zilber *(2006)* Zeitungsartikel und Stellenanzeigen und rekonstruiert den Prozess der Institutionalisierung von Hightech in Israel, indem sie die Bedeutungskonstruktion aus einem breiteren kulturellen Kontext ableitet *(Zilber, 2006, S. 297)*.

3.1.2 Kritische und sozialkonstruktivistische Studien

Die zweite Dimension spiegelt die Unterscheidung von Diskursstudien wider, die einen konstruktivistischen oder einen kritischen Ansatz verfolgen. Während konstruktivistische Ansätze untersuchen, wie eine bestimmte soziale Realität erzeugt wurde, konzentrieren sich kritische Ansätze expliziter auf die Dynamik von Macht, Wissen und Ideologie in diskursiven Prozessen. Phillips und Hardy *(2002)* betonen, dass die beiden Perspektiven einander nicht ausschlössen, denn *„gute konstruktivistische Studien sind sensibel für Macht, während kritische Studien auch* *die Prozesse der sozialen Konstruktion berücksichtigen, die dem interessierenden Phänomen zugrunde liegen" (Phillips & Hardy, 2002, S. 20, Übersetzung durch die Verfasserin).* Entscheidend ist, inwieweit sich die Studien direkt auf die Dynamik der Macht oder auf Prozesse der sozialen Konstruktion konzentrieren, welche die soziale Realität konstituieren.

Kritische Studien berücksichtigen *„die Beziehungen der Sprache zu Macht und Privilegien" (Riggins, 1997, S. 2; Übersetzung durch die Verfasserin).* Sie sind häufig an Foucaults Arbeiten über die disziplinierenden Auswirkungen von Diskursen und die Beziehung zwischen Macht und Wissen angelehnt *(Phillips & Hardy, 2002, S. 20)* und untersuchen, wie Mega-Diskurse die Realität formen und die Akteure einschränken *(Alvesson & Karreman, 2000, S. 1128).* Diskursforscher in der Strategieforschung beispielsweise untersuchen, wie die sozialen Strukturen in Organisationen bestimmte Akteure sowohl ermächtigen als auch entmachten können *(Mantere & Vaara, 2008, S. 355)* und wie Organisationsmitglieder den Strategiediskurs als Ressource nutzen, um bestimmte Ergebnisse zu erzielen *(Rouleau & Balogun, 2011, S. 953).*

Konstruktivistische Studien untersuchen die konstruktiven Auswirkungen des Diskurses, ohne sich explizit auf die politische Dynamik zu konzentrieren *(Phillips & Hardy, 2002, S. 21).* Diskursforscher, die eine konstruktivistische Perspektive einnehmen, untersuchen, wie bestimmte Phänomene diskursiv geschaffen, institutionalisiert und als selbstverständlich angesehen werden und wie sie eine von Akteuren wahrgenommene *„Realität"* konstituieren *(Alvesson & Karreman, 2000, S. 1126),* oder wie das Scheitern bestimmter Prozesse sich diskursiv erklären lässt, indem Widersprüchlichkeiten die soziale Konstruktion von Phänomenen verhindern: Beispielsweise führen Heracleous und Barret *(2001)* in ihrer Studie über die geplante Implementierung eines elektronischen Handelssystems im Londoner Versicherungsmarkt das Scheitern der geplanten Implementierung auf die Inkongruenz der interpretativen Schemata zurück, die sich in unterschiedlichen kommunikativen Handlungen und ihrer fehlenden Abstimmung dieser aufeinander gezeigt hat *(Heracleous & Barrett, 2001, S. 771).*

3.2   Einführung in den wissenssoziologischen Ansatz dieser Arbeit

Der Diskursansatz, der in dieser Arbeit verfolgt wird, basiert im Wesentlichen auf den umfassenden Arbeiten von Rainer Keller *(2011),* der einen theoretischen und empirischen Ansatz für eine wissenssoziologische Diskursanalyse (WDA) entwickelt hat. In seinem Forschungsprogramm verbindet Keller die wissenssoziologische Theorie der *„gesellschaftlichen Konstruktion der Wirklichkeit"* von Berger und Luckmann mit der kritischen Diskurstheorie von Foucault *(siehe dazu umfassend Keller, 2011c, S. 179–192)*. Der Ansatz eignet sich besonders für Fragestellungen, die die kommunikative Konstruktion eines Phänomens *(Keller, 2011a, S. 70)*, die Austragung von Kontroversen *(Keller, 2006, S. 42–44)* und die Rolle von Akteuren im Diskurs sowie ihre Interessen und Machtpositionen *(Keller, 2011a, S. 70)* untersuchen. Nachfolgend sollen die wesentlichen theoretischen Grundlagen[1] eines wissenssoziologischen Diskursansatzes zusammengefasst und im Anschluss die empirischen Konzepte der WDA eingeführt werden.

3.2.1   Theoretische Grundlagen der wissenssoziologischen Diskursanalyse (WDA)

Die wissenssoziologische Diskuranalyse versteht Diskurse als Wissensproduktionen, die erklären, wie Phänomene gesellschaftlich entstehen, indem sie kommunikativ konstruiert, stabilisiert oder verworfen werden *(Keller, 2011a, S. 70–72)*. Dieses Verständnis basiert auf Berger und Luckmanns Beschreibung von Gesellschaft als *„subjektive"* und *„objektive"* Wirklichkeit: Soziale Akteure besitzen individuelle, subjektive Perspektiven über die soziale Realität und ihre Bedeutung (Alltagswissen). In ihrem Alltagshandeln kommt es durch soziale Interaktion, z. B. vermittelt über Sprache, zu einem Teilen von Perspektiven und damit zu einer Objektivierung. Die Konstruktion einer gemeinsamen gesellschaftlichen Wirklichkeit erfolgt somit durch wechselseitige Interaktionen von Akteuren, in denen Wissen stabilisiert und typisiert und in verschiedenen Institutionalisierungsprozessen sozial objektiviert wird *(Berger & Luckmann, 1966; zitiert nach Keller, 2011b, S. 44–45)*. Interaktion bildet folglich die Grundlage jeglicher sozialer Wirklichkeitskonstruktion. „Objektive" Wirklichkeit verfestigt sich in Institutionen und Wissensbeständen, welche sich handelnde Subjekte in Sozialisationsprozessen aneignen. Voraussetzung der Verbreitung von Wissen und Institutionen sind Legitimationsprozesse von *„Individuen, Gruppen, Akteuren, Organisationen, Praktiken, Artefakten und institutionellen Strukturen, die solche Ordnungen fixieren (oder verändern)"* *(Keller, 2011b, S. 45; Übersetzung durch die Verfasserin)*. Die Wissensordnung einer Gesellschaft ist folglich Ergebnis eines kontinuierlichen

---

[1] An dieser Stelle soll auf die umfangreichen Arbeiten von Keller verwiesen werden, die weit über das hinausgehen, was diese Arbeit abbildet und abbilden kann *(z. B. Keller, 2011a; 2011b; 2011c; Keller, 2013; Keller & Truschkat, 2013; Keller et al., 2018)*.

Prozesses der Aneignung, Verinnerlichung, Anwendung und Reproduktion von Wissen durch Akteure *(Keller, 2011b, S. 44–45)*.

Diskurse bilden dabei *„Wissensvorräte"*, die Deutungszusammenhänge über Phänomene darstellen. Sie manifestieren sich in *„Typisierungen"* im Diskurs, d. h. Äußerungen im Diskurs, die in einen größeren Wissensvorrat eingebunden sind *(z. B. Schütz, 1973, S. 323; Schütz & Luckmann, 1984, S. 327; zitiert nach Keller, 2011c, S. 200)*. Typisierungen sind zugleich Produkt und Produzent von Wissensbeständen im Diskurs *(Keller, 2011c, S. 200–204; Keller et al., 2018, S. 20–27)*. Damit sich Typisierungen in einem kollektiven Wissensvorrat über ein Phänomen stabilisieren können, ist es einerseits notwendig, dass unterschiedliche Akteure das Phänomen als handlungsrelevant wahrnehmen. Andererseits ist der Gebrauch von Typisierungen *„nicht vollständig determiniert"* und es bleibt eine *„gewisse Freiheit des Deutens und Handelns "* für Akteure, auf ein größeres Repertoire an Deutungsmöglichkeiten zurückzugreifen *(Keller, 2011c, S. 203)*. Keller argumentiert, dass Gesellschaften sich nach dem Spektrum von Wahlmöglichkeiten unterschieden *(Keller, 2011c, S. 203)*.

Die wissenssoziologische Tradition sensibilisiert die in dieser Arbeit angestrebte Untersuchung von Technologieentwicklungsprozessen in der Gesellschaft: Es soll untersucht werden, wie die Datenökonomie im Diskurs sozial konstruiert wird. Dieser Prozess wird als sozialer Prozess verstanden, in dem Akteure durch die Aushandlung des Phänomens geteilte Deutungszusammenhänge erzeugen, die den gesellschaftlichen Wissensvorrat mit Technologien bilden *(Keller, 2011c, S. 204)*. Dieser soziale Aushandlungsprozess von Technologie, Bedeutung und Handlung *„oszilliert"* *(Keller, 2011c, S. 204)* zwischen Reproduktion und Veränderung von Deutungszusammenhängen, wenn Wissen durch Aushandlungen reproduziert, erneuert und verändert wird *(Keller, 2011c, S. 205)*.

Um die wissenssoziologische Tradition durch eine Diskursperspektive zu erweitern, stützt Keller sich auf die Arbeiten von Foucault und sein Verständnis von Diskursen als Macht-/Wissensregime *(Keller, 2011b, S. 46–48, 2011c, S. 122–123; Keller et al., 2018, S. 18–27)*. Foucaults Interesse an *„diskursiven Formationen"* und wie sie entstehen, wie Konzepte im Diskurs verwendet werden und in welcher Beziehung sie zueinander stehen *(„Formation von Konzepten")* sowie welche Kriterien den Zugang zum Diskurs regeln *(„Formation von Äußerungsmodalitäten"; Foucault, 1972, S. 34–78 und S. 79–117; zitiert nach Keller, 2011b, S. 46–47)* bietet Anschluss an die aushandlungsorientierte Wissensperspektive in der Tradition von Berger und Luckmann: Für Foucault spiegeln sich Brüche oder Wendepunkte sozialer Ordnungen in diskursiven *„Problematisierungen"* dominierender Diskurse wider, die etablierte Diskursstrukturen und Wissensbereiche herausfordern *(Foucault, 1984; zitiert nach*

Keller, 2011b, S. 46). Im „*Fall Rivière*" betrachtet Foucault diskursive Praktiken in Aushandlungsprozessen und spricht von Diskursen als Schlachtfeldern und als Machtkämpfen um die legitime Definition von Phänomenen *(Foucault, 1982; zitiert nach Keller, 2011b, S. 47)*.

Sowohl in der wissenssoziologischen Tradition als auch in der Diskursperspektive spielt die gesellschaftliche Aushandlung von Phänomenen eine zentrale Rolle und Keller sieht hierin zugleich die Möglichkeit ihrer Verbindung *(über den symbolischen Interaktionismus als Brücke; siehe z. B. Keller, 2011c, S. 73–76 und S. 185–187)*. Insofern zeichnet sich die WDA durch ein besonderes Interesse an der Aushandlung von Phänomenen im Diskurs aus. Diese Aushandlung kann machtbeladen sein (Foucault) und Wissen über Phänomene institutionalisieren oder verwerfen *(Berger & Luckmann)*. Die Rolle von Aushandlungsprozessen in Diskursen spiegelt sich auch im Akteursverständnis der WDA wider: Keller schreibt Akteuren – anders als z. B. die strukturalistische Tradition *(Keller et al., 2018, S. 21)* – im Diskurs eine aktive Rolle zu, Diskurse zu gestalten, zu mobilisieren, zu nutzen und zu verändern: „*Diskurse existieren nur insoweit, wie sie durch soziale Akteure realisiert werden*" *(Keller, 2011c, S. 233)*. Keller zufolge nehmen Akteure in Diskursen Subjektpositionen ein oder weisen sie anderen zu (z. B. als Helden, Bösewichte oder vernünftig Handelnde). Solche Subjektivierungen können auch machtbeladen sein, wenn sie z. B. Akteure aus dem Diskurs ausschließen *(Keller et al., 2018, S. 20–21; Keller et al., 2012, S. 11–12)*.

Zusammenfassend bietet die WDA einen besonders geeigneten Ansatz für die Untersuchung der Forschungsfragen dieser Arbeit, da sie die Rolle von Wissen, Macht und sozialer Aushandlung in Diskursen hervorhebt. Im folgenden Abschnitt werden die wesentlichen Analysekonzepte der WDA vorgestellt, die in dieser Arbeit angewandt werden.

3.2.2   Analysekonzepte der WDA

Keller bezeichnet die wissenssoziologische Diskursanalyse selbst als „*Forschungsprogramm*" und nicht als Methode *(Keller, 2011c, S. 192)* und bietet verschiedene Analyseelemente in Anlehnung an die hermeneutische Tradition der Wissenssoziologie an. Für die Forschungsfragen dieser Arbeit wurden die Phänomenstrukturanalyse *(Keller, 2011a, S. 103–108, 2011c, S. 248–251)*, die Interpretation der Deutungsmuster im Diskurs *(Keller, 2011a, S. 108–110, 2011c, S. 240–243)* und die Narrationsanalyse zur Herausarbeitung der Beziehungen der Deutungsmuster in den narrativen Strukturen ausgewählter Diskursepisoden *(Keller, 2011a, S. 110–112, 2011c, S. 251–252)* ausgewählt und angewendet. Sie sollen nachfolgend kurz eingeführt werden.

3.2.2.1 Phänomenstruktur

Einen ersten Schritt zur Analyse des Diskurses stellt die Analyse der *Phänomenstruktur* dar. Dieser Analyseschritt zielt darauf ab, die im Diskurs konstruierte Gestalt eines Phänomens zu erschließen *(Keller, 2011a, S. 103)* und die inhaltliche Strukturierung des Diskurses zu rekonstruieren *(Keller, 2011c, S. 248)*. In Anlehnung an die Aspektstruktur von Karl Mannheim zur Konstruktion von Sachverhalten *(Mannheim, 1969, S. 234; zitiert nach Keller, 2011c, S. 31)* schlägt Keller zur Analyse der *Phänomenstruktur* ein Repertoire von „*Bausteinen*" *(Keller, 2011a, S. 103)* vor, die die diskursive Aushandlung eines Themas bzw. „*Phänomens*" greifbar machen: die Bestimmung der Art des Problems (z. B. Thema einer Aussageeinheit), die Ursachen und Wirkungen dieses Problems (z. B. Kausalzusammenhänge in einer Aussage) sowie die Verantwortlichkeiten (z. B. Zuweisung von Schuld oder Zuständigkeit), Folgen und Handlungsmöglichkeiten sowie wertende Dimensionen wie Recht und Moral *(Keller, 2011a, S. 103)*. Keller weist jedoch darauf hin, dass sich die konkreten Elemente der Phänomenstruktur von Studie zu Studie unterscheiden *(Keller, 2011a, S. 103)* und betont, dass es sich bei der Rekonstruktion der Phänomenstruktur keinesfalls um die Wesensqualitäten eines Gegenstandes handelt; vielmehr ist die Rekonstruktion eine Offenlegung der diskursiven Zuschreibungen dieses Gegenstandes *(Keller, 2011c, S. 248)*.

Die Analyse der *Phänomenstruktur* erfolgt mithilfe eines Kodierungsprozesses, der sich an die Kodierschritte des offenen, axialen und selektiven Kodierens der Grounded Theory anlehnt *(z. B. Strauss, 1998, S. 56-58 und 92-94; zitiert nach Keller, 2011c, S. 251)*. Im Kodierprozess geht es darum, durch die Analyse der verschiedenen Diskursaussagen verallgemeinerbare Kategorien zu entwickeln, die die Dimensionen des Diskurses beschreiben und beispielsweise tabellarisch aufbereitet werden *(Keller, 2011a, S. 105)*. Dabei stellt die Analyse der Phänomenstruktur einen „*Schnappschuss*" zu einem bestimmten Zeitpunkt dar und muss wiederholt werden, um Veränderungen im Diskurs festzuhalten.

3.2.2.2 Deutungsmuster

Als zweites Element der interpretativen Analytik der WDA führt Keller das Analysekonzept der *Deutungsmuster* ein, das der Analyse symbolischer Ordnungen dient. In der wissenssoziologischen Tradition bilden Deutungsmuster Produkte der kollektiven Sinnkonstruktion, die zum gesellschaftlichen Wissensbestand über ein konkretes Thema – z. B. die Technologieentwicklung – gehören und sich in konkreten sprachlichen Äußerungen manifestieren – z. B. in einer Äußerung über ein unternehmerisches Vorhaben zur Technologieentwicklung *(Keller, 2011c, S. 240; Einfügungen durch die Verfasserin)*. Sie sind somit allgemeine, gesellschaftlich konventionalisierte Deutungsfiguren, die unsere Wahrnehmung des Alltags organisieren. In ihrer Funktion der Sinnkonstruktion sind Deutungsmuster meist verbunden mit Handlungsvorstellungen, d. h. Deutungsmuster legen den Akteuren nahe, was ein Phänomen ist oder sein sollte, wie es zu bewerten ist und welche Handlungen es impliziert.

Der Schritt der Deutungsmusteranalyse kann an die Phänomenstrukturanalyse anschließen und die diskursspezifische Aktualisierung und Verknüpfung von Deutungsmustern untersuchen, um beispielsweise die kollektiven und dynamischen Eigenschaften des Diskurses zu berücksichtigen, weil Diskurse typischerweise aus mehreren Deutungsmustern bestehen, die den kollektiven Wissensvorrat eines Phänomens ausmachen und sich über die Zeit verändern. Als *„typisierende und typisierte Interpretationsschemata, die in ereignisbezogenen Deutungsprozessen aktualisiert werden" (Keller, 2011c, S. 240)* können Deutungsmuster sich über die Zeit aktualisieren oder verändern. Die vorgesehene Untersuchung erfordert es, die Manifestation von Deutungsmustern in Äußerungen über die Zeit zu vergleichen *(Keller, 2011a, S. 108)*.

Zur Rekonstruktion von Deutungsmustern schlägt Keller insbesondere vor, sequenzanalytische Interpretationsstrategien aus der sozialwissenschaftlichen Hermeneutik anzuwenden *(Keller, 2011a, S. 109)*. Bei sequenzanalytischen Interpretationen werden ausgewählte Textpassagen – z. B. Äußerungen von Unternehmern, Experten oder Politikern – in Sequenzen zerlegt und tiefeninterpretiert *(Reichertz, 2016, S. 278)*. Aufbauend auf den Ergebnissen der Phänomenstrukturanalyse und unter Berücksichtigung der Forschungsfrage werden typisierte Aussagen im Diskurs ausgewählt, in denen sich beispielsweise die Problem- oder Risikokonstruktion und die entsprechende Handlung sowie die Selbst- und Fremdpositionierung unterschiedlicher Akteure manifestiert. In seiner eigenen Analyse der öffentlichen Debatte über das Hausmüllproblem untersucht Keller beispielsweise die Deutungsmuster von Technik als Beitrag zur Problemlösung einerseits *(Keller, 2009, S. 249)* und als Problemverlagerung andererseits *(Keller, 2009, S. 239)* durch Rekonstruktion von Aussageereignissen, die in Zeitungsartikeln behandelt werden.

3.2.2.3 Narrative Struktur

Als drittes Element der WDA, das in dieser Arbeit aufgegriffen wird, stellt Keller die Analyse der *narrativen Struktur* vor. Sie bildet strukturierende Momente von Diskursen, indem sie verschiedene Deutungsmuster und Dimensionen der Phänomenstruktur (z. B. Akteure, Problemdefinitionen) in spezifischer Weise zueinander in Beziehung setzt *(Keller, 2011c, S. 251)*. Deutungselemente eines Diskurses werden durch narrative Strukturen *„zusammenhängend"* und *„erzählbar"* *(Keller,*

2011c, S. 252). Keller schreibt: *„Sie liefern das Handlungsschema für die Erzählung, mit der sich der Diskurs erst an ein Publikum wenden kann und mit der er seine eigene Kohärenz im Zeitverlauf konstruiert" (Keller, 2011c, S. 252).*

In diesem Schritt der Narrationsanalyse schlägt Keller vor, zunächst Episoden der Narration zu identifizieren und zu interpretieren, wie in diesen Narrationen eine *„story line" (Keller, 2011a, S. 111)* bzw. *„Kausalzusammenhänge" (Keller, 2011c, S. 252)* etabliert werden, die Effekte ausüben – z. B. eine Handlungsdringlichkeit signalisieren oder eine Moralgeschichte etablieren *(Keller, 2011c, S. 252).* In der Narration werden kollektive Akteure – z. B. aus Wissenschaft, Politik, Wirtschaft – in einer gemeinsamen Grunderzählung verbunden, in der *„spezifische Vorstellungen von kausaler und politischer Verantwortung, Problemdringlichkeit, Problemlösung, Opfern und Schuldigen formuliert werden" (Keller, 2011c, S. 252).*

3.3   Fallbeschreibung: Der Datenökonomie-Diskurs in Deutschland

Der Diskurs über Big Data und die emergierende Datenökonomie begann in Deutschland zögerlich. Erst ab 2012 wurde der Trend überhaupt thematisiert und Chancen der Datenerhebung – mit Verweis auf Vorreiterbeispiele in den USA – und Bedrohungen für den Datenschutz – mit Verweis auf die von Edward Snowden 2013 öffentlich gemachten globalen Überwachungsenthüllungen – diskutiert. Die Verbreitung des Diskurses erfolgt durch mediale Aufmerksamkeit, wissenschaftliche Studien und Messen sowie durch politische Strategien und Technologieförderprogramme zum unterstützenden Aufbau von Cloud- und Dateninitiativen.

Der Diskurs wird durch verschiedene Ereignisse beeinflusst, die im Diskurs aufgegriffen werden und Debatten über Daten und die Risiken ihrer Nutzung in Gang setzen: Ausgelöst durch die NSA-Affäre werden Risiken für den Datenschutz in Deutschland und Europa diskutiert. In der Folge wird die europäische Datenschutzgrundverordnung (DSGVO) verhandelt, die nach der Verabschiedung im Europäischen Parlament 2016 in Kraft tritt. Im Jahre 2016 eröffnet das deutsche Bundeskartellamt ein Verfahren gegen Facebook wegen des Verdachts auf Missbrauch von Marktmacht und Datenschutzverstößen, was zur Folge hat, dass die Risiken der Konzentration und Marktmacht großer Technologieanbieter diskutiert werden. Im Jahre 2018 werden Nachrichten über die Geschäftspraktiken von Cambridge Analytica bekannt, wonach Facebook-Daten für die Erstellung von

Profilen und die gezielte Ansprache von Wählern verwendet wurden, was Bedenken hinsichtlich des Datenmissbrauchs und Profilings weckt. Ab 2019 wird der Handelskrieg zwischen China und den USA im Hinblick auf seinen Einfluss auf die Entwicklungen der Datenökonomie diskutiert. Im selben Jahr werden Pläne für eine paneuropäische Dateninfrastruktur vorgestellt, um grundsätzlich den Aufbau von Infrastrukturen der Datenökonomie neu zu gestalten und der Marktmacht weniger Anbieter zu begegnen. Im Jahre 2020 wird die Rolle von Daten im Zusammenhang mit der Covid-19-Pandemie diskutiert.

Der Diskurs eignet sich folglich, um die kommunikative Konstruktion und Entwicklung der Datenökonomie zu untersuchen, Deutungen und den Umgang mit der Technologie im Diskurs nachzuzeichnen sowie Kontroversen und die dahinterstehenden Positionen und Akteure zu verstehen. Gleichzeitig kann der Datenökonomie-Diskurs in Deutschland in verschiedener Hinsicht als Extremfall der Technologieentwicklung verstanden werden: Zunächst einmal zeichnet er sich durch offen ausgetragene Kontroversen aus. Diese sind in Deutschland besonders ausgeprägt, da Deutschland im Allgemeinen als technologiekritisch und datenschutzsensibel gilt *(Knorre et al., 2020, S. 1)*.

Die Technologieentwicklung in Deutschland erfolgt zudem in einem besonders komplexen Prozess der Einbettung in einen größeren europäischen Kontext. Viele Technologieprogramme und Regulierungsprozesse finden auf europäischer Ebene statt und erfordern entsprechende Adaptionen und Absprachen. Diese komplexen Prozesse wirken sich auf die Entwicklungsgeschwindigkeit einerseits und auf die Austragung der Kontroversen andererseits aus. Keller argumentiert, dass Gesellschaften sich nach dem Spektrum von Wahlmöglichkeiten in einem breiten Deutungsrepertoire unterschieden *(Keller, 2011c, S. 203)* welches durch die europäische Einbettung noch erweitert werde.

Um die wesentlichen Elemente des Diskurses besser zu verstehen, soll im Folgenden ein Überblick über die wichtigsten Technologiebegriffe, Akteure und Ereignisse gegeben werden.

3.3.1   Wesentliche Technologiebegriffe

Im Einklang mit der wissenssoziologischen Komponente der WDA sensibilisiert ein Diskursansatz für den typisierten Sprachgebrauch, der im Diskurs verwendet wird. Er dient als Indikator, wie sich kollektives Wissen stabilisiert, aber auch während des Diskurses verändert, wenn neues Wissen produziert und institutionalisiert und/oder altes Wissen ersetzt wird *(Keller, 2011c, S. 203)*. Eine Reihe von Begriffen wird im Laufe des Diskurses sowohl präziser als auch weniger präzise verwendet. Im Folgenden werden die wichtigsten verwendeten Begriffe vorgestellt.

3.3.1.1 Big Data

Insbesondere in einer frühen Phase im Diskurs wird Big Data häufig gleichbedeutend mit Datensammlung und -analyse, zum Teil auch mit Data Mining verwendet. Big Data bezeichnet die Sammlung großer Mengen strukturierter sowie unstrukturierter Daten und umfasst dabei häufig auch die Aufbereitung dieser Daten in Datenbanken *(Günther et al., 2017, S. 191)*. Die Unschärfe der Begriffsverwendung im frühen Diskursstadium zeigt den Mangel an Wissen über die neue Technologie auf und ermöglicht es den Menschen zugleich, über den neuen Trend zu sprechen, obwohl sie weder über ein detailliertes Fachwort-Repertoire noch über Anwendungserfahrung mit der Technologie verfügen *(Keller, 2011c, S. 203)*.

3.3.1.2 Datenökonomie

Der Begriff der Datenökonomie wird politisch erstmals in der Digitalen Agenda 2014–2017 etabliert *(Bundesregierung, 2014, S. 13)* und ordnet Big Data in ein größeres System von Unternehmen, Organisationen, Prozessen und Normen für die Analyse ein *(Martin, 2015, S. 69)*. Er wird in diversen politischen Strategien, Programmen und Veröffentlichungen verwendet, um insbesondere die globale Wettbewerbsdynamik der Entwicklungen zu erfassen.

3.3.1.3 Algorithmen, Künstliche Intelligenz, maschinelles Lernen

Algorithmen, Künstliche Intelligenz und maschinelles Lernen werden vor allem im späteren Verlauf stärker zum Thema und konkretisieren den unscharfen Begriff der „*Datenanalyse*" der frühen Phase. Sie werden häufig synonym verwendet, um Datenanalysesoftware zu bezeichnen, die auf Maschinellem Lernen, statistischen Techniken und großen Datensätzen aufbaut, um z. B. Klassifizierungen oder dynamische Vorhersagen zu erstellen. Der Einsatz von Algorithmen, Künstlicher Intelligenz oder maschinellem Lernen wird in dieser Phase häufig im Zusammenhang mit Routineaufgaben diskutiert, die klar definiert sind und auf eine Reihe von Regeln und Mustern reduziert werden können *(Faraj et al., 2018, S. 62–65)*.

3.3.1.4 Technologieanbieter, Cloud-Anbieter, Plattformen

Anbieter von Technologiediensten sind über den gesamten Diskurs vertreten. Sie bewerben den Trend, zeigen die wirtschaftlichen Möglichkeiten auf und platzieren ihre Lösungen. Je nach Angebot und Spezifizierung der Anbieter treten

sie als Datenbanken- oder Cloud-Anbieter, Suchmaschinen oder soziale Netzwerke, Online-Handelsplätze oder Plattformen sowie als Nischenanbieter für
Softwarelösungen auf *(z. B. BMWi, 2016b, S. 4; BMWi, 2017b, S. 16)*. Wenn
sie mehrere Dienste anbieten – z. B. Cloud-Dienste und Datenanalysedienste –,
werden sie auch als integrierte Anbieter bezeichnet. Gemeint sind häufig die
großen US-amerikanischen Anbieter wie Facebook, Google, Amazon, Microsoft
und IBM, die mit ihren Cloud- und Datenanalysediensten einen Großteil des
Marktes besetzen *(FZI Forschungszentrum Informatik et al., 2017, S. 44)*.

3.3.1.5 Datenschutz, Datensicherheit, Datensouveränität

Vor allem in Phase 1 werden Datenschutz und Datensicherheit häufig vermischt.
Datenschutz bezeichnet insbesondere den Schutz personenbezogener Daten (z.
B. durch Anonymisierung) und Datensicherheit die sichere Speicherung dieser
Daten (z. B. durch Speicherung in vertrauenswürdigen Cloud-Strukturen und
durch Verschlüsselung), um sie gegen Diebstahl und andere Zugriffe von außen zu
schützen. In Phase 2 wird der Begriff der Datensouveränität eingeführt, der insbesondere den Begriff des Datenschutzes einerseits herausfordert und andererseits
erweitert *(Augsberg, 2022, S. 131)*. Mit dem Souveränitätsbegriff werden in Phase
2 neue Abhängigkeitsfragen in einer globalen Datenökonomie angesprochen, die
in Phase 1 noch nicht im Vordergrund standen *(BMWi, 2015, S. 38)*.

3.3.2   Wesentliche Akteursgruppen

Wie zuvor erwähnt, hat Keller in der WDA ein Akteurskonzept entwickelt, um
Akteuren im Diskurs eine herausgehobene Rolle zu verleihen *(Keller, 2011c,
S. 209–223)*. Keller bezeichnet Diskursakteure als *„soziale Akteure"*, die an
Diskursen teilnehmen und soziale Wissensbestände rezipieren, interpretieren
und gegebenenfalls verändern *(Keller, 2011c, S. 221)*. Er unterscheidet zwi-
schen *„Subjektpositionen"* und *„Sprecherpositionen"*, um auszudrücken, dass
Subjekte einerseits im Diskurs konstruiert werden und andererseits im Diskurs
Rollen einnehmen: Wenn z. B. ein Unternehmer medial als Vorreiter präsentiert wird, wird ihm eine Subjektpositionen zugewiesen, wenn der Unternehmer
dagegen eingeladen wird, als Vorreiter zu sprechen und über die Technologie-
strategie seines Unternehmens berichtet, nimmt er eine Sprecherposition der
Rolle *„Vorreiter"* ein. Die Unterscheidung hilft insbesondere, um aktive und
passive Sprecher zu unterscheiden. Akteure können aus dem Diskurs ausgeschlossen werden oder es wird ihnen keine Sprecherposition geschaffen, sie

werden aber dennoch im Diskurs subjektiviert, indem ihnen eine Rolle – Verantwortung, oder ähnliches – zugeschrieben wird *(Keller, 2011c, S. 223; Keller et al., 2012, S. 11–12)*. Nachfolgend werden die wesentlichen sozialen Akteure im Datenökonomie-Diskurs vorgestellt.

3.3.2.1 Politik

Politischen Akteuren obliegt im Technologiediskurs eine Doppelrolle, nämlich makroökonomische Potenziale zu fördern und zugleich die Öffentlichkeit vor ihren unerwünschten Folgen zu schützen *(Hilgartner & Lewenstein, 2014, S. 4–5; Kokshagina et al., 2022, S. 3)*. Wie zuvor erläutert, ist der Diskurs in Deutschland in einen größeren, europäischen Kontext eingebettet. Besonders bemerkbar macht sich das im Diskurs in der Konstellation politischer Akteure, d. h. europäischer Politiker, nationaler Politiker sowie politiknaher Akteure, die politische Technologieprogramme umsetzen oder in Gremien arbeiten und die Politik beraten.

Europäische Kommission und deutsche Bundesregierung: Die wesentlichen Akteure auf politischer Ebene sind die Europäische Kommission und die Bundesregierung. Weitere Akteure auf europäischer Ebene sind Europäische Gesetzgebungsverantwortliche (z. B. DSGVO-Rapporteur Jan Philipp Albrechts, EU-Kommissarin für Justiz Viviane Reding) oder europäische Präsidenten, die an der Erstellung und Umsetzung europäischer Technologiestrategien und -programme beteiligt sind und sie in der Kommunikation nach außen präsentieren. Auf Ebene der deutschen Bundesregierung sind wesentliche Diskursteilnehmer amtierende Minister der Regierung und der Opposition. An dieser Stelle muss erwähnt werden, dass der gesamte Untersuchungszeitraum unter der Regierung der Bundeskanzlerin Angela Merkel und der CDU/CSU stand, allerdings in unterschiedlichen Koalitionen. Ferner fällt bei der Analyse der Deutungen und Handlungen politischer Akteure auf, dass sie durch die Wahlzyklen geleitet sind – z. B. sind insbesondere in Phase 1 Technologiestrategien in Vier-Jahres-Zyklen geplant.

Politiknahe Akteure: Zu politischen und rechtlichen Fragen der Datenökonomie melden sich verschiedenen politiknahe Stimmen zu Wort, die sich medial zu aktuellen Themen äußern oder Studien veröffentlichen, die einen Teil des Diskurses bilden. Politiknahe Akteure aus der Wissenschaft sind unter anderem Förderungsnehmer, die politische Technologieprogramme umsetzen, oder Juristen und Experten im Bereich Datenschutz und Ethik, die in Gremien die Politik beraten.

3.3.2.2   Wirtschaft

Während Technologien traditionell im akademischen oder unternehmerischen Umfeld entstehen *(Beck, 2012, S. 28)*, sind in den vergangenen Jahren *„neue institutionelle Arrangements"* zur breiteren Unterstützung und Kommerzialisierung emergierender Technologien ins Leben gerufen worden *(Hilgartner & Lewenstein, 2014, S. 3)*. Akteure im Technologiediskurs sind folglich Unternehmensvertreter, Branchenverbände und Experten, die an Technologieentwicklungen beteiligt sind.

Unternehmensvertreter: Unternehmensvertreter kommen insbesondere in Zeitungsartikeln oder auf Konferenzen zu Wort. Dabei beschreiben sie häufig die ökonomischen Potenziale, die sie der Datenökonomie zuschreiben und die daraus abgeleiteten Investitions- und Implementierungshandlungen. In der Regel treten sie als Anbieter oder Nachfrager auf – Anbieter sind nationale und internationale Technologieunternehmen, die Cloud-Dienste, Datenbanken, Analysesoftware, etc. anbieten. Nachfrager sind insbesondere deutsche Unternehmen, die sich als Vorreiter oder Nachzügler im Diskurs positionieren oder von anderen als solche subjektiviert werden. Im Laufe der Zeit verschwimmen die Grenzen zunehmend, wenn Technologienachfrager ihre Dienste selbst im Wettbewerb anbieten.

Branchenverbände: Branchenverbände melden sich im Diskurs zu Wort, indem sie die Positionen ihrer Mitglieder in die aktuelle Entwicklung einbringen und ihre Interessen vertreten. Eine besonders aktive Rolle im Diskurs nimmt der Branchenverband Bitkom ein. Auf seiner Website legitimiert sich der Branchenverband über die Vertretung von *„mehr als 2.000 Mitgliedsunternehmen"* *(Bitkom, 2023, S. 1)* aus den Bereichen *„Software und IT-Services, Telekommunikationsoder Internetdienste (...) [sowie] immer mehr Unternehmen, die derzeit ihre gewachsenen Geschäftsmodelle digital weiterentwickeln wollen"* *(Bitkom, 2023, S. 1)*. Als Ziel formuliert der Branchenverband die Unterstützung der Digitalisierung des deutschen Standorts und *„die politische Flankierung datengetriebener Geschäftsmodelle"* *(Bitkom, 2023, S. 1)*.

Wirtschaftsexperten: Als Experten im Diskurs positionieren sich insbesondere Wissenschaftler und Unternehmensberater, die Studien veröffentlichen, um die ökonomischen Potenziale zu faktualisieren, den Entwicklungsstand zu erheben, auf Implementierungsrückstände hinzuweisen und Implementierungshürden aufzuzeigen. Dabei geben sie nicht nur ihr Fachwissen weiter, sondern bieten auch ihre Dienste an, um Implementierungshürden zu überwinden und Unternehmen bei der Einführung von Big-Data-Technologien zu unterstützen.

3.3.2.3 Gesellschaft

Während die genannten Akteure durch ihre Selbstdarstellung im Diskurs leicht identifizierbar sind, wird es schwieriger, klar zu identifizieren, was *„die Gesellschaft"* eigentlich ist. Die Unschärfe dessen, wer und was Gesellschaft ist, wird Teil von Kontroversen, wenn sich zeigt, dass es keine einheitliche Gesellschaft gibt, sondern eine Vielzahl von Akteuren und Interessen rund um die Technologieentwicklung. Vor allem in politischen, aber auch in wissenschaftlichen Diskursbeiträgen ist „die Gesellschaft" jedoch eine wichtige Zielgruppe – wenn *„gesellschaftliche Interessen"* zu berücksichtigen sind oder *„gesellschaftliche Sorgen"* wachsen. Verbraucher und Nutzer werden aus dem Diskurs ausgeschlossen und von sozialen Akteuren unterschiedlich subjektiviert *(Keller, 2011c, S. 223; Keller et al., 2012, S. 11–12)*. Sie werden beispielsweise als Anwender von datenbasierten Diensten oder als Betroffene von datenschutzkritischen Anwendungen beschrieben, ohne ein eigene Sprecherposition im Diskurs zu erhalten. Stattdessen wird für oder über sie gesprochen. Die wesentlichen Akteure, die diese Positionen neben der Politik und der Wirtschaft einnehmen, sind Verbraucherschutzverbände, die Medien und die Wissenschaft.

Verbraucherschutzverbände: Verbraucherschutzverbände vertreten Verbraucher, die sich von den Nebenfolgen der Technologie betroffen zeigen, oder warnen vor Risiken für Verbraucher, wenn deren Interessen in einem einseitigen Diskurs unterzugehen drohen.

Medien: Die Medien sind besondere Diskursarenen, in denen die diversen Positionen, die in der Gesellschaft vertreten sind, ausgetragen werden. Die Medien dienen als Arena für die Austragung rhetorischer Definitionskämpfe *(Hilgartner & Lewenstein, 2014, S. 1)*; sie werden von Befürwortern und Kritikern bedient, die den Diskurs für ihre Zwecke mobilisieren, indem sie Werberhetoriken und Risikoszenarien erzeugen, die sich zwischen überzogenem Hype und narrativer Zukunftsgestaltung unter Unsicherheit bewegen. Dabei unterliegt die Auswahl der Sprecher und Themen einer eigenen Medienlogik und die Verzerrungen dieser Medienlogik sind in der Diskursanalyse zu berücksichtigen *(Keller, 2009, S. 56–57)*. Daher wurde bei der Auswahl der Medien in dieser Arbeit darauf geachtet, ein breites politisches Spektrum abzubilden.

Wissenschaft: Wissenschaftliche Studien helfen in der ersten Phase, ein Bild von den Verbrauchern zu zeichnen, z. B. vom Nutzungsverhalten und von den Bedenken hinsichtlich des Datenschutzes – was letztlich den Begriff des *„Daten-Paradoxes"* hervorruft, wenn diese auseinanderfallen.

Neben den verschiedenen Technologiebegriffen als Typisierungen gesellschaftlicher Wissensbestände über die Datenökonomie und den sozialen Akteuren als

Produzenten und Rezipienten von Wissen über die Datenökonomie soll abschließend noch auf die wesentlichen Diskursereignisse eingegangen werden, die den Diskurs beeinflusst haben, indem sie durch unterschiedliche Akteure aufgegriffen und mobilisiert wurden, um deren Position zu unterstützen.

3.3.3   Wesentliche Ereignisse

Keller bezeichnet diskursive Ereignisse als Aussageereignisse, d. h. er verwendet in Anlehnung an Foucault den Begriff diskursives Ereignis oder Aussageereignis für die typisierbare materielle Form von Äußerungen, in denen ein Diskurs erscheint *(Foucault, 1988; zitiert nach Keller, 2011c, S. 132 und S. 205)*. „Äußere" Ereignisse bekommen im Umkehrschluss eine Bedeutung im Diskurs, wenn sie kommunikativ aufgegriffen und in den Diskurs eingebunden werden. Daher sollen im Folgenden die wesentlichen Ereignisse aufgegriffen werden, die im Diskurs durch Akteure aufgegriffen worden sind: *Regulierungen, Enthüllungen* und *geopolitische Konflikte*.

3.3.3.1   Regulierungen
Regulierungen können einer Diskursstudie eine Ordnung verleihen. In seiner Diskursanalyse über die Abfalldebatten in Deutschland und Frankreich orientierte sich Keller beispielsweise an den wesentlichen *„Stationen der Abfallgesetzgebung"* und *„einigen großen Brennpunkten"* und sammelte seine Daten um diese Ereignisse *(Keller, 2009, S. 56)*. Die wesentlichen Stationen der Gesetzgebung im Datenökonomie-Diskurs umfassen: die *Datenschutzgrundverordnung (DSGVO)* sowie das europäische Regulierungspacket, das ab 2020 verhandelt und zum Teil verabschiedet wird, bestehend aus dem *Digital Markets Act (DMA)* und dem *Digital Services Act (DSA)* zur Regulierung großer Plattformen, dem *Artificial Intelligence Act (AI Act)* zur Regulierung von Künstlicher Intelligenz sowie dem *Data Governance Act (DGA)* und dem *Data Act (DA)* zur Regulierung neuer Datenverwaltungsmodelle.

Datenschutzgrundverordnung (DSGVO): Bereits im Jahre 2009 beginnt das Konsultationsverfahren für eine neue Datenschutzgrundverordnung (DSGVO), im Januar 2012 stellt die Justizkommissarin Viviane Reding einen Entwurf vor *(Europäische Kommission, 2012)*. Das Parlament nimmt den Vorschlag im Ausschuss für bürgerliche Freiheiten, Justiz und Inneres (LIBE-Ausschuss) auf und es beginnen zähe Verhandlungen. Mit einem Rekord von fast 4.000 Änderungsanträgen stecken die innerparlamentarischen Verhandlungen im Sommer 2013 fest, bis der *„externe Schock" (Schünemann & Windwehr, 2021, S. 867)* der

NSA-Enthüllungen durch Edward Snowden *(siehe nächster Abschnitt)* den Verhandlungen neuen Schwung verleiht.[2] Der zuletzt vorgelegte Entwurf wird in der LIBE-Abstimmung fast einstimmig angenommen, da nun Ausschussmitglieder aus allen Fraktionen des Europäischen Parlaments den Entwurf unterstützen. In der Folge wird der Verordnungsentwurf im März 2014 im Plenum angenommen und ein Jahr später erzielt auch der Europäische Rat eine Einigung *(Schünemann & Windwehr, 2021, S. 867)*. Die Trilogsitzungen zwischen EU-Kommission, EU-Parlament und EU-Rat beginnen im Mai 2015 und führen im Dezember 2015 zu akzeptablen Kompromissen. Die DSGVO wird schließlich im April 2016 angenommen und gilt ab Mai 2018 verbindlich *(Schünemann & Windwehr, 2021, S. 867)*. Sie regelt unter anderem die Zustimmung der Verbraucher zur Datennutzung und räumt ihnen ein *„Recht auf Vergessenwerden"* und ein *„Recht auf Widerspruch gegen Profilerstellung"* ein. Unternehmen erhalten ein Recht auf Datenübertragbarkeit sowie einheitliche Datenschutzvorschriften für EU- und Nicht-EU-Unternehmen. Unternehmen sollen durch die Benennung eines Datenschutzbeauftragten und die Erstellung einer Datenschutz-Folgenabschätzung die Einhaltung der DSGVO sicherstellen. Durch Technologieentwickler sollen die Datenschutzanforderungen so früh wie möglich in ein Produkt oder einen Dienst eingebaut werden *(„Data Privacy by Design"* und *„Privacy by Default")* *(Europäisches Parlament, 2016)*.

Data Governance Act (DGA): Der DGA wird im Mai 2022 veröffentlicht und regelt ab September 2023 die Art und Weise, in der öffentliche Stellen DGA-Daten weitergeben können, sowie die Vermittler, die diesen Datenaustausch erleichtern. Öffentliche Stellen können die Weiterverwendung von Daten erleichtern, sofern sie über Schutzmaßnahmen zur Wahrung der Privatsphäre und der Vertraulichkeit der Daten verfügen. Darüber hinaus definiert der DGA ein neues Geschäftsmodell für Datenvermittlungsdienste, d. h. Dienste, die als Datenhosting-Marktplatzplattform fungieren, die die gemeinsame Nutzung von Daten ermöglichen, diese aber nicht verarbeiten oder nutzen. Mitgliedstaaten werden verpflichtet, eine Aufsichtsbehörde einzurichten, die als zentrale Informationsstelle fungiert und ein Register der verfügbaren Daten des öffentlichen Sektors führt. Die Behörden und das Register werden vom Europäischen Rat für Dateninnovation beaufsichtigt.

Data Act (DA): Den DGA ergänzend stellt die EU-Kommission im Februar 2022 einen Entwurf zur Regulierung des Datenzugangs und der Datennutzung

---

[2] Der Prozess der DSGVO kann in der Begleitdokumentation zur Datenschutzgrundverordnung gut verfolgt werden *(siehe Bernet, 2015, Democracy im Rausch der Daten, Begleitdokumentation zur Datenschutzgrundverordnung)*.

vor. Der DA soll neben dem DGA die zweite Säule einer neuen europäischen Datenstrategie darstellen. Ziel ist es, durch angepasste Regelungen das wirtschaftliche Potenzial der wachsenden Datenmenge besser zu nutzen *(Europäische Kommission, 2022, S. 3)*. Zum Zeitpunkt der Veröffentlichung dieser Arbeit ist der DA noch in Verhandlung.

AI Act: Im April 2021 veröffentlicht die Kommission einen Vorschlag für eine Verordnung zur Festlegung harmonisierter Regeln für Künstliche Intelligenz *(Europäische Kommission, 2021, S. 2)*. Der Vorschlag basiert auf einem Ansatz der Risikobewertung und zielt darauf ab, die Risiken spezifischer Anwendungen von KI zu behandeln und sie in vier verschiedene Stufen einzuteilen: Unannehmbares Risiko, hohes Risiko, begrenztes Risiko und minimales Risiko. Enthalten ist auch eine Liste *„verbotener Praktiken im Bereich der Künstlichen Intelligenz"* *(Europäische Kommission, 2021, S. 51)*, die *„besonders schädliche"* Praktiken verbietet, welche *„im Konflikt mit den Werten der Europäischen Union stehen"* *(Europäische Kommission, 2021, S. 5)*. Dabei handelt es sich um Verhaltensmanipulationen, *„Social Scoring"* und biometrische Echtzeit-Fernidentifizierung in öffentlich zugänglichen Räumen zu Strafverfolgungszwecken durch den Staat. Der *AI Act* ist zum Zeitpunkt der Veröffentlichung dieser Arbeit noch in Verhandlung.

Digital Markets Act (DMA): Der DMA ist ein Verbotskatalog und enthält Vorschriften für sogenannte Torwächter (*„Gatekeeper"*). Torwächter sind Plattformen mit einem erheblichen Einfluss auf den Binnenmarkt. Eine Plattform kann durch eines der drei folgenden Merkmale als Torwächter qualifiziert werden: (1) Sie hat in den vorausgegangenen drei Geschäftsjahren einen Jahresumsatz von mindestens 7,5 Mrd. Euro in Europa erzielt, oder (2) ihre durchschnittliche Marktkapitalisierung oder ihr Marktwert im vergangenen Geschäftsjahr betrug mindestens 75 Mrd. Euro und sie hat in mindestens drei Mitgliedstaaten denselben zentralen Plattformdienst bereitgestellt, oder (3) sie stellt einen zentralen Plattformdienst bereit, d. h. sie hatte im vergangenen Geschäftsjahr monatlich mindestens 45 Millionen aktive Endnutzer und jährlich 10.000 aktive gewerbliche Nutzer in der EU *(Europäische Union, 2022a, S. 30)*. Der DMA formuliert Handlungsrichtlinien und Verbote. Beispielsweise sollen Torwächter Endnutzern die Entscheidungsfreiheit über Datenverarbeitung und Anmeldung gewähren. Nutzern, die diese ablehnen, sollen gleichwertige, weniger personalisierte Alternativen angeboten werden, um die Nutzung der Plattformen unabhängig von der Einwilligung des Endnutzers zu machen. Verweigerung, Einwilligung und Widerruf der Einwilligung sollen gleich aufwändig sein *(Europäische Union, 2022a, S. 9)*. Der Verbotskatalog umfasst z. B. die Regelung, dass Torwächter keine personenbezogenen Daten, die von mehreren Diensten gesammelt werden, zusammenführen dürfen, wenn dafür kein Einverständnis der betroffenen Person vorliegt

(Europäische Union, 2022a, S. 9). Der DMA wird 2020 vorgeschlagen und im Jahre 2022 angenommen.

Digital Services Act (DSA): Der DSA umfasst Pflichten zum Risikomanagement für systemrelevante Plattformen. Systemrelevant sind Plattformen, die einen erheblichen Anteil der Bevölkerung der Union erreichen, d. h. *„45 Millionen – 10 % der Bevölkerung in der Union"* *(Europäische Union, 2022b, S. 21).* Die Verordnung beschreibt vier Kategorien systemischer Risiken von Anbietern: die Verbreitung rechtswidriger Inhalte (z. B. die Verbreitung von Hassrede, den Verkauf rechtswidriger Waren und Dienstleistungen), Auswirkungen auf die Grundrechte (z. B. Menschenwürde, Meinungsäußerung), Auswirkungen auf demokratische Prozesse (z. B. gesellschaftliche Debatten, Wahlen) und Auswirkungen auf das körperliche und geistige Wohlbefinden einer Person (z. B. koordinierte Desinformation, Manipulation; *Europäische Union, 2022b, S. 23).* Die fokalen Plattformen werden verpflichtet, ihre Systeme, einschließlich relevanter algorithmischer Systeme sowie Datenerhebungs- und -nutzungspraktiken zur Empfehlung und Werbung entsprechend zu überprüfen. Die Plattformen unterliegen einer Rechenschaftspflicht gegenüber externen Prüfungsinstanzen, die Zugang zu den prüfungsrelevanten Daten erhalten sollen *(Europäische Union, 2022b, S. 30).* Wie der DMA wird auch der DSA im Jahre 2020 vorgeschlagen und 2022 angenommen.

3.3.3.2 Enthüllungen über intransparente Datenzugriffe

Im Datenökonomie-Diskurs wurden zwei Enthüllungen aufgegriffen: die Enthüllungen über die Geheimdienstaktivitäten der NSA in den Jahren 2013–2014 sowie die Enthüllungen über die Datenzugriffe und Auswertungspraktiken von Cambridge Analytica in den Jahren 2016–2018.

NSA: Im Juni 2013 kam es zu Enthüllungen durch den US-amerikanischen Whistleblower und ehemaligen Geheimdienstmitarbeiter Edward Snowden über die Überwachung von Internet- und Telekommunikationsdaten durch den US-amerikanischen Geheimdienst. Dadurch wurde zunächst publik, wie die Vereinigten Staaten und das Vereinigte Königreich im Rahmen ihrer Sicherheitspolitik in großem Umfang globale Telekommunikations- und Internetdaten verdachtsunabhängig überwacht haben, um terroristischen Anschlägen vorzubeugen *(Knorre et al., 2020, S. 18–19; Schulze, 2015, S. 203).* Die Enthüllungen zeigten unter anderem den Zugriff der NSA auf die Daten von US-amerikanischen Internetunternehmen auf. Obwohl Anbieter wie Microsoft oder Google öffentlich dementierten, davon gewusst zu haben, bzw. aktiv an der Überwachung beteiligt gewesen zu sein *(z. B. dpa, 2013),* entfachten die Enthüllungen einen öffentlichen

Diskurs über Überwachungsmöglichkeiten durch Big Data-Technologien sowie über unterschiedliche Datenschutzstandards in den USA und in Deutschland.

Cambridge Analytica: Im März 2018 wurde als Folge von durch Whistleblower veröffentlichte Informationen die Beteiligung der Firma Cambridge Analytica, die sich auf die gezielte Ansprache von Personen anhand psychischer Merkmale (*„psychografisches Microtargeting"*; *Maschewski & Nosthoff, 2021, S. 324*) spezialisiert hatte, an der Make-America-Great-Again (MAGA)-Kampagne von Donald Trump auf Social Media untersucht. Im Vordergrund stand die Frage, ob Cambridge Analytica ohne Wissen der Betroffenen 50 Millionen Facebook Daten genutzt hatte, um das psychografische Microtargeting für den Wahlkampf zu verfeinern *(Cadwalladr, 2018; Rosenberg et al., 2018)*. Die Enthüllungen waren Auslöser kontroverser, gesellschaftlich geführter Debatten über den Einfluss von Big Data-basierten Profilbildungen auf Social Media auf politische Wahlkampagnen und auf demokratische Strukturen im Allgemeinen *(Knorre et al., 2020, S. 20–21; Maschewski & Nosthoff, 2021, S. 320–329)*.

3.3.3.3 Geopolitische Konflikte

Darüber hinaus wurde der Diskurs durch zwei geopolitische Ereignisse geprägt: durch den Handelskrieg zwischen den USA und China sowie durch die Einführung des Sozialkreditsystems in China.

Der Handelskrieg zwischen den USA und China: Nach der Wahl Trumps zum US-amerikanischen Präsidenten brach sukzessive ein Handelskrieg zwischen den USA und China aus *(Rudolf, 2019, S. 33)*. Die USA ergriffen verschiedene Maßnahmen gegen China, darunter Importzölle und Investitionsbeschränkungen, um das Handelsbilanzdefizit der USA gegenüber China zu reduzieren und die technologische Vorherrschaft Chinas zu begrenzen. Als die USA 2019 den chinesischen Technologieanbieter Huawei von amerikanischen Zulieferungen abschnitten, nahm der Konflikt eine technologische Dimension an *(Rudolf, 2019, S. 27–31)*. Während die Wirtschaftsbeziehungen mit China lange Zeit mit der Hoffnung auf eine politische Liberalisierung des Landes einhergingen, wurde der wirtschaftliche Aufstieg Chinas nun verstärkt als sicherheitspolitisches Risiko gewertet. Die insbesondere von der Trump-Regierung vertretene Auffassung bestand darin, dass die wirtschaftliche Interdependenz zu China eine Bedrohung der technologisch-militärischen Überlegenheit der USA darstellte, die durch Fortschritte Chinas in Kerntechnologien wie der Künstlichen Intelligenz bedroht werde. In der Folge des amerikanisch-chinesischen Handelskriegs wurden auch in Europa die möglichen Konsequenzen diskutiert, wenn durch die

Auflösung der chinesisch-amerikanischen Wirtschaftsverflechtungen zwei wirtschaftliche Räume entstünden, die eine neue Weltordnung der De-Globalisierung zur Folge hätten *(Rudolf, 2019, S. 32)*.

Chinas Sozialkreditsystem: Im Jahre 2016 begann die Berichterstattung über Chinas soziales Bewertungssystem (*„social scoring system"*), mit dessen Hilfe das Verhalten der Einwohner in China erfasst und bewertet werden sollte. Bis 2020 wurde ein umfassendes Sozialkreditsystem geschaffen, um das gesamtgesellschaftliche Verhalten im Sinne einer sozialistischen Gesellschaft zu beeinflussen *(Knorre et al., 2020, S. 23; mit Verweis auf Sachverständigenrat für Verbraucherfragen, 2018, 61–63; siehe auch Abschnitt 2.1)*. Dieses Sozialkreditsystem wurde ebenfalls Auslöser für Debatten über die Steuerung und Manipulation von Bürgern durch die Erfassung von Daten.

3.4 Datensammlung

Die vorliegende Arbeit stützt sich auf Daten, die aus mehreren primären und sekundären Datenquellen gesammelt wurden. Sekundärdaten dienen hierbei vorwiegend der Echtzeitdarstellungen von zeitlichen Ereignissen, während Primärdaten die Sensibilisierung und Kontextualisierung unterstützen. Durch die Triangulation von Primär- und Sekundärdaten konnten retrospektive Verzerrungen in durchgeführten Interviews einerseits reduziert und andererseits Verzerrungen von Sekundärdaten (z. B. Medienlogik) begegnet werden *(Keller, 2011a, S. 88–99)*.

3.4.1 Medienartikel

Für die Suche und Extraktion von Medienartikeln wurden die Zeitschriftenarchive der meistgelesenen Zeitungen und Wirtschaftszeitschriften in Deutschland herangezogen. Insgesamt wurde 443 Zeitungsartikel aus den Zeitungen Die Welt, Frankfurter Allgemeine Zeitung, Handelsblatt, Manager Magazin, Süddeutsche Zeitung, taz und WirtschaftsWoche erhoben. Die in der Analyse zitierten Quellen sind im Belegverzeichnis zitierter Zeitungsartikel aufgeführt.[3]

Bei der Auswahl der Medien ging es darum, ein breites politisches Spektrum abzubilden: Die Frankfurter Allgemeine Zeitung und Die Welt bilden das konservative Spektrum ab, die Süddeutsche Zeitung das sozialliberale Spektrum und die

---

[3] Die übrigen Artikel können bei der Verfasserin angefragt werden.

taz das linkspolitische Spektrum. Handelsblatt, Manager Magazin und die WirtschaftsWoche wurden als Wirtschaftszeitungen hinzugezogen, um Positionen von
Wirtschaftsvertretern zu dokumentieren *(Keller, 2009, S. 56–57)*. Die ausgewählten Zeitungen verfügen über ein Archiv, in dem sowohl die Print- als auch die
Online Artikel zur Verfügung stehen.

Die Artikel wurden im Zeitraum von 2010 bis 2020 erhoben. Dieser Zeitraum wurde gewählt, weil der Diskurs zur Datenökonomie ab dem Jahr 2010
an Aufmerksamkeit gewann *(Bodrožić & Adler, 2022, S. 106)*. Die ersten Artikel dazu erschienen jedoch erst ab 2012 und die meisten in den Jahren
2014 bis 2016 (siehe Abbildung 3.1). Das Jahr 2020 als Endzeitpunkt wurde
gewählt, weil ab diesem Zeitpunkt diverse Sondereffekte (COVID19-Pandamie,
Regierungswechsel in 2021, russischer Angriff auf die Ukraine in 2022) den
Diskursverlauf veränderten, deren Berücksichtigung den Umfang dieser Arbeit
überschreiten würden. Stattdessen liegt die Vermutung nahe, dass eine anschließende Langzeitstudie im Jahre 2025 oder 2030 den Verlauf besser erfassen
könnte.

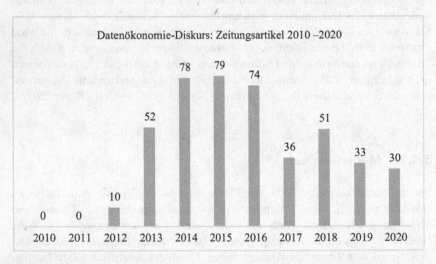

Abbildung 3.1 Datenökonomie-Diskurs: Zeitungsartikel 2010–2020. (Eigene Darstellung)

Die Artikel wurden über eine Stichwortsuche generiert. Als Stichwort wurde
„Big Data" gewählt, da der Begriff über den gesamten Zeitverlauf genutzt wird,
während andere Begriffe wie Algorithmen, Künstliche Intelligenz oder Plattformen erst in einer späteren Phase des Diskurses zunahmen. Der Begriff „Big Data"

erlaubte es, einen Datenfokus über den gewählten Zeitraum zu setzen, da andere Begriffe auch im Zusammenhang mit weiterführenden Digitalisierungsdiskursen in Verbindung standen – z. B. Plattformen oder neue Beschäftigungsformen der *„Gig Economy"*. Die Triangulation der Zeitungsartikel mit weiteren Sekundärdaten (z. B. Politikdokumenten, Veröffentlichungen von Branchenverbänden) und Interviews diente zur zusätzlichen Überprüfung, dass keine wichtigen Themen durch die Stichwortsuche ausgelassen wurden.

Bei der ersten Sichtung der Zeitungsartikel fiel auf, dass die Artikel einer gewissen Medienlogik unterliegen, d. h. Zeitungsartikel bilden einerseits eine Diskursarena, in der wesentliche Positionen zusammengetragen werden. Andererseits beeinflussen sie selbst auch den Diskurs in der Themensetzung. Massenmedien haben folglich eine gewisse Doppelfunktion als Vermittler von Positionen einerseits und als ökonomische Profiteure emotional aufgeladener Diskurse andererseits *(Beck, 2012, S. 35–40; Beck & Bonß, 2001, S. 33–35)*. Das mag beispielsweise eine Erklärung dafür darstellen, dass die meisten Artikel in den Jahren nach den NSA-Enthüllungen (2014 bis 2016) veröffentlicht wurden – einer Periode, die medial gesehen sehr emotional aufgeladen war. Andererseits hatten einige Medien auch eine gewisse Agenda. In einem Interview mit einem Medienvertreter beispielsweise beschrieb dieser, dass die Zeitung, für die er schreibe, versuche, technologische Entwicklungen, die große ökonomische Vorteile für die Wirtschaft versprechen, besonders positiv darzustellen, um dem technologiekritischen Diskurs zu begegnen. Andere Medien im Sample dagegen vertreten stärker die Ängste der Verbraucher.

Insgesamt trugen Zeitungsartikel dazu bei, den Verlauf des Diskurses über natürliche Daten *(Keller, 2009, S. 55)* zu rekonstruieren. Weitere Sekundärdaten und Primärdaten ergänzen den Datensatz, um zum einen die Positionen der Wirtschaft und Politik detaillierter zu erfassen und zum anderen der genannten Medienlogik zu begegnen.

3.4.2 Politikdokumente

Des Weiteren wurden 65 Politikdokumente gesammelt. Diese umfassen Strategiedokumente der Bundesregierung und der Europäischen Kommission sowie Monitoringberichte dieser Strategien, Konsultationen, Regulierungsvorschläge und finale Regulierungstexte, Ankündigungen von Forschungsförderungen und Monitoring dieser Forschungsförderungen, Pressemitteilungen, Pressekonferenzen und Reden sowie schließlich Koalitionsverträge der verschiedenen Bundesregierungen. Die Dokumente wurden im Wesentlichen im Zeitraum von 2010 bis

2020 gesammelt. Lediglich für einige Regulierungsverfahren wurden die finalen Regulierungstexte für 2021 und 2022 nachgesammelt.

Während die Zeitungsartikel nach einer Stichwortsuche generiert wurden, erfolgte die Auswahl der Politikdokumente nach der Logik des theoretischen Samplings, d. h. nach dem Prinzip der maximalen und minimalen Kontrastierung *(Keller, 2011a, S. 92; Strauss & Corbin, 2015, S. 134).* Das bedeutet, dass Dokumente zunächst basierend auf einzelnen Diskursereignissen (z. B. einer Aussage eines Politikers, einem Verweis auf eine politische Strategie oder einem laufenden Regulierungsprozess) ausgewählt und gelesen wurden. Um das Verständnis zu vertiefen, wurden weitere Dokumente hinzugezogen (minimale Kontrastierung), wenn beispielsweise die deutsche Datenstrategie auf die Datenstrategie der Europäischen Kommission verweist. Um das Gelesene zu kontrastieren und zu erweitern, wurden zusätzliche Dokumente gelesen, indem beispielsweise die Ankündigung eines Technologieprogramms mit dem Abschlussbericht verglichen wurde oder eine politische Strategie mit ihrer Evaluation (maximale Kontrastierung). Dieser Prozess wurde so lange wiederholt, bis ein Datenkorpus entstand, der den gesamten Diskurs abdeckte und durch die weitere Auswahl von Daten keine neuen Erkenntnisse geliefert hätte.

Wie die zuvor beschriebene Verzerrung der Darstellung in den Medien unterliegen auch Politikdokumente einer Verzerrung, über die an dieser Stelle kurz reflektiert werden soll: Politikdokumente unterliegen einer Verzerrung aufgrund der Tendenz, eher über erfolgreiche als über erfolglose Programme zu berichten. Über unerwünschte Ereignisse, eingestellte Programme, falsche Annahmen oder Korrekturen wird möglicherweise überhaupt nicht oder nur verdeckt berichtet. Politische Parteien stehen unter einem Legitimationsdruck erfolgreicher Programme, um sich für die Wiederwahl zu qualifizieren *(Luhmann, 2008, S. 114).* Dieser Druck verstärkt sich, wenn Strategien unmittelbar vor oder nach einer Wahl veröffentlicht werden – z. B. die IKT-Strategie im Jahre 2010, die Digitale Agenda im Jahre 2014 oder die KI-Strategie im Jahre 2018.

Insgesamt trugen Politikdokumente bei der Analyse dazu bei, die offiziellen Absichten, Vorschläge, Ziele, Verpflichtungen politischer Akteure zu verstehen, aber auch das *„politische Denken"*, die zugrundeliegende Ideologie im Umgang mit der Technologieentwicklung und in Reaktion auf andere Ideologien, sowie Reaktionen auf externe Ereignisse zu verstehen *(Freeman & Maybin, 2011, S. 157; Ulnicane et al., 2021, S. 163).* Die Triangulation der Politikdokumente mit Zeitungsartikeln und anderen Sekundärdaten wie Berichten und Reden von Experten' und Branchenverbänden als direkte Reaktion auf politische Äußerungen, Vorschläge und Programme halfen zudem, das *„Spannungsfeld"* zwischen

Wirtschaftsförderung und Bevölkerungsschutz zu deuten *(Hilgartner & Lewen-stein, 2014, S. 3; Kokshagina et al., 2022, S. 3)*. Interviews dienten zusätzlich dazu – jedoch in sehr begrenztem Umfang – einen *„Blick hinter die Kulissen"* zu erhaschen und die inoffiziellen Gründe für ausgewählte und nicht fortgesetzte Programme zu erfahren.

3.4.3 Publikationen von Branchenverbänden

Zur Ergänzung der Politikdokumente wurden Publikationen von Branchenverbänden gesammelt. Als wichtigster Branchenverband wurde der Branchenverband Bitkom identifiziert, dessen Vertreter (insbesondere der jeweils amtierende Präsident) in Zeitungsartikeln und auf Messen und Gipfeln (siehe nachfolgender Punkt) eine wesentliche Rolle spielte, um die Interessen der Wirtschaft zu vertreten. Der Branchenverband nahm zudem rege teil an Regulierungsdiskursen und kommentierte beispielsweise den laufenden Prozess der Datenschutzgrundverordnung. Neben den typisierten Äußerungen von Unternehmensvertretern in den Medien und in den geführten Interviews stellten die Veröffentlichungen des Bitkom einen guten Zugang zu Wirtschaftspositionen dar, da Aspekte aus dem Diskurs zum Teil direkt aufgegriffen wurden. Insgesamt wurden 39 Veröffentlichungen von Bitkom gesammelt, darunter Pressemitteilungen, umfassende Kommentierungen von politischen Programmen oder Regulierungen sowie Studien der Bitkom Research.

3.4.4 IT-/Digital-Gipfel

Als jährlich wiederkehrende Veranstaltungen stellen der IT-Gipfel und der ab 2016 umbenannte Digital-Gipfel besondere Diskursereignisse dar, bei denen unterschiedliche Akteure und Interessensgruppen zusammenkamen, um sich über den Fortschritt der Digitalisierung im Allgemeinen und den der Datenökonomie im Besonderen auszutauschen, Projekte vorzustellen und aktuelle Herausforderungen zu diskutieren. Der IT-/Digital-Gipfel ist über den gesamten Untersuchungszeitraum auf die Technologiestrategien der Bundesregierung ausgerichtet und durch Fokusgruppen strukturiert, die sich mit den Themen der Agenden beschäftigen. Die Programme umfassen Informationen über die Themen und die Zusammensetzung der Fokusgruppen und dokumentieren zum Teil ausführlich die Ergebnisse. Ferner wurde bis 2020 jeder IT-/Digital-Gipfel von einer Rede der Bundeskanzlerin begleitet. Ab 2014 hielt zusätzlich der amtierende Präsident des Branchenverbands Bitkom eine Rede; zuvor hatte er lediglich das schriftliche Begleitprogramm mit einer kurzen Ansprache eröffnet. In 2020 wurde das Format gewechselt und ein moderierter Dialog zwischen Angela Merkel und dem amtierenden Bitkom-Präsidenten übertragen. In 2013 fiel der IT-Gipfel wegen der Bundestagswahlen aus, in 2020 fand er aufgrund der COVID19-Pandemie ausschließlich digital statt. Insgesamt wurden 27 Dokumente gesammelt, die im Wesentlichen die Programme der Gipfel und die Reden von Angela Merkel und dem amtierenden Bitkom-Präsidenten umfassen.

Um einen Eindruck vom Digital-Gipfel zu bekommen, nahm die Verfasserin am Digital-Gipfel 2022 teil, wobei die dort gesammelten Erfahrungen lediglich indirekt als Sensibilisierung in die Analyse dieser Arbeit eingeflossen sind.

3.4.5   Hybride Foren

Im Verlauf der Untersuchung kamen diverse Kommissionen, Gremien und Konferenzen zustande, auf die in Zeitungsartikeln oder in Politikdokumenten hingewiesen wurden. Wenn es Hinweise darauf gab, dass diese Ereignisse Räume darstellten, in denen Kontroversen ausgetragen wurden, lösten diese eine erste Datenerhebung aus. Die Auswahl der hybriden Foren, die in dieser Arbeit untersucht werden, erfolgte auf Basis der vorhandenen Informationen und deren Datenqualität. Diverse Konferenzen, Gremien oder Forschungsprojekte waren nicht ausreichend dokumentiert, um mithilfe von Sekundärdaten beurteilen zu können, wie Kontroversen dort eingebracht und ausgetragen wurden und welche Empfehlungen und Wirkungen die Foren im Diskurs entfalteten. Die ausgewählten hybriden Foren dagegen waren durch umfassende Berichte und Veröffentlichungen dokumentiert. Positive Interviewanfragen ermöglichten eine zusätzliche Primärdatenerhebung durch informelle Gespräche, über die Notizen angefertigt wurden. Insgesamt wurden 33 Dokumente über die Enquete-Kommission Internet und Gesellschaft, das Smart Data Programm und das Trusted Cloud-Programm des BMWi, die Big Data-Kompetenzzentren des BMBF, die Datenethikkommission, die Enquete Kommission Künstliche Intelligenz, die Enquete Kommission Wettbewerbsrecht 4.0, das Projekt „GAIA-X", die „Plattform Lernende Systeme" und die Veröffentlichungen zur Datensouveränität durch die Fokusgruppe des IT-Gipfels und die Auftragnehmer der begleitenden Studie gesammelt.

Bei der Durchsicht der Dokumente wurde darauf geachtet, dass (1) die Austragung der Kontroversen umfassend beschrieben wurden, (2) die Zusammensetzung heterogen war (absichtlich) und (3) Empfehlungen ausgesprochen wurden, auf die im weiteren Verlauf des Diskurses Bezug genommen wurde. Auf diese Weise konnte die Beschreibung hybrider Foren nach Callon und Kollegen *(2009, S. 18)* als in den Foren verankert betrachtet werden. Dazu muss an dieser Stelle angemerkt werden, dass der Einbezug von Nicht-Experten *(Callon et al., 2009, S. 125)* nicht immer oder nur rudimentär gegeben war. Hingegen wird insbesondere ab 2014 in diversen Diskursbeiträgen die Bedeutung von *„gesellschaftlichen Dialogen"* betont. Wie von anderen Autoren zuvor sind die hier identifizierten hybriden Foren als *„Annäherung"* an das Ideal von Callon und Kollegen *(2009, S. 18)* zu verstehen *(Gond & Nyberg, 2017, S. 1141)*.

3.4.6 Sensibilisierende Interviews

Während die Analyse und Rekonstruktion des Diskurses vorwiegend auf Sekundärdaten basiert, wurden einige Interviews durchgeführt, um Kontext- und Hintergrundwissen zu erlangen, Positionen zu vertiefen und Interpretationseindrücke zu spiegeln. Dabei handelt es sich zum Teil um formelle Gespräche, die verabredet und mit Einwilligung des Gesprächspartners aufgezeichnet wurden, aber auch um informelle Gespräche, die nicht aufgezeichnet wurden, sondern über die lediglich Gesprächsnotizen verfasst wurden. Diese Interviews und Gespräche waren zum einen hilfreich, um mit den zuvor beschriebenen Verzerrungen verschiedener Sekundärdaten umzugehen und andererseits gaben sie Einblicke in Überlegungen und Entscheidungen, die *„hinter verschlossenen Türen"* stattgefunden hatten, wie von Hilgartner und Lewenstein beschrieben *(2014, S. 4–5)*. Die Interviews waren auch insofern nützlich, als sie auf Aspekte im Diskurs aufmerksam machten, die als solche nicht direkt erkennbar waren. Andererseits konnten Aspekte aus dem Diskurs anhand der Interviews gespiegelt und vertieft werden. Insgesamt wurden 11 Interviews mit Unternehmensvertretern sowie Vertretern von Politik, Wissenschaft, Medien und Branchenverbänden geführt. Die oben genannten Daten sind in Tabelle 3.1 zusammengefasst.

Tabelle 3.1 Übersicht über die gesammelten Daten. (Eigene Darstellung)

Datentyp	#
Zeitungsartikel	**443**
– Die Welt	40
– Frankfurter Allgemeine Zeitung	79
– Handelsblatt	132
– Manager Magazin	20
– Süddeutsche Zeitung	86
– taz	41
– WirtschaftsWoche	45
Dokumente	**146**
– Politikdokumente	65
– Publikationen von Branchenverbänden	39
– IT-/Digital-Gipfel (Programme, Reden)	27
– Hybride Foren (Enquete-Kommissionen, Technologieprogramme)	33
Sensibilisierende Interviews	**11**
– Unternehmensvertreter	5
– Politik	1
– Wissenschaft	2
– Medien	2
– Branchenverband	1

3.5   Datenanalyse

Zur Beantwortung der Forschungsfragen, wie sich der Diskurs der Datenökonomie entwickelt hat, welche Kontroversen in der Entwicklung eine Rolle spielen, welche kollektiven Wissensprozesse es gab und wie sie die Entwicklung der Datenökonomie beeinflusst haben, wurde eine wissenssoziologische Diskursanalyse durchgeführt, die den zuvor beschriebenen Schritten des von Keller entwickelten Programms folgt *(z. B. Keller, 2011c, S. 240–251)*. Durch ein erstes, informatorisches Lesen wurden ein Diskursüberblick gewonnen und ein Zeitstrahl erstellt, der die wesentlichen Ereignisse und Entwicklungen visualisiert. Darauf aufbauend wurden eine Phänomenstrukturanalyse, eine Deutungsmusteranalyse und eine Narrationsanalyse durchgeführt. Diese Analyseschritte vollzogen sich iterativ, d. h. die Ergebnisse eines Schritts wurden rückbindend in einen vorigen Schritt eingebaut und vice versa. Der Nachvollziehbarkeit halber werden sie im Folgenden nacheinander beschrieben. Dabei dienen die ersten beiden Analysen der Beantwortung der ersten Forschungsfrage und liefern die Grundlage für die Narrationsanalyse, die im Wesentlichen der Beantwortung der zweiten Forschungsfrage dient.

3.5.1 Informatorisches Lesen und Erstellung eines Zeitstrahls

Um erste Erkenntnisse aus dem informatorischen Lesen festzuhalten und einen Überblick über die Diskursentwicklung zu bekommen, wurde das informatorische Lesen durch eine visuelle grafische Darstellung der wesentlichen Ereignisse im untersuchten Zeitraum ergänzt. Um die prozessuale Dynamik des Diskurses zu erfassen, wurden zunächst die entscheidenden Ereignisse, die den Diskurs prägen, auf einen Zeitstrahl abgetragen *(Langley, 1999, S. 700–703)*, um einen chronologischen Rahmen zu schaffen und zu verbildlichen, wie der Diskurs sich entwickelt hat und welche wesentlichen Wendungen es im Diskurs gab. Dabei wurden unter anderem zwei Ereignisse identifiziert, die die Risikokonstruktionen der Akteure beeinflusst haben *(Hilgartner & Lewenstein, 2014, S. 4–5)*: die Enthüllungen über die Datensammlungspraktiken der NSA und die Enthüllungen über den Zugriff auf Facebook-Daten durch Cambridge Analytica. Darüber hinaus wurden typische politische Zyklen und ihr Einfluss auf die politische Strategieformulierung ersichtlich: Einerseits folgten Strategien der Europäischen Kommission und der Bundesregierung häufig eng aufeinander, andererseits waren die politischen Strategien der Bundesregierung an die Wahlperioden angelehnt. Und schließlich wurde anhand des Zeitstrahls ersichtlich, dass der IT-/Digital-Gipfel im regelmäßigen Turnus ein wichtiger Ort für die Austragung von Kontroversen einerseits und für die Reflektion über aktuelle Themen und Errungenschaften andererseits darstellte. Insofern trugen diese ersten analytischen Schritte zur Zusammenstellung des Datenkorpus, zur zeitlichen Diskursorientierung und zur Sensibilisierung der feinanalytischen Rekonstruktionsarbeit dar.

Mithilfe dieser ersten Schritte des informatorischen Lesens und der Erstellung eines Zeitstrahls konnten der Datenkorpus zusammengestellt und erste Themen identifiziert werden. Insbesondere fiel auf, dass der Diskurs sich in zwei Phasen unterteilen lässt: In einer ersten Phase (von 2010 bis 2016) standen die Aushandlungen von Datennutzung und Datenschutz im Vordergrund und führten 2016 zur Verabschiedung der DSGVO. In der darauffolgenden zweiten Phase (von 2016 bis 2020) wurde die Macht von Plattformen in damit zusammenhängenden Fragen der Souveränität stärker adressiert. Diese führten ab 2019 zu diversen systembildenden Maßnahmen *(Bodrožić & Adler, 2022, S. 116)*. Der Zeitstrahl ist in Abbildung 3.2 dargestellt.

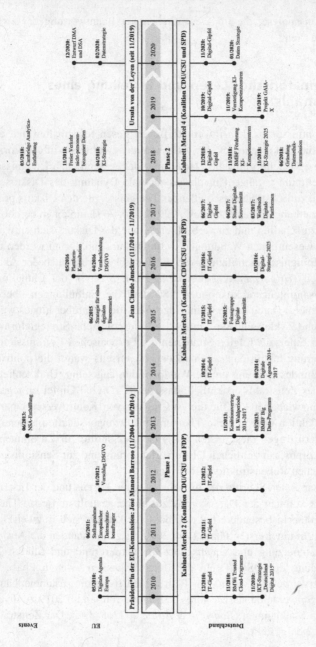

Abbildung 3.2 Visueller Zeitstrahl der Phasen und Ereignisse. (Eigene Darstellung)

Basierend auf dem ersten Schritt des informatorischen Lesens und der Erstellung eines Zeitstrahls wurde im nächsten Schritt der Datenanalyse auf die Elemente der WDA zurückgegriffen, um den Diskurs im Detail zu analysieren und die Forschungsfragen näher zu untersuchen.

3.5.2 Feinanalytische Rekonstruktionsarbeit

Im Schritt der feinanalytischen Rekonstruktionsarbeit wurde zunächst eine Analyse der Phänomenstruktur *(Keller, 2011a, S. 103–108, 2011c, S. 248–251)*, darauf aufbauend eine Interpretation der Deutungsmuster im Diskurs *(Keller, 2011a, S. 108–110, 2011c, S. 240–243)* und abschließend eine Narrationsanalyse zur Untersuchung der Beziehungen der Deutungsmuster in den narrativen Strukturen ausgewählter Diskursepisoden *(Keller, 2011a, S. 110–112, 2011c, S. 251–252)* durchgeführt.

3.5.2.1 Phänomenstruktur
Zunächst wurden die inhaltlichen Dimensionen des Diskurses mithilfe der Kodierung nach der Grounded Theory *(Strauss, 1998, S. 56–58 und 92–94; zitiert nach Keller, 2011c, S. 251)* analysiert. Alle Sekundärdaten wurden anhand der Kodiersoftware MAXQDA kodiert. Die Sekundärdaten wurden zunächst gelesen und offen kodiert. Durch mehrere Iterationen des axialen Kodierens konnten zunächst drei Kategorien abgeleitet und in Beziehung gesetzt werden: (1) Technologiebegriffe, (2) Chancen und Risiken, die zu Kontroversen zusammengefasst wurden, sowie (3) unterschiedliche Akteure, die sukzessive der Wirtschaft oder der Politik zugeordnet wurden. Während des Kodierens fiel zudem auf, dass eine Akteursgruppe zwar Teil des Diskurses war, jedoch nicht aktiv zu Wort kam: Dies waren die Verbraucher. Durch die Spiegelung mit den Ausführungen von Keller zu unterschiedlichen Akteurskategorien mit und ohne Sprecherposition konnten diese Kategorien als *„Subjektpositionen"* *(Keller, 2011c, S. 218)* im Diskurs identifiziert werden, d. h. als passive Subjekte, die insbesondere als Adressaten im Diskurs angesprochen wurden, aber nicht selbst zu Wort kamen. Da sie jedoch als Adressaten im Diskurs angesprochen wurden, erhielten sie ein Identitätsangebot, das sich entsprechend den verschiedenen Akteuren aus Wirtschaft und Politik unterschied: Vertreter der Wirtschaft subjektivierten Verbraucher als Anwender von Diensten, die ihre Daten im Tausch gegen einen höheren Nutzenkomfort hergeben; Politiker und Verbraucherschützer hingegen subjektivierten Verbraucher als Betroffene, die es vor einer intransparenten Abgabe ihrer Daten zu schützen

gilt. Diese *„Muster der Subjektivierung" (Keller, 2011c, S. 223)* wurden als vierte
Kategorie festgehalten.

Das informatorische Lesen und die Erstellung des Zeitstrahls hatten bereits
darauf hingewiesen, dass der Diskurs einen Verlauf in zwei Phasen aufweist,
die sich inhaltlich voneinander unterscheiden. Im Zuge der Kodierung wurde
dieser zeitliche Verlauf konkretisiert, indem die Analyse der Phänomenstruktur
für beide Phasen durchgeführt wurde. Durch diesen Schritt konnten die inhaltlichen Dimensionen des Diskurses in beiden Phasen weiter differenziert werden.
Der Vergleich der beiden Phasen weist im Wesentlichen darauf hin, dass die
Kategorien unverändert blieben, die Kodes in den Kategorien jedoch variierten.
Die Tabellen 3.2 und 3.3 fassen die Ergebnisse der Phänomenstrukturanalyse
tabellarisch zusammen.

Tabelle 3.2 dient der Zusammenfassung der Phänomenstruktur der ersten
Phase (2010–2016). Typisierte Technologiebegriffe in dieser Phase zeichneten
sich durch eine Ungenauigkeit aus, die es verschiedenen Akteuren erlaubte,
über den neuen Trend zu sprechen, obwohl sie über wenig Expertise mit der
Technologie verfügten (Big Data, Datensammlung, Datenanalyse, Datenbank,
Cloud). Die Kontroversen in dieser Phase entfalteten sich im Spannungsfeld
zwischen Datennutzung und Datenschutz: Vertreter der Wirtschaft adressierten
den Trend, orientierten sich an Vorreiterbeispielen aus den USA und subjektivierten Verbraucher als Nutzer von Diensten, die ihre Daten im Tausch gegen
einen höheren Nutzenkomfort auslieferten. Vertreter der Politik adressierten die
Datenschutzstimmung in der Gesellschaft und subjektivierten Verbraucher als
schutzbedürftige Bürger.

Tabelle 3.3 fasst die Phänomenstruktur der zweiten Phase (2016–2020)
zusammen. Typisierte Technologiebegriffe in dieser Phase konkretisieren den
unscharfen Begriff der *„Datenanalyse"* in Phase 1 durch Begriffe wie Algorithmen, Künstliche Intelligenz und ordnen Big Data in ein größeres System
(Datenökonomie) von Unternehmen (Plattformen), Prozessen und Normen (Mas-
sendaten) für die Analyse ein. Die Kontroversen in dieser Phase entfalteten sich
im Spannungsfeld zwischen der Zusammenarbeit mit außereuropäischen Technologieunternehmen und einer zunehmenden Abhängigkeit von diesen: Vertreter
der Wirtschaft sehen in der Zusammenarbeit mit außereuropäischen Technologieunternehmen Kosten- und Lernvorteile. Vertreter der Politik sehen in
dieser zunehmenden Abhängigkeit Risiken für die technologische Souveränität
Deutschlands und Europas.

Tabelle 3.2 Phänomenstruktur Datenökonomie-Diskurs; Phase 1. (In Anlehnung an Keller, 2011c, S. 250)

Phänomenstruktur Daten-Diskurs; Phase 1: Diskurs der Trendformierung, Vertrauen, Regulierung	
Technologie-begriffe	Big Data; Datensammlung; Datenanalyse; Datenbank; Cloud
Kontroverse	• Chance: Datennutzung (Wirtschaft) • Risiko: Datenschutz (Gesellschaft)
Politik	• Staat: gestaltet Rahmen für Sicherheit und Vertrauen • Verbraucherschützer: warnen vor Datenschutzrisiken
Wirtschaft	• Technologieanbieter: große Technologieunternehmen, spezialisierte Datenanalyseunternehmen und Startups • Technologieanwender: investitionsstarke Vorreiterunternehmen • Branchenverbände: vertreten ökonomische Interessen, lehnen Regulierung ab • Experten: Beratungen und Wissenschaft zeigen den Entwicklungsstand auf
Subjektivierungen	Verbraucher: • Schutzbedürftiger Bürger (Politik) • Anwender (Wirtschaft) Technologieanbieter: • Vorbild (Wirtschaft) • Fordern Institutionen heraus (Politik)

3.5.2.2 Deutungsmuster

Basierend auf der Analyse der Phänomenstruktur wurden die Deutungsmuster sequenzanalytisch rekonstruiert *(Keller, 2011a, S. 109)*. Ausgangspunkt war, dass unterschiedliche Akteure und Subjektivierungen mit unterschiedlichen Positionen in den Kontroversen assoziiert waren. Um über diese inhaltliche Dimension hinauszugehen, die durch Kodierung in der Analyse der Phänomenstruktur identifiziert werden konnte, setzte dieser Schritt der Analyse direkt an dieser Erkenntnis an. Es wurde nach Textstellen im Untersuchungsmaterial gesucht, die eine tiefere Interpretation der zugrundeliegenden Aussagen ermöglichten. Diese Interpretationen wurden zunächst alleine durchgeführt und Arbeitshypothesen über die zugrundeliegenden Deutungsmuster generiert. Im zweiten Schritt wurde der Interpretationsprozess geöffnet, indem Spiegelungen und Diskussionen der zugrundeliegenden Bedeutungen mit anderen Forschergruppen und mit Praktikern durchgeführt wurden. In verschiedenen formellen und informellen Treffen wurde die Gelegenheit genutzt, ausgewähltes Material in Gruppen zu interpretieren, um die Erkenntnisse mit den eigenen Arbeitshypothesen zu spiegeln und

Tabelle 3.3   Phänomenstruktur Datenökonomie-Diskurs; Phase 2. (In Anlehnung an Keller, 2011c, S. 250)

Phänomenstruktur Datenökonomie-Diskurs; Phase 2: Anwendungsorientierter Diskurs, Souveränität, staatliche Systembildung	
Technologie-begriffe	Massendaten; Algorithmen; Künstliche Intelligenz; Plattformen; Datenökonomie
Kontroverse	• Chance: Kompetenzaufbau und Kostenvorteile durch Zusammenarbeit mit Technologieunternehmen (Wirtschaft) • Risiko: Kompetenzverlust und Abhängigkeit von außereuropäischen Technologieunternehmen (Politik)
Politik	• Staat: investiert in systembildende Infrastrukturmaßnahmen • Wissenschaft: fordert neue Massendatenprinzipien
Wirtschaft	• Technologieunternehmen: bauen Machtpositionen auf und unterwandern Normen • Unternehmen: operative und strategische Handlungen je nach Branchenkontext • Branchenverbände: vertreten ökonomische Interessen, lehnen Regulierung ab, unterstützen Selbstregulierung • Experten: Beratungen und Wissenschaft zeigen Implementierungshürden auf und unterstützen Selbstregulierung
Subjektivierungen	Technologieanbieter: Zusammenarbeit (Wirtschaft) Abhängigkeit (Politik)

diese zu bestätigen oder zu verwerfen, zu erweitern oder zu vertiefen. Ferner wurden Interpretationen in informellen Treffen und Telefonaten mit Praktikern geteilt, um zusätzliche Eindrücke zu validieren, Kontextinformationen zu erhalten oder Interpretationen zu vertiefen.

Dieser Schritt der sequenzanalytischen und hermeneutischen Interpretation resultierte schließlich in vier Deutungsmustern, mit deren Hilfe unterschiedliche Handlungen der wesentlichen Akteure (Politik, Wirtschaft) auf verschiedene Interpretationen zurückgeführt werden konnten. Je Phase wurden zwei Deutungsmuster identifiziert, die die Technologieentwicklung unterschiedlich aufgreifen, sich in ihren Handlungsimplikationen diametral gegenüberstehen und Kontroversen in der Gesellschaft auslösen. Die Abbildungen 3.3 und 3.4 fassen diese Deutungsmuster zusammen.

In Phase 1 unterschieden sich die Deutungen über Datenschutz und Datennutzung von Politik- und Wirtschaftsvertretern: Politikvertreter deuten die Technologieentwicklung als Herausforderung der etablierten Datenschutzprinzipien und

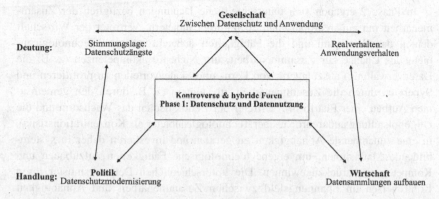

Abbildung 3.3 Deutungsmuster Datenökonomie-Diskurs; Phase 1. (Eigene Darstellung)

Abbildung 3.4 Deutungsmuster Datenökonomie-Diskurs; Phase 2. (Eigene Darstellung)

leiten Handlungen zur Datenschutzmodernisierung ein, weil sie die Datenschutz-stimmung in der Gesellschaft adressieren und Verbraucher als schutzbedürftige Bürger subjektivieren. Wirtschaftsvertreter dagegen sehen vor allem das öko-nomische Potenzial der Technologieentwicklung und investieren in den Trend, um Datensammlungen aufzubauen, weil sie nicht die Datenschutzstimmungen, sondern das Realverhalten der Verbraucher adressieren und in der zunehmen-den Anwendung digitaler Dienste Chancen sehen, neue datenbasierte Produkte und Dienstleistungen zu entwickeln. Die unterschiedlichen Deutungsmuster lösen Kontroversen im Spannungsfeld zwischen Datenschutz und Datennutzung aus.

In Phase 2 ergaben sich unterschiedliche Deutungen bezüglich der Zusammenarbeit mit außereuropäischen Technologieanbietern. Vertreter der Wirtschaft deuten das Wachstum und die Fähigkeiten außereuropäischer Technologieanbieter als Chance zur Zusammenarbeit, um Nicht-Kernkompetenzen (z. B. die Datenverwaltung) auszulagern, von Lern- und Skalenvorteilen zu profitieren und Synergien durch die Zusammenarbeit zu steigern (z. B. durch den gemeinsamen Aufbau einer Plattform). Vertreter der Politik deuten das Wachstum und die Oligopolstellung außereuropäischer Technologieanbieter als Konzentrationsrisiko, in eine zunehmende Abhängigkeit zu geraten und investieren daher in systembildende Maßnahmen, um eigene technologische Fähigkeiten aufzubauen und Kompetenzen zurückzugewinnen. Die unterschiedlichen Deutungsmuster lösen Kontroversen im Spannungsfeld zwischen Zusammenarbeit und Abhängigkeit aus.

Die identifizierten unterschiedlichen Kontroversen wurden sodann von hybriden Foren aufgegriffen und wieder zusammengeführt. Die Analyse der Deutungsmuster zeigte dabei die Rolle der hybriden Foren im Diskurs auf und stellte den Übergang zur Untersuchung der zweiten Forschungsfrage dar. Während die Phänomenstrukturanalyse und die Deutungsmusteranalyse Erklärungen dazu liefern, welche Kontroversen in der Entwicklung der Datenökonomie eine Rolle spielten, setzt die Narrationsanalyse an der zweiten Forschungsfrage an, welche kollektiven Wissensprozesse es gab und wie sie die Entwicklung der Datenökonomie beeinflussen.

3.5.2.3 Narrative Struktur

Hybride Foren wurden in dieser Arbeit als wichtige Episoden der Narration im Datenökonomie-Diskurs identifiziert *(Keller, 2011a, S. 111)*. Sie stellen Diskursepisoden dar, in denen kollektive Akteure aus Wissenschaft, Politik und Wirtschaft zusammenkommen und Handlungsempfehlungen entwickeln, indem sie ihre unterschiedlichen Deutungen der Technologieentwicklung in einen Zusammenhang bringen. In den Handlungsempfehlungen manifestieren sich folglich die kollektiven *„Vorstellungen von kausaler und politischer Verantwortung, Problemdringlichkeit, Problemlösung (…)"* *(Keller, 2011c, S. 252)*.

Zur Untersuchung, welche kollektiven Wissensprozesse es gab und wie sie die Entwicklung der Datenökonomie beeinflusst haben, wurde eine Narrationsanalyse durchgeführt. Für diese Analyse wurden vorwiegend Dokumente über hybride Foren betrachtet. Ausgewählte Primärdaten und ergänzende Sekundärdaten wurden herangezogen, um Probleme und Handlungsempfehlungen, die durch hybride Foren ausgearbeitet wurden, zu kontextualisieren. Den Schritten der Narrationsanalyse folgend wurde insbesondere untersucht, wie zentrale

Gegensätze und Wertestrukturen überwunden und zueinander in Beziehung gesetzt wurden *(Keller, 2011a, S. 111, 2011c, S. 251).* Diese durch die hybriden Foren geleistete Verknüpfung der unterschiedlichen Deutungselemente des Datenökonomie-Diskurses führte zu verschiedenen Veränderungen der Diskurse *(Keller, 2011c, S. 252)*: Zum einen wurden die Kontroverse aufgelöst und Handlungsbarrieren abgebaut – z. B. zeigte die Untersuchung in der ersten Phase, dass durch die Verbindung von Datenschutz und Datennutzung Datenschutzprinzipien institutionalisiert und die zuvor wahrgenommene Handlungsbarriere, Datenschutz verhindere den technologischen Fortschritt, reduziert werden konnten. Zum anderen wurden neue Handlungen herbeigeführt – z. B. setzte die Neuinterpretation der Souveränitätsfragen in Phase 2 systembildendende Maßnahmen durch die Regierung frei.

3.5.3 Entwicklung eines theoretischen Modells

Im letzten Schritt wurden die Ergebnisse der Phänomenstruktur-, Deutungsmuster- und Narrationsanalyse in einem Prozessmodell zusammengefasst, welches die kollektive Wissensproduktion in kontroversen Technologieentwicklungsprozessen vereint (siehe Kapitel 5, Abbildung 5.1). Das Modell ist das Ergebnis des Vergleichs von Regelmäßigkeiten und der Gegenüberstellung von Abweichungen zwischen den Analyseergebnissen in beiden Phasen und liefert eine theoretische Erklärung für die Entwicklung des Datenökonomie-Diskurses in Anlehnung an die verwendete Literatur *(Harley & Cornelissen, 2022, S. 255–257).*

Die oben aufgezeigten Analyseschritte werden in Tabelle 3.4 zusammengefasst:

Tabelle 3.4 Übersicht über die Datensammlung und die Datenanalyse. (In Anlehnung an Cloutier & Ravasi, 2021, S. 116)

Analytisches Ziel	Verwendete Daten	Analysemethode	Analytische Ergebnisse	Abschnitt in der Arbeit
Konstruktion der Fallerzählung	Sekundärdaten: Dokumente und Zeitungsartikel	Informatorisches Lesen (*Keller, 2011a, S. 90*)	Fallbeschreibung	„Fallbeschreibung" (Kapitel 3)
Identifizierung von Phase 1 und 2	Sekundärdaten und sensibilisierende Interviews	Erstellung eines Zeitstrahls (*Langley, 1999, S. 700–703*)	Visualisierung des Falls (Abbildung 3)	„Chronologische Analyse" (Kapitel 4, Teil 1)
Phänomen-strukturanalyse		Kodierung (*Strauss, 1998, S. 56–58, S. 92–94; Keller, 2011c, S. 251*)	Phänomenstruktur Phase 1 (Tabelle 2) Phänomenstruktur Phase 2 (Tabelle 3)	
Deutungsmuster		Sequenzanalyse (*Keller, 2011a, S. 109; Reichertz, 2016, S. 278*)	Deutungsmuster Phase 1 (Abbildung 4) Deutungsmuster Phase 2 (Abbildung 5)	
Narrationsanalyse	Sekundärdaten: Dokumente hybride Foren	Narrationsanalyse (*Keller, 2011c, S. 251–252*)	Narrative Verbindung der Deutungsmuster (Abbildung 4,5)	„Hybriden Foren" (Kapitel 4, Teil 2)
Modellentwicklung	Fallerzählungen, theoretische Darstellungen	Generatives Denken und kontrastives Argumentieren (*Harley & Cornelissen, 2022, S. 255–257*)	Prozessmodell (Abbildung 6)	„Modell" (Kapitel 5)

Analyse

4

Um die vorgenannten Forschungsfragen zu adressieren, ist die Analyse in dieser Arbeit in zwei Teile untergliedert: (1) in die Chronologie des Diskurses und (2) die Rekonstruktion hybrider Foren als Räume kollektiver Wissensprozesse. Dieser sequentielle Aufbau soll dem Leser zunächst ein Verständnis für die Entwicklung der Datenökonomie in Deutschland und einen Überblick über die verschiedenen Kontroversen, die den Diskurs begleitet haben, vermitteln. Darauf aufbauend wird der Frage nachgegangen, welche hybriden Foren in dem Diskurs eine Rolle spielen, wie sie organisiert sind und welchen Einfluss sie auf die Entwicklung der Datenökonomie haben.

4.1 Chronologie des Diskurses

Zeitlich lässt sich der Diskurs in zwei Phasen einteilen, die sich in der Multiperspektivität über die Technologieentwicklung unterscheiden, über die die Kontroversen ausgetragen werden: Während in Phase 1 das Spannungsverhältnis zwischen Datenschutz und Datennutzung im Vordergrund steht, bekommen die Diskussionen mit der vorangeschrittenen Technologieentwicklung in Phase 2 eine geopolitische Note und die Kontroversen entfalten sich über das Spannungsverhältnis zwischen Abhängigkeit und Selbstbestimmung. Im folgenden ersten Teil des Analysekapitels sollen zunächst die inhaltlichen Verläufe chronologisch dargestellt werden, um zu verstehen, **wie sich der Diskurs der Datenökonomie entwickelt hat und welche Kontroversen in der Entwicklung eine Rolle spielen** (Forschungsfrage 1).

© Der/die Autor(en), exklusiv lizenziert an Springer Fachmedien Wiesbaden GmbH, ein Teil von Springer Nature 2023
P. C. M. Reinecke, *Diskurse der Datenökonomie*,
https://doi.org/10.1007/978-3-658-43513-4_4

4.1.1   Phase 1: Kontroversen über Datenschutz und Datennutzung (2010–2016)

Im Jahre 2012 kommt erstmals das Thema „Big Data" im Weltwirtschaftsforum in Davos auf die Agenda und beschreibt die Potenziale von Daten für Wirtschaft und Gesellschaft *(World Economic Forum, 2012)*. Medien wie die Frankfurter Allgemeine Zeitung, die Welt, das Handelsblatt etc. greifen das Thema auf und diskutieren die Implikationen der technologischen Entwicklung. Erst ab diesem Moment bekommt der Diskurs einen expliziteren Bezug zu Daten, wird unter dem Schlagwort „Big Data" als Trend vorgestellt und in Politik und Gesellschaft diskutiert. *„Big Data wird zum neuen Wachstumstreiber der IT"* schreibt beispielsweise die Frankfurter Allgemeine Zeitung am 11.09.2012, *„Der Siegeszug von Big Data"* lautet die Überschrift in der Welt am 05.03.2013 und *„Die Auswertung komplexer Unternehmensdaten bestimmt zunehmend den Geschäftserfolg"* kündigt das Handelsblatt am 06.12.2012 an. Das nachfolgende Zitat verdeutlicht, wie das Thema auf dem Weltwirtschaftsforum in Davos Anstoß zu einem gesellschaftlichen Diskurs gegeben hat und von Beginn an mit *„Internetunternehmen wie Google oder Facebook"* verbunden wird:

> *Anfang des Jahres war ‚Big Data' auch schon Gegenstand auf dem Weltwirtschaftsforum in Davos; Internetunternehmen wie Google oder Facebook sind sogenannte ‚Big Data'-Firmen; IBM, Apple, Infosys oder SAP haben es zu Wachstumsfeldern erkoren, und Regierungen in Europa, Amerika und Asien lenken finanzielle Forschungsmittel in dreistelliger Millionenhöhe in dieses Gebiet. (Frankfurter Allgemeine Zeitung 11.09.2012)*

Der Trend wird aufgenommen und semantisch übersetzt: Statistiken und Prognosen der Experten zum Datenaufkommen werden in Natursemantiken ausgedrückt. Die steigende Menge an verfügbaren Daten wird als *„Datenfluten"* (z. B. Handelsblatt 04.02.2013) oder *„Datenberge"* (z. B. Die Welt 08.12.2012) bezeichnet und das Tempo der Entwicklung betont. Prognosen über die in Zukunft verfügbaren Datenmengen unterstreichen, dass der Trend nicht abreißen, sondern sich fortentwickeln wird. Die Rhetorik, die von Medien, Unternehmensvertretern und Experten im Diskurs gleichermaßen genutzt wird, zeugt von der wahrgenommenen Dringlichkeit für Unternehmen, sich mit den „Datenfluten" zu beschäftigen. Das nachfolgende Beispiel ist eine typische Präsentation von Big Data in den Medien zu der Zeit:

> *Und die Pegelstände der Datenflut steigen in atemberaubendem Tempo weiter. In Büros genauso wie in Behörden und Fabrikhallen. Beim Branchenverband Bitkom*

geht man davon aus, dass im Jahr 2020 weltweit Daten im Umfang von mehr als 100
Zettabyte existieren. (...) Beim Bitkom sieht man für Big-Data-Lösungen eine große
Zukunft. ‚Es geht darum, die in bisher ungekanntem Umfang zur Verfügung stehenden
Daten in Geschäftsnutzen zu verwandeln‘, bringt es Bitkom-Präsident Prof. Dieter
Kempf auf den Punkt. (Die Welt 28.02.2013; Hervorhebung durch die Verfasserin)

Spannungen zwischen privaten und öffentlichen Interessen treten auf, wenn
öffentliche Interessen durch technologische Entwicklungen bedroht werden
(Bodrožić & Adler, 2022, S. 110). Im Folgenden sollen die Anfangsphase weiter
ausdifferenziert und die Entwicklung der Kontroversen im Diskurs näher betrachtet werden. Zu Beginn der Trendformierung lässt sich eine Episode 1a feststellen,
in der die beteiligten Akteure den aufstrebenden Datentrend insbesondere aus
ihren Interessenlagen heraus adressieren und davon abweichende Interessenlagen
als Bedrohung der eigenen wahrnehmen und ablehnen.

4.1.1.1 Episode 1a: Formierung eines Trends (2010–2013)

Der Diskurs lässt sich in drei Lager unterteilen, die unterschiedliche Positio-
nen und Interessen beinhalten: ein öffentlich ausgetragener Diskurs, der über
Massenmedien kommuniziert wird, ein politischer Diskurs, der aus öffentlichen
Aussagen von Politikern und politiknahen Experten sowie Politikdokumenten
und -strategien besteht, und ein Wirtschaftsdiskurs, der die Positionen von
Wirtschaftsvertretern in öffentlichen Aussagen und über Veröffentlichungen des
Branchenverbands Bitkom widerspiegelt.

(1) Öffentliche Kontroversen
Im öffentlichen Diskurs zeigt sich zunächst ein differenziertes Bild von Daten.
Die Nutzung von Daten wird als Chance für Unternehmen beschrieben, Infor-
mationen über Kunden zu gewinnen und Kaufentscheidungen zu unterstützen.
Gleichzeitig ergeben sich durch die neue Form der Datennutzung auch neue
Fragen der Datensicherheit, auf die Unternehmen und IT-Anbieter noch eine
Lösung finden müssen. Das zeigt sich beispielsweise in der folgenden Textpas-
sage aus der Frankfurter Allgemeinen Zeitung, in der die Chancen und Risiken
nebeneinandergestellt werden und die Entwicklung offengelassen wird:

Nun geht es darum, mithilfe dieser Daten den Kunden vollständig gläsern zu machen
und schon vor der Kaufentscheidung zu wissen, welches Kaufverhalten die Kun-
den haben werden. ***Darin stecken für die Unternehmen Chancen.*** *Man darf aber*
darauf gespannt sein, welche Antworten die IT und ihre Abnehmer zum Thema Daten-
schutz finden. ***Denn ohne ausreichenden Schutz und Transparenz wird ‚Big Data'***

kein Renner – sondern ein Albtraum. *(Frankfurter Allgemeine Zeitung, 11.09.2012;*
Hervorhebung durch die Verfasserin)

In dieser Episode werden insbesondere Beispiele aus den USA, wo Big Data
schon stärker zur Anwendung kommt, in Bezug auf den Umfang und die
Zusammenführung von Daten kontrovers diskutiert. Dabei fällt auf, dass gleiche Beispiele aus den USA unterschiedlich verwendet werden. Positivbeispiele
aus den USA werden beispielsweise zitiert, um die ökonomischen Potenziale
der Technologie zu veranschaulichen. Gleichzeitig werden Negativbeispiele aus
den USA zur Veranschaulichung der Vernachlässigung von Datenschutz- und
Sicherheitsfragen angeführt. An zwei Beispielen – dem Wahlkampf von Barack
Obama in 2012 und dem Kredit-Scoring von Banken – lässt sich diese mediale
Prozessierung der Kontroversen nachzeichnen:

1) *Der Wahlkampf von Barack Obama:* Ein Beispiel ist das Erstellen von Wäh-
   lerprofilen durch die Zusammenführung verschiedener Datenquellen, was
   im Wahlkampf von Obama als Erfolgsfaktor galt. Während der Obama-
   Wahlkampf von Vertretern mit wirtschaftlichen Interessen als Positivbeispiel
   für die Datennutzung verwendet wird, lehnen Datenschützer solche Datensammlungspraktiken in deutschen Wahlkämpfen ab. Sie werten diese Praxis
   als nicht konform mit deutschem Datenschutzrecht, weil Daten ohne explizite
   Einwilligung für eine Zweitverwertung nicht für einen anderen Zweck verwendet werden dürfen, als für den, für den sie erhoben wurden. Gerade in der
   Diskussion um die Datennutzung in politischen Wahlkämpfen in den USA
   zeigt sich die unterschiedliche Wahrnehmung von Vertretern aus Wirtschaft
   und Politik. Während beispielsweise ein Wagnisfinanzierer den *„Wahler-*
   folg von Barack Obama" *(WirtschaftsWoche 22.01.2013)* als Positivbeispiel
   sieht und für Big Data wirbt, bewerten insbesondere politische Vertreter
   und Datenschutzverantwortliche in Deutschland die Nutzung von Wählerpro-
   filen als kritisch, wenn die Betroffenen (die Wähler) dafür zuvor nicht ihr
   Einverständnis gegeben haben:

   > *Der US-Wahlkampf 2012 hat vor allem eines gezeigt: Mit vielen Informationen*
   > *über die Wähler lässt sich ein Wahlkampf gewinnen. Barack Obama und sein*
   > *Team haben nicht nur Unmengen an Daten gesammelt, sie wussten die gewonnenen*
   > *Informationen auch für sich zu nutzen. (WirtschaftsWoche 04.01.2013)*
   >
   > *‚Wir müssen lernen, die Daten zu interpretieren', rät Patil [Anm. d. Verf. DJ*
   > *Patil, Wagnisfinanzierer Greylock Partners]. Beispiele, welche Vorteile man dar-*
   > *aus ziehen könne gibt es zur Genüge: Sie reichen vom mit Brad Pitt verfilmten,*
   > *realen Baseball-Märchen ‚Moneyball' bis hin zum letzten **Wahlerfolg von Barack***

Obama. Auch viele Unternehmen machen sich die neuen Möglichkeiten bereits zu Nutze, vor allem junge Internetstartups bauen ihr Geschäft von Anfang an auf eine Analyse von Kundendaten auf, die vor einigen Jahren unvorstellbar war. (WirtschaftsWoche 22.01.2013; Hervorhebung durch die Verfasserin)

*Die Situation im Präsidentschaftswahlkampf lasse sich nicht eins zu eins auf Deutschland übertragen, sagte der Bundesdatenschutzbeauftragte Peter Schaar (...) Schaar beobachtet die Entwicklung kritisch. (...) ‚Es geht in der Politik aber nicht um die Vorliebe bei der Hemdenfarbe, sondern politische Einstellungen‘, betont Schaar. Umso wichtiger sei es, dass die Bürger Kontrolle über ihre Daten haben. In Deutschland setzt das Gesetz allerdings einen deutlich engeren Rahmen als in den USA. Zwar dürfen Parteien bei Adresshändlern Daten einkaufen – etwa eine Liste mit den Zahnärzten in einer bestimmten Stadt und sie bekommen auch einige Daten aus den Melderegistern. **Allerdings ist es nach dem Datenschutzrecht nicht erlaubt, diese mit anderen Informationen zu Profilen zu verquicken.** (Handelsblatt 17.12.2012; Hervorhebung durch die Verfasserin)*

2) *Kredit-Scoring von Banken:* Ein zweites Beispiel ist das Kredit-Scoring von Banken. Während es beispielsweise in einem vom Branchenverband Bitkom veröffentlichten Leitfaden zu Big Data als Positivbeispiel präsentiert wird, das auch unter deutschem Datenschutzrecht funktionieren könne, wird es in einem Beitrag der Welt *(05.03.2013)* als Negativbeispiel dargestellt, das *„unkontrolliert"* *(Die Welt 05.03.2013)* sei und Vorurteile generiere:

*Ein weiteres Beispiel ist das Kredit-Scoring. Eine Bank muss vor der Entscheidung über einen Kredit die Kreditwürdigkeit ihres Kunden bewerten. Hierzu setzen Banken u. a. auch Scoring-Verfahren ein. Bei den üblichen Scoring-Verfahren werden Angaben zu Beruf, Einkommen, Vermögen, bisheriges Zahlungsverhalten, etc. ausgewertet, insgesamt relativ wenige Parameter. Demgegenüber wenden manche amerikanische Kreditanbieter mit Erfolg Methoden an, die tausende Indikatoren nutzen. **Auch nach deutschem Recht wäre dies grundsätzlich möglich.** Die Bank darf lediglich Angaben zur Staatsangehörigkeit und besonders schutzwürdige Daten des Kunden, wie z. B. Angaben zur Gesundheit, nicht für das Kredit-Scoring verwenden. Andere Daten darf die Bank nutzen, vorausgesetzt sie sind nach wissenschaftlich anerkannten mathematisch-statistischen Verfahren nachweisbar für die Risikoermittlung geeignet. Big Data kann helfen, diesen Nachweis zu führen. Verbesserte Analysemethoden sind vorteilhaft für Banken, aber genauso auch für Kunden. (Bitkom, 2012, S. 44; Hervorhebung durch die Verfasserin)*

***Wohin unkontrolliertes Big Data führen kann, zeigt das Beispiel einiger US-Banken.** Sie erfassen täglich viele Terabyte an Informationen aus sozialen Netzwerken. Erwähnen Kunden, dass sie womöglich bald ihren Job verlieren, könnte die Bonität des Kunden herabgesetzt werden. Nach Medienberichten haben*

> *US-Banken auch schon mal bei Facebook & Co nachgesehen, ob ein Kunde Rap-*
> *Musik mag. Wenn ja, wirkte sich das negativ auf die Kreditvergabe aus. (Die Welt*
> *05.03.2013; Hervorhebung durch die Verfasserin)*

Die vorstehenden Beispiele veranschaulichen die Unsicherheit bezüglich der Zulässigkeit von Datensammlungen und -nutzungen, die insbesondere aus den unterschiedlichen Datenschutzbestimmungen der Länder resultiert. Dass Anwendungen länderübergreifend nicht ohne die Berücksichtigung dieser unterschiedlichen Datenschutzbestimmungen implementiert werden können, zeigt ein Beispiel von O_2, bei dem die Erstellung von Bewegungsprofilen zu Werbezwecken ohne Einverständnis der Kunden von den Behörden verboten wurde:

> *Mobilfunk-Anbieter speichern Verbindungs- und Ortsdaten ihrer Kunden zu Abrech-*
> *nungszwecken. Als der Telefónica-Konzern mit seiner deutschen Tochter O2 aus diesen*
> *Daten Bewegungsprofile zu Werbezwecken erstellen wollte, musste sich erst das Wirt-*
> *schaftsministerium einmischen, bis der Konzern die Pläne für Deutschland zurückzog.*
> *Im deutschen Recht existiert das Konzept der Zweckbindung, nach der Daten nur für*
> *vor der Erhebung definierte Zwecke verwendet werden dürfen. (taz 21.11.2012)*

Insgesamt herrscht zum betrachteten Zeitpunkt Unwissenheit über die Zulässigkeit vieler Anwendungen. Einige Medien betonen dabei insbesondere die Unwissenheit von Verbrauchern über die Abgabe ihrer Daten und betonen die Notwendigkeit der Aufklärung über die Datenabgabe – z. B. durch regelmäßige Informationen durch Firmen und Behörden, welche personenbezogenen Daten gespeichert werden:

> *Was mich besorgt ist, dass die Verbraucher sich keine Gedanken über ihre Daten*
> *machen, darüber in wessen Besitz sie sind oder wer ein besonderes Interesse daran*
> *haben könnte. Wenn sich die Verbraucher nicht jetzt in die Big Data Debatte einschal-*
> *ten, dann werden über ihren Kopf hinweg Entscheidungen gefällt. (Rick Smolan, in taz*
> *11.11.2012)*

Der politische Diskurs reagiert auf die Stimmungen im öffentlichen Diskurs und adressiert den wachsenden Trend durch eine Bewertung potenzieller Bedrohungen des Datenschutzes.

(2) Politik

Die im öffentlichen Diskurs geäußerten Bedenken, dass Datensammlungen nicht konform mit den vorliegenden Richtlinien zum Datenschutz seien, werden vom politischen Diskurs aufgegriffen. Im Vordergrund stehen dabei die Prüfung der

Konformität von Datennutzungen mit den bestehenden Datenschutzrichtlinien (*EU Datenschutz Richtlinie 95/46/EG*) sowie die möglicherweise erforderliche Erneuerung des Datenschutzgesetzes.

Während sich die Politik der Datenschutzfragen der neuen Datennutzung annimmt, werden Daten zu diesem Zeitpunkt weder in der „*Digitalen Agenda Europa 2010*" noch in der daran angelehnten Informations- und Telekommunikationstechnik-(IKT)-Strategie der Bundesregierung „*Deutschland Digital 2015*" explizit erwähnt. Die politischen Programme adressieren zu diesem Zeitpunkt IKT und allgemeine Trends des Internets. Die Europäische Kommission kündigt an, Wirtschaftswachstum im IKT-Bereich durch die Schaffung eines digitalen Binnenmarktes und durch die Steigerung des Handels von Waren und Dienstleistungen zwischen den EU-Ländern über das Internet realisieren zu wollen. Eher indirekt wird das Thema Daten hier verankert, indem fehlende einheitliche Datenschutzregelungen als Hürde für die Realisierung eines solchen digitalen Binnenmarktes dargestellt werden. Da zu diesem Zeitpunkt jedes EU-Land eigene Datenschutzbestimmungen besitzt, wird der grenzübergreifende Handel erschwert. Risiken durch einen fehlenden rechtlichen Datenschutzrahmen sollen durch die Modernisierung der bestehenden Datenschutzregulierungen angegangen werden. Basierend auf einer Erhebung der Eurostat (*Europäische Kommission, 2010, S. 14*) werden mangelndes Vertrauen und Datenschutzbedenken in der Öffentlichkeit als Hindernis für das erfolgreiche Wachstum der IKT-Branche formuliert. Akzeptanz und Vertrauen werden zu zentralen politischen Zielen.

Akzeptanz und Vertrauen
Unter der Überschrift „*Die Europäer werden sich auf keine Technik einlassen, der sie nicht vertrauen – digitales Zeitalter heißt weder ‚Big Brother' noch ‚Cyber-Wildwest'.*" (*Europäische Kommission, 2010, S. 19*) positioniert sich die Europäische Kommission in der Digitalen Agenda Europa 2010 für die Regulierung von Datenströmen und gegen Positionen, die das Internet als einen rechtsfreien Raum verstehen und Regulierung ablehnen. Diese Legitimierung ordnungspolitischer Eingriffe in technologische Entwicklungen wird durch Selbst- und Fremdpositionierungen gestützt: Hinter dem Begriff „*die Europäer*" verbirgt sich ein territoriales Selbstverständnis, das auf eigenen Werten und Normen fußt. Zugleich findet eine Fremdpositionierung gegenüber jenen (Unbenannten) statt,

die technologische Entwicklungen für Überwachungszwecke („*Big Brother*") nutzen oder im rechtsfreien Raum („*Cyber-Wildwest*") geschehen lassen.[1] In dieser Selbst- und Fremdpositionierung drückt sich die Notwendigkeit zur Wahrung bestehender Werte und Institutionen aus, die gegen technologische Disruptionen zu schützen sind.

Die europäische Digitale Agenda setzt die „*Überprüfung des EU-Rechtsrahmens für den Datenschutz bis Ende 2010*" als Aktionspunkt auf die Agenda und formuliert in dem Zusammenhang das Ziel, „*das Vertrauen der Bürger zu erhöhen und ihre Rechte zu stärken*" *(Europäische Kommission, 2010, S. 15)*. Die Europäische Kommission stellt in Aussicht, dass die „*einschlägigen Rechtsinstrumente*" als Ergebnisse der Überprüfung, ob die Verwendung von Daten mit dem geltenden europäischen Datenschutzrecht konform ist, „*so modernisiert werden, dass sie den Herausforderungen der Globalisierung gewachsen sind und neue technologieneutrale Wege der Vertrauensbildung durch eine Stärkung der Bürgerrechte eröffnen.*" *(Europäische Kommission, 2010, S. 13)*.

In der Folge der Überprüfung des bestehenden Rechtsrahmens für den Datenschutz veröffentlicht der europäische Datenschutzbeauftragte im Juni 2011 eine Stellungnahme, in der bekräftigt wird, dass das Vertrauen der EU-Bürger in IKT maßgeblich von einer Datenschutzregelung abhänge, die „*integraler Bestandteil der Technologie*" *(Europäische Kommission, 2011, S. 3)* sein solle. Ein starker Datenschutz wiederum fördere die europäische Wirtschaft. Das nachfolgende Beispiel zeigt die Argumentation auf, dass die wirtschaftliche Entwicklung und der Einsatz von IKT von der Akzeptanz und dem Vertrauen der Verbraucher abhängen und einen „*wirksamen Datenschutz*" erfordern:

> *Die wirtschaftliche Entwicklung der EU geht mit der Einführung und der Vermarktung von neuen Technologien und Dienstleistungen einher. In der Informationsgesellschaft hängen das Entstehen und der erfolgreiche Einsatz der Informations- und Kommunikationstechnologie und der entsprechenden Dienstleistungen von Vertrauen ab.* **Wenn die Menschen den IKT nicht vertrauen, werden diese Technologien wahrscheinlich keinen Erfolg haben. Und die Menschen werden den IKT nur dann vertrauen, wenn ihre Daten wirksam geschützt werden.** *Aus diesem Grund sollte der Datenschutz integraler Bestandteil von Technologien und Dienstleistungen sein. Ein starker Datenschutzrahmen fördert die europäische Wirtschaft, vorausgesetzt, er ist nicht nur stark, sondern auch richtig zugeschnitten. Eine weitere Harmonisierung innerhalb*

---

[1] So schreiben beispielsweise auch Knorre und Kollegen (2020): „In fast allen gesellschaftspolitischen Debatten über staatliche (oder jetzt auch: unternehmerische) Erfassung und Verarbeitung persönlicher Daten diente und dient ‚Big Brother' als Metapher für Überwachung und Verlust von Privatheit." *(Knorre et al., 2020, S. 16–17)*.

der EU und eine Minimierung des Verwaltungsaufwands sind unter diesem Gesichts-
punkt grundlegend. (Europäische Kommission 2011, S. 3; Hervorhebung durch die
Verfasserin)

In Deutschland werden die Regulierungsoffensiven der Europäischen Kommission begrüßt und es wird der Anspruch erhoben, den vergleichsweise hohen deutschen Datenschutz auf EU-Ebene zu heben. In der IKT-Strategie *„Deutschland Digital 2015"* werden wachsende Datenströme als netzpolitische Infrastruktur- und Sicherheitsherausforderung definiert. Die deutsche Agenda nimmt dabei Bezug auf die zunehmende Rolle von Daten in verschiedenen Anwendungs- feldern wie Energie, Elektromobilität und Verkehr. Sie formuliert die Aufgabe, Rahmenbedingungen für Datennutzungen in diesen und weiteren Anwendungs- feldern sicherzustellen und konzentriert sich dabei unter anderem auf den Ausbau des IKT-Sektors, z. B. im Bereich Cloud Computing, sowie auf Maß- nahmen zur Sicherung von Datenschutz und Datensicherheit, um *„Vertrauen"* und *„Akzeptanz"* zu garantieren *(BMWi, 2010b, S. 14)*. Zur Umsetzung dieser Ziele wird einerseits ein Programm zur Steigerung der Akzeptanz von Cloud- Anwendungen durch das BMWi gefördert (Trusted Cloud Programm) und zum anderen werden Datenschutzregulierungen ins Auge gefasst:

Die rasante Entwicklung des Internets erfordert Lösungen für Vertrauen und Sicher-
heit, Antworten zur Verantwortung des Einzelnen und der Rolle des Staates in der
*digitalen Welt. **Effektiver Datenschutz ist ein wesentlicher Faktor für die Akzeptanz***
***und Entwicklung einer Informations- und Wissensgesellschaft.** (BMWi, 2010a, S.*
20; Hervorhebung durch die Verfasserin)

Im Januar 2012 veröffentlicht die Europäische Kommission einen Vorschlag für eine Datenschutzgrundverordnung (DSGVO), die den Umgang mit personenbe- zogenen Daten regeln soll, um das Vertrauen der Verbraucher in Onlinedienste zu stärken. Wie zuvor vom europäischen Datenschutzbeauftragten wird auch im Entwurf der DSGVO argumentiert, dass die wirtschaftliche Entwicklung von neuen Technologien die Akzeptanz und das Vertrauen der Verbraucher in den Datenschutz voraussetzte:

Der rasche technologische Fortschritt stellt den Datenschutz vor neue Herausforde-
rungen. Das Ausmaß, in dem Daten ausgetauscht und erhoben werden, hat rasant
zugenommen. Die Technik macht es möglich, dass Privatwirtschaft und Staat im Rah-
men ihrer Tätigkeiten in einem noch nie dagewesenen Umfang auf personenbezogene
Daten zurückgreifen. Zunehmend werden auch private Informationen ins weltweite
Netz gestellt und damit öffentlich zugänglich gemacht. Die Informationstechnologie hat

*das wirtschaftliche und gesellschaftliche Leben gründlich verändert. **Die wirtschaftliche Entwicklung setzt Vertrauen in die Online-Umgebung voraus. Verbraucher, denen es an Vertrauen mangelt, scheuen Online-Einkäufe und neue Dienste.** Hierdurch könnte sich die Entwicklung innovativer Anwendungen neuer Technologien verlangsamen. Der Schutz personenbezogener Daten spielt daher eine zentrale Rolle in der Digitalen Agenda für Europa und allgemein in der Strategie Europa 2020. (Europäische Kommission, 2012; Hervorhebung durch die Verfasserin)*

Warnung vor Anwendungen aus den USA

Politiker, Datenschutzbeauftragte und Experten aus der Wissenschaft positionieren sich in den öffentlichen Debatten über Big Data und weisen darauf hin, dass US-amerikanische Anwendungen in Europa strengeren Datenschutzbestimmungen unterlägen. Die Zusammenführung unterschiedlicher Datenquellen außerhalb des ursprünglichen Kontexts und die zweckentfremdete Anwendung ohne Einwilligung, wie sie in US-amerikanischen Beispielen praktiziert würden, seien mit dem deutschen Datenschutzverständnis nicht konform. Die Bestrebungen zur Modernisierung des Datenschutzes auf EU-Ebene werden entsprechend begrüßt und es wird für eine rasche Verabschiedung neuer Datenschutzregelungen plädiert, wie aus den nachfolgenden Zitaten unter anderem von der Bundesverbraucherministerin aus dem Jahre 2013 hervorgeht. Sie fordert eine Regelung für Datenschutz im Design, eine verpflichtende Einwilligung von Betroffenen, insbesondere bei der Bildung von Nutzerprofilen und Anonymisierungen. Die nachfolgenden Beispiele sind typische Beiträge von Befürwortern einer Datenschutzmodernisierung:

*Bundesverbraucherministerin Ilse Aigner warnte in Berlin: ‚Big Data-Anwendungen bringen nicht nur große Potenziale für die Wirtschaft, sondern können auch zur Lösung gesellschaftlicher Probleme beitragen. Die Akzeptanz der Verbraucherinnen und Verbraucher für umfangreiche Daten-Analysen lässt sich aber nur gewinnen, wenn der Datenschutz auf hohem Niveau sichergestellt wird. (…) Im digitalen Raum wird mit riesigen Datenmengen operiert. Es ist an der Zeit, klare Regeln und Grenzen für die Datennutzung zu definieren. (…) Gerade bei Big Data-Anwendungen muss der Datenschutz schon im Design berücksichtigt und die Selbstbestimmung der Betroffenen gewahrt werden, indem sie aktiv einwilligen müssen. Dies gilt besonders, wenn Nutzerprofile gebildet werden.' Eine massenhafte Auswertung dürfe es nur bei anonymisierten Daten geben. (…) **Zum Schutz der Verbraucher und Internetnutzer forderte die Verbraucherschutzministerin, die EU-Datenschutz-Grundverordnung zügig voran zu bringen und den Datenschutz europaweit auf hohem Niveau festzuschreiben: ‚Das Datenschutzrecht muss endlich auch im Informationszeitalter verankert werden – und zwar auf europäischer Ebene.'** (WirtschaftsWoche 05.02.2013; Hervorhebung durch die Verfasserin)*

Ganz vorn sind die USA mit dabei, die auch gegenüber Europa und vor allem Deutsch-land einen Wettbewerbsvorteil haben: einen laxen Umgang mit dem Datenschutz. In den USA dürfen Unternehmen fast wahllos Daten über Kunden sammeln, hierzulande wird dies deutlich restriktiver gehandhabt. Dafür gibt es vor allem mit Blick auf Big Data gute Gründe: **,Es mag den meisten Leuten egal sein, wenn Amazon & Co Internet-Verhalten auswerten, um personalisierte Werbung zu schalten. Aber wenn Krankenversicherung oder mögliche neue Arbeitgeber wissen, dass man ein erhöh-tes Risiko für eine bestimmte teure Krankheit hat, dann sollten die Daten wirklich gut geschützt sein'**, *sagt Peter Sanders, Informatik Professor am Karlsruher Institut für Technologie. (Die Welt 05.03.2013; Hervorhebung durch die Verfasserin)*

,Die Daten werden aus ihrem ursprünglichen Kontext gelöst, also der Grundsatz der Zweckbestimmung verletzt, wonach personenbezogene Daten nur zu den Zwe-cken verwendet werden dürfen, zu denen sie erhoben worden sind', führt dazu der Bundesdatenschutzbeauftragte Peter Schaar aus. (Die Welt 05.03.2013)

(3) Wirtschaft

Während im politischen Diskurs Datenschutz als Motor für die wirtschaftliche Entwicklung beschrieben wird, lehnen Vertreter von Unternehmen und Bran-chenverbänden sowie Technologieexperten Risikodiskurse über Datenschutz ab. Im Vorwort des Programms zum jährlich stattfindenden IT-Gipfel in 2010 warnt der Präsident des Branchenverbands Bitkom, eine *„zuweilen überhitzte Daten-schutzdebatte"* könne eine Gefahr für die technologische Entwicklung werden und wirbt für ein *„offenes Verhältnis der deutschen Gesellschaft zu Technik und Innovation" (BMWi, 2010a, S. 7)*. Das vollständige Zitat lautet:

Voraussetzung dafür [für Technologieinnovationen in Deutschland] ist aber auch ein offenes Verhältnis der deutschen Gesellschaft zu Technik und Innovation. Solange neue Technologien zunächst als Bedrohung und weniger als Chance begriffen werden, laufen wir Gefahr, den Anschluss zu verlieren. Das betrifft die zunehmende Schwierigkeit bei der Realisierung technologischer Infrastruktur- und Großprojekte genauso wie eine zuweilen überhitzte Datenschutzdebatte. (BMWi, 2010a, S. 7)

Der wirtschaftliche Diskurs adressiert vorwiegend die ökonomischen Potenziale von Big Data nach dem Vorbild der USA und lehnt die Regulierungsbestrebungen der Politik ab. Beide Positionen werden nachfolgend angesprochen.

Wirtschaftliche Potenziale nach dem Vorbild der USA

Während insbesondere politische Akteure und Datenschützer Anwendungen aus den USA häufig als nicht konform mit dem deutschen Datenschutz kritisie-ren, stellen Unternehmensvertreter und Branchenverbände die ökonomischen

Potenziale der Technologie in den Vordergrund. Im Mittelpunkt der Diskussion stehen die Wachstumspotenziale für IT-Anwendungen zur Datenspeicherung und -analyse, die aufgrund des wachsenden Datenaufkommens an Relevanz gewinnen. Branchenverbände (z. B. Bitkom in *Die Welt 05.03.2013*), Unternehmensberater (z. B. McKinsey in *Handelsblatt 04.02.2013*) und Forschungsinstitute (z. B. Fraunhofer in *Die Welt 05.03.2013* und in *Handelsblatt 04.02.2013*) positionieren sich als Experten, die auf die Potenziale wachsender Datenströme hinweisen und durch die Veröffentlichung von Marktstudien deren Potenzial betonen. Sie beschreiben Deutschland als Technologiemarkt, beurteilen den Entwicklungsstand verschiedener Branchen und bewerten ihn kritisch im Vergleich zu anderen Branchen und Ländern. Das nachfolgende Beispiel veranschaulicht eine typische mediale Präsentation der wirtschaftlichen Potenziale von Big Data zum untersuchten Zeitpunkt:

> *Einer IDC-Studie zufolge sehen nur rund 15 Prozent der Führungskräfte die Analyse großer Datenmengen als Business-Thema. Fast zwei Drittel von ihnen erwarten Kosteneinsparungen, nur je ein Drittel dagegen Wettbewerbsvorteile oder Umsatzwachstum. Das Geschäft mit Analyseprogrammen steht dennoch vor einem Boom. Denn die Unternehmen denken um. Statt Bauchgefühl entscheidet immer häufiger ein ausgefeilter Algorithmus. (Handelsblatt 11.03.2012)*

Als Vorreiter gelten Unternehmen in den USA, deren institutionelles Umfeld aufgrund der geringeren Datenschutzsensibilität als förderlich für die rasche Entwicklung beschrieben wird. Technologielösungen US-amerikanischer Anbieter und erfolgreiche Anwendungen US-amerikanischer Unternehmen werden im Diskurs vorgestellt, um die Potenziale der Technologien an konkreten Beispielen zu veranschaulichen. Dieser Diskurs gleicht einem Marktplatz zur Vorstellung von Angebot und Nachfrage für Big Data-Technologien:

Experten beschreiben die Zukunftspotenziale von Big Data, die zum aktuellen Stand der Entwicklung in Deutschland noch nicht umgesetzt werden. *„Wer hebt das Datengold?"* fragt das Handelsblatt am 04.02.2013. Als *„vierter Produktionsfaktor neben Kapital, Arbeitskraft und Rohstoffen"* (*Bitkom-Präsident, in Die Welt 05.03.2013*) verspricht die Auswertung großer Datenmengen *„Geschäftsnutzen"* (*Die Welt 28.02.2013*). Eine Technologiemanagerin verspricht *„faktenbasierte Analysen und treffsichere Prognosen (…) gerade auch in Marketing und Vertrieb, Kundendienst und Controlling."* (*Die Welt 28.02.2013*) und ein Unternehmensberater prognostiziert für die Energiebranche *„individuell zugeschnittene Tarife"* auf der Basis intelligenter Stromzähler kombiniert mit Kundeninformationen aus sozialen Medien oder E-Mails (*Die Welt 28.02.2013*).

Verbraucher werden als Anwender digitaler Dienste beschrieben, die digitale Technologien nutzen, um einzukaufen oder zu kommunizieren und dabei digitale Spuren hinterlassen, die für Unternehmen wertvoll sind, um Informationen über ihre Kunden zu generieren und sie besser zu adressieren. Insbesondere fällt auf, dass im Wirtschaftsdiskurs ein anderes Bild eines Verbrauchers vorherrscht als im politischen Diskurs, der die Sorgen von Verbrauchern als *„Betroffene"* adressiert.

Technologieanbieter investieren in Datenbank- und Datenmanagementsysteme, um ihren Kunden entsprechende technische Infrastrukturlösungen anbieten zu können. Da die Sammlung und Verarbeitung dieser Daten, die häufig verteilt und unstrukturiert vorliegen, Datenmanagementsysteme erfordert, müssen Unternehmen erst entsprechende Infrastrukturen und Fähigkeiten aufbauen. *„Konventionelle Datenbank-Technologien stoßen an ihre Grenzen, neue sind gefragt"* schreibt Die Welt *(28.02.2013)*, *„Das Geschäft mit Analyseprogrammen steht (…) vor einem Boom"* schreibt das Handelsblatt *(11.03.2012)*. Diese Marktentwicklungen betreffen nationale (z. B. SAP, Software AG, T-Systems) und internationale Technologieanbieter (z. B. IBM, Microsoft). Sie präsentieren Anwendungen auf IT-Messen wie z. B. der Cebit und werden als *„Profiteure der massenhaften Datenanalyse" (Frankfurter Allgemeine Zeitung 06.03.2013)* bezeichnet, die den Trend nutzen und in den Ausbau neuer Geschäftsbereiche investieren – z. B. durch Zukäufe von Analyseunternehmen, um in den *„Schlüsselmärkten der Branche an vorderster Front"* zu stehen *(Frankfurter Allgemeine Zeitung 11.09.2012)*. Die nachfolgenden Beispiele sind typische mediale Präsentationen von Technologieanbietern zum betrachteten Zeitpunkt:

*Das Volumen des ‚Big Data'-Marktes hat sich nach Angaben von Deloitte binnen der vergangenen drei Jahre von weniger als 100 Millionen Dollar auf mehr als 1,3 Milliarden Dollar vervielfacht. Ein Ende dieser Entwicklung ist nicht in Sicht. Die Branche rechnet mit einer Verdopplung des Umsatzvolumens, Jahr für Jahr. EMC versucht daher, ebenso wie die Konkurrenz von **IBM**, **Hewlett-Packard**, **Hitachi** und **Netapp**, daraus ein veritables Geschäftsmodell zu machen. Deshalb kaufen diese Konzerne Analyseunternehmen, um den Kunden die Verarbeitung ihrer über Computer, Handys und Netzwerkrechner zusammengetragenen Daten aus allen Unternehmensbereichen leichter zu machen. (Frankfurter Allgemeine Zeitung 11.09.2012; Hervorhebungen durch die Verfasserin)*

*Der **deutsche Softwarekonzern SAP** hat mit seinem Echtzeit-Datenbanksystem Hana schon einen Weg eingeschlagen, der vielversprechend erscheint: Das Hana-Datenbanksystem macht jede Art von Analyse auf Knopfdruck und binnen eines Wimpernschlags möglich. Der **amerikanische Softwareanbieter SAS Institute** setzt auf neuartige Architekturen von digitalen Speichern und softwarebasierten Analyseverfahren riesiger Datenmengen. **IBM** hat gerade eine neue Version seiner Datenbank*

*DB2 vorgestellt. (Frankfurter Allgemeine Zeitung 11.09.2012; Hervorhebungen durch
die Verfasserin)*

*‚Wir haben die Großrechner, die Infrastruktur und die Software, um ein solches Vorha-
ben mit zu stemmen‘, sagt IBM-Deutschland-Geschäftsführerin Martina Koederitz auf
der Computermesse Cebit in Hannover. (…) Während Unternehmen wie* **Google**, **Apple**
oder **Facebook** *mit ihren Suchmaschinen, Handys oder Datenbanksystemen vor allem
auf Konsumenten zielen, ist* **IBM** *im Firmenkundengeschäft unterwegs. (Frankfurter
Allgemeine Zeitung 06.03.2013; Hervorhebungen durch die Verfasserin)*

Anwender. Auf der Anwenderseite werden Unternehmen als Vorreiter präsentiert, die in den Aufbau von Infrastruktur investieren und bereits Daten nutzen,
um Informationen über Geschäftsprozesse zu generieren und Entscheidungen zu
unterstützen. So schreibt die Frankfurter Allgemeine Zeitung: *„für BMW, Daimler
und Siemens steht ‚Big Data‘ mittlerweile ganz oben auf der Investitionsagenda"
(Frankfurter Allgemeine Zeitung 11.09.2012)* und die Welt preist an:

*Siemens, General Electric, Audi und Toyota zum Beispiel konnten demnach ihre Pro-
duktivität um fünf bis sechs Prozent steigern, indem sie durchgehend Daten über
Energieverbrauch, Entwicklungskosten, Qualitätsprobleme und Kundenbestellungen
gesammelt und ausgewertet haben. (Die Welt 05.03.2013)*

Als zögerlich werden dagegen Unternehmen beschrieben, die Daten nicht voll-
umfänglich nutzen. Ein Artikel im Handelsblatt mit dem Titel *„Die digitalen
Angreifer"* beschreibt eine Bankentagung, bei der ein Google Manager einen Vor-
trag vor den Vertretern großer deutscher Bankeninstitute hielt, um über Big Data
und das wirtschaftliche Potenzial für Banken zu sprechen. Während sich der Google Manager als Experte für technologische Dienste im Bankensektor präsentierte,
der die Zusammenarbeit mit Banken sucht, und dabei betonte, den Bankensektor
nicht angreifen zu wollen, wurde das Publikum als eher skeptisch beschrieben:
*„Die Banker hörten die Worte sehr wohl, aber sie trauen ihnen nicht. Sie fürchten die
neue Konkurrenz von Google, Paypal & Co." (Handelsblatt 06.09.2013).* Künftige
Wertschöpfungspotenziale lägen in der Kundenschnittstelle, an der Informationen über Kunden gewonnen werden könnten, um diese gezielter anzusprechen.
Das nachfolgende Zitat verdeutlicht, dass Bankenvertreter die Entwicklungen bei
Technologieunternehmen zwar beobachten, selbst Daten jedoch noch nicht im
gleichen Umfang nutzen:

*Noch gravierender sei es, dass die Banken auf einem riesigen Berg an Kundenin-
formationen sitzen, aber diesen überhaupt nicht nutzen. ‚Daten sind das neue Öl‘,
so Quadbecks [Anm. d. Verf. Google Manager] kernige Botschaft. Und tatsächlich*

gab ING-Diba-Chef Boekhout zu: ‚Anhand unserer Kundendaten finden wir heraus, wie effektiv unsere Webseite ist', sagte er. **Mehr aber nicht.** *Das stößt bei Quadbeck auf Unverständnis. Die Banken könnten heute schon nachvollziehen, wonach ihre Kunden im Internet suchten, sagt Quadbeck. Ein Thema, das auch Deutsche-Bank-Co-Chef Anshu Jain beeindruckt, er sprach auf der Tagung dem Versandhändler Amazon die Anerkennung dafür aus, wie dieser Kundendaten nutzt. Wer dort ein Buch kaufe, bekomme fünf weitere vorgeschlagen, die ihn interessieren könnten. ‚Banken nutzen ihre Daten bisher noch gar nicht, dabei sind die Möglichkeiten unbegrenzt', so Jain. (Handelsblatt 06.09.2013; Hervorhebung durch die Verfasserin)*

Branchenverbände begleiten die Entwicklungen mit Studien und Marktinformationen. Der Branchenverband Bitkom gründet im Januar 2012 einen dedizierten *„Arbeitskreis Big Data"* und veröffentlicht kurze Zeit später einen Leitfaden, um den *„Hype" (Bitkom, 2012, S. 7)* zu konkretisieren und den wirtschaftlichen Nutzen von Big Data in diversen Einsatzgebieten wie Marketing, Vertrieb und Logistik zu bestätigen: *„Empirische Studien sowie zahlreiche Einsatzbeispiele belegen den wirtschaftlichen Nutzen von Big Data in vielen Einsatzgebieten." (Bitkom, 2012, S. 7).* Gleichzeitig ruft Bitkom Unternehmen auf, den Datenschutz bei der Entwicklung von Big Data-Projekten von Anfang an zu berücksichtigen, um die Risikohandhabung im betrieblichen Verantwortungsbereich zu verankern und den kritischen Diskurs zu begrenzen. Wichtige Bereiche datenschutzrechtlicher Fragen seien die Datenverarbeitung in Vertragsverhältnissen, die Verarbeitung aufgrund einer Einwilligung und die Verwendung von Anonymisierungs- und Pseudonymisierungsverfahren *(Bitkom, 2012, S. 43).* Die nachfolgenden Ausschnitte aus dem Leitfaden veranschaulichen die Schwierigkeit für Unternehmen, den Datenschutz bei Big Data-Projekten einzuhalten:

In Deutschland werden die Risiken von Big Data betont und Befürchtungen vor unkontrollierter Überwachung thematisiert. Bei allen berechtigten und notwendigen Hinweisen auf auftretende Risiken sollte das Augenmerk darauf gerichtet werden, die großen Chancen von Big Data zielgerichtet zu erschließen. Dafür existieren auch die rechtlichen Grundlagen, denn Big-Data-Methoden sind nach deutschem Datenschutzrecht in einer ganzen Reihe von Fällen zulässig. **Die rechtlichen Herausforderungen bestehen darin, in Vertragsverhältnissen zu beurteilen, welche Datenverarbeitung erforderlich ist, für wirksame Einwilligungen zu sorgen und taugliche Verfahren zum Privacy-Preserving Data Mining anzuwenden.** *Vor allem ist es wichtig, die rechtliche Zulässigkeit bereits bei der Entwicklung einer Big-Data-Anwendung zu prüfen. Die rechtliche Zulässigkeit hängt nämlich stark vom Design des Verfahrens ab. In der Anfangsphase der Entwicklung lässt sich das einfacher ändern als später, wenn ein Verfahren bereits eingeführt ist. (Bitkom, 2012, S. 10; Hervorhebung durch die Verfasserin)*

*Die rechtliche Herausforderung besteht darin, eine rechtswirksame Einwilligung
des Kunden zu erhalten. Die Anforderungen sind hier hoch. Die Einwilligung, die
Daten zu verarbeiten, kann in Allgemeinen Geschäftsbedingungen erteilt werden,
sofern sie besonders hervorgehoben ist. Der Kunde muss dann den Text streichen, wenn
er nicht einverstanden ist (Opt-out). Will das Unternehmen aber Coupons oder andere
Produktwerbung per E-Mail übersenden, muss der Kunde ausdrücklich zustimmen,
z. B. indem er dies gesondert ankreuzt (Opt-in). Schwierig ist es, die Einwilligung
so weit zu fassen, dass sie auch alle Auswertungen der Daten abdeckt, sie aber
gleichzeitig ausreichend zu präzisieren – sonst ist sie unwirksam. Bloße allgemeine
Wendungen wie ‚Zum Zwecke der Werbung' reichen nicht aus, wenn Data Mining
betrieben werden soll. (Bitkom, 2012, S. 44; Hervorhebungen durch die Verfasserin)*

*Allerdings ist der Einsatz von Privacy-Preserving Data Mining rechtlich anspruchs-
voll. Bei einigen Daten, z. B. dynamischen IP-Adressen, ist es juristisch umstritten, ob
sie personenbezogen sind. Bei anonymisierten Daten muss das Risiko bewertet werden, dass sie mit anderen Daten zusammengeführt werden. Wenn der Aufwand an
Zeit, Kosten und Arbeitskraft unverhältnismäßig hoch wäre, ist dieses Risiko rechtlich
unbeachtlich. (Bitkom, 2012, S. 45; Hervorhebung durch die Verfasserin)*

Bitkom betont wiederholt die Bedeutung von *„hohen Anforderungen"* und
„Schwierigkeiten in der Einwilligungsabfrage". Gleichzeitig wird der öffentliche
Diskurs über Datenschutzrisiken jedoch vehement abgelehnt und als Risiko für
die technologische Entwicklung betrachtet. Auch andere Vertreter des wirtschaftlichen Diskurses bleiben beim Thema Datenschutzrisiken im öffentlichen Diskurs
verhalten. Auf Rückfragen betonen Sie, dass personengebundene Daten nicht verwendet würden und dass für *„Fragen der Datensicherheit eine adäquate Lösung
gefunden werden muss"* *(Anbieter für Big Data Architektur, in Die Welt 28.02.2013)*.

Ablehnung von Regulierung
Bitkom bringt sich aktiv in die Datenschutz-Regulierungsentwicklung ein und
verfasst am 18. Mai 2012 eine Stellungnahme zum Vorschlag der EU-
Kommission für eine EU-Datenschutz-Grundverordnung. Der Verband betont
dabei die Notwendigkeit einer modernen Datenschutzregelung zur Stärkung der
Innovationskraft und zur Verringerung bürokratischer Strukturen. In verschiedenen Stellungnahmen wird kritisiert, der Entwurf behindere die Verarbeitung
digitaler Daten zu stark – etwa im *„Ansatz des Verbotsprinzips mit Erlaubnis-
vorbehalt"*, dem zufolge stets die Ausdrücklichkeit der Einwilligung unabhängig
vom Kontext erforderlich sei – weswegen die Unternehmen mehr Selbstregulierungsmaßnahmen durch ein Privacy Impact Assessment (PIA) fordern *(Bitkom,
2012, S. 1; Bitkom 2013a, S. 1)*. Um diese Bedenken und Vorschläge in den
laufenden Regulierungsprozess einzubringen, organisiert der Verband im März
2013 einen *„politischen Abend"* mit Viviane Reding, EU-Kommissarin für Justiz,

Grundrechte und Bürgerschaft, und Jan Philipp Albrecht, MdEP (Bündnis 90/DIE GRÜNEN) und Berichterstatter über die EU-Datenschutzverordnung:

> *Bitkom-Chef Kempf erklärte: ‚Die ITK-Branche unterstützt das Vorhaben der EU, den Datenschutz in Europa auf ein einheitlich hohes Niveau zu bringen. Dabei muss aber verhindert werden, dass die neuen Regelungen eine sinnvolle Nutzung von Daten zu stark einschränken oder sogar unmöglich machen.' Es bestehe die Gefahr, dass die bereits engen Spielräume für eine zulässige Datenverarbeitung weiter begrenzt und mit bürokratischen Informations- und Dokumentationspflichten überfrachtet werden. ‚Vorteile bringt nur ein sinnvoll eingesetzter Datenschutz', sagt Kempf. Der Gesetzgeber solle stattdessen Anreize schaffen, damit Daten so oft wie möglich nur anonymisiert oder verschlüsselt verarbeitet werden, um Missbrauch zu verhindern. (WirtschaftsWoche 05.02.2013)*

> *‚Bei der geplanten Modernisierung des EU-Datenschutzrechts muss das Instrument der Selbstregulierung gestärkt werden', sagt Bitkom-Präsident Prof. Dieter Kempf. ‚Wir brauchen nicht für jeden Dienst ein neues Gesetz, müssen aber flexibel und schnell Regeln für innovative Produkte und Anwendungen entwickeln.' So können Verhaltenskodizes Gesetze konkretisieren oder regulatorisch sogar darüber hinausgehen. Kempf: ‚Wir wollen die Kontrolle der Verbraucher über ihre Daten sicherstellen, ohne die Innovationskraft der ITK-Branche durch unnötige bürokratische Hurden zu bremsen.' (Bitkom, 2013a)*

Zusammenfassend lässt sich festhalten, dass in dieser ersten Episode der neu aufgekommene Big Data-Trend unterschiedliche Interpretations- und Adaptionsprozesse ausgelöst hat. Während es in der Wirtschaft zu Investitionen in Datenmanagementsysteme kommt, adressieren Vertreter von Politik und Datenschutzbehörden die Datenschutzsorgen im öffentlichen Diskurs und stoßen Regulierungsprozesse an. Dabei fällt insbesondere auf, dass die Diskurse getrennt stattfinden und Gegenpositionen zum Teil als Bedrohung der eigenen Interessen wahrgenommen und abgelehnt werden. Der Diskurs nimmt neue Facetten an, als im Jahre 2013 Enthüllungen über Geheimdienstaktivitäten der NSA der Datenschutzdebatte neuen Auftrieb verleihen.

4.1.1.2 Episode 1b: Reaktionen auf die NSA-Enthüllungen (2013–2014)

Im Juni 2013 enthüllte der US-amerikanische Whistleblower und ehemalige Geheimdienstmitarbeiter Edward Snowden die Überwachungspraktiken von Internet- und Telekommunikationsdaten durch den US-amerikanischen Geheimdienst *(Knorre et al. 2020, S. 18–19; Schulze, 2015, S. 203)*. Seine Enthüllungen zeigten unter anderem die Rolle von US-amerikanischen Internetunternehmen an der Überwachung auf, auf deren Daten von der NSA zugegriffen wurde, und entfachten einen öffentlichen Diskurs über die Legitimität von Geheimdienstaktivitäten, Überwachungsmöglichkeiten durch Big Data-Technologien sowie über die unterschiedlichen Datenschutzstandards in den USA und in Deutschland.

(1) Öffentliche Kontroversen

In dieser Episode gewinnen die Stimmen zu den Überwachungsmöglichkeiten von Big Data-Technologien an Gewicht. Während für die Verwobenheit der Datenanwendungen mit Überwachungspraktiken bis dato eher anekdotische Evidenz bestand,[2] wird aus den diversen durch Snowden veröffentlichten Dokumenten sowohl der Umfang an Überwachung durch digitale Daten als auch die Beteiligung von Technologieunternehmen daran ersichtlich. Kritische Stimmen überfrachten in der Episode nach den Enthüllungen den Diskurs und erhalten durch eine Vielzahl wissenschaftlicher und öffentlich-breitenwirksamer Veröffentlichungen und Veranstaltungen eine größere Legitimation.

Ein Artikel mit dem Titel *„Die Dunkle Seite von Big Data"* in der WirtschaftsWoche vom 07.10.2013 zitiert das Buch *„Big Data – Die Revolution, die unser Leben verändern wird"* von Viktor Mayer-Schönberger, Forscher des Oxford Internet Institute, und Kenneth Cukier, Journalist beim „Economist". Die Autoren beschreiben darin diverse Big Data-Anwendungen, unter anderem zur Überwachung und Spionage, und warnen vor Eingriffen in die Privatsphäre. Auch der Buchautor Marc Elsber beschreibt in seinem Buch *„Zero – Sie wissen, was du tust"*, wie der zunehmende Einsatz von Daten und Algorithmen die Autonomie des Menschen eingrenzt, sein *„Leben bestimmt"* und Menschen *„gläsern"* macht *(Die Welt 12.03.2014; taz 17.06.2013)*. Die Buchautorin Yvonne Hofstetter gibt in ihrem Buch *„Sie wissen alles"* ihre Erfahrungen als Big Data-Anbieterin für staatliche Behörden und die Rüstungsindustrie wieder *(Die Welt 10.05.2014; Die Welt 04.04.2015)*:

> *‚Big Data und Datenschutz gehören zu den wichtigsten Themen der kommenden Jahre überhaupt, weil sie unmittelbar und tief in unsere Gesellschaftsordnung eingreifen – und jetzt werden die Weichen dafür gestellt, in welche Richtung das läuft. (...) Da sitzen Programmierer im Silicon Valley und entwickeln alle diese Algorithmen. Wenn man das zu Ende denkt, werden einige wenige IT-Experten ganze Gesellschaften steuern.'* *(Marc Elsberg, Buchautor, in Die Welt 12.03.2014)*

---

[2] Die Welt verfasste am 08.12.2012 einen Beitrag, in dem auf die Geheimdienstaktivitäten und die Datensammlungs- und Datennutzungspraktiken von Technologieunternehmen hingewiesen wurde, um zu mehr Regulierung im Internet aufzurufen. Erst nach den Enthüllungen über die NSA bekamen die Vorwürfe eine stärkere Resonanz im öffentlichen Diskurs und fließen im Folgenden in die Argumentation mit ein.

‚Unternehmen, Regierungen und auch Individuen werden alles, was möglich ist, erfassen, messen und optimieren‘, schreiben der Forscher Viktor Mayer-Schönberger und der Datenjournalist Kenneth Cukier in ihrem Buch ‚Big Data‘. Damit bringen sie auf den Punkt, was Unternehmen begeistert und Datenschützer ängstigt. (…) Da erodiert das Private schon beim Zuhören. (taz 17.06.2013)

Die Enthüllungen lösen einerseits Kritik an den überterritorialen Überwachungspraktiken von US-amerikanischen Geheimdiensten aus. Die *„Durchgriffspraxis der US-Heimatschutz-Behörden auf den Netzverkehr"* wird als hegemoniale Machtausübung durch *„mehr oder weniger willkürliche staatliche Eingriffe in die Netzfreiheit" (Die Welt 08.12.2012)* gewertet. Andererseits wird ein diffuses Risikobild von der Intransparenz der Beteiligung von US-amerikanischen Technologieunternehmen gezeichnet. Im Vordergrund steht ein Missbrauchsvorwurf bezüglich der Ausnutzung von Machtunterschieden, weil betroffene Bürger nicht über die Datensammlung informiert werden und keine Möglichkeit haben, sie abzulehnen. Das nachfolgende Zitat veranschaulicht die mediale Darstellung dieser Machtunterschiede: *„In den falschen Händen kann Big Data ein Instrument der Mächtigen werden, die es in eine Quelle der Repression wandeln. Der Einsatz ist viel größer, als viele zugeben." (WirtschaftsWoche 07.10.2013)*.

In dieser Episode werden verschiedene Risikoszenarien konstruiert, die sich auf die Verwobenheit von staatlichen und privatwirtschaftlichen Technologieanwendungen und insbesondere auf die Rolle von US-amerikanischen Technologieunternehmen beziehen:

Was da als informationswirtschaftlich-staatlicher Komplex zusammenwächst, entzieht sich durch seine Nichtverortbarkeit systematisch jeder individuellen oder auch nationalstaatlichen Kontrolle. Fließend ineinander über gehen dabei wirtschafts- und sicherheitspolitische Interessen, schreibt die *Die Welt (28.06.2013)*

und äußert Kritik über die unregulierte Größe und den Machtaufbau von US-amerikanischen Technologieunternehmen:

So kann es auch nicht verwundern, dass Quasi-Monopolisten heutzutage offenbar keinerlei kartellrechtliche Beschränkung zu befürchten haben. Sie werden in dieser Größe mit ihrer Weltmarktherrschaft für Sicherheitsbehörden zunehmend unverzichtbar. Da wächst etwas zusammen, was nach westlichem Demokratie- und Marktverständnis eigentlich überhaupt nicht zusammengehört. (Die Welt 28.06.2013)

In dieser Episode werden systemische Wertdifferenzen zwischen Technologieanwendungen zur staatlichen Sicherheit und Terrorabwehr einerseits und zum kommerziellen Einsatz andererseits verglichen. Weil verschiedene kommerzielle

Technologien in den USA ihren Ursprung in der staatlichen Förderung von Militär- und Sicherheitstechnologie haben, argumentieren Kritiker, dass Technologien zur Datensammlung und -auswertung dadurch eine Überwachungsfunktion inhärent sei – wie die nachfolgenden Zitate veranschaulichen:

> *Kaum bekannt ist, wie eng US-Technologiebranche, Spitzenunis und Militär verflochten sind. Dabei investiert das Militär auch gezielt in Startups, vor allem in Experten für Cloud Computing oder die massenhafte Datenanalyse. Das zeigt, wie wichtig Big Data für die Spionage geworden ist. (WirtschaftsWoche 08.07.2013)*

> *Big Data, das meint im Technologiekontext erst einmal eine ungeheure Masse von Daten, die nur von künstlicher Intelligenz in Echtzeit bearbeitet werden kann. Auch dieses Thema stammt, wen wundert das noch, aus einem kriegerischen Kontext, wie man bei Yvonne Hofstetter lernen konnte. (Die Welt 10.05.2014)*

Gleichzeitig wird der unregulierte und intransparente Machtaufbau von US-amerikanischen Technologieunternehmen kritisiert. Diesen Unternehmen wird vorgeworfen, den unregulierten Raum im Internet für ihre kommerziellen Zwecke auszunutzen, um jenseits staatlicher Eingriffe monopolistische Machtpositionen aufzubauen. Weil US-amerikanische Technologieunternehmen sich üblicherweise auf das *„freie Internet"* berufen, delegitimieren Kritiker dieses Narrativ als *„überholte Utopie von Idealisten aus der Netzgründerzeit (…) im Namen einer ,Freiheit', die mitnichten die Freiheit der Nutzer und die Gewerbefreiheit kleinerer Konkurrenten ist."* (Die Welt 08.12.2012). Ein freies Internet diene als *„Tarnung"* (Die Welt 08.12.2012) zur intransparenten Monetarisierung von privaten Daten. Dem Nutzer werde eine freie Nutzung von Diensten suggeriert, während seine eigenen Daten als Währung fungierten. So argumentiert ein Autor in der Zeitung Die Welt, die sozialen Netzwerke von Google und Facebook basierten auf *„einem Geschäftsmodell mit eingebauter Automatik zum Datenmissbrauch"* (Die Welt 13.06.2013). Auch die Süddeutsche Zeitung widmet sich den Wachstumsstrategien US-amerikanischer Technologieunternehmen, berichtet von der Übernahme von WhatsApp durch Facebook und mutmaßt dahinter eine *„Verdrängungsstrategie"* gegen Technologieunternehmen, die durch steigende Nutzerzahlen eine gefährliche Gegenposition im Wettbewerb aufbauen und *„in jede erdenkliche Nische des Lebens vordringen"* (Süddeutsche Zeitung 20.02.2014) könnten. Ähnliche Strategien verfolgten auch Apple, Google und Amazon. Die Gefahr liege darin, dass Nutzer und ihre Interessen vernachlässigt würden: *„Und die Nutzer? Sie sind der begehrte Rohstoff, sie besiedeln ein Kampfgebiet. Sie müssen aufpassen, dass sie keinen Kollateralschaden erleiden."* (Süddeutsche Zeitung 20.02.2014).

Diese Risikopositionen sind verbunden mit einem Aufruf zu mehr Regulierung im Internet und zur Aufklärung der Bevölkerung über Technologiedienste: *„Ohne staatliche Ordnung und ihre Hüter ist auch im Internet keine Freiheit zu haben."* (*Die Welt 08.12.2012*). Die nachfolgenden, umfassenden Zitate vermitteln einen Eindruck über die diversen Risikopositionen und zum Teil diffusen Risikokonstruktionen im betrachteten Zeitraum:

> *Der Tübinger Medienwissenschaftler Bernhard Pörksen warnte vor den Folgen der Auswahl von Informationen durch Dienste wie Google. ‚Wer den Algorithmus programmiert, der bestimmt, welchen Realitätsausschnitt wir zu sehen bekommen', sagte Pörksen. In der Welt solcher unbekannter Auswahlentscheidungen habe die Gesellschaft ein Oligopol, also eine Gruppe von einigen wenigen großen Unternehmen, zugelassen. ‚**Hier müssen wir uns auf dem Weg zu echter Informationssouveränität die Basis erstreiten, um die Macht der Oligopole zu begrenzen.'** (Süddeutsche Zeitung 08.05.2014; Hervorhebung durch die Verfasserin)*

> *Dabei stehen dem Einzelnen immer mächtigere Komplexe staatlicher Datenbeobachtung und kommerzieller Ausforschung gegenüber. Komplexe, die funktional und mit ihren Datenbeständen zunehmend miteinander verschmelzen. **Vorne winkt der Suchmaschinenkonzern freundlich innovativ mit Datenbrillen und anderen Gimmicks, hinten wird schon der Ansaugstutzen für die Datenrüssel der Geheimdienste bereitgehalten.** (Die Welt 28.06.2013; Hervorhebung durch die Verfasserin)*

> ***Die Geheimdienste mit drei Buchstaben sind längst nicht mehr die Einzigen, die uns ausspionieren.** Amazon überwacht unsere Produktvorlieben und Google unser Surfverhalten, und Twitter weiß, was uns gerade bewegt. Facebook scheint all diese Informationen ebenfalls zu sammeln und dazu noch unsere sozialen Beziehungen. (WirtschaftsWoche 07.10.2013; Hervorhebung durch die Verfasserin)*

> *Die eigenen Dienste sind in den Griff zu bekommen, sie wären parlamentarisch kontrollierbar. Bei Privatunternehmen ist das schwerer. Sie investieren massiv in Datenanalyse (…) Nun ist es natürlich nicht Sinn und Zweck eines Unternehmens, sich ethisch hervorzutun. Es muss Umsatz und Gewinn erzielen. **Im Valley sieht man aber, dass die sich auch nicht an die wirtschaftlichen Rahmenbedingungen halten**. (Yvonne Hofstetter, in Die Welt 31.07.2015; Hervorhebung durch die Verfasserin)*

> *Die bürgerrechtlichen Aspekte der Ausspähungen spielen im umfangreichen parlamentarischen Entschließungs-Antrag der CDU zum ‚Schutz vor virtuellen Angriffen' allerdings noch immer keine Rolle. **Während die Piratenpartei nun auch in Bremen Kryptopartys veranstaltet, auf denen man in geselliger Runde das Verschlüsseln seiner E-Mails lernt,** sorgt sich die CDU weniger um Privatsphäre als um Produkt- und Markenpiraterie. (taz 05.07.2013; Hervorhebung durch die Verfasserin)*

Als Gegenstimmen positionieren sich Vertreter US-amerikanischer Technologieunternehmen, indem sie den Einsatz der Technologie für Überwachungszwecke

unter der Bedingung der Anonymität und zur Erhöhung der Sicherheit legitimieren. *„Man brauche eine Balance zwischen nötiger Überwachung und Anonymität"*
sagte beispielsweise Shyam Sankar vom Big Data-Dienstleister Palantir, dessen
Software zur Auswertung großer Datenmengen bei amerikanischen Geheimdiensten im Einsatz sein soll *(Süddeutsche Zeitung 20.01.2014)*.

(2) Politik
Kurz nach Bekanntwerden der NSA-Enthüllungen reagieren Politiker durch eine
diskursive Entkopplung von Geheimdienstaktivitäten und Technologiediensten,
um entsprechende Anforderungen an den Umgang mit Big Data zu formulieren.
Insbesondere für Technologieanbieter sollen durch die angestrebte Modernisierung der DSGVO Regelungen gefunden werden, die das Vertrauen der Nutzer in
Technologiedienste stärken. Politisch werden die NSA-Enthüllungen mobilisiert,
um die Notwendigkeit der Regulierung zu betonen. Zudem werden zunehmend Forderungen an die Wirtschaft laut, dass Datenschutz und Datennutzung
zusammengedacht werden müssen.

Mobilisierung der NSA zur Verabschiedung der DSGVO
In einer Pressekonferenz mit US-Präsident Obama am 19.06.2013 in Berlin äußert
sich Kanzlerin Angela Merkel zu den Enthüllungen über die NSA. Sie spricht
dabei einerseits die Bedenken gegen eine Überwachung durch die pauschale
Sammlung von Daten durch die USA und andererseits den missbräuchlichen
Umgang mit der Technologie an. Mithilfe dieser Entkopplung trennt sie Geheimdienstaktivitäten von der allgemeinen Verbreitung von Technologieanwendungen.
Für beide Fälle fordert sie *„Verhältnismäßigkeit"* – sowohl für technologische
Anwendungen im Spannungsfeld zwischen Sicherheit und Datenschutz als auch
für den Umgang mit Technologien im Spannungsfeld zwischen Verantwortung
und Missbrauch:

> *Ich will für die deutsche Bevölkerung auch nur sagen: **Es ist richtig und wichtig,***
> ***dass wir darüber debattieren, dass Menschen auch Sorge haben, und zwar genau***
> ***davor, dass es vielleicht eine pauschale Sammlung aller Daten geben könnte.** Wir*
> *haben deshalb auch sehr lange, sehr ausführlich und sehr intensiv darüber gespro-*
> *chen. Die Fragen, die noch nicht ausgeräumt sind - solche gibt es natürlich -, werden*
> *wir weiterdiskutieren: Wir müssen das richtige Verhältnis finden, die Balance, die **Ver-***
> ***hältnismäßigkeit, zwischen Sicherheit** für unsere Menschen in unseren Ländern auf*
> *der einen Seite (...) und auf der anderen Seite der **Unbeschwertheit**, mit der Menschen*
> *die neuen technischen Möglichkeiten nutzen möchten, die ja auch sehr viel Freiheit*
> *und sehr viel neue Möglichkeiten mit sich bringen. (...) So, wie man gelernt hat, mit*

*anderen technischen Erfindungen verhältnismäßig umzugehen, **müssen wir jetzt lernen, damit verhältnismäßig umzugehen.** (Bundesregierung, Angela Merkel, 2013; Hervorhebungen durch die Verfasserin)*

Diese Entkopplung diene auch der doppelten Legitimierung sowohl von Geheimdienstaktivitäten, wenn Geheimdienste unter Einhaltung von Verhältnismäßigkeitsmaßstäben die Sicherheit der Bürger schützten, als auch von Technologiediensten, wenn Technologieunternehmen unter Einhaltung von Datenschutzvorgaben zu Wohlstand und Fortschritt beitrügen.

Problematisch sei insbesondere, dass US-amerikanische Geheimdienste ohne das Wissen der Nutzer auf deren Daten zugegriffen hätten, während Nutzer von Internetdiensten wüssten, dass sie ihre Daten hergeben. Geschäftsmodelle von Technologieunternehmen seien folglich nicht grundsätzlich problematisch, jedoch durch europäische Datenschutzregelungen auf einen Umfang zu begrenzen, der nach einem europäisch definierten Verständnis *„verantwortungsvoll"* sei. Politische Vertreter wie die deutsche Justizministerin und die EU-Kommissarin unterstützen diese Argumentation, indem sie betonen, dass das Vertrauen der Nutzer in Technologiedienste durch Datenschutzregelungen wiederhergestellt werden müsse. Der nachfolgende Ausschnitt einer Rede der EU-Kommissarin auf einer Konferenz im Jahre 2014 veranschaulicht die Reproduktion des aus der vorangegangenen Phase bekannten Vertrauensnarrativs auf die Konsequenzen der Enthüllungen über die NSA:

*Die NSA-Affäre mit ihren immer neuen Enthüllungen über ausufernde Überwachung hat ein kostbares und schwer erneuerbares Gut beschädigt: **Das Vertrauen der Internet-Nutzer.** ‚Ohne dieses Vertrauen kann die Internet-Welt nicht funktionieren', betonte in München EU-Kommissarin Viviane Reding. ‚**Ohne Vertrauen werden die Nutzer ihre Daten zurückziehen.'** Man müsse dieses Vertrauen gemeinsam wiederherstellen. (Süddeutsche Zeitung 20.01.2014; Hervorhebungen durch die Verfasserin)*

Die erhöhte Sensibilisierung der Öffentlichkeit für Fragen des Datenschutzes durch die NSA-Enthüllungen wird von politischen Akteuren insbesondere genutzt, um die laufenden Regulierungsvorhaben zur Modernisierung einer europäischen DSGVO zu unterstützen. Beispielsweise hält die EU-Kommissarin Viviane Reding kurz nach den Enthüllungen eine entsprechende Rede vor dem Europäischen Parlament:

*Dies war ein **Weckruf**, der allen in diesem Saal gezeigt hat, wie dringend notwendig eine solide Gesetzgebung sowohl für den privaten Sektor als auch für den*

Bereich der Strafverfolgung ist. Lassen Sie uns diese Gelegenheit also nicht verpassen! (Viviane Reding, EU-Kommissarin, in Bernet, 2015, Democracy im Rausch der Daten, Begleitdokumentation zur Datenschutzgrundverordnung, Min. 01:25:58-01:26:25; Transkription, Übersetzung und Hervorhebung durch die Verfasserin)

Zum EU-Rapporteur Jan-Philipp Albrecht sagt sie im Anschluss: „*Also die Sache hat uns genutzt (...) Ich habe den Amerikanern gedankt*" *(Viviane Reding, EU-Kommissarin, in Bernet, 2015, Democracy im Rausch der Daten, Begleitdokumentation zur Datenschutzgrundverordnung, Min. 01:26:39–01:26:31; Transkription durch die Verfasserin)*. Die Mobilisierung des Datenschutzdiskurses als Folge der Enthüllungen wird daraufhin von verschiedenen politischen Akteuren aufgegriffen. Die zu dieser Zeit amtierende deutsche Justizministerin verfasst im Handelsblatt einen Beitrag, in dem sie die Notwendigkeit einer europäischen DSGVO bekräftigt, um das Vertrauen in Datenanwendungen aufrechtzuerhalten und sich gegenüber Datensammlungspraktiken in den USA über ein eigenes Wertesystem zu differenzieren:

*Die meisten Menschen nutzen täglich diverse Internetdienste, ohne einen Cent zu zahlen - wissend, dass sie mit ihren Daten für die Dienste zahlen, denn nichts ist kostenlos. Das Geschäftsmodell sozialer Netze oder der Suchmaschinen ist nicht grundsätzlich das Problem, wenn der Schutz der Privatsphäre und der Selbstbestimmung gewahrt bleibt. Es ist aber ein Problem, wenn **amerikanische Sicherheitsbehörden** scheinbar Daten ohne Berücksichtigung des Datenschutzes ausforschen, während **in anderen Staaten der Datenschutz hochgehalten wird**. Ein Generalverdacht gegen jeden User durch eine pauschale Überwachung weltweit würde **das Vertrauen in die digitale Kommunikation zerstören**. Am Ende einer solchen Entwicklung könnte nicht nur eine **Schwächung der ungeheuren Wachstumsdynamik der IT-Branche** stehen, sondern sogar das Aus von einigen Diensteanbietern. Vertrauen der Nutzer in die digitale Welt und ihre Anbieter ist eine Conditio sine qua non. **Ohne Vertrauen ihrer Nutzer kann diese digitale Welt nicht existieren. Deswegen brauchen wir eine neue Dynamik für einen europäischen Datenschutz.** Wenn sich die Europäer auf ein einheitliches hohes Datenschutzniveau verständigen, profitieren nicht nur die Nutzer. Ein europäischer Datenschutz bietet die Chance, den **Standortvorteil Datenschutz** voll **gegenüber der chinesischen oder US-amerikanischen Konkurrenz** auszuspielen. (Gastbeitrag der Bundesjustizministerin Sabine Leutheusser-Schnarrenberger im Handelsblatt 14.06.2013, Hervorhebungen durch die Verfasserin)*

Die Eingrenzung überterritorialer Zugriffe durch US-amerikanische Geheimdienste und Internetunternehmen wird unter dem Begriff „*Marktortprinzip*" in der DSGVO verankert. Im Gegensatz zur früheren Datenschutzrichtlinie, die auf einem Territorialitätsprinzip beruhte, verlangt die DSGVO ihre Einhaltung auch außerhalb Europas *(Schünemann & Windwehr, 2021, S. 869)*. Dieses Marktortprinzip zielt unter anderem auf die Eingrenzung der hegemonialen Machtausübung von Geheimdiensten ab und kann als Antwort auf überterritoriale Zugriffe durch US-amerikanische Geheimdienste und Technologieunternehmen gedeutet werden, indem diese gesetzlich dazu verpflichtet werden, europäisches Recht einzuhalten. Dazu wird unterstellt, dass die Verhältnismäßigkeit gewahrt und das Vertrauen in Datentechnologien gestärkt werde, wenn Technologieunternehmen diesen Datenschutz einhielten und die Datennutzung nachvollziehbar sei. Die nachfolgenden Zitate veranschaulichen diese Argumentationslinie:

> *Am 27. Januar 2012 legte die EU-Kommission den Entwurf einer Datenschutz-Grundverordnung vor. Damit soll ein einheitliches Datenschutzniveau in den Mitgliedstaaten etabliert werden. Dieses Datenschutzniveau soll dann auch für alle außereuropäischen Konzerne gelten, denn nach dem dort einzuführenden **Marktortprinzip** gilt dann das Recht der Nutzer, also der Bürgerinnen und Bürger in der Europäischen Union. Verstöße dagegen werden mit hohen Geldsanktionen geahndet. **Auf diesem Weg müssten amerikanische Konzerne den Datenschutz in der Europäischen Union achten,** der sich von dem in den Vereinigten Staaten deutlich unterscheidet. (…) Der Entwurf einer Datenschutz-Grundverordnung wird derzeit intensiv beraten und ist in Teilaspekten wegen der Höhe des Datenschutzniveaus kontrovers. (Gastbeitrag der Bundesjustizministerin Sabine Leutheusser-Schnarrenberger im Handelsblatt 14.06.2013, Hervorhebungen durch die Verfasserin)*

> *[Jan-Philipp Albrecht, EU-Rapporteur für die DSGVO, erklärt vor der Grünen Fraktion im Europäischen Parlament auf die Frage, wie die DSGVO hilft, Überwachungspraktiken von Geheimdiensten einzuschränken:] Das ist nochmal eine wichtige Frage, auch für eure Kommunikation. Was wir mit dieser Verordnung machen können, und das muss man vorne wegstellen, ist: Wir können verhindern, dass Unternehmen wie Microsoft oder Google oder Yahoo hier in Europa Daten sammeln von uns und die dann einfach in Drittstaaten wie die USA schicken und dort der NSA zur Verfügung stellen, ohne dass es hier in Europa eine Rechtsgrundlage dafür gibt. Insofern hätten wir es vielleicht über den Umweg der Wirtschaft irgendwann geschafft, diese überbordende Überwachungsgesetzgebung ein Stück weit wieder einzugrenzen. (Bernet, 2015, Democracy im Rausch der Daten, Begleitdokumentation zur Datenschutzgrundverordnung, Min. 01:34:58-01:35:27; Transkription durch die Verfasserin)*

Die oben angesprochenen Mobilisierungen zeigen im November 2013 Erfolg: Der Entwurf für eine Europäische DSGVO wird zunächst durch den Ausschuss für bürgerliche Freiheiten, Justiz und Inneres (Committee on Civil Liberties, Justice and Home Affairs, kurz LIBE) und im März 2014 durch das Europäische Parlament angenommen *(Europäisches Parlament, 2014)*. Der nachfolgende Artikel in der „Welt" beschreibt den Effekt der Enthüllungen auf die zuvor vorherrschende

„Bewegungslosigkeit" der Politik, da der Vorschlag lange Zeit umstritten und keine Einigung in Sicht war:

> *Nun hat er das Glück, dass Jan Philipp Albrecht, der nach einem Jahr des Mühens in der Sackgasse steckt, Hilfe von einem Deus ex Machina erhält: von Edward Snowden. Gerade, als Datenschützer und Datenverschlinger sich komplett neutralisieren, begreifen alle Beteiligten, dass sie sich Bewegungslosigkeit nicht leisten können. Am Ende, als der Entwurf vom Parlament nahezu einstimmig abgesegnet wird, ist ein kleines Wunder geschehen – auch für Albrecht. (Die Welt 10.11.2015)*

Schließlich einigen sich die Europäischen Justizminister im Juni 2015 auf einen Entwurf der DSGVO, nachdem Teile der Verordnung verändert worden waren, um *„neue auf der Nutzung großer Datenmengen (‚Big Data') basierende Geschäftsmodelle [zu] ermöglichen" (Frankfurter Allgemeine Zeitung, 16.06.2015)*. Das vollständige Zitat lautet:

> *Nach dreieinhalb Jahren Verhandlungen haben sich die Mitgliedstaaten am Montag auf eine grundlegende Reform der EU-Datenschutzregeln geeinigt. Der Ministerrat, das Gremium der Staaten, stärkt damit die Rechte der Bürger gegenüber den großen Internetkonzernen von Google über Amazon bis Apple. Im Unterschied zum Europaparlament, das seine Position schon Anfang des vergangenen Jahres festgelegt hat, wollen die Mitgliedstaaten den Internetkonzernen aber die flexible Nutzung einmal gesammelter persönlicher Daten nicht völlig untersagen. **So wollen sie neue auf der Nutzung großer Datenmengen (‚Big Data') basierende Geschäftsmodelle ermöglichen.** (Frankfurter Allgemeine Zeitung, 16.06.2015; Hervorhebung durch die Verfasserin)*

Datenschutz und Datennutzung zusammen denken

In ihrer Rede zum IT-Gipfel 2014 in Hamburg verbindet die Bundeskanzlerin Angela Merkel die Themen Datennutzung und Datenverantwortlichkeit und argumentiert, dass diese zusammen gedacht werden müssten. Sie assoziiert die notwendige Vereinigung von Datennutzung und Datenverantwortlichkeit über die Wertordnung der sozialen Marktwirtschaft, die in die digitale Welt zu überführen sei. Dabei sieht die Bundeskanzlerin eine *„Wertschöpfungsmöglichkeit"* in der *„intelligente[n] Definition dieser Schnittstelle"*. Zur Veranschaulichung soll nachfolgend die Originalpassage dienen. Ein Ausschnitt aus der Zeitschrift Die Welt *(31.12.2014)* zeigt zudem, wie die Forderung zur Verbindung von Datenschutz und Datennutzung fortan medial und durch andere Akteure reproduziert wird:

Meine Damen und Herren, das heißt also, wir müssen **den richtigen Weg zwischen Regulierung und Offenheit für Neues** *finden. (…) Ich glaube, dass Deutschland doch ein Land ist, das sehr oft dadurch Erfolg hatte, dass es Maß und Mitte gefunden hat.* **Mit Sicherheit wäre die völlige Regulierungslosigkeit in der digitalen Welt nicht die den Menschen gemäße Antwort.** *Die Mechanismen der Sozialen Marktwirtschaft gelten – davon bin ich zutiefst überzeugt – auch in der digitalen Welt. Es darf einerseits kein völlig rechtloser freier Raum entstehen. Andererseits wäre es aber auch falsch, Innovationen, die wir noch gar nicht kennen, schon heute im Voraus regulieren zu wollen, um jede Art von Risiko auszuschließen. Das haben wir auch in der Realwirtschaft nie getan, sondern wir haben erst dann, wenn wir sozusagen Vorsorgemöglichkeiten sahen, gehandelt und Normen immer wieder verändert. So müssen wir das auch in der digitalen Welt tun. Deshalb ist es wichtig, insbesondere in Europa die Weichenstellungen richtig vorzunehmen. Diese Weichenstellungen finden im Grunde in zweierlei Hinsicht statt. Sie finden im Hinblick auf Datensicherheit statt – Stichwort* **„Datenschutz-Grundverordnung"** *(…) Thomas de Maizière wird als Innenminister für eine vernünftige Beantwortung der Frage der Datenschutz-Grundverordnung in Europa Sorge tragen. Das ist ein schwieriges Unterfangen. Einerseits sagt es sich leicht,* **dass wir unseren deutschen Datenschutz nicht zur Disposition stellen wollen.** *Das wollen wir auch nicht. Auf der anderen Seite müssen wir dafür sorgen, dass das Management von Big Data möglich ist. (…)* **Das heißt, dass man wirklich bereit sein muss, Big Data zu akzeptieren und dafür die richtigen Regelungen zu finden.** *Nun hat Herr Kempf soeben gesagt: Es geht nicht um die Minimalisierung der Datenmengen. – Da gebe ich Ihnen absolut Recht. Es ist vollkommen klar: Wenn ich ein Krebsregister erstellen oder Staumeldungen haben will, dann wird die Staumeldung nicht dadurch gut, dass ich möglichst wenige Autofahrer befrage, ob sie im Stau stehen, oder möglichst viele Menschen befrage, die erkrankt sind. Was wir finden müssen, ist die Schnittstelle, an der, aus der individuellen Souveränität kommend, es möglich wird, in einer anonymisierten Form neue strukturierte Informationen zu gewinnen.* **Diese Schnittstelle vernünftig zu definieren, wird denjenigen zufriedenstellen, der seine individuellen Daten geschützt haben möchte, und wird gleichermaßen ermöglichen, mit Big Data neue Produkte zu entwickeln.** *Natürlich wollen wir die Wertschöpfung bei solchen Produkten auch in Deutschland ermöglichen. Aber es könnte ja sein, dass das passiert, was uns in Deutschland schon oft passiert ist, dass die intelligente* **Definition dieser Schnittstelle auch wieder eine Wertschöpfungsmöglichkeit ist.** *Das heißt,* **wir sollten das nicht unter dem Motto „Entweder-oder" miteinander diskutieren,** *sondern fragen, ob wir* **Wertschöpfung ermöglichen und trotzdem dem Bedürfnis des individuellen Datenschutzes gerecht werden** *– das es im Übrigen nicht nur in Deutschland gibt – und das vielleicht zu einer Marke Deutschlands machen können. (Bundesregierung, 2014b, S. 3: Hervorhebungen durch die Verfasserin)*

Um eine Abwägung zwischen Chancen und Risiken des neuen Massendatengeschäfts ging es auch Bundeskanzlerin Angela Merkel (CDU), als sie beim Nationalen IT-Gipfel vor Vertretern von Politik, Wirtschaft und Wissenschaft im vergangenen Oktober davor warnte, die kommerzielle Auswertung großer Datenmengen zu erschweren. ‚Wir müssen die Stelle finden, wo die Daten in anonymer Form mit Big Data neue sinnvolle Produkte möglich machen', sagte sie dort. **Es müsse möglich sein, eine neue Wertschöpfung zuzulassen, aber gleichzeitig Datenschutz zu gewährleisten.** *Zugleich* *warnte Merkel davor, das Internet als rechtsfreien Raum zu betrachten. Es gehe es darum, ,Maß und Mitte' bei Regulierung und Deregulierung zu finden. Die Mitte also müssen wir finden, wollen wir nicht die faszinierenden Möglichkeiten der Big Data-Technologie verschenken. (Die Welt 31.12.2014)*

Im Koalitionsvertrag zwischen der neuen deutschen Regierung aus CDU, CSU und SPD werden die Regulierungsbestrebungen zur DSGVO durch Vorhaben zur umfassenden Forschungsförderung von Big Data und Cloud Computing ergänzt. Insbesondere sollen in praxisnahe und interdisziplinäre Spitzenforschung investiert, Kompetenzzentren eingerichtet und ein Wissenstransfer gewährleistet werden: *„Wir werden die Forschungs- und Innovationsförderung für ,Big Data' auf die Entwicklung von Methoden und Werkzeugen zur Datenanalyse ausrichten, Kompetenzzentren einrichten und disziplinübergreifend strategische Anwendungsprojekte ins Leben rufen." (Deutscher Bundestag, 2013a, S. 99)*. Nach dem Vorbild erster Pionierprojekte soll die kollaborative Gestaltung der Technologie nach Maßgabe politischer Rahmenbedingungen umgesetzt werden, wie die nachfolgenden Ausführungen zum *„Smart Data Innovation Lab"* veranschaulichen, welches im Jahre 2014 gegründet wurde:

*Daten stellen Industriegrößen wie Volkswagen, Siemens oder Bosch zur Verfügung. Die Software dazu liefern SAP und sein kleinerer Konkurrent, die Software AG. Das Besondere an dem Vorhaben namens ,Smart Data Innovation Lab' sei, dass **konkurrierende Unternehmen an einem Strang zögen und sensible Daten den Forschern zugänglich machten**, erklärte Wolf-Dieter Lukas vom Bundesministerium für Wissenschaft und Forschung. Finanziert wird die Plattform von den Unternehmen. Einzelne Projekte könnten laut Lukas aber auch staatlich gefördert werden. (WirtschaftsWoche 08.01.2014; Hervorhebung durch die Verfasserin)*

Dabei ist die immer ausgefeiltere Analyse automatisch erstellter Daten auch eine Gefahr für den Schutz der Privatsphäre. Dieses Problem müsse europäisch gelöst werden, sagt Wolf-Dieter Lukas vom Bundesforschungsministerium und fügt hinzu: 'Wenn aus Big Data nicht Big Brother werden soll, brauchen wir Vertrauen.' Hier habe Deutschland international großes Ansehen. Und das könne durchaus nützlich sein, wenn es um die Nutzung der weltweiten Chancen bei Smart Data gehe. In der Hardware, in Teilen der Software-Entwicklung und in der Unterhaltungselektronik ist Europa schon lange von Asien und den USA abgehängt worden. Im Geschäft mit der intelligenten Analyse von Datenmassen aber ist noch nichts entschieden. Mit dem 'Smart Data Innovation Lab' werde hier ein Ökosystem geschaffen, mit dem das verfügbare Know-how zusammengelegt werde, erklärt der Vorstandsvorsitzende der Software AG in Darmstadt, Karl-Heinz Streibich. 'Das ist die vielleicht letzte Chance, um in der IT-Branche eine weltweit führende Rolle zu spielen.' (Süddeutsche Zeitung 08.01.2014)

Zusammenfassend lässt sich feststellen, dass die politische Reaktion auf die NSA-Enthüllungen zunächst darin bestand, Geheimdienstaktivitäten von kommerziellen Big Data-Entwicklungen zu trennen und im Anschluss daran Big Data-Entwicklungen zu unterstützen, indem die Verabschiedung der DSGVO zur Durchsetzung eines verantwortungsvollen Umgangs mit Daten beschleunigt und in die Forschung zur Verbindung von Datennutzung und Datenschutz investiert wurde.

(3) Wirtschaft

Ähnlich wie die Politik reagieren auch Vertreter der Wirtschaft zunächst auf die NSA-Enthüllungen, indem sie politische von wirtschaftlichen Datensammlungspraktiken entkoppeln und die Verantwortung für Geheimdienstaktivitäten ablehnen.

Verantwortungszuschreibung für staatliche und privatwirtschaftliche Datenpraktiken

Vertreter der Wirtschaft beschreiben die wirtschaftlichen Vorteile von Big Data als unabhängig vom politischen Konflikt bezüglich der Überwachungsaktivitäten von Geheimdiensten und lehnen die Verantwortung für Geheimdienstaktivitäten ab. Auf einer Technologiekonferenz fordert ein Vertreter der Branche Antworten der Politik: *„‚Wir müssen unserer Regierung sagen, was wir wollen – und sie muss das tun.' (…) man lebe schließlich in einer Demokratie." (Süddeutsche Zeitung 11.12.2013)* und der Aufsichtsratschef des Hamburger Unternehmens Otto äußert die Sorge: *„Big Data droht zum Schimpfwort zu werden (…) Big Data hat nichts mit Geheimdiensten zu tun." (Handelsblatt 21.11.2013).*

Vertreter der Wirtschaft sehen in den NSA-Enthüllungen zunächst eine große Bedrohung des technologischen Fortschritts, da der Vorfall die Skepsis in den Vordergrund gestellt hat. In entsprechenden Studien zu Markt- und Wachstumspotenzialen rufen Technologiebefürworter dazu auf, die Chancen wieder stärker zu betonen, statt Big Data *„pauschal (zu) verteufeln" (Frankfurter Allgemeine Zeitung 14.08.2013).* Im Vordergrund stehen Bedenken, dass die Branche einen *„irreparablen Vertrauensverlust" (Geschäftsführer Bitkom, in Frankfurter Allgemeine Zeitung 29.08.2013)* erleiden könnte, da *„kaum noch jemand sich an die Öffentlichkeit wagt" (Frankfurter Allgemeine Zeitung 14.08.2013).* Durch die zu starke Fokussierung auf Datenschutzrisiken sei *„für die Anbieter in der IT-Branche (…) eine große Bedrohung entstanden" (Frankfurter Allgemeine Zeitung 29.08.2013).* Der nachfolgende Beitrag in der Frankfurter Allgemeinen Zeitung ist ein typisches Beispiel für die Reaktionen in dieser Zeit:

Big Data, die effiziente Nutzung und Analyse großer Datenmengen, ist derzeit ein in jeder Hinsicht ‚heißes' Thema. **Allerdings wird es seit den Enthüllungen des ehemaligen amerikanischen Geheimdienstmitarbeiters Edward Snowden vor allem negativ betrachtet. Dabei stecken in den Anwendungen auch viele Chancen.** *Zum einen gilt das für den Arbeitsmarkt, jedenfalls für den in der Informationstechnologie (IT): So werden dem Marktforschungsinstitut Gartner zufolge dank Big Data bis zum Jahr 2016 mehr als 4 Millionen neue Arbeitsplätze entstehen. Auch wenn diese Prognose arg optimistisch sein dürfte, ist eine erhebliche Nachfrage nach entsprechenden Fachkräften nicht zu leugnen. Zum anderen können die Anwendungen selbst natürlich auch segensreich sein: Nicht nur lässt sich mit ihrer Hilfe die Nutzung erneuerbarer Energien optimieren, wie soeben von IBM angekündigt. In der Medizin zum Beispiel könnten Menschen besser therapiert oder im Verkehrsmanagement Autoströme besser gelenkt werden. Wenn nur das heikle Problem mit dem Datenschutz nicht wäre: Findet die IT-Industrie hierauf aber eine schlüssige Antwort, darf man* **Big Data nicht pauschal verteufeln.** *(Frankfurter Allgemeine Zeitung 14.08.2013; Hervorhebungen durch die Verfasserin)*

Vertreter der IT-Industrie formulieren technische Lösungsmöglichkeiten. Der Geschäftsführer des BranchenVerbands Bitkom kündigt in der Frankfurter Allgemeinen Zeitung an, der Verband werde technische Standards für den Schutz von Daten vor Zugriffen von Geheimdiensten formulieren. Weitere Vertreter von Branchenverbänden und Anbieter von IT-Sicherheitslösungen kritisieren, dass IT-Sicherheit in der Vergangenheit zu sehr *„als Kostentreiber verschrien [worden sei]"* *(Holger Mühlbauer, Branchenverband IT-Sicherheit, in WirtschaftsWoche 08.07.2013),* betonen die zunehmende Bedeutung von IT- und Cybersicherheit bei einem steigenden Einsatz von Big Data und rufen zu mehr Investitionen in diesem Bereich auf:

> *‚Wir wollen aber klarmachen, dass wir nicht nur als Problem wahrzunehmen sind, sondern auch als Lösung.' (…) Man arbeitet deshalb gerade an einem Papier, das zum Beispiel einheitliche und* **in ganz Europa gültige Standards für den Schutz von Daten vor Zugriffen von Geheimdiensten** *anregt. Das werde nicht einfach, sei aber machbar, glaubt Rohleder. (Frankfurter Allgemeine Zeitung 29.08.2013; Hervorhebung durch die Verfasserin)*

> *Gerade die NSA-Affäre hat eine große Öffentlichkeit für das Thema Cyberangriffe sensibilisiert und eine* **Nachfrage nach Schutzprogrammen** *befeuert. Sicherheitsexperten in Firmen, Behörden und anderen Organisationen stehen vor ständig wachsenden Herausforderungen. Mit immer neuen raffinierten Anwendungen gilt es Unmengen von Know-how und Firmengeheimnisse in einer zunehmend vernetzten Industrie zu schützen. Aber auch vertrauliche Daten der privaten Nutzer sollen nicht in die Hände der Internetspione fallen. Ob Energiewende oder das vernetzte Heim: Der Bedarf am elektronischen Datentransfer ist enorm. (Süddeutsche Zeitung 11.09.2013; Hervorhebung durch die Verfasserin)*

Schutz und Wert von Daten

Während die Reaktionen im Jahre 2013 zunächst die Ablehnung von Verantwortung für Geheimdienstaktivitäten widerspiegeln und Forderungen enthalten, soziale und technisch-ökonomische Diskurse zu trennen, ändert sich der Diskurs ab 2014. Nachdem die „NSA-Affäre" durch die Politik Ende 2013 als beendet erklärt wird,[3] bleibt im öffentlichen Diskurs dennoch eine Sensibilität für die weitreichenden Möglichkeiten der digitalen Datensammlung und die Gefahr des Datenmissbrauchs. Unter dem Druck der gestiegenen öffentlichen Aufmerksamkeit werden Datenschutzprobleme durch Wirtschaftsvertreter offensiver adressiert. Der Cebit-Vorstand der Deutschen Messe AG erklärt in der Welt: *„Intelligente Datenanalyse muss allerdings, das zeigt die aktuelle gesellschaftliche Diskussion, einhergehen mit einem starken Datenschutz. Das haben auch zunehmend die Unternehmen der Branche erkannt." (Die Welt 27.02.2014).* Der amtierende Bitkom-Präsident betont, Datenschutz sei ein *„unverzichtbares Fundament"* für die weitere technologische Entwicklung von Big Data *(Süddeutsche Zeitung 09.03.2014).* Der seinerzeit amtierende Microsoft Deutschland Chef versichert, es würden *„strikte Vorgaben zur Datensicherheit"* bei Projekten mit US-amerikanischen Geschäftspartnern sichergestellt *(Süddeutsche Zeitung 09.03.2014)* und der Vorstandsvorsitzende der Continental AG erklärt, dass für Big Data-Anwendungen in Automobilen vorwiegend technische und ausschließlich anonymisierte personenbezogene Daten verwendet würden: *„So reichen zum Beispiel anonyme Informationen wie Position, Zeit und Ereignis völlig aus, damit sich Fahrzeuge gegenseitig über Gefahren wie Glatteis oder Hindernisse auf der Fahrbahn informieren können." (Frankfurter Allgemeine Zeitung 31.03.2014).* In einer Bitkom-Studie gibt ein Großteil der befragten Unternehmen an, auf *„bestimmte Datenanalysen"* aus *„Sorge vor Imageschäden in der Öffentlichkeit"* oder aus *„ethisch-moralischem Ermessen"* zu verzichten, sowie Datenschutzbeauftragte und Prozesse zur Einhaltung von datenschutzrechtlichen Bestimmungen bei der Datenverarbeitung im Unternehmen eingeführt zu haben *(Bitkom, 2014a).* Zudem rufen Branchenvertreter öffentlich zu mehr unternehmerischer Selbstverpflichtung auf und fordern erstmals eine öffentliche *„Debatte um den Schutz und den Wert von Daten",* hier beispielhaft nachvollziehbar an den öffentlichen Statements verschiedener Top Manager:

> *Kaufhof-Mann Storck warnt angesichts der Datenschutzdebatte: ,Die Sensibilität wird massiv zunehmen.' Um ,Big Data' zu retten, verlangt er eine* **Selbstverpflichtung des** **Handels** *für die Datensicherheit. ,Ansonsten ist das ganze Thema on risk.' (Thomas*

---

[3] Ronald Poffala erklärte im August 2013 öffentlich, der Vorwurf der vermeintlichen Totalausspähung in Deutschland sei „vom Tisch" *(Die Zeit, 22.08.2013; Schulze, 2015, S. 209).*

Storck, Geschäftsführung Kaufhof, in Handelsblatt 21.11.2013; Hervorhebung durch die Verfasserin)

Auf der Computermesse Cebit dieses Jahr warnte der Vorstandsvorsitzende von Volkswagen, Martin Winterkorn, vor ‚Bevormundung und Big Brother'. ‚Das Auto darf nicht zur Datenkrake werden', sagte der VW-Chef. Mit Computertechnologie schütze man die Kunden vor unzähligen Gefahren wie Aquaplaning, Sekundenschlaf und langen Staus. ‚Und mit dem gleichen Pflichtbewusstsein werden wir unsere Kunden auch vor dem Missbrauch ihrer Daten schützen', sagte Winterkorn. Benötigt werde eine Art **Selbstverpflichtung der Autoindustrie.** *(Frankfurter Allgemeine Zeitung 31.03.2014; Hervorhebung durch die Verfasserin)*

So setzt etwa die Telekom bei dem Thema auf einen möglichst breiten Konsens. ‚Durch den Einzug des Digitalen in die Gesellschaft hat fast jeder Berührungspunkte zu Big Data. Umso wichtiger ist es, Big Data-Lösungen transparent zu gestalten, um eine Akzeptanz in der breiten Bevölkerung zu finden. Die Deutsche Telekom setzt sich daher insbesondere für **die notwendige Debatte um den Schutz und den Wert von Daten** *ein – an deren Ende eine Kultur des Einverständnisses im Internet stehen muss,' erklärt Telekom-Vorstand und T-Systems-Chef Reinhard Clemens. (Die Welt 27.02.2014; Hervorhebung durch die Verfasserin)*

Zementiert wird die neue Perspektive auf datenschutzfreundliche Datennutzungen durch eine entsprechende Agenda-Setzung auf Konferenzen wie Cebit, DLD und Republica. Der Organisator der Cebit 2014 erklärt das Motto der Konferenz – „Datability" – damit, dass *„die Frage nach dem verantwortungsvollen und gesellschaftlich akzeptierten Rahmen" (Frankfurter Allgemeine Zeitung 26.02.2014)* noch unbeantwortet, jedoch der *„kompetente und sichere Umgang mit den anfallenden Datenmengen Voraussetzung für eine global funktionierende Marktwirtschaft" (Süddeutsche Zeitung 06.03.2014)* sei. Das Motto wird medial breit rezipiert:

‚Big Data' heißt denn auch der aktuelle internationale Markttrend, ‚Datability' das Leitmotiv der diesjährigen Cebit. Die kryptische Wortschöpfung haben sich die Messe-Macher ausgedacht, um auf die aktuelle Diskussion über Verwendung und Missbrauch von Daten zu reagieren. Data steht dabei für ‚Big Data', die riesigen Datenmengen, ‚ability' für Möglichkeiten, 'sustainability' für Nachhaltigkeit und 'responsibility' für Verantwortung. ‚Die Cebit rückt mit Datability die Fähigkeit in den Mittelpunkt, große Datenmengen nachhaltig und verantwortungsvoll zu nutzen', sagt Oliver Frese, Cebit-Vorstand der Deutschen Messe AG. (Die Welt 27.02.2014)

‚Big Data steht angesichts der aktuellen Diskussionen rund um digitale Daten, ihre Nutzbarkeit und Sicherheit ganz oben auf der Agenda von Wirtschaft, Politik und Gesellschaft. Daher lassen wir die Cebit unter dieser Überschrift laufen', begründet Oliver Frese, der bei der Deutschen Messe AG in Hannover für die Cebit zuständig ist, die Themenwahl. (Frankfurter Allgemeine Zeitung 29.08.2013)

Experten fordern Unternehmen zu einem *„verantwortungsvollen Umgang mit Daten"* *(Die Welt 27.02.2014)* auf und dazu, den *„Missbrauch"* *(Die Welt 27.02.2014)* von Daten zu unterlassen, weil sich verantwortungslose Unternehmen damit *„mittel- bis langfristig (…) selbst schaden"* *(Thomas F. Dapp, Ökonom bei Deutsche Bank Research, in Die Welt 31.12.2014).* Die Kunden würden sich *„an die extrem gute Kundenansprache der erfolgreichen Big-Data-Marketer gewöhnen"*, sodass Defizite im Umgang mit Daten bei anderen *„umso mehr (…) negativ [auffielen]."* *(Manager Magazin 29.11.2013).* Ein Marketingprofessor erklärt dazu, dass US-amerikanische Dienste bereits eine verantwortungsvolle Kundenansprache gelernt hätten und fordert Unternehmen auf, sich ebenfalls mit den Grenzen von Big Data zu befassen. Die nachfolgenden detaillierten Ausführungen zeigen, dass Wirtschaftsvertreter durch die Einhaltung von Datenschutz wieder für mehr Dynamik in der Big Data-Entwicklung werben:

> *Das Beispiel macht das Spannungsfeld klar, in dem sich Händler bewegen, die mittels Big Data ihre Kunden analysieren und in Echtzeit ansprechen: ‚Wenn ich als Verbraucher das Gefühl habe, ein Unternehmen habe Daten über mich, die es eigentlich nicht haben dürfte, die ich ihm nicht aktiv gegeben habe – dann fühle ich mich von einer gezielten Ansprache eher überrumpelt, empfinde die persönliche Ansprache vielleicht sogar als unangemessen', sagt Hennig-Thurau.* **Spätestens seit der NSA-Affäre finden es nämlich viele Menschen eher gruselig, wenn man ihnen vor Augen führt, wie viel sie durch ihre Online-Aktivitäten über sich preisgeben.** *Und ein Image als übergriffiger Datenschnüffler ist sicherlich für keinen Händler ein Umsatzbringer – im Gegenteil. ‚Big-Data-Marketing funktioniert nur dann, wenn der Kunde dem Händler vertraut', sagt Hennig-Thurau. Der Kern des Erfolges guter Big-Data-Marketer sei deshalb gar nicht unbedingt nur die ausgefeilte Technik. ‚Sondern vor allem eine sehr gute und vertrauensvolle Kundenbeziehung sowie eine konsequente Ausrichtung darauf, den Kunden genau das zu bieten, was sie wollen und brauchen.' Dadurch wird aus dem Gruseln vor einem anonymen Konzern, der Zugriff auf private Informationen hat, Faszination angesichts der Weihnachtsmann-Fähigkeiten der Händler: ‚Empfiehlt mir das Unternehmen unaufdringlich und an passender Stelle immer zur rechten Zeit tolle Angebote, wächst mein Vertrauen, dass die es gut mit mir meinen. Vielleicht lade ich mir dann sogar aus eigenem Antrieb die App herunter, mit der das Unternehmen noch mehr über meine Präferenzen erfährt.' (…)* **Deutsche Händler seien von solcher Kunstfertigkeit in Sachen sensibler Kundenansprache allerdings noch weit entfernt,** *bemängelt Hennig-Thurau: ‚Amazon, Facebook und Google oder auch der Video-on-Demand Dienstleister Netflix zeigen der Welt, dass technisch schon unglaublich viel möglich ist und auch, wie man die Technik im Sinne des Kunden intelligent einsetzt.' Die meisten deutschen Unternehmen hingegen würden dem Treiben der Pioniere nur staunend und neidvoll zuschauen. ‚Die große Mehrzahl der deutschen Händler sieht in Amazon etwas quasi Unmoralisches - den bösen Konzern, der ihnen mit unfairen Technologien und Praktiken das Geschäft kaputt macht.' Dabei werde der wahre Grund für die Überlegenheit des Online-Konkurrenten oft ausgeblendet: ‚Amazons Datenmanagement ist einfach so viel besser – die können und denken in Daten, die*

gestalten alles auf eine bemerkenswert individuelle Weise, die Kundenbedürfnissen
oft quasi spielerisch entspricht', sagt Hennig-Thurau. ‚Die Mehrzahl der deutschen
Händler ist längst nicht so weit. Der Abstand ist groß und viele Händler merken dies
gerade jetzt in kritischen Phasen wie dem Weihnachtsgeschäft.' (Manager Magazin
29.11.2013; Hervorhebungen durch die Verfasserin)

Diese Wende im Diskurs untermauert der Branchenverband Bitkom mit der
Forderung, dass *„die Verhandlungen über die Datenschutz-Grundverordnung*
unverzüglich zum Abschluss gebracht werden" müssten *(Bitkom, 2013c).* Der
Verband wiederholt die Forderungen der Wirtschaft nach mehr Anreizen zur
unternehmerischen Selbstverpflichtung, zur Anonymisierung und Pseudonymisierung sowie eine Abschwächung des Kopplungsverbots, das die Vertragserfüllung
an die Einwilligung zur Datenabfrage bindet. Ein solches Verbot würde die Wahl-
freiheit von Nutzern begrenzen, *„ob sie für Internetdienste zahlen oder kostenlose*
werbefinanzierte Angebote in Anspruch nehmen wollen." (Bitkom, 2013b). In seiner
Rede auf dem IT-Gipfel 2014 ruft der Bitkom-Präsident Unternehmen auf, technische Innovationen zuzulassen statt ihre *„überkommenen Geschäftsmodelle"* zu
verteidigen und bezeichnet deutsche Unternehmer als *„angstvoll"* und *„mit rück-*
wärtsgewandtem Blick". Er zeichnet ein Bild der Unaufhaltsamkeit technischen
Fortschritts – *„Die Ludditen haben die Industrialisierung nicht verhindert, und die*
modernen Maschinenstürmer werden die Digitalisierung nicht verhindern." (Bit-
kom, 2014b) – und wirbt für eine *„moderne Datenpolitik",* die den europäischen
Standort auf Augenhöhe mit China und den USA bringt und den freien Datenfluss
stärkt:

> *Eine moderne Datenpolitik. Sie muss das überkommene Prinzip der Datensparsamkeit*
> *umkehren. Sie muss dafür sorgen, dass vorhandene Daten auch genutzt werden können:*
> *zur Verkehrslenkung, zur Steuerung unseres Energieverbrauchs, zur Überwachung von*
> *Körperfunktionen oder für individualisierte Krebstherapien. Und sie muss gleichzeitig*
> *dafür sorgen, dass diese Daten ein Höchstmaß an Schutz genießen – nicht nur in*
> *Deutschland, sondern weltweit. (Bitkom, 2014b)*

Zusammenfassend kann konstatiert werden, dass Wirtschaftsvertreter auf die
NSA-Enthüllungen reagieren, indem sie die Verantwortung für Geheimdienstaktivitäten ablehnen und Datenschutz einerseits als Selbstverantwortung annehmen und andererseits als Motor zur erneuten Beschleunigung der Big Data-
Entwicklung begreifen. Insofern zeigt sich am Ende der Periode ein weitgehendes
Umdenken in Politik und Wirtschaft, nämlich, dass Datenschutz und Datennutzung zusammen gedacht werden müssen. Dieses Umdenken markiert den Beginn
einer beschleunigten Big Data-Entwicklung.

4.1.1.3 Episode 1c: Beschleunigte Big Data-Entwicklung (2014–2016)

Nachdem kritische Diskurse und Regulierungsbestrebungen bei *Unternehmen* zunächst zu einer skeptischen und abwartenden Haltung geführt haben, werden im Diskurs vermehrt Investitionsoffensiven, vor allem von Großunternehmen, in Datenmanagement- und Datenanalysetools öffentlich präsentiert. Technologievorreiter aus den USA dienen Unternehmen nicht nur als Vorbilder, sondern auch als Partner. Sie passen nach anfänglicher Zögerlichkeit ihre Strategien an die Besonderheiten des datenschutzsensiblen europäischen Marktes an und akquirieren Projekte in der Zusammenarbeit mit europäischen Unternehmen. *Politisch* hat die Modernisierung der Datenschutzgrundverordnung, die sich im Trilog zwischen EU-Kommission, EU-Parlament und EU-Rat befindet, weiterhin eine hohe Priorität. Darüber hinaus werden Fragen der Technologieentwicklung adressiert. Big Data wird nicht mehr nur aus Datenschutzsicht betrachtet, sondern in den neuen politischen Agenden als fundamentaler gesellschaftlicher Wandel gedeutet, der eine Vielzahl von Akteuren in der Gesellschaft betrifft, alle politischen Funktionsbereiche in die Verantwortung nimmt und neue Globalisierungsherausforderungen beinhaltet. Der Begriff „*Datenökonomie*" findet Verbreitung.

(1) Öffentliche Kontroversen

In dieser Episode macht sich der beschleunigte technologische Wandel im öffentlichen Diskurs bemerkbar und auch seine Folgen für den Arbeitsmarkt werden zum ersten Mal kontrovers diskutiert. Ängste bezüglich eines möglichen Stellenabbaus durch die Automatisierung von Arbeitsbereichen oder Restrukturierung von Unternehmen werden laut. In einem Beitrag über die Zukunft von Personalabteilungen beschreibt ein Anbieter für Big Data-Anwendungen im Personalbereich: *„So geht es wohl auch vielen Recruitern. Sie haben Angst, dass sie künftig von einem Analyse-Tool ersetzt werden."* (WirtschaftsWoche 24.09.2015)

Dieser Sorge um den Wegfall von Arbeitsplätzen widersprechen insbesondere die Verantwortlichen für Technologieprojekte in Unternehmen und argumentieren, dass Big Data-Projekte die Unternehmensproduktivität erhöhen und neue Arbeitsplätze schaffen werde:

Diese Bedenken werden immer wieder geäußert. Sicherlich fallen einzelne spezielle Jobs durch den Einsatz von Automatisierung und Robotik weg. Es gibt aber einige Studien die in Summe einen Zuwachs von Arbeitsplätzen in Deutschland prognostizieren. Eine BCG-Untersuchung geht beispielsweise von einem Netto-Zugewinn von 350.000 Stellen bis 2025 aus. (Raimund Klinkner, Gründer und Vorsitzender des Manufacturing Excellence Netzwerks, in Die Welt 14.11.2015)

Der Wirtschaftshistoriker Moritz Schularick schreibt dazu mit Rückblick auf vergangene industrielle Revolution, dass durch neue Technologien bestimmte Arbeitsbereiche wegfielen und gleichzeitig Arbeitsplätze geschaffen würden – nicht ohne die *„sozialen Härten"* für betroffene Arbeitsgruppen unerwähnt zu lassen:

> *Solche Ängste gab es schon in der ersten industriellen Revolution nach 1750 in England. Anfang des 19. Jahrhunderts kämpften beispielsweise die Ludditen, englische Textilarbeiter unter der Führung von Ned Ludd, um ihren Status mit dem Argument, dass ihnen die Maschinen die Arbeit wegnähmen. Das waren die ersten ‚Maschinenstürmer'. **Solche Ängste und Proteste begleiteten immer wieder große Umwälzungen** (…). **Bestimmte Berufe werden durch industrielle Revolutionen obsolet.** Das war beim Aufkommen der Chemie- und Stahlindustrie im 19. Jahrhundert so und auch im 20. Jahrhundert, als sich die Autos massenhaft verbreiteten (…). Dieses Denkmuster, dass wir durch technischen Fortschritt alle früher oder später arbeitslos werden, kommt immer wieder. Aber es stimmt einfach nicht: Denn wenn wir dank neuer Technologien mehr produzieren können, steigt das Angebot, und die Preise beginnen zu sinken. Gleichzeitig steigt dann die Nachfrage. (…) Die Fließbänder in den frühen Ford-Fabriken zeigen das sehr schön. Durch die Arbeitsteilung stieg die Effizienz, und jeder Mechaniker, konnte je Kopf gerechnet, in kürzerer Zeit mehr Autos herstellen. Autos wurden günstiger, und mehr Menschen wollten sie besitzen und konnten sie sich leisten. Plötzlich brauchte man mehr Werkstätten, Reifenwechsler, Verkehrspolizisten, Straßenbauarbeiter und so weiter. Es entstehen dann auch neue Tätigkeitsfelder, von denen wir zuvor noch gar nichts geahnt haben. **Natürlich ist der Umbruch für einzelne Berufsgruppen problematisch und mit sozialen Härten verbunden – aber am Ende profitiert die Gesamtwirtschaft.** (Wirtschaftshistoriker Moritz Schularick, in Frankfurter Allgemeine Zeitung 06.08.2015; Hervorhebungen durch die Verfasserin)*

Im Zusammenhang mit der Schaffung neuer Arbeitsplätze wird zugleich auch ein Fachkräftemangel durch den gestiegenen Bedarf an Spezialisten im Bereich der Datenanalyse befürchtet. Wie die nachfolgenden Zitate veranschaulichen, werden als Folge davon vermehrt Forderungen an Bildungsinstitutionen gestellt, das Ausbildungsangebot zu erhöhen: *„Daher sind besonders Software-Entwickler, Datenbank-Spezialisten und Software-Architekten gefragt. Der bereits **bestehende Fachkräftemangel** in diesem Bereich werde sich **voraussichtlich weiter verstärken.**" (Thomas Müller, Geschäftsführer einer Unternehmensberatung, in Die Welt 13.02.2015; Hervorhebung durch die Verfasserin):*

> *Wer Datenanalyse macht, sollte auch dafür ausgebildet sein oder zumindest die richtigen Fragen stellen, relevante Zusammenhänge finden und aus einem Algorithmus eine Handlungsempfehlung ableiten. ‚Wenn Unternehmen sich echte Wettbewerbsvorteile erarbeiten wollen, brauchen sie auch echte Experten, die Muster in den Datenbergen erkennen und interpretieren könne', bestätigt Nicolai Andersen, Partner und Leiter*

Innovation bei Deloitte. Dass die Unternehmen diese Experten nicht einstellen, liegt aber nicht nur an ihnen selbst. **Die Hochschulen bieten derzeit kaum entsprechende Studiengänge an, weil sich der Sektor schneller entwickelt, als sich Lehrpläne und Curricula erstellen lassen.** *„Wenn diese Lücke in der Ausbildung nicht bald geschlossen wird, können sich erhebliche Nachteile für den Standort Deutschland ergeben', so Andersen. (WirtschaftsWoche 29.09.2015; Hervorhebung durch die Verfasserin)*

Die vorstehenden Kontroversen zeigen, dass die fortschreitende Entwicklung der Datenökonomie die Aufmerksamkeit auf Folgeprobleme auf dem Arbeitsmarkt lenkt. Die Sorgen über fehlende Fähigkeiten und den Wegfall von Arbeitsplätzen werden politisch aufgegriffen und in der Digitalen Agenda der Bundesregierung 2014–2017 adressiert.

(2) Politik
Während sich die Datenschutzgrundverordnung in den letzten Zügen der Abstimmung befindet (Ministerrat, Trilog) und politisch auf eine schnelle Verabschiedung gedrängt wird, ergeben sich neue politische und soziale Herausforderungen im Zusammenhang mit der wachsenden Datenökonomie – darunter Fragen zum *freien Datenfluss, zur Cloud* und zur *marktbeherrschenden Rolle von Plattformen.* Verankert werden die Programme zur Realisierung der Wachstumspotenziale der Datenökonomie in den neu veröffentlichten Strategien der Europäischen Kommission (*Strategie für einen digitalen Binnenmarkt für Europa 2015*) und der deutschen Bundesregierung (*Digitale Agenda der Bundesregierung 2014– 2017*). Beide Strategien bezeichnen Big Data erstmals explizit als zu fördernde Technologie: Die europäische Agenda formuliert das Ziel der *„bestmögliche[n] Ausschöpfung des Wachstumspotenzials der digitalen Wirtschaft durch Investitionen in IKT-Infrastrukturen und Technologien wie Cloud-Computing und Big Data"* *(Europäische Kommission, 2015, S. 17).* Die Bundesregierung setzt sich das Ziel, *„Chancen für Deutschland in den Bereichen Industrie 4.0, 3D, Smart Services, Big Data und Cloud Computing weiter zu erschließen."* (*Bundesregierung, 2014a, S. 5*).

In der Digitalen Agenda der Bundesregierung 2014–2017 wird Digitalisierung erstmals als *„kontinuierlicher und gesellschaftlicher Wandel"* definiert, der durch die Einbindung unterschiedlicher Perspektiven zu gestalten sei: *„Die positive Wirkung der Digitalisierung wird sich nur entfalten, wenn dieser Wandel in der Mitte der Gesellschaft verankert ist und von allen gesellschaftlichen Gruppen angenommen und aktiv mitgestaltet wird."* (*Bundesregierung, 2014a, S. 4–8*). An diversen Stellen betont die Agenda die Notwendigkeit eines *„politischen Dialog[s], (…), der den Diskurs zwischen den relevanten Stakeholdern aus Wirtschaft, Wissenschaft und Regierung ermöglicht"* (*Bundesregierung, 2014a, S. 15*), von *„Multi-Stakeholder-Prozessen (…), in denen Akteure aus den Bereichen*

Wirtschaft, Wissenschaft, Staat und Zivilgesellschaft im Rahmen ihrer jeweiligen Verantwortlichkeiten transparent zusammenwirken" (Bundesregierung, 2014a, S. 35) sowie den Ausbau von *„strategischen bi- und multilateralen Konsultationen" (Bundesregierung, 2014a, S. 35)*. Um solche dialogischen Formate zu realisieren, werden drei Maßnahmen skizziert: die Fortführung des Industriedialogs auf dem IT-Gipfel, die Förderung interdisziplinärer Big Data-Forschung und die Umsetzungsverantwortung der Digitalen Agenda 2014–2017 durch drei Ministerien im Verbund *(BMJ, 2013, S. 1; Bundesregierung, 2014a, S. 6)*. Die verantwortlichen Minister (Sigmar Gabriel/Wirtschaftsminister, Thomas de Maizière/ Innenminister, Alexander Dobrindt/Verkehrsminister) begründen die aufgeteilte Verantwortlichkeit damit, dass der Umfang an Themen in der Digitalisierung den Verantwortungsbereich eines einzigen Ministeriums übersteige: *„dazu ist es längst zu sehr Querschnittsbereich"*, argumentiert beispielsweise Thomas de Maizière, und Alexander Dobrindt fügt hinzu, es erfordere *„eine besondere Kraft der Politik (...) diesen gesellschaftlichen Prozess [zu] begleiten" (BMWi, 2014a, S. 3)*. Die Minister sehen ihre Verantwortlichkeiten darin, Investitionsbereitschaft und Innovationstätigkeit bestehender Industrien zu stärken (Gabriel), Regeln und technische Standards zum Schutz der gesellschaftlichen Werte zu etablieren (de Maizière) und Abhängigkeiten technologischer Infrastrukturen neu zu bewerten (Dobrindt).

In der Digitalen Agenda der Bundesregierung 2014–2017 werden der Erhalt der Werteordnung und der technologischen Souveränität in der Datenökonomie erstmals ausdrücklich als Ziele formuliert *(Bundesregierung, 2014a, S. 4)*. Die Bundesregierung kündigt an, die *„Autonomie und Handlungsfähigkeit der IT des Staates"* zu bewahren, den Datenschutz zu gewährleisten und die Abhängigkeit des Cloud Computing von globalen IT-Konzernen zu reduzieren:

> *Cloud Computing oder weitgehend geschlossene IT-Ökosysteme erhöhen die technologische Abhängigkeit privater, aber auch staatlicher Nutzer. Wir wollen die Autonomie und Handlungsfähigkeit des Staates erhalten und streben daher an, die Abhängigkeit der IT des Bundes von globalen IT-Konzernen zu reduzieren bzw., wo immer möglich, zu vermeiden. (Bundesregierung, 2014a, S. 22)*

Die nachfolgenden beiden Zitate veranschaulichen, dass dennoch eine Reihe offener Fragen zur konkreten Ausgestaltung einer digitalen Werteordnung und technologischen Souveränität bleibt. Während Wirtschaftsminister Sigmar Gabriel betont, dass der wirtschaftsstrategische Schwerpunkt auf der Förderung der

Kernindustrien liege, stellt Verkehrsminister Alexander Dobrindt die Notwendigkeit zum Aufbau neuer Kernkompetenzen zur Stärkung der technologischen Souveränität in den Vordergrund:

> (...) dem damaligen Slogan bin ich entgegen getreten der lautete so ein bisschen verdeckt: vergesst die old economy! Kümmert euch nicht um Stahl, um Automobilbau, um Chemie, um Kunststoff, eigentlich ist die new economy, die IKT-Technik, das, worauf wir als Deutsche setzen sollten. Und wir haben damals gesagt, nein, das glauben wir nicht! (...) das eigentliche Potenzial für unser Land liegt natürlich darin, diese Digitalisierung zu verschmelzen mit den klassischen industriellen Kernkompetenzen in Deutschland (...) die eigentliche Kernkompetenz Deutschlands besteht immer darin neue Produkte und Verfahren in der bestehenden Industrie und Dienstleistungsstruktur in sie zu integrieren und genau daraus neuen wirtschaftlichen, sozialen und kulturellen Erfolg zu produzieren. (Sigmar Gabriel, in BMWi, 2014c)

> Wir müssen uns überlegen, und das ist auch Aufgabe der digitalen Agenda, wir müssen uns natürlich überlegen, ob wir ein reiner Consumer Market sind und das nehmen, was irgendwo anders auf der Welt gedacht, erzeugt, produziert, entwickelt und dann hierher transportiert wird. Oder sind wir diejenigen, die ihre Kompetenzen, da wo sie da sind stärken und da wo wir sie vielleicht verloren haben in der Vergangenheit auch wieder ein bisschen reanimieren. Das ist auch Aufgabe von uns dafür zu sorgen, dass die Industrie in Europa es schafft bei den zukünftigen Standards, die gesetzt werden – da können wir über 5G und viele andere Dinge reden – wieder vorne mit dabei zu sein, bei der Champions League und nicht darauf zu warten, dass uns aus China oder aus den USA die neuen Technologien ereilen. (Alexander Dobrindt, in BMWi, 2014d)

Zusammenfassend lässt sich sagen, dass die Digitale Agenda 2014–2017 zum einen die Digitalisierung als gesellschaftlichen Wandel neu definiert und zum anderen für die Datenökonomie eine Neubewertung des Qualifikationsbedarfs fordert. Im Folgenden soll auf drei Maßnahmen zur Förderung der Datenökonomie in Deutschland und Europa, die in den Agenden formuliert werden, näher eingegangen werden: (1) auf die schnelle Verabschiedung der DSGVO, (2) auf neue Initiativen zu Open Data und zur Cloud sowie (3) auf Untersuchungen zur marktbeherrschenden Rolle von Plattformen.

Schnelle Verabschiedung der DSGVO
Beide Agenden betonen die Notwendigkeit eines schnellen Abschlusses der noch laufenden Abstimmungsprozesse zur DSGVO *(Bundesregierung, 2014a, S. 33; Europäische Kommission, 2015, S. 2)*. Die DSGVO, die seit Sommer 2015 im Trilog zwischen EU-Kommission, EU-Rat und EU-Parlament debattiert wird, bedarf noch letzter Einigungen über das Zweckbindungsprinzip, wie die nachfolgenden Zitate aufzeigen. Angela Merkel kündigt an, mehr Wirtschaftsinteressen in den

Verhandlungen durch den neu gewählten Innenminister Thomas de Maizière vertreten zu lassen, um die Verarbeitung von Big Data *„nicht zu sehr einzuengen"*
und die Balance zwischen Datenschutz und Datennutzung nach den Prinzipien
der sozialen Marktwirtschaft zu wahren:

> *Im Augenblick steht die Frage der Vereinheitlichung der Datenschutzkulturen durch die*
> *Datenschutzgrundverordnung im Vordergrund. Hierbei wird es notwendig sein, dass*
> *der Kompromiss, der zwischen Kommission und Rat gefunden wurde, im Parlament*
> *nicht zu sehr verwässert wird. **Wir müssen hohe Datensicherheit haben, aber wenn***
> ***wir uns das Big Data Management, wenn wir uns die Möglichkeit der Verarbeitung***
> ***großer Datenmengen durch einen falschen rechtlichen Rahmen zu sehr einengen,***
> ***dann wird nicht mehr viel Wertschöpfung in Europa stattfinden. Das wäre für uns***
> ***von großem Nachteil.** (...) Auch hierbei ist es wie eigentlich immer in der Sozialen*
> *Marktwirtschaft: **Es muss die richtige Balance gefunden werden** (...) **zwischen der***
> ***Freiheit der Datennutzung und der Sicherheit der Daten** (...). (Bundesregierung,*
> *2015; Hervorhebungen durch die Verfasserin)*
>
> *Umstritten ist noch, inwieweit die Nutzer der Weiterverarbeitung ihrer Daten zustim-*
> *men müssen. Das Europaparlament will faktisch keine Nutzung der Daten für andere*
> *Zwecke als den ursprünglich vorgesehenen erlauben, wenn der Kunde nicht expli-*
> *zit zustimmt. **Die EU-Staaten hingegen wollen den Internetunternehmen mehr***
> ***Spielraum lassen,** eben um die Entwicklung neuer, auf ,Big Data' aufbauender*
> *Geschäftsmodelle nicht schon im Vorfeld zu verhindern. (Frankfurter Allgemeine*
> *Zeitung 16.06.2015; Hervorhebung durch die Verfasserin)*

Neue Initiativen zu Open Data und Cloud-Wechsel
Die Politik reagiert auf die zunehmende Bedeutung der Datenverfügbarkeit und
des freien Datenverkehrs in der Datenökonomie und spricht von Umsetzungshür-
den im Zusammenhang mit Cloud-Infrastrukturen und einem freien Datenfluss.
Auf europäischer Ebene wird problematisiert, dass Cloud-Dienste nicht weitrei-
chend genug durch Unternehmen genutzt würden und dass der freie Datenfluss
begrenzt sei, weil Datenspeicherungen nicht länderübergreifend erfolgten und die
vertraglichen Regelungen von Cloud-Anbietern einen Wechsel zwischen einzelnen Cloud-Anbietern erschwerten. So hätten Unternehmen *„noch immer nicht*
genügend Vertrauen geschöpft, um sich bei der Speicherung oder Verarbeitung
von Daten für grenzüberschreitende Cloud-Dienste zu entscheiden." (Europäische Kommission, 2015, S. 17). Als Reaktion darauf kündigt die Europäische
Kommission Initiativen zum *„freien Datenfluss"* und eine *„europäische Cloud-*
Initiative" an, die das Ziel verfolgen, *„unnötige Beschränkungen in Bezug auf*
den Ort der Datenspeicherung oder -verarbeitung in der EU" zu beseitigen *(Euro-*
päische Kommission, 2015, S. 17). In der Digitalen Agenda der Bundesregierung

wird ein Aktionsplan zur Öffnung staatlicher Datenbestände angekündigt. Die nachfolgenden Zitate fassen diese Pläne zusammen:

> Im Jahr 2016 wird die Kommission **eine europäische Initiative zum ,freien Daten-fluss'** vorschlagen, in der sie sich mit Beschränkungen des freien Datenverkehrs aus anderen Gründen als dem Schutz personenbezogener Daten in der EU sowie mit nicht gerechtfertigten Beschränkungen in Bezug auf den Speicher- und Verarbeitungsort der Daten befassen wird. Darin wird sie auch auf die neuen Fragen des Eigentums an Daten, der Interoperabilität, ihrer Nutzbarkeit und des Zugangs zu den Daten in bestimmten Situationen eingehen, z. B. Daten, die in Beziehungen zwischen Unternehmen und zwischen Unternehmen und Verbrauchern anfallen wie auch Daten, die von Maschinen und im Zusammenwirken zwischen Maschinen erzeugt werden. Sie wird auch den Zugang zu öffentlichen Daten fördern, um der Innovation zusätzliche Impulse zu geben. Die Kommission wird **eine europäische Cloud-Initiative** vorstellen, in der es u. a. um die Zertifizierung von Cloud-Diensten, Verträge, den Wechsel des Cloud-Diensteanbieters und eine Forschungs-Cloud für die offene Wissenschaft gehen wird. (Europäische Kommission, 2015, S. 17; Hervorhebungen durch die Verfasserin)

> Die Digitalisierung innovativer öffentlicher Dienstleistungen und Prozesse erleichtert und erfordert die weitere Öffnung staatlicher Geo-, Statistik- und anderer Datenbestände (Open Data). Mit Open Data fördern wir zugleich das Wachstum innovativer kleinerer und mittlerer Unternehmen. Wir machen die Bundesbehörden zu Vorreitern bei der Bereitstellung offener Daten in Deutschland. Dazu legen wir einen ,Nationalen Aktionsplan zur Umsetzung der G8-Open-Data-Charta' vor. (Bundesregierung, 2014a, S. 21)

Insgesamt wird deutlich, dass die genannten Strategien zwar Impulse für „Open Data" setzen, dass jedoch konkrete Handlungsmaßnahmen in dieser Episode noch fehlen.

Untersuchungen zur marktbeherrschenden Rolle von Plattformen
Auch die Datenerhebungspraktiken und die Marktdominanz von Plattformunternehmen stehen im politischen Fokus. In beiden Agenden werden umfassende Untersuchungen zur Rolle von Plattformen angekündigt *(Bundesregierung, 2014a, S. 4; Europäische Kommission, 2015, S. 14)*. So sollen insbesondere „Anbieter mit Sitz in Nicht-EU-Staaten" denselben Regulierungsvorschriften unterliegen wie Anbieter aus EU-Staaten. Die digitale Agenda der Bundesregierung betont hier die Notwendigkeit zur Anpassung kartellrechtlicher Fragen:

> **Die Marktmacht mancher Online-Plattformen ist nicht unbedenklich**, vor allem die der mächtigsten Plattformen, denen andere Marktteilnehmer kaum noch ausweichen können. (...) Plattformen generieren, akkumulieren und kontrollieren in enormem Umfang Daten über ihre Kunden und setzen Algorithmen ein, um daraus verwertbare

Informationen zu machen. (...) Dabei geht es um mangelnde Transparenz in der Art und Weise, wie sie die erlangten Informationen verwenden, ihre starke Verhandlungsmacht im Vergleich zu der ihrer Kunden, die sich in den Geschäftsbedingungen widerspiegeln kann (insbesondere für KMU), die Bevorzugung eigener Dienstleistungen zum Nachteil der Konkurrenz und eine intransparente Preisgestaltung oder auch Beschränkungen bei Preisen und Verkaufsbedingungen. (Europäische Kommission, 2015, S. 10–13; Hervorhebung durch die Verfasserin)

Einen Schwerpunkt werden wir darauf legen, einen unverfälschten Wettbewerb zwischen Unternehmen zu gewährleisten, Marktzutrittsschranken weiter zu reduzieren **und vor allem einer missbräuchlichen Ausnutzung von marktbeherrschenden Stellungen entgegenzutreten.** *Ein wichtiges Element hierfür ist, dass Anbieter mit Sitz in Nicht-EU-Staaten für ihre hiesige Unternehmenstätigkeit den selben Regulierungsvorschriften unterliegen müssen wie die Anbieter aus EU-Staaten. Wir werden, wenn nötig, fördernd und unterstützend eingreifen, damit Deutschland im globalen Wettbewerb um neue Technologien und innovative Unternehmensgründungen mithalten kann. (Bundesregierung, 2014a, S. 4; Hervorhebung durch die Verfasserin)*

(3) Wirtschaft

In dieser Episode werden vermehrt Anwendungsbeispiele im Diskurs vorgestellt. Der Technologie wird eine höhere Marktreife attestiert, die sich auf Anbieterseite in standardisierten Angeboten und auf Anwenderseite in großen Investitionsvorhaben und ersten Erfolgsbeispielen zeigen. Insbesondere Großunternehmen investieren in den Aufbau technischer Infrastrukturen wie Cloud- und Datenanalysedienste. Dabei stehen sie vor der Frage, ob sie bestehende Datenbankstrukturen weiterentwickeln oder Cloud-Dienste mit den dazugehörigen Datenanalysediensten einkaufen sollen. Häufig greifen sie dabei aus Kostenabwägungen auf Lösungen am Markt zurück, die insbesondere von US-amerikanischen Technologieanbietern günstiger angeboten werden.

An dieser Stelle sollen Interviewdaten eine Ergänzung der Sekundärdaten um Kontextwissen liefern. Das Momentum der Technologieentwicklung in dieser Episode erläuterte die Vorständin eines Technologieunternehmens damit, dass der Diskurs lange „verschlafen" (Interview1) worden sei und dass Unternehmen es zunächst nicht geschafft hätten, die „neue Datenlogik" (Interview1) auf ihre etablierten Geschäftsmodelle anzuwenden. Stattdessen hätten viele Unternehmen den Trend beobachtet und auf politische Antworten auf Datenschutzfragen gewartet. Ähnlich erinnert sich der Geschäftsführer eines Technologieunternehmens rückblickend, dass die Nachfrage nach Cloud-Datenspeichern erst ab 2014/2015 gestiegen sei. Er beschreibt, dass insbesondere Großunternehmen zu dem Zeitpunkt angefangen hätten, Infrastrukturlösungen zur Datensammlung einzukaufen, und im Folgejahr 2016 auch vermehrt Lösungen zur Strukturierung und Analyse von Daten nachgefragt hätten *(Interview2)*. Diese von den beiden Unternehmens-experten beschriebenen Entwicklungsschritte lassen sich auch im öffentlichen Diskurs rekonstruieren.

Investitionen in Cloud- und Analysedienste
In dieser Episode unterscheiden Branchenexperten die Herangehensweisen großer Unternehmen von der klein- und mittelständischer Unternehmen. Nach Angaben einer Expertin vom FZI Forschungszentrum Informatik *„wollen Mittelständ-ler vornehmlich ihre vorhandenen Infrastrukturen weiter nutzen und schrittweise verbessern, indem sie Prozesse automatisieren, Kapazitäten erhöhen, Energie sparen und Kosten senken"* *(Die Welt 16.03.2015)*. Als Alternative werben Cloud-Anbieter für integrierte Lösungen, die Unternehmen bei der Sammlung und Aufbereitung von Daten unterstützen. Ein Vertreter von IBM argumentiert bei-spielsweise: *„Lange wurden anfallende und unstrukturierte Daten nur gesammelt, die intelligente Auswertung stellt die IT-Branche vor neue Herausforderungen. Das Cloud-Computing habe die Dynamik der Entwicklung massiv beschleunigt."* *(Süd-deutsche Zeitung 19.03.2015)*. Auf dem Cloud-Markt positionieren sich folglich unterschiedliche Anbieter *„von kleinen und innovativen Spezialisten wie Cloud & Heat (…) bis hin zu den großen und arrivierten Anbietern wie Amazon Cloud Drive oder Google, die selbstredend auch die Wolke im Angebot haben."* *(Manager Magazin 10.12.2015)*. Sie werben dafür, die gesamte Datenwertschöpfung unter Einhaltung von Datenschutzprämissen für Unternehmen zu verwalten, wie das nachfolgende Beispiel von Oracle zeigt:

> *Die Versprechen von Big Data sind groß. So groß, dass es sich heute kaum mehr ein Unternehmen leisten kann, auf die Auswertung seiner Datenbestände zu verzich-ten. Eine detaillierte Analyse aller relevanten Informationen – aus firmeneigenen und fremden Quellen – verschafft heute in jeder Branche Wettbewerbsvorteile, die mit kon-ventionellen Mitteln schlichtweg nicht realisierbar sind. Doch genau hier liegt die Krux. (…) Nur ein verschwindend kleiner Teil der riesigen Datenmenge liegt in struk-turierter Form vor und ist damit gut sortier- und durchsuchbar. Das Gros der heute gespeicherten Informationen wird in mehr oder weniger ungeplanter, unstrukturierter Weise abgelegt. Nach der Speicherung dieser Datenmengen für Ordnung zu sorgen ist eine der komplexesten Aufgaben, wenn man von Big Data spricht. (…) Nur wem es gelingt, die zur Datenanalyse notwendigen komplexen Algorithmen unkompliziert und möglichst benutzerfreundlich im eigenen Unternehmen zu etablieren, wird vom Wert der Informationen voll profitieren (…) Business-Intelligence-Systeme mit Predictive Analytics, also der statistikgestützten Vorhersage komplexer Sachverhalte, kombinie-ren und gleichen bisher eigenständige oder ungenutzte Datenquellen auf der stetigen Suche nach Optimierungschancen, neuen Vermarktungspotenzialen und damit ver-bundenen Wettbewerbsvorteilen gegenüber der Konkurrenz ab - mittlerweile sogar in Echtzeit. **Erst diese Analyse generiert aus rohen, undurchsichtigen Informationen***

echten Mehrwert: schlaue Daten – Smart Data (...) Doch wo Licht ist, ist auch immer Schatten. Bei allen positiven Aspekten der Verarbeitung von Smart Data schwingt eine Sorge immer mit: der Schutz der gesammelten und zur Auswertung verwendeten, oft sensiblen Daten und damit der Schutz der Privatsphäre. Verantwortung und pflicht-bewusster, gesetzeskonformer Umgang mit Daten ist notwendig, damit die betroffenen Bürger - und das sind im Big-Data-Zeitalter wir alle – Vertrauen in die neuen Techno-logien behalten. Ansonsten - das haben nicht zuletzt die Diskussionen der vergangenen Jahre gezeigt – wird es schwierig, die technischen Möglichkeiten auszuschöpfen. (Gün-ther Stürner, Vice President Server Technologies und Sales Consulting bei Oracle, in Frankfurter Allgemeinen Zeitung 22.10.2015; Hervorhebungen durch die Verfasserin)

Das folgende Zitat veranschaulicht, dass US-amerikanische Technologieunter-nehmen wie Amazon, Microsoft, IBM oder Google mittlerweile Strategien im Umgang mit dem europäischen Markt entwickelt haben, um den Datenschutzan-forderungen gerecht zu werden:

Googles Europachef Matt Brittin hatte im Gespräch mit Politico.eu kürzlich Fehler im Umgang mit der europäischen Öffentlichkeit und Politik eingeräumt und Besserung gelobt. ‚Wir haben verstanden, dass die Leute hier eine andere Einstellung als in Amerika haben‘, sagte Brittin. (Die Welt 11.06.2015)

In der Frankfurter Allgemeinen Zeitung wird ein Überblick über das Angebot zu dieser Zeit gegeben:

*Wie chancenreich die IT-Welt selbst das Thema Big Data einschätzt, demonstrieren Konzerne wie **IBM, SAP, Cisco oder Hewlett-Packard**. Sie gründen mittlerweile wich-tige Teile ihrer Geschäftsmodelle auf das Sammeln und die Auswertung solcher Daten. Amazon und seit dem vergangenen Sommer auch Google bieten Dienstleistungen oder Programme rund um die Datenanalyse darüber hinaus längst auch Dritten an. Selbst Amazons Wettbewerber im Handel können also darauf zurückgreifen. (...) Die heu-tigen Big-Data-Produkte tragen Namen wie ‚**Elastic Map Reduce‘ (eine Datenbank von Amazon)** oder ‚**Dataflow‘ (ein Open-Source-Projekt von Google)**. Sie sollen Unternehmen zum Beispiel die Verarbeitung und das Herausziehen von Daten aus riesigen Datenmengen erleichtern. Mit dem **Amazon-Dienst ‚Data Pipeline‘** sollen Unternehmenskunden Daten automatisiert zwischen verschiedenen Services und Spei-chern austauschen können. Konkret können Anwender damit Daten unterschiedlicher Quellen und Formate zusammenstellen, bearbeiten und zurückschreiben. Gewerbliche Kunden verwenden diese Angebote der hauseigenen IT-Dienstleistungssparte Amazon Web Services (AWS) nach Angaben des Unternehmens zum Beispiel für Big-Data-Projekte wie das Erstellen von Genomkarten, die Analyse von Webprotokollen und die Analyse von Finanzservicedaten. (Frankfurter Allgemeine Zeitung 10.01.2015; Hervorhebungen durch die Verfasserin)*

Cloud-Anbieter positionieren sich im Markt mit dem Leistungsversprechen der flexiblen und skalierbaren Nutzung, mit der Unternehmen Fixkosten senken und Ressourcen neu organisieren können:

> *IT-Mitarbeiter hätten damit nun mehr Zeit, sich strategischeren Aktivitäten zu widmen, wirbt der Konzern: ,Mit AWS müssen Unternehmen keine teuren Computer erwerben und bereitstellen, wenn bei der Nutzung einer Web-Anwendung Spitzen auftreten oder der Bedarf steigt. **Durch die niedrigen, nutzungsorientierten Kosten werden die Infrastrukturkosten zu variablen Aufwendungen** und können an die Anwendungsnutzung angepasst werden.' (Frankfurter Allgemeine Zeitung 10.11.2015; Hervorhebung durch die Verfasserin)*

In einem Gespräch mit dem Cloud-Manager eines deutschen Großunternehmens bestätigt dieser die Relevanz der zuvor aufgeführten Entscheidungsfaktoren in der von ihm verantworteten Cloud-Migration. Das Unternehmen habe jahrelang eigene Rechenzentren betrieben und dafür über 1.000 Mitarbeiter beschäftigt. Zunächst habe man die Rechenzentren verkauft und zurückgemietet, bevor die Entscheidung für eine Migration in die Cloud gefallen sei. Ziel war es, eine *„skalierungsfähige IT-Infrastruktur" (Interview5)* zu haben, um *„Digitalisierung vernünftig machen zu können" (Interview5)*, sowie Personalressourcen, die für den Betrieb der Rechenzentren gebunden waren, für andere Aufgaben einsetzen zu können. Das Outsourcing begründete er im Wesentlichen mit der Deklarierung von IT-Infrastruktur als *„Commodity-Leistung" (Interview5)*, die keine Kernkompetenz des Unternehmens darstelle und nicht selbst betrieben werden müsse. Den Vorteil der Flexibilität der Systeme erklärte er damit, dass das Unternehmen die Rechenzentren nicht selber vorhalten müsse, sondern flexibel für die genutzten Kapazitäten bezahle und dadurch Kosten senken könne, die ansonsten für ungenutzte Rechenzentrumskapazitäten permanent vorgehalten würden. Zur Auswahl der Cloud-Anbieter schreibt er, dass zu der Zeit insbesondere Amazon, Microsoft und Google attraktive Angebote am Markt gehabt hätten und dass sich das Angebot deutscher Unternehmen wie SAP, Telekom oder T-Systems auf ein Rechenzentrumsoutsourcing begrenzt habe oder noch habe fertig entwickelt werden müssen und in den Kosten nicht kompetitiv mit den amerikanischen Anbietern gewesen sei *(Interview5)*.

Diese Marktentwicklung im Bereich der Cloud- und Analysedienste wird begleitet von Branchenverbänden und Beratungsunternehmen, die den Marktstatus kommentieren, Anwendungsmöglichkeiten aufzeigen und Implementierungshürden identifizieren. Bitkom veröffentlicht im Oktober 2015 eine Studie zum Stand der Nutzung von Datenanalysen und zeigt darin auf, dass ein Großteil der

befragten Unternehmen auf bestehende IT-Tools wie Excel oder Access zurück-
greift und nur ein geringer Teil fortgeschrittene Big Data-Analysen einsetzt.
Daher ruft Bitkom Unternehmen dazu auf, Datenprojekte mithilfe von Experten umzusetzen *(Bitkom Research GmbH, 2015, S. 30)*. Der Branchenverband
und verschiedene Unternehmensberatungen werben mit konkreten Anwendungsmöglichkeiten *„bei der Verbesserung bestehender Produkte und Services, bei der
Optimierung interner Prozesse, beim Aufbau neuer Produkte oder Services und bei
der Modifizierung von Geschäftsmodellen." (Manager Bain & Company, in Die
Welt 16.03.2015)*, um Implementierungshürden wie Budgetrestriktionen, fehlende
Analysespezialisten und Unsicherheiten über den datenschutzrechtlichen Umgang
mit Daten zu überwinden. Um die Wachstumsdynamik der Branche weiter zu
unterstützen, spricht Bitkom sich im Konsultationsverfahren der Bundesregierung
gegen eine Regulierung von Plattformen aus, die die Entwicklung des Marktes
hemmen würde und sieht einen ausreichenden Schutz durch die DSGVO gegeben:
*„Ein Eingreifen in diesen vielfältigen, aber schnelllebigen Markt ist zum jetzigen
Zeitpunkt nicht sinnvoll." (Bitkom, 2015, S. 36)*.

In dieser Phase der Technologieentwicklung intensivieren sich Projekte der
Zusammenarbeit mit US-amerikanischen Technologieunternehmen. Während sich
die Unternehmen von der Zusammenarbeit Lern- und Kostenvorteile versprechen,
lösen diese engeren Verflechtungen im Diskurs neue Spannungsfelder zwischen
Wettbewerb und Kooperation aus.

Spannungsfelder zwischen Wettbewerb und Kooperation
Auch die Medien berichten vermehrt über die Zusammenarbeit von Unterneh-
men mit Technologieanbietern – z. B. über die Zusammenarbeit von Thyssen
Krupp und Microsoft zur vorausschauenden Wartung von Fahrstühlen *(Frankfur-
ter Allgemeine Zeitung 02.11.2015)*, über ein Projekt von EWE und Bosch zum
Ausbau von vernetzten Stromzählern *(Frankfurter Allgemeine Zeitung 02.11.2015)*
und über eine Kooperation zwischen Medtronic und IBM zur Entwicklung von
Algorithmen in der medizinischen Behandlung *(Handelsblatt 12.05.2015)*:

> *Beispielsweise beschreibt Andreas Schierenbeck, Manager bei Thyssen Krupp, neue*
> ***Big Data-basierte Anwendungen im Bereich der vorausschauenden Wartung,*** *die*
> *in **Zusammenarbeit mit Microsoft** entwickelt wurde. Über Azure, Microsofts Cloud*
> *Computing werden Daten der mit dem Internet verbundenen Fahrstühle gesammelt*
> *und analysiert, woraus dann Rückschlüsse auf etwaige Wartung oder Reparatur gezo-*
> *gen werden. Mit dem neuen Produkt will Thyssen-Krupp sein Dienstleistungsgeschäft*
> *stärken, das bei Aufzugherstellern allgemein für einen großen Teil des Umsatzes steht.*
> *(Frankfurter Allgemeine Zeitung 02.11.2015; Hervorhebungen durch die Verfasserin)*

‚Big Data ist für uns ein Riesenthema‘, sagt der Vorstandsvorsitzende von EWE, Matthias Brückmann, im Gespräch mit dieser Zeitung. Durch **intelligente Stromzähler** *und moderne Mess- und Steuerungstechnik würden in Zukunft ‚massenhaft Nutzerdaten‘ anfallen, die EWE verwenden werde, um die Energieeffizienz im Versorgungsgebiet zu erhöhen und neue Geschäftsmodelle zu entwickeln. Von 2016 an stattet der Energiekonzern aus Oldenburg rund 1,2 Millionen Haushalte im Norden mit vernetzten Stromzählern aus und hat sich dafür den* **Projektpartner Bosch** *an die Seite geholt. (Frankfurter Allgemeine Zeitung 02.11.2015; Hervorhebungen durch die Verfasserin)*

IBM hat mit Watson ein sehr kraftvolles Analysewerkzeug, das uns helfen kann, *die vielen Daten zu interpretieren. Wir wollen zum einen ganz allgemein mehr über Typ-2-Diabetes erfahren. Und dann wollen wir konkret die Versorgung von Diabetes-Patienten, die zukünftig unsere vollautomatische Insulinpumpe als sogenanntes ‚Closed Loop System‘ nutzen, verbessern. Unser Ziel ist es beispielsweise, dank der neuen Algorithmen dahin zu kommen, dass die Insulinpumpe immer näher an die Funktionen einer gesunden Bauchspeicheldrüse herankommt. (Vorsitzender Medtronic, in Handelsblatt 12.05.2015; Hervorhebung durch die Verfasserin)*

Im letztzitierten Interview wird der Manager auch zur Konkurrenzsituation mit Google befragt. Dazu differenziert er zwischen den eigenen biomedizinischen Fähigkeiten und den Big Data-Fähigkeiten von Google und schlussfolgert, dass Google biomedizinische Fähigkeiten fehlten, um als gleichwertiger Konkurrent in den Markt einzutreten:

Ich kann natürlich nicht sagen, wie sich Google in der Zukunft entwickelt. Aber heute sind unsere Fähigkeiten komplett verschieden. **Google besitzt viel Technologie-Know-how, wir können mit Krankheiten umgehen.** *Unser technologisches Know-how fokussiert sich auf biomedizinische Techniken. Darüber hinaus haben wir 56 Forschungszentren weltweit, die darauf spezialisiert sind, Forschungsstudien zu konzipieren, durchzuführen und neue Versorgungsstandards bei Krankheiten zu entwickeln. Wenn Google uns in diesem Bereich Konkurrenz machen will, müssten sie diese Fähigkeiten aufbauen. Heute liegt Googles Stärke doch eher darin, Informationen zu liefern und ein paar analytische Tools. (Vorsitzender Medtronic, in Handelsblatt 12.05.2015; Hervorhebung durch die Verfasserin)*

Auch andere Unternehmer erklären, es werde „*ein bisschen zu viel von Google und Facebook geredet*" *(Handelsblatt 09.04.2015),* sie hätten „*keine Angst*" *(Die Welt 18.07.2015)* vor dem Technologievorsprung der US-amerikanischen Unternehmen, weil ihr eigener Wettbewerbsvorteil ihr „*Domänenwissen*" sei – wie das nachfolgende Zitat des Volkswagenvorstands aufzeigt:

Herzlich willkommen Google, Apple und alle anderen, für die offenbar unser Kern-
*produkt hochattraktiv ist. Ich freue mich auf den **sportlichen Wettkampf** um die*
beste Lösung. Aber ich bin überzeugt: Volkswagen behält seine Führungsrolle. Unser
Konzern ist mit seinen 11 000 Informatikern und Daten-Analysten längst selbst zu
einem der größten IT-Unternehmen des Landes geworden. Als Ingenieur sehe ich
diesen technologischen Umbruch unserer Branche nicht als Bedrohung, sondern vor
allem als große Chance für den Automobilstandort Deutschland. Und ganz besonders
für unseren Konzern. Als einer der Technologieführer können und werden wir den
Wandel kräftig vorantreiben. Mobilität in all ihren Facetten wird auch im digitalen
*Zeitalter **unsere ureigene Domäne** und Leidenschaft bleiben. (Süddeutsche Zeitung*
13.09.2015; Hervorhebungen durch die Verfasserin)

In dieser Episode werden Wettbewerbskonstruktionen durch Experten und durch
die Medien angetrieben, wie der nachfolgende Ausschnitt aus einem Artikel mit
dem Titel *„Weltmacht Google"* in der Süddeutschen Zeitung beispielhaft veranschaulicht. Ein Unternehmensberater aus der Automobilbranche spricht von
einem *„Kampf der Welten zwischen den traditionellen Autoherstellern und der Big-
Data-Welt der Apples, Googles und Alibabas"* (Süddeutsche Zeitung 15.09.2015).
Ein Artikel in der Welt *(11.06.2015)* beschreibt den Auftritt eines Google Managers, der deutschen Unternehmern die *„German Angst"* nehmen will. Dazu äußert
er sich vor Publikum:

Ich weiß, dass es Sorgen um das Thema Big Data gibt, aber Sie müssen der Tatsache
ins Auge blicken, dass es große Datenbanken geben wird. Es wird eine Art der euro-
päischen Regulierung dieser Datenbanken geben und Sie sollten nicht ängstlich sein,
sondern sich überlegen, wie man damit Geld verdienen kann (Die Welt 11.06.2015)

Dazu wird im Begleitartikel zu seinem Auftritt ein Schwarz-Weiß-Bild der
Gegensätze zwischen der Silicon Valley-Mentalität und der deutschen Zurück-
haltung gezeichnet:

Der Begriff ,Big Data', der bei den Investoren und Unternehmern des Silicon Valley für
leuchtende Augen sorgt, ist gerade für die Deutschen eher ein Angstwort. Amerikaner
mögen an das große Geschäft mit Daten und Algorithmen denken, viele Deutsche
fürchten die digitale Komplettüberwachung. (Die Welt 11.06.2015)

Google wächst so schnell, *dass es bisweilen schwerfällt, den Überblick zu behalten,*
wo überall Google drinsteckt. Schon seit Jahren ist das Unternehmen nicht bloß ein
Suchmaschinen-Konzern – auch wenn es immer wieder so bezeichnet wird. Google
verdient sein Geld mit Anzeigen und Karten, mit Navigationsdiensten wie Waze, dem
weltgrößten Video-Portal YouTube oder dem Betriebssystem Android, das in mehr

*als 80 Prozent aller Smartphones steckt. Aber damit nicht genug. **Stück für Stück dringt Google in alle Bereiche des Lebens vor: in Autos, Häuser, ja letztlich sogar in unsere Körper.** So hat Google vor zwei Jahren ein Unternehmen namens Nest gekauft, das intelligente Thermostate herstellt – denn künftig wird man die Heizung nicht mehr von Hand steuern, auch nicht unbedingt durch das Tippen auf einem Smartphone; sondern durch einen intelligenten Algorithmus, der schon vorher weiß, wann jemand zu Hause ist und wann nicht. Dazu passt, dass Google auch an selbstfahrenden Autos bastelt. Sie werden ebenfalls Teil jenes riesigen Internets der Dinge sein, in dem – so schätzen Experten – 2020 mehr als 50 Milliarden verschiedene Geräte miteinander verbunden sein werden: Laptops und Tablets, smarte Telefone und Uhren, intelligente Maschinen und Fabriken, Autos und Kühlschränke, Fitnessarmbänder und Thermostate. (Süddeutsche Zeitung 11.08.2015; Hervorhebungen durch die Verfasserin)*

In dieser Episode wird eine stärkere Anwendungsorientierung sichtbar, die sich in konkreteren Technologiebegriffen – z. B. in Cloud- und Analysediensten, in Algorithmen, in der Datenökonomie – widerspiegelt. Die beschleunigte Big Data-Entwicklung löst aber auch neue öffentliche Kontroversen über die Folgen der Technologieentwicklung auf den Arbeitsmarkt aus. Im politischen Diskurs wird die marktbeherrschende Stellung von Plattformen erstmals in Konsultationen adressiert, während Unternehmen die Zusammenarbeit mit US-amerikanischen Technologieanbietern suchen. Gerade das Fehlen von Antworten auf diese neuen Fragen markiert den Beginn einer neuen Phase, in der geopolitische Souveränitäts- und Machtfragen im Mittelpunkt stehen. Bevor diese neue Phase näher betrachtet wird, soll jedoch zunächst ein kurzes Resümee der Phase 1 gezogen werden.

4.1.2 Zwischenergebnisse Phase 1 und Übergang zu Phase 2

Die sozialen Aushandlungen von Big Data in Phase 1 weisen einige Spezifika auf, die unter Rückgriff auf die Konstrukte der Risikoforschung erklärt werden sollen. *Risiken* der Big Data-Entwicklung werden von Akteuren unterschiedlich gewertet: In einer frühen Phase werden im öffentlichen Diskurs *Datenschutzrisiken* diskutiert, die aufgrund der NSA-Enthüllungen zu *Überwachungsrisiken* werden. Auf politischer Ebene werden Datenschutzrisiken in *institutionelle Risiken* für bestehende Datenschutzbestimmungen übersetzt und lösen Maßnahmen zur Modernisierung der Datenschutzbestimmungen aus, die anschließend als

Antwort auf die NSA-Enthüllungen instrumentalisiert werden.[4] Unternehmen
übersetzen öffentliche Stimmungen und Regulierungen in *Investitionsrisiken,* weil
sie beginnen, in neue Big Data-Lösungen zu investieren und befürchten, dass
die damit verbundenen Einnahmen ausbleiben könnten. Die Verantwortung für
Überwachungsrisiken wird abgelehnt und es wird versucht, Arbeitsmarktrisiken
durch entsprechende Verweise auf Wirtschaftswachstum, Produktivitätssteigerun-
gen und die Schaffung neuer Arbeitsplätze zu entkräften. Viele dieser Reaktionen
reproduzieren etabliertes Wissen und festigen die bestehende institutionelle
Ordnung. Offene Fragen, die die bestehende institutionelle Ordnung stärker herausfordern oder neues Wissen erfordern, werden in dieser Phase zurückgestellt.
Sie stellen den Übergang zur nächsten Phase dar, indem Fragen zu Open Data, zur
technologischen Abhängigkeit von Cloud-Anbietern und zur marktbeherrschenden Rolle von Plattformen insbesondere unter der Überschrift der Souveränität
stärker Berücksichtigung finden.

4.1.3   Phase 2: Kontroversen über Souveränitäts- und Machtfragen (2016–2020)

Der Ausgang der Phase 1 ist durch die wirtschaftliche Investitionsoffensive und
die politische Datenschutzmodernisierung gekennzeichnet. Die DSGVO sowie
die zunehmende Verbreitung von Datenspeicherdiensten und Datenanalyseanwendungen werfen neue Fragen auf und begründen den Übergang in die nächste
Phase. Charakteristisch für diese Phase sind ein stärkerer Fokus auf geopolitische
Machtkonstellationen und die Rolle der Technologieentwicklung.

---

[4] Im April 2016 verabschiedet das Europäische Parlament die DSGVO, die unter ande-
rem das Erfordernis der Zustimmung zur Datennutzung vorschreibt sowie ein „Recht auf
Vergessenwerden" und auf Widerspruch gegen Profilerstellungen für Verbraucher einführt.
Unternehmen erhalten das Recht auf Datenübertragbarkeit, das den Wettbewerb zwischen
Diensteanbietern stärken soll. Die Verpflichtung von Unternehmen zur Benennung eines
Datenschutzbeauftragten und zur Erstellung einer Datenschutz-Folgenabschätzung sollen die
Einhaltung der DSGVO sicherstellen. Technologieentwickler sollen die Datenschutzanforde-
rungen so früh wie möglich in ein Produkt oder einen Dienst einbauen („Privacy by Design"
und „Privacy by Default"). Für EU- und Nicht-EU-Unternehmen, die mit Daten von EU-
Bürgern arbeiten, gelten durch das Marktortprinzip einheitliche Datenschutz-Vorschriften.

4.1.3.1 Episode 2a: Neue Souveränitäts- und Machtfragen (2016–2017)

Wie in der vorangegangenen Phase werden die in Phase 2 neu hinzugekommenen Themen der Datenökonomie im öffentlichen Diskurs und in den Massenmedien behandelt und finden ihren Widerhall im politischen und wirtschaftlichen Diskurs.

(1) Öffentliche Kontroversen
Im öffentlichen Diskurs in dieser Episode werden die vorangegangenen Impulse diverser Akteure, die Datenverfügbarkeit zu erhöhen und den Datenfluss zu steigern, aufgenommen und kontrovers diskutiert. Vertreter der Wirtschaft kritisieren die Datenschutzprinzipien in der DSGVO, die auf Datensparsamkeit, Einwilligungserfordernis und Zweckbindung basieren.[5] Sie fordern eine Orientierung an den Prinzipien der Massendatenanalyse, die von US-amerikanischen Unternehmen praktiziert werden und auf Datenreichtum sowie automatischer Mustererkennung ohne Zweckbestimmung und Zustimmung basieren. Als Erfolgsbeweis für das Prinzip der Massendatenanalysen wird in dieser Episode vermehrt auf die *„exorbitanten Marktkapitalisierungen"* *(Handelsblatt 24.06.2016)* von US-amerikanischen Unternehmen verwiesen. Das nachfolgende Beispiel veranschaulicht, wie der Wert von Alphabet, dem neu gegründeten Mutterkonzern von Google, auf die Prinzipien der Massendatenanalysen (*„die Algorithmen"*) bezogen wird:

> *Alphabet ist auch das größte Symbol der gewaltigen Veränderung, die sich in der Weltwirtschaft vollzieht. Mit dem Konzern steht erstmals einer an der Weltspitze, der kaum mehr etwas produziert, das man in die Hand nehmen könnte.* **Das Wertvolle an Google sind nicht Maschinen, nicht Computer, nicht Mobiltelefone** *– es sind die Ideen*

---

[5] Die folgenden Ausführungen sind angelehnt an einen Beitrag des Smart Data Forums, der die Kontroverse wie folgt beschreibt: *„Rechtliche Fragen bilden den kontroversesten Aspekt der Debatten um Datensouveränität. Hier beschreibt Datensouveränität häufig den Ansatz, Daten aufgrund der wertvollen Erkenntnisse, die sich aus ihnen gewinnen lassen, weniger als individuelles Eigentum, sondern als kollektives Gut zu betrachten. Daraus würde auch folgen, die Widersprüche zwischen den Grundsätzen des aktuellen Datenschutzes (Datensparsamkeit, Einwilligungserfordernis und Zweckbindung) und den Anforderungen von Massendatenanalysen (Datenreichtum, automatischer Musterkennung ohne vorentworfenes Ziel und Rekontextualisierung) zugunsten letzterer aufzulösen. Nutzer von Digitaltechnologien sollten aber auch unter Big-Data-freundlichen Bedingungen in der Lage sein, informiert und selbstbestimmt zu entscheiden, was mit ihren Daten geschieht. Dazu müsste nicht nur Transparenz in den Prozessen etabliert, sondern auch Einschränkungs- und Wahlmöglichkeiten im Verlauf des Datenanalyseprozesses ermöglicht werden. Datenschützer befürchten jedoch den Verlust der im Datenschutzrecht verankerten informationellen Selbstbestimmung."* (BMWK, 2018, S. 1).

*dahinter. Genauer gesagt, **die Algorithmen**, mathematische Regeln, die ein Karten-
programm oder eine Suchmaschine überhaupt erst dazu bringen, sinnvolle Ergebnisse
auszuspucken. Das 21. Jahrhundert ist nun wirklich und endgültig zum Jahrhundert
der Daten geworden. (Süddeutsche Zeitung 02.02.2016; Hervorhebungen durch die
Verfasserin)*

Wirtschaftsvertreter fürchten im Grundsatz der Datensparsamkeit eine Begrenzung der ökonomischen Wertschöpfung aus Massendatenanalysen in Europa. Sie
fordern eine *„geistige Datenwende"*, um Europa in die Lage zu versetzen, *„selbst
mit den Datenschätzen zu arbeiten und sie nicht anderen zu überlassen" (Haupt-
geschäftsführer Bitkom, in Handelsblatt 03.11.2016)* und drängen die Politik, eine
ganzheitliche Strategie für den Umgang mit Daten zu entwickeln. Die folgenden
Zitate sind typische Aufrufe von Wirtschaftsvertretern in dieser Episode:

*Um die Möglichkeiten der intelligenten Datennutzung weitaus besser ausschöpfen
zu können, **brauchen wir eine ‚geistige Datenwende'**. Wir brauchen Gesetze und
Strukturen, die dem neuen Produktionsfaktor Daten Raum geben. Der Grundsatz
der Datensparsamkeit und das Prinzip der Zweckbindung, die nun auch die jüngst
verabschiedete Datenschutzgrundverordnung der Europäischen Union festschreibt,
kollidieren diametral mit den Möglichkeiten der Big-Data-Analyse und der ökonomisch sinnvollen Nutzung des Datenreichtums. Wir Europäer müssen uns in die Lage
versetzen, selbst mit den Datenschätzen zu arbeiten und sie nicht anderen zu überlassen. Denn die Historie zeigt: Wer einen Produktionsfaktor nicht einsetzt, verliert im
ökonomischen Wettbewerb. Schnell. Brutal. Auf Dauer. (Vorstand Hypovereinsbank,
in Handelsblatt 24.06.2016; Hervorhebung durch die Verfasserin)*

*Nicht zuletzt ist auch der Gesetzgeber gefragt: Er muss die rechtlichen Grundlagen
maßvoll modernisieren, ohne die technologische Entwicklung auszubremsen – etwa
beim Datenschutz. **Die Politik sollte eine umfassende Strategie für Big Data entwickeln**, damit die Gesellschaft rechtssicher von allen Vorteilen der Digitalisierung
profitieren kann. Bei Aspekten wie Transparenz und Privatheit müssen wir eine Balance
finden zwischen dem technisch Möglichen, dem wirtschaftlich Sinnvollen und dem
ethisch Gebotenen. Wirtschaft, Wissenschaft und Politik sind gleichermaßen gefordert,
einen fairen und zukunftsorientierten Rahmen für die Herausforderungen des Big-
Data-Zeitalters zu entwickeln. Wir müssen heute die Grundlagen schaffen, die unser
Land morgen braucht. (Präsident der vbw – Vereinigung der Bayerischen Wirtschaft
e. V. und Vorsitzender des Zukunftsrats der Bayerischen Wirtschaft, in Handelsblatt
29.09.2016; Hervorhebung durch die Verfasserin)*

Wirtschaftsvertreter fordern neue Institutionen, um die Zusammenarbeit staatlicher und privatwirtschaftlicher Akteure zu koordinieren und den freien Fluss von
Daten zwischen Unternehmen und Behörden zu ermöglichen: *„In Deutschland,
wo die Patientendaten in den Händen von Ärzten, Kliniken und Krankenkassen sind,
müsse es über kurz oder lang eine Art Datenbehörde, also einen staatlichen Partner*

geben." (Geschäftsführer Roche Deutschland, in Frankfurter Allgemeine Zeitung 09.09.2016). Es wird deutlich, dass die Weiterentwicklung der Datenökonomie neue Formen des Datenaustausches zwischen Unternehmen, Organisationen und Behörden erfordert, die wiederum neue politische Rahmenbedingungen nötig machen:

> *Plattner plädiert für einen Zusammenschluss verschiedener Spieler aus der Gesundheitswirtschaft: ‚Wir brauchen Industriekonsortien mit dem klaren Ziel, Systeme zu bauen', fordert der Softwarepionier. **Die Politik müsse dazu die Rahmenbedingungen schaffen.** Dann könnten Gesundheitsunternehmen, Pharmafirmen, Gerätebetreiber, Ärzte, Forscher, Softwarehersteller, aber auch innovative Vordenker gemeinsam loslegen. (Handelsblatt 24.03.2016; Hervorhebung durch die Verfasserin)*

> *Dieses Feld dürften die Deutschen nicht den US-Internetkonzernen überlassen, sondern sie müssen ihre Daten selbst in der Hand behalten. Diese Daten will Baas in einer elektronischen Patientenakte sammeln, in einem persönlichen Datenpool, in dem jeder Patient alle Daten sammelt, die seine Gesundheit betreffen: Die elektronische Patientenakte ‚soll klassische medizinische Daten enthalten, und in sie sollen auch Daten einfließen, die zum Beispiel über einen Fitness-Tracker erhoben werden.' **Verwalten soll die Daten die jeweilige Krankenkasse, gehören sollen die Daten aber dem Patienten.** Wenn er von einer Kasse zu einer anderen wechselt, soll er die Daten mitnehmen können. (Vorstand der TechnHiker-Krankenkasse, in Süddeutsche Zeitung 08.02.2016; Hervorhebung durch die Verfasserin)*

Die politische Reaktion auf die neuen Forderungen ist zunächst verhalten, das Datenschutzprinzip wird verteidigt und eine Abkehr davon abgelehnt. Die Wirtschaft müsse *„Konzepte"* für *„Big-Data inklusive Datensparsamkeit"* entwickeln und akzeptieren, dass nicht jedes Geschäftsmodell verfolgt werden könne, wenn es den Prinzipien des Datenschutzes, der Datensparsamkeit, Zweckbindung und Einwilligung nicht standhalte:

> *Der Staatssekretär im Justizministerium, Ulrich Kelber (SPD), hatte in einem Gastbeitrag für das Handelsblatt **eine Abkehr vom Prinzip der Datensparsamkeit zugunsten der Wirtschaft abgelehnt** und den Gegnern dieses Grundsatzes vorgehalten, für ‚Datenreichtum' zu werben und Datensparsamkeit lächerlich zu machen. ‚Daten als Öl des 21. Jahrhunderts zu bezeichnen ist zum Allgemeinplatz geworden. Dabei geht es nicht um ein Schmiermittel für Geschäftsprozesse, sondern um grundlegende Fragen des gesellschaftlichen Zusammenlebens und um unsere Freiheit in der digitalisierten Gesellschaft', schrieb Kelber. Zugleich plädierte er dafür, die anstehende Harmonisierung des europäischen Datenschutzes dafür zu nutzen, ‚**Konzepte zu entwickeln, wie Big-Data inklusive Datensparsamkeit aussehen und funktionieren kann, Datensparsamkeit 4.0 sozusagen'.** (Handelsblatt 03.11.2016; Hervorhebung durch die Verfasserin)*

*Der Verbraucherzentrale Bundesverband (VZBV) knüpft die ökonomische Nutzung von großen Datenmengen (Big Data) an Bedingungen (…) es dürfe nicht der Fehler begangen werden, Datenschutz und Big Data gegeneinander auszuspielen. ‚Die Herausforderung lautet, die Chancen von Big Data zu nutzen, aber gleichzeitig die Risiken zu minimieren.' Dabei müssten die bestehenden Grundsätze des Datenschutzes Datensparsamkeit, Zweckbindung und Einwilligung, die in der Europäischen Union ‚Grund– rechtscharakter' hätten, weiterhin Bestand haben. ‚**Möglicherweise müssen wir aber mit der Konsequenz leben, dass, etwa im Finanzmarkt, nicht jedes beliebige Geschäftsmodell realisiert werden kann – vor allem wenn es ohne Zustimmung der Verbraucher oder mit erheblichen Nebenwirkungen erfolgen soll'**, sagte VZBV-Chef Klaus Müller dem Handelsblatt. So dürften Geschäfte, bei denen Datenverarbeitungen nicht mehr kontrollierbar und Entscheidungen nicht mehr nachvollziehbar seien, nicht zugelassen werden. ‚Denn sonst können der Einzelne und die Gesellschaft kaum mehr vor Kontrolle und Manipulation geschützt werden. Hier müssen wir jetzt die Weichen für die Zukunft stellen', betonte Müller. (Handelsblatt 16.11.2016; Hervorhebung durch die Verfasserin)*

Ein Grund für die ablehnenden Reaktionen mag darin liegen, dass die Haltung gegenüber dem Datenschutz in der Gesellschaft zu diesem Zeitpunkt uneindeutig ist. Unter dem neu geschaffenen Begriff „*Daten-Paradox*" werden Studienergebnisse diskutiert, denen zufolge „*Einstellung und Handlung der Befragten nicht im Einklang [sind].*" Aus diesen Studien geht hervor, dass sich Verbraucher als datenschutzsensibel beschreiben, aber dennoch Internetdienste nutzen:

Zwar äußern sich die Verbraucher in allen untersuchten europäischen Ländern skeptisch, zugleich nutzen sie aber Internetdienste wie Google und Facebook, die im großen Stil Daten sammeln. Dabei wissen die Nutzer in vielen Fällen gar nicht, was mit ihren Daten geschieht. (Ergebnisse einer Studie des Meinungsforschungsinstituts TNS Infratest im Auftrag des Vodafone Instituts für Gesellschaft und Kommunikation, in Die Welt 19.01.2016)

Im Umgang mit dem „Daten-Paradox" lassen sich zu diesem Zeitpunkt zwei Haltungen erkennen: Neue Formen der Nutzereinwilligung und Selbstverwaltung von Daten werden von denjenigen entwickelt, die den Widerspruch im Verhalten auf eine Überforderung der Verbraucher zurückführen: „*Datenschutzerklärungen und Nutzungsbedingungen werden nicht gelesen*", argumentiert eine Forscherin, die mit Unterstützung des Bundesinnenministeriums und der Stiftung Datenschutz an neuen Wegen für vordefinierte Einwilligungen forscht, um unverständliche Formalismen zu ersetzen *(Frankfurter Allgemeine Zeitung 16.08.2016)*. Ein anderes Projekt erprobt Möglichkeiten, den Nutzern die Verwaltung ihrer Daten über ein „*Personal Information Management System*" zur Verfügung zu stellen:

Mithilfe unter anderem des französischen Telekomgiganten Orange probt ‚Mesinfos'
die Wende: Die teilnehmenden Unternehmen und Organisationen übergeben den Nut-
zern ihre Daten – über Einkäufe, Mobilität, Kommunikation und Versicherungen. Alles
wird in der persönlichen Cloud online gespeichert. **Der Nutzer kann jederzeit auf die**
Daten zugreifen und sie mithilfe neuartiger Anbieter verwalten und nutzen – ‚PIMS'
genannt, Personal Information Management System. Daraus soll ein ganzer Markt
für Analyseangebote entstehen *(...) Das Datenschutzrecht basiere bislang nur auf*
dem Gedanken des Verhinderns, kritisiert Kaplan. Menschen würden sich aber eher
danach sehnen, Dinge zu erreichen, als sie zu blockieren. Für Kaplan ist das auch die
Erklärung für das bekannte ‚Datenschutz-Paradoxon' – also den Effekt, dass Men-
schen zwar in Umfragen angeben, sie würden sich sehr um Datenschutz kümmern,
zugleich aber intensiv ihre Daten unter anderem in sozialen Netzwerken preisgeben.
(Frankfurter Allgemeine Zeitung 16.08.2016; Hervorhebung durch die Verfasserin)

Unterstützt wird diese Haltung durch institutionelle Handlungen, die sich gegen
Technologieanbieter richten, die unter dem Verdacht stehen, die Nutzung ihrer
Dienste an die Einwilligung in möglicherweise bedenkliche Datenschutzbestim-
mungen zu binden:

Das Bundeskartellamt hat kürzlich ein wegweisendes Verfahren gegen Facebook ein-
geleitet. Im Kern dreht es sich um die Frage, ob Facebook gegenüber seinen Nutzern
eine mögliche marktbeherrschende Stellung auf dem Markt für soziale Netzwerke
missbraucht, da die Registrierung bei Facebook zwingend die Zustimmung zu daten-
schutzrechtlich möglicherweise bedenklichen Bestimmungen voraussetzt. (Manager
Magazin 18.05.2016)

Andere Technologieanbieter argumentieren, dass die Verfügung über die Daten
bereits in der Hand der Verbraucher liege und *„nur mit Daten gearbeitet wird, die*
mit Einwilligung zur Verfügung stehen" (WirtschaftsWoche 24.09.2016), weil dem
Unternehmen sonst Klagen drohten:

‚Individuelle Analysen sollten ohne die Zustimmung der Mitarbeiter selbstverständlich
nicht gemacht werden. (...) Datenschutz spielt eine große Rolle und die vorhandenen
Gesetze müssen berücksichtigt werden.' Wer seine Mitarbeiter ausspäht, um exakte
Protokolle eines jeden Einzelnen zu erstellen, hat sonst schneller die Kündigung auf
dem Tisch und eine Klage am Hals, als er ‚Datenanalyse' sagen kann. Den ‚gläser-
nen Angestellten' könne man mit einem HR-Analysetool ohnehin nicht schaffen, so
Semet. Jedenfalls nicht, wenn man, wie er empfiehlt, nur die Daten analysiert, die die
Mitarbeiter freiwillig zur Verfügung stellen.' (Vertreter von IBM, in WirtschaftsWoche
15.04.2015)

Die vorstehend geschilderten Kontroversen zeigen auf, dass die fortschreitende
Datenökonomie und die neu verabschiedete DSGVO Folgefragen in Bezug auf

den Umgang mit Daten aufwerfen. Auf diese wird von Seiten der Politik in der Digitalen Strategie 2025 der Bundesregierung eingegangen.

(2) Politik
Die in 2016 veröffentlichte Digitale Strategie 2025 fasst neue datenpolitische Fragen programmatisch unter dem neu gewählten Begriff der *„Datensouveränität"* zusammen. *„Ich habe gehört, wir nennen das in Zukunft Datensouveränität"* beschreibt Angela Merkel die Ablösung des Datenschutzbegriffs in ihrer Rede zum IT-Gipfel 2016 *(Bundesregierung, 2016a, S. 7)*. In dieser Phase adressiert die Politik (1) Datensouveränität und Open Data und (2) die marktbeherrschende Rolle von Plattformen als Themen der Technologieentwicklung.

Datensouveränität und Open Data
In der Digitalen Strategie 2025 werden Daten deutlicher als zuvor als *„Zentraler Rohstoff" (BMWi, 2016, S. 6)* des digitalen Wandels etabliert. Das politische Augenmerk gilt insbesondere dem freien Fluss und der rechtlichen Regelung nicht-personenbezogener Daten: *„Im Zeitalter des Internets der Dinge fallen immer öfter auch andere Daten an: Daten ohne Personenbezug. Und für diese gilt das Datenschutzrecht nicht." (Handelsblatt 28.01.2016)*. Der Förderung des Datenteilens soll auch ein geplantes Open Data-Gesetz dienen, das Behörden verpflichten soll, proaktiv Daten zu veröffentlichen, z. B. Verkehrs-, Wetter- oder Geodaten. Die von der Verwaltung erhobenen Daten sollen auf einer sogenannten *„GovData-Plattform"* öffentlich zugänglich gemacht werden. Das Handelsblatt *(07.07.2016)* berichtet über diese politischen Vorhaben:

> *Die Große Koalition will in dieser Legislaturperiode doch noch mit einem Open-Data-Gesetz den Zugang zu Daten der Bundesverwaltung erleichtern. Innenminister Thomas de Maizière (CDU) soll bis zum 21. September Eckpunkte für ein Gesetz vorlegen. (...) Nach Informationen des Handelsblatts soll das Gesetz die Behörden verpflichten, proaktiv Daten zu veröffentlichen, etwa Verkehrs-, Wetter- oder Geodaten. (Handelsblatt 07.07.2016)*

In ähnlicher Form verankert die Europäische Kommission die Förderung eines EU-weiten, freien Datenflusses, einer Initiative zur Zugänglichkeit und Weiterverwendung öffentlicher und öffentlich finanzierter Daten, von Haftungsfragen bei Schäden durch datenintensive Produkte und von Datenzugriffsrechten in der laufenden Agenda und kündigt an, dass man davon ausgehe, dass die Datenwirtschaft für das Wachstum europäischer Unternehmen, die Modernisierung öffentlicher Dienste sowie die Stärkung die Rechte der Bürger von Nutzen sei, was jedoch bedinge, dass Daten kontinuierlich zugänglich seien und innerhalb des Binnenmarkts frei fließen könnten *(Europäische Kommission, 2017, S. 12)*. Der nachfolgende Ausschnitt fasst die Agendasetzung zusammen:

Die Kommission wird bis zum Herbst 2017 – nach einer Folgenabschätzung – eine **Rechtsetzungsinitiative zu dem EU-Kooperationsrahmen für einen freien Daten-** **fluss** *vorschlagen und darin den Grundsatz des freien Datenverkehrs innerhalb der EU, den Grundsatz der Übertragung nicht personenbezogener Daten (auch beim Wechsel des Anbieters gewerblicher Dienste wie Cloud-Dienste) sowie den Grundsatz der Verfügbarkeit bestimmter Daten für ordnungspolitische Kontrollzwecke berücksichtigen, selbst wenn die Daten in einem anderen Mitgliedstaat gespeichert werden; im Frühjahr 2018 – aufgrund einer Bewertung der bestehenden Rechtsvorschriften und nach einer Folgenabschätzung – eine Initiative zur Zugänglichkeit und Weiterverwendung öffentlicher und öffentlich finanzierter Daten vorbereiten sowie die Frage der in privater Hand befindlichen Daten, die von öffentlichem Interesse sind, weiter untersuchen; weiter analysieren, ob Grundsätze festgelegt werden sollten, nach denen bestimmt werden kann, wer für von datenintensiven Produkten verursachte Schäden haftet; weiterhin den Handlungsbedarf bei neu aufkommenden Datenproblemen prüfen, die in der Datenmitteilung vom Januar 2017 aufgezeigt wurden, z. B. in Bezug auf Datenzugriffsrechte. (Europäische Kommission, 2017, S. 14; Hervorhebung durch die Verfasserin)*

In den politischen Programmen zum freien Datenfluss zeigen sich erste Ansätze, Antworten auf die offenen datenpolitischen Fragen zu finden. Die deutsche Bundeskanzlerin beschreibt den globalwirtschaftlichen Druck, das Prinzip der Datensparsamkeit zugunsten neuer Datenwertschöpfungen aufzugeben:

Wir müssen auch eine gesellschaftliche Debatte darüber führen, dass Daten der Rohstoff der Zukunft sind und **dass das uns einst vom Bundesverfassungsgericht** **vorgegebene Prinzip der Datensparsamkeit nicht mehr zur heutigen Wertschöp-** **fung passt.** *Denn heute sind Daten Rohstoffe. Daten müssen zu neuen Produkten verarbeitet werden. Wer an diesem Teil der Produktion nicht teilnimmt, wird auch nicht die Arbeitsplätze der Zukunft schaffen können. (Bundesregierung, 2016b, S. 8; Hervorhebung durch die Verfasserin)*

Die Bundesregierung kündigt zudem an, eine Datenethikkommission einzuberufen, die die Regierung beraten soll. Rechtliche und ethische Fragen im Zusammenhang mit Daten blieben unbeantwortet, weil es *„keinen Prozess gäbe, um sie zu klären"* *(Lars Klingbeil, in Handelsblatt 15.03.2016)*. Die Regierung offenbart eine institutionelle Lücke und gesteht fehlendes Wissen im Umgang mit *„einem der größten Konflikte moderner Gesellschaften"* *(Lars Klingbeil, in Handelsblatt 15.03.2016)*. Der nachfolgende Beitrag des SPD-Generalsekretärs Lars Klingbeil veranschaulicht die neue politische Agenda:

*Wir befinden uns in einer entscheidenden Zeit, die politisch gestaltet werden muss.
Deutschland muss bei digitalen Innovationen besser werden und den Rückstand zu den
USA und anderen digitalen Vorreitern aufholen. Eine innovative Datenpolitik ist dafür
der entscheidende Hebel. Wenn wir mit guten Argumenten den amerikanischen Weg
des Daten-Laissez-faire nicht mitgehen wollen, brauchen wir dringend einen breiten
gesellschaftlichen Konsens über den Umgang mit Daten und den damit verbundenen
Spannungsfeldern. Große gesellschaftliche Fragestellungen wurden in Deutschland
in der jüngeren Vergangenheit sehr erfolgreich in Regierungskommissionen beraten
(...) **Es ist Zeit für eine Datenethikkommission in Deutschland**, die unter Einbeziehung aller gesellschaftlich relevanten Akteure dem Parlament und der Regierung
einen Entwicklungsrahmen für Datenpolitik, den Umgang mit Algorithmen, künstlicher Intelligenz und digitalen Innovationen vorschlägt. Über eine solche Kommission
könnten wir Geschwindigkeit in die digitale Entwicklung bringen, einen Weg definieren, der Spannungsfelder auflöst und die Chancen der Digitalisierung intensiver
nutzt. Solange wir die ethischen Fragestellungen nicht beantworten, bleibt Datenpolitik ein Schlagwort ohne Substanz. (Lars Klingbeil, in Handelsblatt 15.03.2016;
Hervorhebung durch die Verfasserin)*

Marktbeherrschende Rolle von Plattformen

Die Open Data Bestrebungen der Bundesregierung werden von politischen Programmen zum Umgang mit der marktbeherrschenden Rolle von Plattformen flankiert. Die Ergebnisse der EU-Konsultation haben Hinweise auf missbräuchliche
Handelspraktiken zwischen Plattformen und Unternehmen durch die Benach-
teiligung von Unternehmen in der Anzeige von Produkten und im Zugang zu
Daten aufgedeckt. Ergebnis der Konsultation ist die Feststellung, dass Plattformen häufig ihre Doppelrolle als Betreiber und Anbieter ausnutzten, um ihren
Anwendern den Datenzugang zu erschweren und den Informationsvorteil zur Bes-
serstellung der eigenen Dienste zu nutzen. Die Europäische Kommission kündigt
daher weitere Maßnahmen bis Ende 2017 an:

*Diese Maßnahmen könnten auf der Grundlage einer Folgenabschätzung und nach
Beiträgen aus strukturierten Dialogen mit Mitgliedstaaten und Interessenträgern die
Form eines Rechtsetzungsinstruments annehmen. Diese Arbeiten werden bis Ende 2017
abgeschlossen sein. (Europäische Kommission, 2017, S. 1)*

Die Problemkonstruktionen fließen in Deutschland in zwei aufeinander folgende
Positionsbücher *(BMWi, 2016b; BMWi, 2017b)*, in denen eine Wertpositionierung
gegen die Plattformmodelle in den USA und China angestrebt wird: *„Deutschland und Europa müssen einen eigenen Weg der Digitalisierung beschreiten – es
ist der dritte Weg zwischen einem digitalen Laissez-faire und einem etatistisch
organisierten Modernisierungsprogramm." (BMWi, 2017b, S. 17)*:

*Bei der öffentlichen Konsultation zeigten sich einige Interessenträger besorgt über unlautere Geschäftspraktiken von Online-Plattformen. Am häufigsten wurden folgende Probleme angeführt: 1. unfaire Geschäftsbedingungen insbesondere in Bezug auf den Zugang zu wichtigen Nutzerkreisen oder Datenbanken; 2. **Verweigerung des Marktzugangs oder einseitige Änderung der Bedingungen für den Marktzugang, einschließlich des Zugangs zu grundlegenden Unternehmensdaten;** 3. Doppelrolle der Plattformen, wenn sie den Marktzugang zwar erleichtern, gleichzeitig aber mit den Anbietern in Wettbewerb treten, was dazu führen kann, dass Plattformen ihre eigenen Dienste zum Nachteil der Anbieter in unfairer Weise bewerben; 4. unfaire „Gleichstellungsklauseln" zum Nachteil der Verbraucher und 5. **Mangel an Transparenz** – insbesondere hinsichtlich der Plattformtarife, **der Datennutzung** und der Suchergebnisse –, was zu einer Beeinträchtigung der Geschäftstätigkeit der Anbieter führen könnte. (Europäische Kommission, 2016, S. 14; Hervorhebungen durch die Verfasserin)*

*Ferner gibt es verbreitete Bedenken, dass einige Plattformen ihre eigenen Produkte oder Dienste bevorzugen oder auf andere Art zwischen verschiedenen Anbietern und Verkäufern diskriminieren und **den Zugang zu personenbezogenen und anderen Daten bzw. deren Nutzung beschränken, selbst wenn solche Daten direkt durch die Tätigkeit eines Unternehmens auf der Plattform erst erzeugt werden.** Als Hauptprobleme werden ein Mangel an Transparenz, z. B. in Bezug auf Rangfolgen oder Suchergebnisse, und Unklarheiten in Bezug auf bestimmte anzuwendende Vorschriften oder Vorgaben genannt. (Europäische Kommission, 2017, S. 10; Hervorhebungen durch die Verfasserin)*

Dass die Themen der Datensouveränität und der marktbeherrschenden Rolle von Plattformen eng miteinander verknüpft sind, zeigt insbesondere der nachfolgende Aufruf der Bundeskanzlerin beim Digital-Gipfel 2017, Wertschöpfungspotenziale mit datenbasierten Wertschöpfungsketten zu verbinden und sie nicht an Plattformanbieter zu verlieren:

*Damit bin ich bei einer Frage, die uns alle umtreibt und über die in Deutschland auch viel diskutiert wird, nämlich: Wie gehen wir mit den großen Datenmengen um, die wir zur Verfügung haben? **Einerseits haben wir den Auftrag der Datensparsamkeit, andererseits gibt es die klare Entwicklung, dass wir mithilfe großer Datenmengen auch vollkommen neue Produkte entwickeln können.** Wenn wir in Deutschland von den Möglichkeiten der Digitalisierung insgesamt und in der ganzen Breite Gebrauch machen wollen, dann dürfen wir nicht nur die bisher bekannten Wertschöpfungsketten digitalisieren, sondern dann müssen wir mit der Vielzahl von Daten auch neue Anwendungen und neue Produkte entwickeln. Das betrifft nicht nur separat den Bereich des Business, der Wirtschaft, oder den Bereich der Verbraucher, der Individuen, sondern auch die Beziehung der Akteure der Wirtschaft zu ihren Kunden, die sich völlig verändern wird. Ich kann immer nur darauf hinweisen, dass wir diese Perspektive nicht aus dem Blick verlieren sollten, weil da große neue Wertschöpfungsmöglichkeiten entstehen werden, die insbesondere auch vom deutschen Mittelstand klug, intensiv und* *schnell genutzt werden müssen.* **Ansonsten wird von der Seite der Plattformanbieter die Wertschöpfungskette angeknabbert.** *Und das könnte dann bei der Frage, wer denn wen in das neue Zeitalter führt, Entwicklungen mit sich bringen, die für Deutschland nicht von Nutzen sein würden. (Bundesregierung, 2017b, S. 4; Hervorhebungen durch die Verfasserin)*

Politisch stellt diese Episode einen merklichen Wandel im Umgang mit Plattformunternehmen dar. Ein Wirtschaftsexperte beschreibt das Momentum als Wandel der *„ursprünglich wohlwollende[n] und durch Unwissenheit und Unaufmerksamkeit bedingte[n] Gleichgültigkeit den Konzernen gegenüber"* *(Wirtschaftsberater, in Handelsblatt 14.11.2017).* Er argumentiert, dass die großen Technologieunternehmen sich *„zunehmend einer intensiven Kontrolle ihrer Wettbewerbspraxis, ihres Verhaltens als Steuerzahler, ihrer Nutzung von Daten und ihrer Datenschutzrichtlinien"* *(Wirtschaftsberater, in Handelsblatt 14.11.2017)* ausgesetzt sähen.

(3) Wirtschaft
Im Wirtschaftsdiskurs zeigen sich in dieser Episode der Big Data-Implementierung unterschiedliche Entwicklungskontexte und Branchendynamiken, die große strategische Initiativen maßgeblich von operativen Einsätzen unterscheiden. Experten kritisieren: *„Das Thema werde viel zu operativ gesehen. Man gehe zu ingenieurmäßig daran, indem man sich zunächst und viel zu lange mit der Datenerfassung und der Qualität der Daten und deren Sicherheit befasse."* *(Frankfurter Allgemeine Zeitung 20.06.2016).* Entsprechend werden neben den bekannten Implementierungshürden *(„fehlende Fachkräfte" WirtschaftsWoche 11.03.2016, Handelsblatt 29.09.2016; „Budgetrestriktionen" Handelsblatt 21.11.2016)* und der *(„Kluft zwischen Großunternehmen und dem Mittelstand" Handelsblatt 29.09.2016; Handelsblatt 21.11.2016),* die weiter von Experten angesprochen werden, auch organisationale Faktoren wie eine fehlende Basisdigitalisierung interner Prozesse und Zuständigkeiten in Unternehmen bemängelt, die dazu führen, dass Unternehmen zunächst mit operativen Einsätzen beginnen: *„Meistens hakt es an internen Prozessen und ungeklärten Zuständigkeiten."* *(WirtschaftsWoche 22.04.2016).* Der Wirtschaftsdiskurs in dieser Phase bezieht sich vorwiegend (1) auf Anwendungen zur Kostensenkung und Geschäftsoptimierung, (2) auf prädiktive Algorithmen und (3) auf unternehmerische Strategien zur Gestaltung von Technologieentwicklungen.

Anwendungen zur Kostensenkung und Geschäftsoptimierung

In Branchen, in denen ein hoher Preis- und Margendruck herrscht, wird Big Data eingesetzt, um Kostensenkungen zu realisieren. Ein solches Beispiel ist die Darstellung von Big Data-Anwendungen im Wintersport. Experten beschreiben den Wintersport als defizitär (*„längst kein Wachstumsgeschäft mehr"*) und schätzen, dass *„zwei Drittel der österreichischen Bergbahnbetreiber rote Zahlen schreiben"*, sodass unter den Skigebieten *„ein harter Wettbewerb um Marktanteile"* herrscht *(WirtschaftsWoche 18.03.2016).* In einem solchen Anwendungskontext werden die messbaren Einsparpotenziale betont, die durch Amortisation die Investitionskosten rechtfertigten: *„Je nach Skigebiet lassen sich die Kosten der Schneeproduktion um bis zu ein Viertel senken." (WirtschaftsWoche 18.03.2016).*

In diesen Anwendungskontexten positionieren sich Anbieter von fertig entwickelten Lösungen zur Kostensenkung. So antwortet der Gründer und Geschäftsführer des Big Data-Anbieters Blue Yonder auf die Frage, warum er sich auf den Handel spezialisiert habe: *„Dort ist der Margendruck wegen Amazon am größten."* *(Frankfurter Allgemeine Zeitung, 05.09.2016).* Ein ähnliches, typisches Beispiel für Anwendungen, Kostensenkung und Geschäftsoptimierung wird im Folgenden beschrieben:

> *Zwei starke Kräfte sind dabei, den Markt der Rechtsanwaltskanzleien aufzumischen: Zum einen ist das der **Preisdruck durch die Mandanten**. Zum anderen erfasst die Digitalisierung immer mehr Bereiche der Arbeit eines Anwalts. (…) **Im Prinzip könne jede standardisierte Arbeit durch Software abgebildet werden. Und Computer könnten diese Aufgaben besser und schneller erledigen und helfen, die internen Kosten zu reduzieren.** Denn der Preisdruck mache sich in Kanzleien häufig so bemerkbar, dass sich die Unternehmen als Auftraggeber zwar mit dem geforderten Stundenhonorar einverstanden erklären, aber eine Obergrenze fordern. **Das heißt für eine Kanzlei, sie muss auf die Kosten schauen.** (Handelsblatt 01.02.2016; Hervorhebung durch die Verfasserin)*

Prädiktive Algorithmen

Eine Standardanwendung, die in dieser Episode stark nachgefragt wird, ist die algorithmenbasierte Vorhersage. Basierend auf größeren Datengrundlagen können Algorithmen operative Geschäftsabläufe durch Vorhersagen unterstützen. Einsatzgebiete sind personalisierte Preise und Rabatte zur Absatzsteigerung, vorhersagegestützte Einkaufsprozesse oder Vorhersagen von Maschinenausfällen durch Wartungsbedarf. Die Deutsche Bahn arbeitet beispielsweise mit einem Startup zusammen, um den Wartungsaufwand ihrer Gleise zu reduzieren:

Millionen an Wartungsaufwand ließe sich sparen, wenn etwa Weichen drohende Störungen selbst meldeten. Genau das ermöglichen vernetzte Hightechsensoren und eine Big-Data-Analyse-Plattform des Münchner Start-ups Konux. Das System erfasst Erschütterungen und Bewegungen an Weichen und leitet daraus den Wartungsbedarf ab. (WirtschaftsWoche 06.05.2016)

ThyssenKrupp entwickelt mit Microsoft ein System zur prädiktiven Wartung von Aufzügen, um *„die Ausfallzeiten der Technik durch frühzeitige Wartung um rund die Hälfte zu reduzieren."* *(WirtschaftsWoche 15.04.2016)*. Wie im vorangegangenen Beispiel positionieren sich externe Anbieter mit vordefinierten Lösungen und werben mit Effekten, die an eine *„als Blick in die Kristallkugel zu verstehende Technologie"* *(WirtschaftsWoche 11.03.2016)* erinnern. *„‚Wir helfen dabei, Intelligenz zu entwickeln', sagt Christoph Sporleder, der seit Jahren für SAS in Deutschland die Analyse betreut und das Unternehmen berät"* *(Frankfurter Allgemeine Zeitung 09.05.2016)*. Das nachfolgende Zitat veranschaulicht ein solches typisches Beispiel für die Entwicklung von Prädiktionslösungen:

*‚Eine Lösung könnten IT-Partnerschaften mit externen Anbietern bieten. Idealerweise bringt der IT-Spezialist neben Softwarewissen auch Prozesskenntnis und Erfahrungen aus anderen Branchen mit. Auf diese Weise könnten Anregungen für neue Geschäftsmodelle entstehen', sagt Fintl. Einen solchen Weg der Partnerschaft ist etwa der Hersteller von Industrie-Nähmaschinen Dürkopp Adler gegangen. Die Bielefelder hatten zusammen **mit dem Datenspezialisten Cumulocity eine Plattform entwickelt**, die es möglich machen soll, die Nähmaschinen beim Kunden zu überwachen und auch bei Bedarf auf die Steuerung zuzugreifen. So könnte es in Zukunft möglich werden, nicht nur Wartungsarbeiten vorherzusagen, sondern auch notwendige Änderungen an der Konfiguration vorzunehmen. (Handelsblatt 21.11.2016; Hervorhebung durch die Verfasserin)*

Unternehmerische Strategien zur Gestaltung von Technologieentwicklungen
Im Gegensatz zu den vorangegangenen Beispielen der reaktiven Big Data-Implementierung durch Branchendisruptionen *„von außen"*, d. h. durch neue Marktteilnehmer und externe Wettbewerber, sind strategische Narrative gesäumt von Branchenveränderungen, die durch Unternehmen *„von innen"* gestaltet werden. Hierbei stehen neue Produkte, Dienstleistungen und Geschäftsmodelle stärker im Vordergrund. Big Data spielt in diversen Unternehmens- und Wachstumsstrategien eine Rolle. Eine der Branchen, die von Big Data-Investitionen am meisten erfasst wird, ist das Gesundheitswesen. Unternehmen der Branche erklären Big Data zur strategischen Priorität und leiten unterschiedliche strategische Initiativen wie M&A-Zukäufe, Investitionen in Startups und die Einführung neuer Produkte daraus ab. Technologieunternehmen und -startups haben das Potenzial

von Big Data für die Pharmabranche erkannt und entwickeln Lösungen, akquirieren Wagniskapitalgeber und schließen Partnerschaften mit den Unternehmen. So schreibt beispielsweise das Handelsblatt *(24.03.2016)*: *„Alle großen Technologiekonzerne melden derzeit Ansprüche in der digitalen Medizin an. Die Claims werden abgesteckt: Apple, Google, IBM – sie investieren gerade Milliarden in die Vernetzung des Gesundheitswesens. ":*

> **IBM** *hat in seiner Watson Health Cloud Informationen aus mehr als 300 Millionen Patientenakten, Tausenden Kliniken und Gesundheitseinrichtungen sowie rund 1,2 Millionen wissenschaftlichen Abhandlungen gespeichert. Ein Analysetool für die Diagnose und Behandlung von Krebs ist bereits im Einsatz. ‚Watson sammelt das Wissen vieler Experten und macht es für jeden Arzt nutzbar', fasst Matthias Reumann vom IBM-Forschungszentrum in Zürich die Leistung von Watson zusammen. Auch der Internetriese* **Google***, beziehungsweise sein Mutterkonzern* **Alphabet***, hat schon ‚Mondlandungen' im Gesundheitswesen in Aussicht gestellt. Die Tochter Calico, Kurzform für California Life Company, etwa forscht an der Behandlung von Alterskrankheiten. Und die Tochter Verily, die mit Sensor- und Überwachungssystemen arbeitet, widmet sich chronischen Erkrankungen wie Diabetes oder Herz-Kreislauf-Erkrankungen.* *(Handelsblatt 24.03.2016; Hervorhebungen durch die Verfasserin)*

Etablierte Unternehmen der Branche schließen Partnerschaften mit Technologieunternehmen, um Datenkompetenzen und großen Datensammlungen aufzubauen, die die Medikamentenentwicklung und die Diagnose von Krankheiten unterstützen sollen. Sie betonen, dass Gesundheitsdaten insbesondere in der individuellen Medizin, in Forschung und Entwicklung sowie bei der Zulassung neuer Medikamente von Bedeutung sei. Die nachfolgenden Beispiele zeigen die hohe Investitionsdynamik auf, die sich in Summe ergibt und die vielfach kritisch beurteilt wird. In 2016 berichten diverse Unternehmen über Verhandlungen mit Datenunternehmen – Roche mit der Google Ausgründung Flatiron *(Frankfurter Allgemeine Zeitung 09.09.2016)*, Merck mit Palantir *(Handelsblatt 16.01.2017)*, Sanofi mit Alphabets Biowissenschaftsfirma Verily Life Science und Novartis mit Google *(Handelsblatt 16.01.2017)*. In der Branche ist ein *„run"* entstanden: *Seit Novartis Mitte 2014 das erste große Digital-Health-Projekt ankündigte, die gemeinsame Entwicklung einer smarten Kontaktlinse mit der Google-Muttergesellschaft Alphabet, haben fast alle großen Pharmakonzerne entsprechende Kooperationen bekanntgegeben. (Handelsblatt 16.01.2017).* Die CEOs von Merck und Roche kommentieren den beginnenden Trend folgendermaßen:

> *Denn die Digitalisierung wird auch die Pharmaindustrie verändern - und hier vor allem die Forschung, also einen zentralen Pfeiler im Roche-Imperium. Jetzt, da (...)*

*Gesundheitsdaten zunehmend digitalisiert werden, sieht Schwan **einen ‚unglaubli-***
***chen Datenschatz‘, den es zu heben gelte.** ‚In großen Datenmengen sieht man Dinge,*
die in kleinen klinischen Studien nicht zu erkennen sind‘, sagte er. Die personali-
sierte Medizin, also eine immer individuellere Behandlung von Patienten inklusive
der Kombination sich ergänzender Medikamente, werde deshalb ‚noch mal einen
Riesenschub‘ bekommen. (CEO Roche, Frankfurter Allgemeine Zeitung 09.09.2016;
Hervorhebungen durch die Verfasserin)

„‚Die Behandlung von Patienten ist so komplex geworden, dass Entscheidungen
*über Behandlungsmethoden **künftig von Software unterstützt werden**‘, sagt Osch-*
*mann. ‚Wir wollen auf dem Gebiet **mehr Kompetenz aufbauen.**‘“ (CEO Merck,*
in Handelsblatt 16.01.2017; Hervorhebungen durch die Verfasserin). Ähnliche
Dynamiken zeigen sich auch in Branchen wie der Unternehmensberatung. Diese
investiert in den Ausbau ihres Beratungsangebots zur Begleitung digitaler Trans-
formationsprojekte, baut Tochtergesellschaften auf und stellt neue Spezialisten in
den Bereichen ein: *„McKinsey sucht 320 neue Berater, Bain 200, bei AT Kearney*
sind es 130. ‚Vor allem der Kampf um Digital-Berater ist im vollen Gange‘, sagt
BDU-Präsident Wurzel.“ (Handelsblatt 25.02.2016).

4.1.3.2   Episode 2b: Datensouveränität als Leitmaxime für Cloud, KI und Open Data (2018–2019)

Im Jahre 2018 lösen die Enthüllungen über den Zugriff von Cambridge Analytica
auf 50 Millionen Facebook Daten und Berichte über Chinas Sozialkreditsystem
Debatten über den Einsatz von Profiling durch Big Data aus. Im Mittelpunkt
des Diskurses stehen fortan nicht mehr nur Daten, sondern zunehmend auch
der Einsatz von Algorithmen und KI zur Profilerstellung auf Basis von Personendaten. Durch die Wahl Donald Trumps zum Präsidenten der USA und den
darauffolgenden, sich zuspitzenden Technologie-Konflikt zwischen den USA und
China wendet sich der Diskurs ab 2018 zudem neuen geopolitischen Fragen der
technologischen Souveränität in Europa zu.

(1) Öffentlicher Diskurs
Angeheizt durch die Offenlegungen über Cambridge Analytica im Jahre 2018
werden im öffentlichen Diskurs Profilbildungen zur Verhaltensbeeinflussung
durch private Unternehmen oder staatliche Institutionen kontrovers diskutiert.[6]

---

[6] Bereits in Episode 2a berichtet ein Artikel in der WirtschaftsWoche vom 07.11.2016 über
das psychografische Microtargeting von Cambridge Analytica als *„Trumps Geheimwaffe“.*
Im *Manager Magazin 01.12.2017,* im *Handelsblatt 24.05.2017* und in der *taz 24.07.2017* wird
über das geplante Sozialkreditsystem in China berichtet. Während diese Beiträge eher neutral

Die Intransparenz von Algorithmen, die unterschiedliche Datenquellen zusammenführen, um Profile zu erzeugen, wird adressiert. Der Diskurs nimmt dabei verschiedenen Facetten an – von der Bewertung unterschiedlicher Anwendungen über ethische Anforderungen bis hin zur Notwendigkeit weiterer Regulierung.

Datenschutzexperten und Verbraucherschützer sehen die Offenlegungen über Cambridge Analytica als *„Aufklärung"* (*Handelsblatt 22.03.2018*), die die unerlaubte Nutzung von Daten und den manipulativen Einsatz von Algorithmen *„ins Licht gerückt hat"* (*WirtschaftsWoche 21.03.2018*). Sie warnen vor Profilbildungen, die auf Basis personenbezogener Daten Ansichten und Verhaltensweisen analysieren und Inhalte gezielt ausgeben, wie dies beispielsweise in der Werbung praktiziert wird: *„‚Vorlieben, Ansichten und Verhaltensweisen werden systematisch gesammelt und in Profilen zusammengefasst', stellen die Experten kritisch fest. So entschieden Algorithmen bereits heute, welche Werbung Nutzer im Internet sehen."* (*Handelsblatt 16.11.2016*). Die zugrundeliegende Profilbildung besteht dabei aus der Zusammenführung großer Datenmengen, *„die aus allen nur denkbaren Quellen zusammengeführt werden"* (*Manager Magazin 29.03.2016*) und kann zu Verhaltenskontrolle und Manipulationen führen:

> *Egal ob in Politik, Unternehmen oder Medien, brauchen dann nur noch an den entsprechenden Rädchen zu drehen und wir alle laufen – ohne zu wissen warum – in die uns vorgegebene Richtung, kaufen die vorgegebenen Produkte, wählen die vorgegebenen Politiker und entscheiden uns für die vorgegebenen Arbeitgeber. (Manager Magazin 29.03.2016)*

Die nachfolgenden Zitate stellen typische Diskursbeiträge dar, die vor der Zunahme von Profilbildungen – u. a. auf sozialen Medien, beim Online-Shopping oder bei politischen Meinungsbildungsprozessen – warnen, weil sie ohne das Wissen der Betroffenen stattfinden und zu deren Manipulation eingesetzt werden können:

> *Alle denkbaren und erreichbaren Daten einsammeln und verarbeiten – davon lebt die Datenökonomie. Was wir auch tun: Wir erzeugen persönliche Daten im Netz – immer und überall. (…) Unser Verhalten wird immer stärker von Software gesteuert, die von Heerscharen unbekannter Programmierer und Ingenieure im Silicon Valley und anderswo geschrieben wird. Code is law (…) In die Software eingeschrieben werden die ökonomischen Interessen der Internetkonzerne. (…) **Wir lassen uns dann von anonymen, undurchschaubaren Softwarecodes steuern, anstatt selbst zu entscheiden.** (Die Welt 11.01.2019; Hervorhebung durch die Verfasserin)*

---

bis positiv berichten, bekommt der Einsatz von Algorithmen erst nach den Enthüllungen über Cambridge Analytica eine kritischere Note und die Implikationen werden breiter diskutiert.

*Big-Data-Firmen versuchen Menschen gezielt in ihren Entscheidungen – sei es beim Konsum oder einer Wahl – zu **beeinflussen**. Dies kann toxische Folgen haben, wenn es etwa um die **Manipulation** der demokratischen Willensbildung geht. (Die Welt 03.07.2019; Hervorhebungen durch die Verfasserin)*

Datenschutzexperten kritisieren bei Profilbildungen insbesondere Probleme der Intransparenz und Manipulation. Dem Verbraucher sei häufig nicht klar, wann und wofür er Daten hergebe, und die Unternehmen würden darüber wenig Informationen verbreiten. Entsprechend argumentiert beispielsweise auch eine Vertreterin des Bundesverbands Verbraucherzentrale: *„Manche Nutzer sind diesen Werbestrategien ahnungslos ausgeliefert. Ihnen ist gar nicht bewusst, dass sie maßgeschneiderte Botschaften erhalten, geschweige denn auf Basis welcher Informationen diese erstellt wurden."* (WirtschaftsWoche 21.03.2018). In diesem Zusammenhang werden sogenannte Transparenzasymmetrien betont, d. h. Ungleichheitsverhältnisse, die daraus resultieren, dass Unternehmen mehr Zugriffsmacht auf Daten besitzen als Verbraucher Zugriffsmacht auf die Datenpraktiken der Unternehmen. Eine österreichische Datenschutzexpertin stellt dazu fest: *„Während wir immer transparenter werden, wird der Umgang der Unternehmen mit unseren Daten immer undurchsichtiger."* (WirtschaftsWoche 21.03.2018). Der ehemalige Bundesdatenschutzbeauftragte weist ebenfalls auf die Manipulationsgefahren intransparenter Datenpraktiken hin: *„‚Intransparenz ist das A & O jeder erfolgreichen Manipulation', sagt Schaar. Und: Das Problem gehe weit über den Datenschutz hinaus. Es gehe um eine heimliche Steuerung unserer Bedürfnisse, unseres Handelns oder unseres Wahlverhaltens."* (WirtschaftsWoche 21.03.2018). Die Intransparenz erschwert Bürgern die Möglichkeit, über den Umfang der Daten, die über sie kursieren, zu verfügen, wie Die Welt scheibt:

Initiativen zum Datenschutz machen letztlich einen hilflosen Eindruck. Bürger, Verbraucher oder Kunden können oft nicht eindeutig feststellen, was private Daten sind und welche Daten ein Unternehmen oder eine Organisation zur Leistungserbringung wirklich braucht. (Die Welt 03.07.2019)

Der nachfolgende Ausschnitt veranschaulicht die wahrgenommenen Transparenzasymmetrien, die zwischen Programmierern von Algorithmen und Anwendern von Technologiediensten herrschen:

Transparenzasymmetrien: *Angesichts der fortschreitenden Digitalisierung und der wachsenden Bedeutung von Big Data sind Algorithmen zu den zentralen Instrumenten gesellschaftlicher Benennungsmacht geworden. Mit Benennungsmacht kann man die Fähigkeit, bestimmte Kategorien oder Klassifikationen durchzusetzen und damit* *unsere Wahrnehmungs- und Deutungsschemata zu beeinflussen, bezeichnen. Wem aber gehört diese Macht, wer setzt sie in Szene?* **Die Macht liegt einerseits bei denen, die als Programmierer die Syntax schreiben, bei denen, die diese Programmierer beauftragen und bei denen, die die Algorithmen in Anwendung bringen.** *Sie entscheiden darüber, was relevant ist und was nicht, und liefern ein Bild der Welt, das ihren Auslese- und Verarbeitungsoperationen entspricht, von uns aber gern als ein Abbild der Realität verstanden wird.* **Algorithmische Operationen sind im Grunde Arkanpraktiken, die sich dem Anspruch auf Transparenz und Nachvollziehbarkeit effektiv entziehen können, was schon dadurch deutlich wird, dass viele Unternehmen ihre Algorithmen explizit zum Unternehmensgeheimnis machen.** *Sehr geschickt wird der Schleier des Opaken genutzt, um Marktmacht zu sichern. Man muss es so ausdrücken: Wir haben es mit Markt- und Machtpraktiken zu tun, die ein neues Sichtbarkeitsregime etablieren, selbst aber unsichtbar bleiben. Es bildet sich ein asymmetrisches Transparenzverhältnis zwischen uns, den Bürgern, und jenen, die diese Daten absaugen und über sie verfügen. (Die Welt 03.07.2019; Hervorhebungen durch die Verfasserin)*

In diesem Zusammenhang wird die Rolle von *„Intermediären wie Facebook"* adressiert. Eine Medienexpertin argumentiert: *„es sei paradox, dass Meinungsbildungsprozesse für Facebook und Co. durch die Daten, über die sie verfügen, immer transparenter würden. ‚Die Öffentlichkeit hingegen weiß immer weniger darüber, welche Mechanismen und Einflüsse die politische Meinungsbildung prägen.'"* *(Süddeutsche Zeitung 30.05.2018).* Sie fordert, die Asymmetrie durch mehr Transparenz über die Datenpraktiken von Technologieunternehmen für Wissenschaft und Regulierungsbehörden aufzulösen: *„In diesem Zusammenhang müsse es einen besseren Zugang für die Erforschung von Facebook & Co. geben, damit die Regulierungsbehörden Medienvielfalt tatsächlich schützen könnten."* *(Süddeutsche Zeitung 30.05.2018).* Ein Ethikprofessor ergänzt, dass sich Technologieunternehmen durchaus bewusst seien, dass *„Algorithmen unerwünschte Nebenwirkungen beinhalten könnten"* *(Handelsblatt 05.06.2019),* sie jedoch zugunsten der ökonomischen Effekte akzeptierten. Er weist in diesem Zusammenhang auf die Notwendigkeit der Technikkontrolle hin: *„‚Technik ist weder neutral noch unverwundbar.' Umso genauer müsse man wissen, was sich in künstlich intelligenten Technologien abspiele, auf welche Daten sie zugriffen und welche Annahmen sie daraus formulierten."* *(Handelsblatt 05.06.2019).* Ähnlich beschreibt ein Microtargetingexperte die Gefahr einer unkontrollierten Entwicklung des Targetings, wenn es lediglich nach ökonomischen Potenzialen gestaltet werde *„Das ist so eine Art Goldrausch und da kommen auch Leute, die das schnelle Geld wollen und keine moralische Verantwortung haben."* *(Die Welt 23.03.2018).*

Experten verweisen auf die DSGVO, die 2018 in Kraft tritt und durch das Marktortprinzip und das Kopplungsverbot künftig Verbraucher vor einer Pflicht zur Datenabgabe an außereuropäische Unternehmen wie Google, Facebook und Amazon schützt. Eine Verbraucherschützerin meint dazu:

> ‚Der Vorteil ist, dass die Datenschutzgrundverordnung europaweit gilt und sich auch nichteuropäische Unternehmen daran halten müssen. Das heißt Facebook, Google, Amazon und Co. können nicht mehr einfach so weitermachen wie bisher‘, sagt Ehrig. Außerdem gelte künftig ein Kopplungsverbot. So dürfe man dann einen Dienst auch nutzen, wenn man nicht der Datenverarbeitung zustimmt. (WirtschaftsWoche 21.03.2018)

Die Kritik der Intransparenz ist verbunden mit Aufrufen zu mehr Regulierung, welche die DSGVO ergänzen und auch selbstlernende Algorithmen und KI adressieren soll. Dazu fordert ein Professor:

> Jedes Unternehmen sollte eine Big Data Policy veröffentlichen, in der es transparent macht, mit welchen Daten und welchen Algorithmen aus dem Bereich Big Data es arbeitet. Damit können Unternehmen ihre gesellschaftliche Verantwortung belegen und bei (potenziellen) Mitarbeitern sowie Kunden punkten. (Manager Magazin 29.03.2016)

Eine Politikerin stellt in Aussicht: „Wir müssen sehen, inwieweit unsere Regeln angepasst werden müssen" (Katharina Barley, in Die Welt 23.03.2018). Die Aussage von Katharina Barley findet ihren Widerhall in Forderungen nach einem „offenen Diskurs", sonst baue sich „eine Frontstellung auf, und zwar zwischen denen, die alle Kritiker dieser Entwicklung als Innovationsfeinde und Bedenkenträger brandmarken und jenen, die hinter jedem Digitalisierungsschritt gleich eine Verschwörung geheimer Mächte wittern." (Die Welt 03.07.2019). Man brauche „kraftvolle Ideen der Gestaltung sowie einen offenen Diskurs über Datenrechte, die Demokratisierung der algorithmischen Macht und die Grenzen des Privaten." (Die Welt 03.07.2019). In diesem Aufruf werden neue Impulse wie ein regelmäßiger „digitaler Kontoauszug" (Die Welt 03.07.2019) oder ein „Hippokratische[r] Eid" für Algorithmen in der Medizin (Die Welt 19.01.2018) verankert, die auf die Unzulänglichkeit der vorhandenen Maßnahmen hinweisen. Insbesondere die Frage, ob die Offenlegung von Algorithmen verpflichtend werden soll, erhält breitere Aufmerksamkeit.

Wie die nachfolgenden Zitate aufzeigen, wurden die Vorschläge zur Offenlegung von Algorithmen vom Justizministerium vorgestellt und führen zu einer öffentlichen Debatte:

Für den Minister liegt damit auf der Hand: ‚Wenn Daten, die aus unserem Verhalten gewonnen werden, so weitreichende Schlussfolgerungen erlauben, müssen wir Licht in dieses digitale Dunkel bringen.‘ Jeder müsse erfahren und auch kontrollieren können, was genau mit seinen Daten passiere. ‚Deshalb brauchen wir mehr Transparenz von Algorithmen. Und wir brauchen eine behördliche Kontrolle, um die Funktionsweise, Grundlagen und Folgen von Algorithmen überprüfen zu können‘, sagte Maas. (Handelsblatt 03.07.2017; Hervorhebung durch die Verfasserin)

Zuletzt hatte Bundesjustizministerin Katarina Barley (SPD) gefordert, Facebook müsse seine Algorithmen offenlegen, also die Art, wie Daten analysiert und Nutzerprofile erstellt werden. Sie will sich am Dienstag erneut mit Facebook-Vertretern treffen. Facebook gerät im Datenskandal immer weiter unter Druck. Nach jetzigem Stand wurden offenbar Daten von bis zu 87 Millionen Nutzern illegal an die Politikberatungsfirma Cambridge Analytica weitergegeben. Im US-Wahlkampf sollen sie zugunsten des jetzigen Präsidenten Donald Trump genutzt worden sein. (Handelsblatt 09.04.2018)

Der Vorsitzende des Deutschen Ethikrats, Peter Dabrock, beurteilt allerdings die Forderung nach einer Offenlegung von Algorithmen als nicht umsetzbar und betont die Dynamik von selbstlernenden Algorithmen, die durch ein „Bundesamt für Algorithmenaufsicht" nicht einfach überprüfbar sein würden:

Die Forderung nach einer Offenlegung von Algorithmen [zeugt] von einer Vorstellung aus dem Zeitalter vor der künstlichen Intelligenz oder dem Deep Learning. Schließlich handele es sich schon lange nicht mehr um statische Rechenregeln, sondern um ‚24/7 sich dynamisch weiterentwickelnde hypervernetzte Systeme.‘ (Handelsblatt 09.04.2018)

In seinen Ausführungen erklärt Dabrock seine Kritik am politischen Vorschlag zur Offenlegung von Algorithmen damit, dass sie die Komplexität der Technologie verfehlten:

Jeder, der sich ein bisschen mit der Materie beschäftigt habe, wisse das. ‚Der Öffentlichkeit wird aber der Eindruck vermittelt, da könne ein Bundesamt für Algorithmenaufsicht kommen, bei Facebook anklopfen, einen Blick auf die vier Rechenregeln werfen und auf dieser Grundlage eine Korrektur verlangen‘, beklagte Dabrock. ‚Das sollte die Politik nicht tun.‘ (Handelsblatt 09.04.2018)

Auch der Vorschlag, bestehende Plattformgeschäftsmodelle fundamental zu verändern, wird kritisch beurteilt:

Auch das Ansinnen, Facebook müsse sein Geschäftsmodell ändern, sei utopisch. ‚Das kann man natürlich fordern, aber es wäre das Ende von Facebook‘, sagte Dabrock. Dieses Modell finde in einer hochkompetitiven Globalwirtschaft statt. ‚Wettbewerber sitzen mit Alibaba und Tencent vor allem in China', betonte der Ethik-Professor. ‚Das Geschäftsmodell ließe sich also grundlegend gar nicht ändern, es sei denn, man ergänzt es um ein Bezahlmodell oder ersetzt es dadurch.' Hier sei aber unklar, ob die Nutzer das wollten. (Handelsblatt 09.04.2018)

Die Welt ergänzt die Bedenken bezüglich der Bereitschaft von Verbrauchern, für Plattformen zu bezahlen:

Aber es wäre zu wenig, diese Entwicklung einseitig als technologische zu interpretieren, denn es bedarf zugleich der aktiven Mitmachbereitschaft zahlreicher gesellschaftlicher Akteure, um überhaupt eine allgemeine Kultur der Datafizierung zu entfalten. Nach allem, was man bislang weiß, sind Menschen überaus freizügig, wenn es darum geht, persönliche Daten zu veröffentlichen oder weiterzugeben. Das speist sich aus einer Mischung aus Mitteilungsbedürfnis, Unachtsamkeit und schließlich dem Interesse an den neuen Möglichkeiten des Konsums, der Information und der Kommunikation. (Die Welt 03.07.2019)

Indem sie argumentieren, dass es nicht durchsetzbar wäre, die Verantwortung auf die Plattformbetreiber abzuwälzen, fordern Datenschutzexperten ein Umdenken. Neue „*Datentreuhänder*" könnten die Endnutzer bei der Datenverwaltung unterstützen, indem ihnen diese gegen eine Gebühr das Tracking der Verwendung der eigenen Daten durch Dritte übertragen würde. Die Idee dahinter ist folgende:

Darum erwartet Dabrock von der Politik ein Umdenken. ‚Sie muss nicht den Input, also den Algorithmus, ins Visier nehmen, sondern von hinten her denken, also output- orientiert.' Wenn eine Person den Eindruck habe, dass sie durch Big Data benachteiligt worden sei, müsse sie die Möglichkeit haben, bei einem Unternehmen oder einer Organisation Rechenschaft darüber zu verlangen, nach welchen Hauptkriterien das insgesamt passiert sei. Offenbaren sich dann Verstöße gegen Gesetze, den Verbrau- cherschutz oder Antidiskriminierungsrichtlinien, müssten Sanktionen für die Firma folgen können. Weil der Einzelne nur schwerlich seine ganzen Daten im Blick behal- ten kann, plädiert Dabrock mit dem Ethikrat für die Einführung von sogenannten Datentreuhändern. ‚Diesen Organisationen könnte der Einzelne gegen eine Gebühr das Tracking der Verwendung der eigenen Daten durch Dritte übertragen.' Bei Pro- blemen könne der Treuhänder dann eingreifen. ‚Das wäre niedrigschwellig, effektiv, in Echtzeit und primär diesseits von langwierigen Klagewegen angelegt', erklärte Dabrock. (Handelsblatt 09.04.2018; Hervorhebung durch die Verfasserin)

In diesem Zeitraum wird deutlich, dass viele voneinander abhängige Themen in der Öffentlichkeit kontrovers diskutiert werden, angefangen bei Algorithmen und dem Profiling, über Intransparenz, Manipulation und Plattformen bis hin zu fehlenden Lösungen für die Verwaltung personenbezogener Daten.

(2) Politik
Neue politische Programme für Big Data werden in 2018 sowohl durch die Europäische Kommission als auch von der Bundesregierung in Form von Strategien für KI formuliert. Während KI lange Zeit einen *„Beobachtungsstatus" (Europäische Kommission, 2017, S. 27)* hatte, sah der Europäische Rat eine *„Dringlichkeit der Auseinandersetzung"* mit KI und forderte die Kommission auf, *„ein europäisches Konzept für künstliche Intelligenz vorzulegen"*, in dem *„ein hohes Niveau in Bezug auf Datenschutz, digitale Rechte und ethische Standards gewahrt werden muss." (Europäischer Rat, 2017, S. 8)*.

Als Orientierung bei der Bemessung von Investitions- und Forschungsmitteln dienen der Europäischen Kommission die KI-Strategien der USA, Chinas, Japans und Kanadas. So habe die *„Regierung der Vereinigten Staaten eine KI-Strategie vorgelegt und 2016 rund 970 Mio. EUR in frei zugängliche KI-Forschung investiert."*, die EU liege im Vergleich deutlich zurück. Der Investitionsumfang für die KI-Strategie wird auf 1,5 Mrd. Euro bemittelt:

> *Die Kommission wird im Zeitraum 2018–2020 rund 1,5 Mrd. EUR investieren in Forschung und Innovation im Bereich der KI-Technologien, um die Führungsposition Europas im Industriesektor zu stärken, Exzellenz in der Wissenschaft zu fördern sowie KI-Anwendungen zu unterstützen, die zur Bewältigung von gesellschaftlichen Herausforderungen in Bereichen wie Gesundheit, Verkehr oder Agrarnahrungsmittel beitragen. (Europäische Kommission, 2018a, S. 12)*

Die Bundesregierung kündigt Investitionen von 500 Mio. Euro für 2019 an:

> *Mit dem Bundeshaushalt 2019 stellt der Bund in einem ersten Schritt insgesamt 500 Mio. Euro zur Verstärkung der KI-Strategie für 2019 und die Folgejahre zur Verfügung. Bis einschließlich 2025 will der Bund insgesamt etwa 3 Mrd. Euro für die Umsetzung der Strategie zur Verfügung stellen. Die Hebelwirkung dieses Engagements auf Wirtschaft, Wissenschaft und Länder wird mindestens zur Verdoppelung dieser Mittel führen. (Bundesregierung, 2018b, S. 6)*

Mit der KI-Strategie will die Europäische Kommission die Investitionen der Länder koordinieren und einen einheitlichen, wertebasierten Ansatz über Ethik-Leitlinien zur Selbstregulierung etablieren, der in eine spätere Regulierung fließen kann, wie das nachfolgende Zitat veranschaulicht. Die Europäische Kommission beauftragt eine Expertengruppe, KI-Ethik-Leitlinien und KI-Politik- und -Investitionsempfehlungen zu erarbeiten *(Europäische Kommission, 2018b)* und veröffentlicht nach diversen Konsultationsrunden Ethik-Leitlinien für eine vertrauenswürdige KI *(Europäische Kommission, 2019, S. 12)*:

*Mithilfe von Selbstregulierung können zwar erste Benchmarks geschaffen werden, anhand derer sich neu abzeichnende Anwendungen und Ergebnisse bewertet werden können, allerdings sind es die Behörden, die dafür sorgen müssen, dass die rechtlichen Rahmenbedingungen für die Entwicklung und Nutzung von KI-Technologien mit diesen Werten und Grundrechten in Einklang stehen. Die Kommission wird die Entwicklungen beobachten und, **falls erforderlich, die bestehenden Rechtsrahmen überprüfen, um sie besser an spezifische Herausforderungen anzupassen**, insbesondere um dafür zu sorgen, dass die Grundwerte und die Grundrechte der Union geachtet werden. (Europäische Kommission, 2018a, S. 18; Hervorhebung durch die Verfasserin)*

Die Strategie der Bundesregierung verbindet die Ziele der Sicherung der zukünftigen Wettbewerbsfähigkeit mit einer verantwortungsvollen und gemeinwohlorientierten Entwicklung und Nutzung von KI, die durch breiten gesellschaftlichen Dialog und eine aktive politische Gestaltung *„ethisch, rechtlich, kulturell und institutionell"* in die Gesellschaft eingebettet werden soll. Angela Merkel betont wiederholt, KI sei kein *„Selbstzweck"*, sondern müsse *„Menschen-orientiert"* entwickelt werden *(Bundesregierung, 2018a, S. 2)*. Zur Umsetzung und Verankerung dieser Ziele wird die Einrichtung von zwölf Forschungszentren und Anwendungshubs geplant, unter anderem durch den Ausbau des „Deutschen Forschungszentrums für Künstliche Intelligenz" (DFKI) und den der Plattform Lernende Systeme *(Bundesregierung, 2018b, S. 6)*.

In der KI-Strategie werden unterschiedliche Maßnahmen zur Erhöhung der Datensouveränität verankert, die Antworten auf verschiedene Impulse zur Dringlichkeit der Fragen darstellen. Wie der ehemalige Außenminister Sigmar Gabriel in einem Gastbeitrag über den *„geopolitischen Big-Data-Kriegsschauplatz" (Sigmar Gabriel, in Handelsblatt 26.07.2019)* argumentiert, werden Datensouveränitätsfragen in *„einer weltwirtschaftlichen Situation, wo sich die Anzeichen mehren, dass die Globalisierung kurzatmig zu werden droht"* drängender. Er warnt, dass das *„Erfolgsmodell Globalisierung"*, das Deutschland durch die Ausgliederung großer Teile der Wertschöpfung in den vergangenen Jahren zu Wohlstand und Wachstum verholfen habe, ins Wanken geraten könne, weil der globale Datenmarkt sich zunehmend in zwei Märkte teile:

Amerikaner und Chinesen sind bereits dabei, zwei, voneinander unabhängige Systeme zu entwickeln. Das amerikanische System ist privatwirtschaftlich organisiert und nur wenig durch den Staat reguliert. Das chinesische System ist vom Staat dagegen vollständig kontrolliert. (Sigmar Gabriel, in Handelsblatt 26.07.2019)

Für die Europäische Union und den *„westlich orientierten Teil der datengetriebenen Ökonomie"* werfe dies Fragen auf, ob man sich *„an die USA binden oder* *zu nationalstaatlichen Entscheidungen bei Big-Data zurückentwickeln" (Sigmar Gabriel, in Handelsblatt 26.07.2019)* werde.

Die Auseinandersetzung mit den Souveränitätsfragen wird in dieser Episode in einer Fokusgruppe beim IT-Gipfel 2015 verankert *(BMWi, 2015a)* und durch eine Studie zur Erarbeitung von Kompetenzen für eine Digitale Souveränität begleitet, die im Jahre 2017 erscheint und unterschiedliche Abhängigkeitsrisiken aufzeigt *(FZI Forschungszentrum Informatik et al., 2017)*. Auf dem Digital-Gipfel 2019 kündigt Angela Merkel einen Bruch mit bisherigen Globalisierungsstrategien zur Auslagerung von Kompetenzen an und plädiert dafür, dass Europa *„im Grundsatz alles können muss"*. Sie bezieht sich explizit auf die Fragen der Datenökonomie und warnt, man dürfe nicht die *„verlängerte Werkbank werden oder in Abhängigkeiten geraten, in die ich nicht unbedingt geraten möchte"*. Der nachfolgende Ausschnitt ihrer Rede veranschaulicht ihre Position:

> *Es stellt sich natürlich auch die Frage des Datenmanagements. Herr Berg hat eben gesagt: Deutschland kann nicht alles. Ich denke, wir sollten im gesamten Bereich der Digitalisierung soweit wie möglich europäisch denken.* **Europa muss im Grundsatz alles können.** *Ich glaube nicht, dass Europa ganze Bereiche definieren sollte, zu denen wir sagen: Da kommen wir jetzt nicht mit. Aber wir können im Augenblick nicht alles.* **Das, was mich am meisten besorgt, ist, dass gerade die Verwaltung von Daten – auch von Wirtschaftsdaten, aber auch von Konsumentendaten – in ganz wesentlichen Bereichen zum Beispiel bei amerikanischen Unternehmen liegt.** *Ich habe nichts gegen fairen und freien Wettbewerb, aber wir geraten damit in unseren Wertschöpfungsketten in Abhängigkeiten, die wir vielleicht auf Dauer nicht für richtig halten. (Bundesregierung, 2019, S. 6; Hervorhebung durch die Verfasserin)*

Im Folgenden sollen zwei politische Maßnahmen vorgestellt werden, die die Ergebnisse verschiedener Konsultationen zur Erarbeitung einer Datensouveränität aufgreifen und politische Maßnahmen zur Datensouveränität darstellen: (1) die Steigerung der Datenverfügbarkeit und (2) der Aufbau einer europäischen Cloud *(Bundesregierung, 2018b, S. 33–34)*.

Datensouveränität durch eine Steigerung der Datenverfügbarkeit
In den KI-Strategien sind Fördermaßnahmen zur Verfügbarmachung von Daten verankert. Die Bundesregierung kündigt an, Anreize und Rahmenbedingungen für *„das freiwillige, datenschutzkonforme Teilen von Daten"* zu setzen, und Möglichkeiten zur Bildung von *„,Datenpartnerschaften' zwischen Unternehmen sowie mit Forschungseinrichtungen"* zu prüfen *(Bundesregierung, 2018b, S. 34)*. Auf

dem Digital-Gipfel betont Angela Merkel, dass Maßnahmen der Datensouveränität auf eine Reduzierung der Abhängigkeit von den USA und China abzielen, wie die nachfolgenden Ausschnitte aus ihrer Rede verdeutlichen:

> *Dann hatten wir – last, but not least – das Thema Datensouveränität, Datenschutz, Datensicherheit und damit Verbraucherschutz. Da komme ich zu meinem Anfangspunkt zurück: 70 Jahre Soziale Marktwirtschaft, 70 Jahre Wirtschaft im Dienste des Menschen – das bedeutet natürlich auch, dass der Mensch nicht hinterrücks ausgebeutet werden darf, indem er sozusagen ein kostenloser Datenlieferant wird und anschließend keinerlei Hoheit mehr über diese Daten hat. (...) **Es gibt ein hohes Maß an Datenzugriff durch private Unternehmen in den Vereinigten Staaten von Amerika. Es gibt ein hohes Maß an Datenzugriff durch den Staat in China.** Das sind zwei Extrempositionen, die wir beide nicht wollen und die auch dem Wesen der Sozialen Marktwirtschaft nicht entsprechen. Soziale Marktwirtschaft ist niemals reiner Kapitalismus oder so etwas. Deshalb ist es jetzt eben unsere Aufgabe, den richtigen Weg zu finden. (...) Und ich glaube, dass wir daraus eines Tages auch wirklich großen Profit ziehen können. (Bundesregierung, 2018a, S. 8; Hervorhebung durch die Verfasserin)*

In der Folge werden Maßnahmen zur Verfügbarkeit insbesondere von nicht-personenbezogenen Daten angestoßen, die durch Bundesverwaltungsbehörden einerseits und private Unternehmen andererseits verwaltet werden: Bereits im Januar 2017 hatte die Bundesregierung ein Open-Data Gesetz zur Bereitstellung offener Daten durch Bundesverwaltungsbehörden verabschiedet (§ 12a und § 19 EGovG) *(BMI, 2017)*, was in 2018 durch eine Europäische Verordnung über den freien Verkehr nicht-personenbezogener Daten ergänzt wird, um die Datenverarbeitung im Ausland zu ermöglichen und nationale Datenlokalisierungsauflagen aufzuheben.

Im neuen politischen Programm soll zudem die Verfügbarkeit von *„in Privatbesitz befindlichen"* Daten (z. B. Unternehmensdaten) erhöht werden. Im nachfolgenden Ausschnitt fordert die Europäische Kommission Unternehmen auf, Daten zu teilen, um die Entwicklung von KI zu fördern:

> *Die Kommission fordert die Unternehmen auf, die Bedeutung der Weiterverwendung nicht personenbezogener Daten, unter anderem für die Schulung von KI, anzuerkennen (...) Die Kommission wird weiter darauf hinarbeiten, dass mehr Daten zur Verfügung gestellt werden. (Europäische Kommission, 2018a, S. 13)*

Angela Merkel betont zudem die Rolle von Netzwerken, um Daten zu teilen:

> *In der digitalen Welt haben wir Daten, die wir vielfach anwenden und immer wieder teilen können, ohne dass die Daten als solche verschwinden. Sie sind vielmehr vielfach*

verwendbar, woraus in Netzwerken auch völlig neue Qualitäten von Erkenntnissen entstehen. Diese Möglichkeiten müssen wir nutzen. (Bundesregierung, 2019, S. 3)

Die politischen Programme und Gesetze sollen die Datenverfügbarkeit steigern. Ergänzt werden diese Maßnahmen durch politische Pläne zum Erhalt der Souveränität durch den Aufbau europäischer Cloud-Strukturen. Diese sollen die technologische Abhängigkeit von ausländischen Anbietern reduzieren *(BMWK, 2018, S. 1)*.

Souveräne Cloud-Infrastrukturen

Die Bundesregierung kündigt die Entwicklung von souveränen Cloud-Infrastrukturen an und reagiert damit auf vielfältige *„Impulse aus Konsultationen und Fachforen"* über den *„Bedarf nach einer Kooperation zwischen Staat und Privatwirtschaft in diesem Bereich" (Bundesregierung, 2018b, S. 33)*. Zur Reduzierung der Abhängigkeit von ausländischen Cloud-Anbietern fordern insbesondere Vertreter der Wirtschaft den öffentlich geförderten Aufbau eigener, souveräner Daten- und Analyseinfrastrukturen auf einer Cloud-Plattform, die gemeinsam von Vertretern aus Wirtschaft und Wissenschaft realisiert werden soll. Wie der nachfolgende Ausschnitt der KI-Strategie veranschaulicht, werden politisch erstmalig Maßnahmen zum Aufbau einer systembildenden Infrastruktur geplant:

> *Wir werden vor diesem Hintergrund den **Aufbau und Betrieb einer zentralen, nationalen, vertrauensvollen allgemein zugänglichen Daten- und Analyseinfrastruktur inklusive des Aufbaus einer zugrundeliegenden Cloud-Plattform mit skalierbarer Speicher- und Rechenkapazität** prüfen. Ziel ist, technologische Souveränität zu sichern und auf Basis offener und interoperabler Standards im Rahmen eines Joint Ventures mit Vertretern aus Wirtschaft und Wissenschaft und öffentlicher Unterstützung Deutschland und Europa als starken Wirtschafts- und Wissenschaftsstandort für die Anwendung Künstlicher Intelligenz nachhaltig zu stärken. Gerade für kleine und mittelständische Unternehmen und Start-ups kann eine solche Daten- und Analyseinfrastruktur als unabhängige Basis digitaler Ökosysteme dienen. (Bundesregierung, 2018b, S. 33; Hervorhebung durch die Verfasserin)*

Im Oktober 2019 veröffentlichen das BMWi und das BMBF gemeinsam das Projekt *„GAIA-X"*, das das Ergebnis der angekündigten Prüfung über *„den Bedarf für eine Daten- und Analyseinfrastruktur und die dafür notwendige öffentlich-private Kooperationsbereitschaft" (BMBF, 2019, S. 6)* darstellt. Geplant ist eine vernetzte Dateninfrastruktur, die eine bislang fehlende Alternative zu außereuropäischen Anbietern sein soll. Als *„nächste Generation einer sicheren und innovativen Dateninfrastruktur" (BMBF, 2019, S. 6)* soll GAIA-X Cloud-Anbieter über ein offenes Netzwerk vernetzen und insbesondere auch kleinen Anbietern die Möglichkeit sichern, ihre Dienste in ein größeres Netzwerk einzubringen, um auf diese Weise die Wettbewerbsnachteile gegenüber großen amerikanischen Betreibern auszugleichen:

> *Die zentrale Sammlung und Analyse viele dieser Daten in der Cloud kennzeichnen eine höhere Wertschöpfungsstufe der Digitalisierung („As a Service"-Modell), insbesondere im Konsumentenbereich. Diese Entwicklung erklärt, warum die schnell skalierenden Cloud-Angebote aus dem Markt großer Webanbieter heraus entstanden sind. **Die existierenden Cloud-Angebote werden von außereuropäischen Anbietern mit hoher Marktmacht und schnell skalierenden Cloud-Infrastrukturen dominiert.** Europäische Alternative bieten keine vergleichbare Marktkapitalisierung, Skalierbarkeit und Anwendungsbreite sind allenfalls in fachspezifischen Nischen aktiv. (BMWi, 2019b, S. 7)*

Die Details der Ausgestaltung sind zum aktuellen Zeitpunkt ungeklärt, z. B. ist noch unklar, welche Gesellschaftsform die neu zu gründende Organisation annehmen soll und welche Unternehmen sich an GAIA-X beteiligen werden. Gespräche mit Industrieunternehmen wie Bosch und Siemens sowie mit IT- und Telekommunikationsunternehmen wie Telekom und SAP liefen hierzu bereits Daten *(Frankfurter Allgemeine Zeitung 23.08.2019)*. Interessensbekundungen von Huawei und Microsoft zur Teilnahme an dem Projekt würden allerdings noch geprüft, weil Bedenken bezüglich der Überwachung durch den chinesischen Staat oder den amerikanischen Geheimdienst angebracht seien *(Frankfurter Allgemeine Zeitung 23.08.2019)*. Auf dem Digital-Gipfel 2019 wirbt Angela Merkel für GAIA-X, ruft Unternehmen zur Beteiligung auf und räumt ein, dass erhebliche finanzielle Ressourcen eingesetzt werden müssten, um den Entwicklungsrückstand gegenüber außereuropäischen Anbietern aufzuholen. Sie betont jedoch die Notwendigkeit einer Dateninfrastruktur, um Europa in seiner Souveränität zu stärken:

> *Deshalb empfinde ich es als einen sehr großen Fortschritt – auch wenn es noch eine Menge Fragen gibt –, dass sich der Bundeswirtschaftsminister zusammen mit der Bundesforschungsministerin auf den Weg gemacht hat und mit dem Projekt GAIA-X gesagt hat: Lasst uns eine europasouveräne Datenspeicherstruktur entwickeln. Das heißt nicht, dass alle Daten an einer Stelle zusammenlaufen, sondern das heißt, dass es Interoperabilität zwischen den verschiedenen Datenspeicheroptionen, zwischen den verschiedenen Clouds gibt. Ich kann alle nur ermuntern, sich dafür zu interessieren und bereitzuerklären. Wenn ich dann höre „Ja, ja, wir sind sowieso so weit im Rückstand", dann sage ich: **Wir sind im Rückstand und es müssen erhebliche finanzielle Ressourcen eingesetzt werden**, um die Speicherung und dann auch die Verarbeitung – die Speicherung ist ja nur der Ausgangspunkt –, also auch das Management mit diesen*

Daten, das Entwickeln von KI-Algorithmen und die Verknüpfung zu neuen Wertschöpfungsmöglichkeiten zu leisten. Das müssen wir nach meiner festen Überzeugung – bzw. wir müssen zumindest diesen Anspruch haben – in Europa können. Ich sage Ihnen aber auch ganz offen: Wir haben uns als Regierung sehr viele Gedanken darüber gemacht, **aber wir können dieses Projekt nur mit den Interessenten aus der Wirtschaft wirklich vorantreiben.** *(Bundesregierung, 2019, S. 6; Hervorhebungen durch die Verfasserin)*

(3) Wirtschaft

Vertreter der Wirtschaft reagieren auf den Diskurs über Algorithmen, indem sie Maßnahmen zur Selbstregulierung und zur ethischen Gestaltung von Algorithmen entwickeln. Institutionen (z. B. OECD in *Handelsblatt 05.06.2019*), Experten (z. B. Professoren in *Handelsblatt 05.06.2019*) und Unternehmen (z. B. Telekom in *Handelsblatt 05.06.2019*) entwickeln ethische Leitlinien zur Programmierung – beispielsweise veröffentlicht die OECD ethische KI-Richtlinien: *„Zuletzt hatte die Organisation für wirtschaftliche Zusammenarbeit und Entwicklung (OECD) 42 Länder, darunter Deutschland, davon überzeugt, sich zu fünf Grundprinzipien für den Einsatz von Künstlicher Intelligenz zu bekennen."* *(Handelsblatt 05.06.2019)*. In Deutschland sind ethische Grundsätze zudem ein Vergabekriterium für öffentliche Förderungen von *„Projektvorhaben von Unternehmen, die beim Forschungsministerium eine Finanzierung für ihre KI-Projekte beantragen. Wer sich keine Gedanken über die gesellschaftlichen Folgen seiner Technologie mach[e], habe keine Chance auf den Zuschlag."* *(Handelsblatt 05.06.2019)*.

Diese institutionell verankerten Leitlinien werden von Unternehmen adaptiert und in Entwicklungs- und Kontrollprozesse überführt. Der Chief Compliance Officer der Telekom beispielsweise argumentiert, die verantwortungsvolle Gestaltung sei Pflicht der Unternehmen und werde bei ihnen über *„verpflichtende Leitlinien"* und eine *„standardisierte Qualitätsprüfung"* sichergestellt: *„KI ist nicht einfach passiert. Wir Menschen entwickeln KI. Die zentrale ethische Frage ist also, für welchen Zweck wir sie wollen und nutzen."* *(Handelsblatt 05.06.2019)*. Zur Adaption und Umsetzung von ethischen Richtlinien suchen Unternehmen zudem die Expertise von Ethikwissenschaftlern. Professor Lütge berichtet über die zunehmende Nachfrage von Unternehmen nach ethischen Regeln für die Entwicklung von Algorithmen: *„„Die großen Unternehmen erkennen endlich, dass sie mit uns zusammenarbeiten müssen", sagt Lütge. „Es vergehe kaum eine Woche, in der er nicht von Firmen höre, man wolle sich nun ‚dringend mit Ethik' befassen."* *(Handelsblatt 05.06.2019)*. In der Zusammenarbeit mit Ethikexperten erlangen Unternehmen neues Wissen über die Sensibilität von Daten und die Grenzen ethisch vertretbarer Anwendungskontexte, wie das nachfolgende Beispiel des Vorstands einer Versicherung veranschaulicht:

Mathuis gehört zu den wenigen Firmenchefs, die offen darüber sprechen, dass sie beim Einsatz von KI, gefüttert von großen Datenmengen, auch Risiken in ihrem Geschäftsfeld sehen. Diesbezüglich hatte Mathuis Arne Manzeschke, Professor für Anthropologie und Ethik für Gesundheitsberufe an der Evangelischen Hochschule Nürnberg, zur Diskussion eingeladen. **Gemeinsam sprachen sie darüber, wie weit Versicherungen gehen dürfen, was Kunden wissen sollten und was Folgen sein können, wenn Algorithmen Menschen auf Basis vermeintlich objektiver Daten in Kategorien einordnen.** *Die Gefahr, ausgegrenzt, schlechter bewertet zu werden oder sensible Daten preiszugeben, droht nicht nur Versicherten. ‚Auch bei Krankenkassen und bei Finanzdienstleistern, die Kredite auf Basis von Algorithmen vergeben, wird das Thema immer drängender‘, sagt Manzeschke. (Handelsblatt 05.06.2019; Hervorhebung durch die Verfasserin)*

Im Zusammenhang mit der Big Data-Implementierung kristallisiert sich sukzessive heraus, dass Unternehmen sich entweder auf der Angebots- oder auf der Nachfrageseite von Big Data-Anwendungen positionieren:[7] Unternehmen auf der Nachfrageseite kaufen fremdentwickelte standardisierte Lösungen („Tools") zur prädiktiven Wartung, zur Automatisierung von Standardprozessen, zur verbesserten Kundenanalyse oder zur Nachfrageprognose ein, um im Wesentlichen vordefinierte Effizienzvorteile zu erzielen. Unternehmen auf der Angebotsseite entwickeln eben solche Big Data-Anwendungen oder Tools für ihre Kunden und erweitern dadurch ihr Angebotsportfolio und ihr Geschäftsmodell, um sich darüber im Wettbewerb strategisch zu positionieren. Neben den etablierten Plattformen wie Amazon oder Facebook sind dies Unternehmen, die im B2B- oder im B2C-Bereich neue datenbasierte Wertschöpfungsmodelle entwickeln oder

---

[7] Eine ähnliche Darstellung findet sich beispielsweise im Bericht der Enquete-Kommission Künstliche Intelligenz: *„In der Betrachtung der Relevanz von KI für die Wertschöpfung und das Wachstumspotenzial kann bei grundsätzlicher Betrachtung unterschieden werden zwischen KI-Anwendungen zu Effizienzsteigerungen der laufenden Prozesse – der sogenannten Prozessinnovation – und zum anderen der Nutzung von KI zur sogenannten Geschäftsmodellinnovation. Insgesamt setzen deutsche Unternehmen im internationalen Vergleich überdurchschnittlich oft Process-Robotic-Automation-Anwendungen (robotergesteuerte Prozessautomatisierung) ein, um vorhandene Abläufe, welche heute noch manuelle Dateneingaben von Menschen erfordern, intelligenter zu automatisieren. Parallel arbeiten Unternehmen daran, datenbasierte und intelligente Geschäftsmodellinnovationen voranzubringen. Insbesondere reicht es nicht mehr aus, bloß Daten zu sammeln; diese müssen strukturiert und ausgewertet werden, um zu einem „digitalen Asset" für ein Unternehmen zu werden. Nur so können tragfähige Geschäftsmodelle aus der Analyse der Daten entstehen. Dies erfordert Kooperationen der Träger des jeweiligen sektorspezifischen Spezialwissens und der spezialisierten Unternehmen im Feld der Datenanalyse, oft auch in Form einer Kooperation oder einer Akquise von Start-ups."* (Deutscher Bundestag, 2020, S. 144).

Plattformmodelle replizieren. Die Zahl der Anwendungsbeispiele zu den unterschiedlichsten Anwendungskontexten nimmt stetig zu: Tool-Anwendungen werden von Unternehmen in Märkten mit hoher Wettbewerbsintensität und großem Preisdruck eingekauft und zielen auf operative Effekte wie Kostensenkungen und Effizienzsteigerungen ab. Die strategische Umgestaltung von Unternehmen, Geschäftsmodellen und Produkten erfolgt in Branchen mit neuen Wettbewerbsdynamiken, die durch Technologieunternehmen und Startups ausgelöst werden. In dieser Phase der Entwicklung lassen sich Unternehmensanwendungen folglich hinsichtlich des Kontextes der Branche (Wachstum; Sättigung/Preisdruck) und der Wahrnehmung der Rolle von Daten (Innovation; Aushilfe für defizitäre Geschäfte) in operative Anwendungen und in strategische Gestaltungen unterteilen.

Strategische Gestaltungen
Strategische Initiativen zur Implementierung von Big Data sind insbesondere durch hohe Investitionskosten und organisationale Veränderungen charakterisiert. Beispielsweise verkaufte die Versicherung Generali Unternehmensteile, um das Wachstum in neuen Segmenten zu finanzieren: *„Nach seinem Umbau investiert der Versicherer in Deutschland 500 Millionen Euro in Wachstum"* beschreibt ein Artikel in der Frankfurter Allgemeinen Zeitung *(03.05.2019)* die strategische Neuausrichtung des Konzerns in neue Wachstumssegmente wie datengestützte Berufsunfähigkeits-, Kfz- und Lebensversicherungen.

In seiner Beschreibung des Transformationsprozesses bei GE erklärt der Vorstand Jeffrey Immelt, dass die Transformation neben hohen Investitionen in den Einkauf von Technologie und die Einstellung von Spezialisten auch einen umfassenden kulturellen Wandel erfordert habe. Dabei macht er deutlich, dass hinter diesem umfassenden Wandel das strategische Ziel steht, *„die Datenanalyse (...) zum Herzstück [des] Unternehmens [zu] machen"*, durch die Entwicklung von prädiktiver Software ein neues Angebot für B2B-Kunden zu schaffen und den Umsatz signifikant zu steigern: *„Das Ziel: den Verkauf von Software-Produkten bis 2020 auf rund 15 Milliarden Dollar zu verdreifachen"*. Das nachfolgende Beispiel veranschaulicht den Wandel, den das Unternehmen durchlief:

> *Für eine auf Datenanalysen basierende Unternehmenstransformation ist ein Kulturwandel so unverzichtbar wie neue Hard- und Software. ‚Etwas, das ich unterschätzt habe', gibt GE-Chef Jeffrey Immelt zu. ‚Ich dachte, es geht nur um Technologie und meinte, wenn wir ein paar Tausend Spezialisten einstellen und unsere Software auf den neuesten Stand bringen, müsste der Fall erledigt sein. Da habe ich mich geirrt.'*
> *Gebraucht würden auch ‚Produktmanager, Vertriebsleute und Kundenbetreuer eines*

anderen Kalibers.' **GE gab 2016 rund eine Milliarde Dollar aus**, *um Daten von Senso-ren an seinen Gasturbinen, Flugzeugmotoren und anderen Maschinen zu analysieren. GE kombiniert die eigenen Daten mit denen der Kunden, um Ausfallwahrscheinlichkei-ten von Anlagen besser vorherzusagen und Wartungs- und Ersatzteilkosten zu senken. Das Ziel: den Verkauf von Software-Produkten bis 2020 auf rund 15 Milliarden Dollar zu verdreifachen. Das Geschäftsmodell wandelt sich vom Produktvertrieb plus Service-Vertrag zu einem Abo-Modell mit ergebnisbasierter Preisgestaltung.* **,Wir wollen die Datenanalyse in den nächsten 20 Jahren zum Herzstück unseres Unternehmens machen** *– so wie es die Materialwissenschaften in den vergangenen 50 Jahren für uns waren', gibt Immelt vor. (Handelsblatt 21.01.2017; Hervorhebungen durch die Verfasserin)*

In einigen Branchen sind häufig neue Marktteilnehmer Auslöser für Veränderun-gen – beispielsweise *„Datenexperten wie Google, Apple oder Microsoft"* in der Pharmabranche *(Frankfurter Allgemeine Zeitung 09.09.2016)* oder *„Insurtechs"* in der Versicherungsbranche *(Frankfurter Allgemeine Zeitung 05.06.2019)*. Eine der wohl am stärksten mit der Investitions- und Wachstumsdynamik konfron-tierten Branchen ist die Medizinbranche – ausgelöst von *„zumeist kalifornischen Unternehmen, die ein großes Geschäft in einer neuen Milliardenbranche sehen"*, *„Tech-Investoren"* und *„IT-Giganten der US-Westküste"* wie Microsoft, Google und Apple *(Handelsblatt 21.06.2018)*. Ein Beispiel dafür ist das Startup „Atrys Health", Anbieter von Präzisionsdiagnostik für die Onkologie und Kardiologie, das mit einer 13 Mio.-Euro-Finanzierung und Umsatzverdopplung in drei Jahren repräsentativ für eine Vielzahl ähnlicher neuer Marktteilnehmer ist:

Bei Atrys werden Aufnahmen und Befunde in eine Cloud hochgeladen, auf die dann mehr als hundert Fachleute des eigenen Netzwerks Zugriff haben - rund um die Uhr und praktisch jeden Tag. Big Data hilft, so schnell und genau wie möglich festzustellen, um welche Krebsart es sich handelt. (Frankfurter Allgemeine Zeitung 16.01.2019)

Angeführt vom *„,Führungstrio der Pharmabranche' – Pfizer, Roche und Novartis" (Handelsblatt 20.08.2018)* berichten alle großen Unternehmen über Entwicklungs-partnerschaften mit Technologieunternehmen: Novartis ging eine Kooperation mit dem Datenmanagement-Anbieter Science 37 ein, um *„aus dem Pharma-konzern ein ,Medikamenten- und Datenunternehmen' [zu] machen" (Handelsblatt 16.02.2018)* und die Medikamentenentwicklung durch die Zusammenführung von *„Abermillionen Daten der vergangenen Jahre und Jahrzehnte, die in verschiedenen Datenbanken von Pharmakonzernen und speziellen Dienstleistern schon erfasst wurden"* voranzubringen *(Frankfurter Allgemeine Zeitung 13.08.2018)*. Roche kaufte die von ehemaligen Google-Mitarbeitern gegründete Firma Flatiron Health für 1,9 Mrd. US-Dollar, um die eigene Datenbasis um deren Patientenakten aus

265 Krebskliniken zu erweitern und ihre Software zur Tumor-Erkennung zu verbessern, was von einem Analysten als *„‚hervorragende Ergänzung' für Roche"* *(Handelsblatt 16.02.2018)* eingeschätzt wurde. Deutlich wird, dass die Medizinunternehmen mit ihren unterschiedlichen Investitionsvorhaben die Strategie verfolgen, große Datensammlungen aufzubauen, um Datenbanken und Tools für Anwender in der Branche bereitzustellen. Kritische Beobachter warnen vor einem Hype. Beispielsweise vergleicht der ehemalige Novartis-Vorstand Big Data mit vorangegangenen Trends der Branche und warnt vor der *„Ernüchterung"*, wenn auch diesmal die großen Investitionen nicht die gewünschten neuen Medikamente hervorbringen:

> *‚Daten, überall Daten, aber keine Medikamente', so klagte einst Jerry Karabelas, der frühere Pharmachef des Schweizer Konzerns Novartis. Damals, um die Jahrhundertwende, hatte sich die Pharmabranche gerade mehr oder weniger vergeblich durch die Datenflut aus der gerade boomenden Genomics-Industrie gewühlt. Es folgte eine lange Phase der Ernüchterung. Knapp zwei Jahrzehnte später hat ein neuer Datenrausch die Arzneimittelindustrie erfasst. (Handelsblatt 20.08.2018)*

Die Flugzeughersteller Airbus und Boeing verfolgen ähnliche Strategien zum Aufbau von Plattformen und bauen umfangreiche Datenbanken mit Flugzeugdaten auf, um *„Flugzeuge effizienter zu bauen, aufwendige Reparaturen zu vermeiden und Flugrouten zu optimieren."* *(Frankfurter Allgemeine Zeitung 21.06.2017)*. Airbus arbeitet dabei mit dem amerikanischen Big Data-Unternehmen Palantir Technologies zusammen, Boeing mit Microsoft. Ziel beider Projekte ist es, *„die beste Plattform der Welt zu schaffen"* und die Datenbank für Airline-Kunden zu öffnen, die vom Zugang zu Daten und Anwendungen profitierten. So beschreibt der Geschäftsführer einer Airline den Vorteil der Zusammenarbeit: *„Unsere Flugzeuge haben rund 400 Sensoren. Mit dem System von Airbus gehen wir auf 24 000 – das heißt, wir analysieren mehr als je zuvor."* *(Frankfurter Allgemeine Zeitung 21.06.2017)*.

Ähnlich berichtet ein Artikel in der Süddeutschen Zeitung über Bestrebungen von Edeka, Rewe, Lidl, Aldi und anderen, den Online-Lebensmittelhandel auszubauen, um damit auf wettbewerbliche Schritte von Amazon im Lebensmittelbereich zu reagieren. *„Sie alle haben Angst vor Amazon, obwohl sie milliardenschwere Konzerne sind, Edeka, Rewe, Lidl und Aldi, ohne Ausnahme"* beschreibt die Süddeutsche Zeitung *(19.06.2017)* die Situation in der Branche. Innovationen im Online-Lebensmittelhandel und Personalisierungen setzen die etablierten Unternehmen unter Druck, da Amazon und Alibaba bereits vormachen, wie Personalisierung zu höheren Umsätzen führen kann: *„Kaum ein Einzelhändler kennt seine Kunden so gut wie Amazon. (...) Das setzt auch den*

deutschen Handel unter Druck" *(Frankfurter Allgemeine Zeitung 15.04.2019).*
Unternehmen reagieren durch Zukäufe, um sich besser aufzustellen – beispiels-
weise kaufte McDonalds *„für rund 300 Millionen Euro das Start-up Dynamic
Yield Ltd."* aus Israel, das mithilfe von KI *„Kunden immer genau die richtigen
Produkte"* *(Frankfurter Allgemeine Zeitung 15.04.2019)* empfiehlt. Lidl und Zara
nutzen Coupons für die *„Big-Data-Auswertung des Kaufverhaltens und die damit
verbundenen personenspezifischen Angebote."* *(Süddeutsche Zeitung 12.06.2019).*
Dahinter verbirgt sich auch das Ziel, eigene Datensammlungen aufzubauen:

> *Sie wollen weg von übermächtigen Social-Media-Diensten wie Facebook. Sie wissen,
> sie müssen es tun, aus Selbstschutz. Sie wollen nicht länger dulden, dass die ameri-
> kanischen Konzerne an ihren Inhalten prächtig verdienen, sie selber aber weitgehend
> leer ausgehen. (Süddeutsche Zeitung 19.06.2017)*

> *Demnach muss der Handel genau wissen, was der einzelne Kunde einkaufen möchte –
> und sein Angebot segmentieren. Das funktioniert am besten mit Daten. Und die liegen
> momentan oft noch bei den Tech-Giganten (…). Mit dieser Übernahme erweitern wir
> unsere Möglichkeiten, **die Rolle von Technologie und Daten in unserer Zukunft zu
> erhöhen**', sagt McDonald's-Chef Steve Easterbrook in einer Stellungname ,Gleich-
> zeitig erhöht sie auch die Geschwindigkeit, mit der wir unsere Vision, unseren Kunden
> personalisiertere Erlebnisse zu bieten, umsetzen können.' (Frankfurter Allgemeine
> Zeitung 15.04.2019; Hervorhebung durch die Verfasserin)*

Operative KI-Anwendungen

Neben Berichten über strategische Projekte zum Aufbau von großen Datensammlungen und Geschäftsmodellinnovationen sollen im Folgenden auch operative
Projekte vorgestellt werden. Hierbei geht es vorwiegend um Nachzüglerbranchen
oder Unternehmen mit hohen Fixkosten und Defiziten in den operativen Abläufen
wie Banken, die Deutsche Bahn oder Ölunternehmen. Bei diesen Unternehmen kommen Anwendungen zum Tragen, die vordefinierte Probleme adressieren
und kurzfristig messbare Effekte realisieren. Hierbei unterscheidet beispielweise
Christian Kulick, Geschäftsführer für die Bereiche Wirtschaft und Technologie
beim Branchenverband Bitkom, zwischen selbst entwickelten und eingekauften
Lösungen: *„Das kann man als Unternehmen selbst entwickeln, es gibt aber auch
Dienstleister dafür, wie Palantir. (…) [Dabei] liefert der Dienstleister eine maßgeschneiderte Lösung für ein Problem, das vom Unternehmen zuvor selbst festgelegt
und dann bezahlt wird."* *(Handelsblatt 19.04.2018)*
    Unternehmen in Nachzüglerbranchen wie Banken oder Ölunternehmen berich-
ten über operative Anwendungen. Banken, die zunächst noch zögerlich und

skeptisch auftraten, geraten zunehmend unter Druck durch Onlinebanken, Technologieunternehmen und *„Fichtechs" (WirtschaftsWoche 12.01.2018)*, die durch
das Sammeln von Kundendaten mehr Kundeninformationen generieren und durch
den Einsatz von Kundenanalytik gezieltere Kundenangebote schnüren. Die neue
Wettbewerbsdynamik im Markt wird verstärkt durch eine neue Regulierung
(PSD2), der zufolge Banken anderen Finanzinstituten die Kontoinformationen
ihrer Kunden auf deren Wunsch übergeben müssen. In der Folge sind auch
etablierte Großbanken unter Druck, in Kundenanalytik zu investieren, um ihre
Produkte und Leistungen besser zu platzieren: *„Lange haben Banken Kundendaten brachliegen lassen. Doch jetzt kommt Bewegung in die Finanzwelt, fast
alle Banken haben erste Projekte angestoßen. Auf Datenanalyse zu verzichten,
ist nun keine Option mehr." (Handelsblatt 22.02.2016)*. Ein Bericht über Banken in der WirtschaftsWoche stellt Banken als *„Nachzügler"* dar, die gerade erst
anfangen und sich *„schwertun"*. Erste Pilotprojekte haben einen operativen Charakter, wie das nachfolgende Beispiel zur Algorithmus-gestützten Reduktion der
Kundenfluktuation zeigt:

> ***Aller Anfang ist schwer:*** *Kunden der Commerzbank, die mit einem Wechsel zur Kon
> kurrenz liebäugeln, könnten demnächst Post bekommen. Denn die Bank hat aus ihren
> Kundendaten mithilfe von Algorithmen Verhaltensmuster abgeleitet und berechnet,
> welche Klienten unzufrieden sind. Um diese zu bezirzen, schickt die Bank ihnen Schrei
> ben, in denen sie sich für die bisherige Kundentreue bedankt. Nun könnte allein der
> Dank manchem Kunden etwas kleinlich vorkommen als Argument, die Bank doch nicht
> zu wechseln. Und doch ist es für die Bank, immerhin Deutschlands zweitgrößte, ein
> immenser Schritt. Für sie symbolisiert der Brief den endgültigen Aufbruch ins digitale
> Zeitalter. (WirtschaftsWoche 12.01.2018; Hervorhebung durch die Verfasserin)*

Auch die Öl-Industrie wird als Nachzüglerbranche bezeichnet, die bei künstlicher
Intelligenz, Cloud Computing und Industrie 4.0 anderen Branchen hinterherhinkt.
Ein Branchenberater erklärt die Marktsituation: *„Big Oil riskiert gerade, von
der Konkurrenz übertrumpft zu werden.' Konzerne aus anderen Branchen hängen
die Rohstoffriesen zunehmend beim Wachstum und dem Kampf um die klügsten
Köpfe ab." (Handelsblatt 22.05.2018)*. In ersten Digitalisierungsprojekten werden
Ölfelder mit Sensoren ausgestattet, um Pumpanlagen zu überwachen und Fixkosten durch effizientere Abläufe zu reduzieren, wie der Branchenberater weiter
beschreibt:

> *Dafür digitalisiert die Industrie beispielsweise ihre Ölfelder. Dank Hunderten Sen
> soren in den Bohrlöchern und Pumpanlagen lässt sich die Produktion mittlerweile
> beinahe lückenlos in Echtzweit überwachen. ADNOC, der staatliche Ölkonzern von
> Abu Dhabi, hat etwa schon alle seine Assets visualisiert. **Es sind solche Ansätze, mit***

denen die Fixkosten in der Ölindustrie nachhaltig sinken sollen. Dennoch hinkt Big
Oil bei künstlicher Intelligenz, Cloud-Computing und Industrie 4.0 anderen Branchen
nach wie vor deutlich hinterher. (Handelsblatt 22.05.2018; Hervorhebung durch die
Verfasserin)

In ähnlicher Weise berichtet der Infrastrukturvorstand der Deutschen Bahn über
Projekte zur Steigerung der Systemeffizienz und der Kapazitätserhöhung. Der
Einsatz von Big Data-Technologien diene zur Behebung der Defizite in betrieblichen Geschäftsabläufen, da einzelne Streckenabschnitte überbelastet seien und
eine datengestützte, erhöhte Taktung der Züge zur Auslastungssteigerung beitragen könne:

Es geht darum, die vielen Daten im System Schiene zu bündeln und ‚Big Data‘ zum
Wohle der Kunden auszuwerten. Wenn die Züge dann erst einmal blockfrei fahren,
im Level 3, sei ein viel dichterer Verkehr als heute möglich, mit einem Kapazitäts-
*plus von abermals 15 Prozent. **Insgesamt also bekomme das System ein Drittel mehr***
***Kapazität**, und das, ohne einen zusätzlichen Gleiskilometer bauen zu müssen. (Vor-*
stand Infrastruktur Deutsche Bahn, in Frankfurter Allgemeine Zeitung 20.02.2019;
Hervorhebung durch die Verfasserin)

Die vorangegangenen Beispiele veranschaulichen, wie Unternehmen Big Data
einsetzen, um operative Effizienzsteigerungen zu realisieren. Kritische Stimmen warnen allerdings davor, dass die viel proklamierten Effizienzsteigerungen
ganzheitlicher zu bemessen seien, weil mehr technischer Einsatz auch mehr Sys-
temwartung erfordere. Der nachfolgende Auszug macht dies am Beispiel der
Wasserwirtschaft deutlich:

‚Hinter das Versprechen der Industrie, dass alles nun billiger und effizienter wird, setze
ich ein Fragezeichen. Mehr Aggregate mit mehr Elektronik könnten künftig auch mehr
Wartung bedeuten.‘ Aus seiner Sicht besteht der Mehrwert der Digitalisierung darin,
wasserwirtschaftliche Systeme besser zu beherrschen und so eine zusätzliche Qualität
im Gesamtsystem zu verankern. (Die Welt 21.06.2018)

Der Bitkom-Präsident rügt Nachzüglerunternehmen für die fehlenden Investitionen: *„Nur jedes fünfte Unternehmen investiert aktiv in die Digitalisierung und fragt*
man warum das andere nicht tun dann sagt uns ein Drittel der Manager: Wir haben
keine Zeit, unsere Auftragsbücher sind voll.“ (BMWi, 2019a, S. 1). Er bemängelt
die fehlenden Investitionen und die mangelnde Zukunftsorientierung deutscher
Manager: *„Wenn Unternehmen in geradezu explosionsartig wachsenden Märkten*
nicht Schritt halten können, dann aus vor allen Dingen einem Grund: und zwar

*schlechtes Management. **Nostra Culpa**." (BMWi, 2019a, S. 1; Hervorhebung durch die Verfasserin).*

4.1.3.3 Episode 2c: Datenstrategien für eine europäische, souveräne Datenökonomie (2020)

In der letzten Periode des Betrachtungszeitraums wird der Diskurs von zwei Themen beherrscht: der COVID19-Pandemie und den neuen Datenstrategien der Europäischen Union und der Bundesregierung.

(1) Öffentlicher Diskurs
Im Zuge der COVID19-Pandemie wird die Rolle von Big Data zur Bewältigung der Pandemie diskutiert: *„Big Data gegen Corona"* ist dabei eine viel gewählte Überschrift, so im Handelsblatt *(06.04.2020, 12.11.2020)*, in der taz *(29.01.2020)* und in der Welt *(29.08.2020)*. In den Artikeln werden verschiedene Projekte und Anwendungen vorgestellt, in denen Daten genutzt werden – beispielsweise zur Vorhersage von Corona-Infektionszahlen, zur Kontaktnachverfolgung über die Corona-App oder zur Entwicklung eines Impfstoffs *(Handelsblatt 12.11.2020)*.

Unterschiedliche Akteure instrumentalisieren die Pandemie, um für Daten-verfügbarkeit zu werben. Vertreter der Medizinbranche erhoffen sich durch die Pandemie eine Beschleunigung der Nutzung elektronischer Daten in der Medizin. Als Vorbild dient das Beispiel der Corona-App, die in ihrer Gestaltung die Daten-schutzbedürfnisse der Anwender berücksichtigt und dadurch eine hohe Akzeptanz genießt. Der Gematik-Geschäftsführer verweist auf die guten Erfahrungen mit der Corona-App und wirbt für weitere Medizindatenprojekte wie die elektronische Patientenakte:

> *Nach der offenen Diskussion um verschiedene Modelle und nach der Einbeziehung von Skeptikern und Hackern stoße die Corona-App auf breite Akzeptanz in der Bevölkerung. ‚Es herrscht ein Vertrauen in die Datensicherheit, das für unsere Angebote ebenfalls von zentraler Bedeutung ist.' (Frankfurter Allgemeine Zeitung 30.06.2020)*

Auch Vertreter der Wissenschaft fordern einen Ausbau von Open Data Projekten: *„Der Kampf gegen das Coronavirus zeigt, wie der schnelle Austausch von Daten Innovationen vorantreiben kann" (Handelsblatt 14.10.2020)*. Die Wissenschaftler fordern in einem Papier des Hightech-Forums, das die Bundesregierung bei der Umsetzung der Hightech-Strategie berät:

> *Die neue Offenheit bei der Covid-Forschung müsse auch Vorbild sein für einen neuen, weit offeneren Umgang mit Daten. Nur so können Wissen und Innovationen für die*

Bewältigung der großen Herausforderungen unserer Zeit nutzbar gemacht werden und neue Geschäftsmodelle entstehen. (Handelsblatt 14.10.2020)

Die Autoren des Berichts verweisen dabei auf diverse deutsche und europäische Maßnahmen zur Unterstützung von Open Data, bemängeln jedoch den langsamen Fortschritt und die fehlenden Anreize zum Datenteilen:

> *In Deutschland hingegen würden die Potenziale offen zugänglicher Daten noch viel zu wenig genutzt. Die Bundesregierung müsse daher dringend ihre vorhandenen, zersplitterten Aktivitäten koordinieren. Die Datenstrategie der Bundesregierung insgesamt, die Open-Access-Strategie des Forschungsministeriums und der Digitalisierungsplan des Innenministeriums für die Bundesverwaltung könnten nur voll wirksam werden, wenn sie auch aufeinander abgestimmt werden, mahnen die Autoren. Um europaweit erfolgreich zu sein, müssten auch die großen Dateninfrastruktur-Projekte möglichst eng verknüpft werden, fordert das Hightech-Forum. Die Macher denken dabei vor allem an das GAIA-X-Projekt von Bundeswirtschaftsminister Peter Altmaier (CDU), das als Plattform für Daten aus der Wirtschaft dienen soll. Aber auch die European Open Science Cloud, die europäischen Wissenschaftlern den Zugang zu wissenschaftlichen Daten erleichtern soll, und die neu gegründete nationale Forschungsdateninfrastruktur sollten besser verknüpft werden. (Handelsblatt 14.10.2020; Hervorhebung durch die Verfasserin)*

Die unterschiedlichen Pandemie-Maßnahmen und Infektionsentwicklungen führen zu Vergleichen zwischen den verschiedenen Ländern in Europa, Amerika und Asien – auch in Bezug auf den Umgang mit personenbezogenen Daten in Zeiten von Pandemien. Insbesondere *„Staaten wie Japan, Korea, China, Hongkong, Taiwan oder Singapur" (Die Welt 23.03.2020)* unterscheiden sich, weil sie *„schon kulturell bedingt (Konfuzianismus), autoritär" (Die Welt 23.03.2020)* sind und staatlich-zentralisierte Maßnahmen der datenbasierten Kontaktnachverfolgung einsetzen, um Begegnungen nachzuzeichnen und für Kontaktpersonen direkt eine Quarantäne anzuordnen: *„Chinesische Mobilfunk- und Internetanbieter teilen die sensiblen Daten ihrer Kunden mit den Sicherheitsbehörden und Gesundheitsämtern." (Die Welt 23.03.2020)*. Eine solche *„digitale Überwachung"* sei in Europa *„aufgrund von Datenschutz (…) nicht möglich." (Die Welt 23.03.2020)*:

> *Vor allem setzen die Asiaten gegen das Virus massiv auf die digitale Überwachung. In Big Data vermuten sie ein riesiges Potenzial gegen die Epidemie. (…) In Asien existiert kaum ein kritisches Bewusstsein gegen die digitale Überwachung. Vom Datenschutz redet man kaum noch, selbst in liberalen Staaten wie Japan und Korea. Niemand lehnt sich auf gegen die Datensammelwut der Behörden. (Die Welt 23.03.2020)*

Die DSGVO untersagt dennoch die Verwendungen von Daten, die zu einem anderen Zweck erhoben wurden als zu dem der Pandemienachverfolgung. Ein Artikel im Handelsblatt spricht davon, dass Google Datenauswertungen für 131 Länder vorgelegt habe, die aufzeigen, wo Menschen sich in Krisenzeiten aufhielten. Weil die zugrundeliegende Zusammenführung der Personendaten jedoch ohne das Wissen der Betroffenen erfolgt sei und Rückschlüsse auf Einzelne möglich seien, könne das Unternehmen aus datenschutzrechtlichen Gründen keine tiefergehenden Analysen anfertigen. Die Autorin des Artikels argumentiert, dass die Verwendung von Daten zur Krisenbekämpfung nur funktioniere, wenn *„die Bevölkerung aktiv mithilft und der Verarbeitung ihrer Daten zweckgebunden und temporär zustimmt. Ein gutes Beispiel ist die Corona-Warn-App, mit der 130 europäische Wissenschaftler die Kontaktpersonen von Infizierten benachrichtigen wollen."* *(Handelsblatt 06.04.2020).* Sie wertet das Beispiel als funktionierende Alternative zu den Modellen der staatlichen Überwachung und der amerikanischen Datenzusammenführung und konstatiert: *„Big Data braucht dafür niemand."*

Angela Merkel äußert sich auf dem Digital-Gipfel zu den systemischen Unterschieden und lehnt die Modelle der stärkeren staatlichen Kontrolle, wie sie in Korea und China praktiziert würden, ab: *„Das ist nicht unser Gesellschaftsmodell."* Das nachfolgende Zitat veranschaulicht, dass die Corona-App politisch ein funktionierendes Beispiel für eine Lösung darstellt, die mit dem europäischen Werteverständnis konform ist:

> *Ich sag mal, Südkorea, GPS-System, 500 Meter und jeder, der infiziert in dem Kreis ist, wird in Quarantäne geschickt. **Das ist nicht unser Gesellschaftsmodell** und deshalb glaube ich bei allen Nachteilen – und wir werden jetzt ja die freiwillige Datenspende haben und vielleicht spenden dann ja auch viele Leute die Daten, die wir für die Forschung brauchen – glaube ich war das in dem Verhältnis von schneller Verfügbarkeit, hoher individueller Präzision, wenig Nebeneffekten doch eine ziemlich geniale Idee Bluetooth dafür einzusetzen und da haben wir auch den Smartphone Herstellern durchaus was gezeigt, glaube ich, was sicherlich noch andere Anwendung finden wird. (...) und dann würde ich sagen, wenn wir das Kreditpunktesystem in China für Wohlverhalten haben wollen, dann würde ich das nicht als eine Gesellschaft sehen, die ich möchte. Und wir haben da einen anderen Ansatz, wenngleich das Verhältnis von Gemeinwohl und individueller Selbstbestimmtheit eins ist, das bei uns natürlich auch Fragen aufwirft. (BMWi, 2020, S. 4; Hervorhebung durch die Verfasserin)*

Im vorstehenden Beispiel kündigt Angela Merkel die *„freiwillige Datenspende"* an, die in der 2020 veröffentlichten Datenstrategie der EU und der Bundesregierung verankert ist.

(2) Politik
Neue politische Leitlinien zur Datenpolitik werden in 2020 und 2021 in den Datenstrategien der EU und der Bundesregierung verankert. Darin wird das Ziel verbrieft, einen *„europäischen Binnenmarkt für Daten"* zu schaffen, um die *„technologische Unabhängigkeit"* Europas zu stärken und die *„innovative und verantwortungsvolle Datenbereitstellung und Datennutzung"* in Deutschland und Europa zu steigern *(Bundesregierung, 2021, S. 8)*. Als Hauptprobleme werden die fehlenden europäischen Cloud-Strukturen und die Dominanz chinesischer und amerikanischer Anbieter aufgeführt: *„Ein großer Teil der weltweit vorhandenen Daten befindet sich derzeit in der Hand einer kleinen Zahl großer Technologieunternehmen." (Europäische Kommission, 2020a, S. 4)*. Europa will sich von dieser Dominanz lösen und sich ihr gegenüber durch *„hohe Datenschutz-, Sicherheits- und Ethik-Standards"* abgrenzen *(Europäische Kommission et al., 2019, S. 13)*. Die USA und China haben mit jeweils eigenen effektiven *„Konzepte[n] für Datenzugriff und Datenverwendung"* den Ausbau von Machtstrukturen durch Konzentrationseffekte erzeugt, die *„das Entstehen datengetriebener Unternehmen und deren Wachstum und Innovation in der EU heute schmälern"*. Der EU-Kommissar Thierry Breton erläutert die daraus resultierenden Pläne:

> *Unsere Gesellschaft erzeugt massenweise industrielle und öffentliche Daten, die die Art und Weise, wie wir produzieren, verbrauchen und leben, verändern werden. (...) Ich möchte, dass europäische Unternehmen auf diese Daten zugreifen und daraus einen Mehrwert für die Europäer schaffen können. (WirtschaftsWoche 04.03.2020)*

> *Das Funktionieren des europäischen Datenraums wird davon abhängen, ob die EU hinreichend in Technologien und Infrastrukturen der nächsten Generation sowie in digitale Kompetenzen, wie z. B. in Datenkompetenz, investieren kann. Dies wiederum wird die technologische Unabhängigkeit Europas im Bereich der Schlüsseltechnologien und -infrastrukturen für die Datenwirtschaft stärken. **Die Infrastrukturen sollten die Schaffung europäischer Datenpools unterstützen, die Massendatenanalysen und maschinelles Lernen in einer Weise ermöglichen werden, die mit dem Datenschutz- und Wettbewerbsrecht vereinbar ist und datengetriebene Ökosysteme entstehen lässt.** (Europäische Kommission, 2020, S. 6-7; Hervorhebung durch die Verfasserin)*

Die Datenstrategie soll über einen sektorübergreifenden Governance-Rahmen für den Datenzugang und die Datennutzung, für Investitionen in Daten und europäische Infrastrukturen sowie für deren Interoperabilität und gemeinsame europäische Datenräume in strategischen Sektoren umgesetzt werden. Die Europäische Kommission kündigt an, dass ein Vorschlag für einen europäischen Data Governance Act (DGA) veröffentlicht werde, der die Bereitstellung von Daten des öffentlichen Sektors, die gemeinsame entgeltliche Datennutzung durch Unternehmen, das Teilen personenbezogener Daten mithilfe eines *„Datenmittlers"*, der zugleich Privatpersonen gemäß ihren Rechten nach der DSGVO schützt, sowie die Nutzung von Daten aus altruistischen Gründen regeln werde *(Europäische Kommission, 2020b, S. 2)*.

Im DGA formuliert die Europäische Kommission ein eigenes Prinzip der Massendatenanalyse, das *„durch die Entstehung neutraler Datenmittler eine Alternative zum derzeitigen Geschäftsmodell integrierter Technologieplattformen"* bietet *(Europäische Kommission, 2020b, S. 8)*. Die Abgrenzung zu integrierten Technologieplattformen wird durch eine Reihe von Regelungen konkretisiert: Datenmittler dürfen die über ihre Plattform bereitgestellten Daten selbst kommerziell nicht nutzen. Der Datenmittlungsdienst ist von anderen Dienstleistungen strukturell zu trennen, um Interessenkonflikte zu vermeiden. Datenmittler müssen einen Sitz in der EU haben, um der Kontrolle der zuständigen Aufsichtsbehörden zu unterliegen. Die Frankfurter Allgemeine Zeitung fasst diese Ziele zusammen:

> *Die Europäische Kommission reagiert damit auf die schlechten Erfahrungen mit den amerikanischen Internetplattformen. Diese haben nach Einschätzung der Brüsseler Wettbewerbshüter immer wieder den privilegierten Zugriff auf die Daten kommerzieller Nutzer missbraucht, um sie anschließend mit eigenen Angeboten aus dem Markt zu drängen. Wenn etwa Amazon registriert, dass ein kleiner Anbieter ein Produkt besonders erfolgreich über seine Plattform verkauft, kopiert es das Produkt und verkauft es dann selbst. (Frankfurter Allgemeine Zeitung 18.11.2020)*

Das Handelsblatt fasst die politischen Maßnahmen und Programme der Europäischen Kommission und der Bundesregierung zusammen und konstatiert, dass die Programmatik der Datensouveränität einem *„Grundgesetz"* gleiche:

> *Die Kanzlerin spricht von ‚Abhängigkeiten, die wir auf Dauer in Wertschöpfungsketten nicht für richtig halten'. Der Bundesinnenminister mahnt: ‚Wir können nur mit solchen Anbietern zusammenarbeiten, die unsere Sicherheitsvorgaben einhalten und damit unsere digitale Souveränität gewährleisten.' Der Wirtschaftsminister treibt den Aufbau einer ‚eigenständigen' Cloud-Plattform, GAIA-X, voran, um Europas Selbstbehauptung in der neuen globalen Datenökonomie sicherzustellen. Und von der EU-Kommission in Brüssel kommt die Warnung: ‚Wer digitale Technologien kontrolliert, wird im 21. Jahrhundert zunehmend in der Lage sein, ökonomische, gesellschaftliche und politische Entwicklungen zu bestimmen.' **In den vergangenen Monaten ist so viel über digitale Souveränität diskutiert worden, dass man fast den Eindruck erhält, es sei ein neues Staatsziel im Grundgesetz verankert worden.** Das Kanzleramt lässt eine Datenstrategie erarbeiten, die für Europa einen ‚dritten Weg'*

ins Digitalzeitalter auskundschaften soll – jenseits von amerikanischem Datenkapitalismus und chinesischer Digitaldiktatur. (Handelsblatt 11.03.2020; Hervorhebung durch die Verfasserin)

Die diversen Initiativen in dieser Phase machen deutlich, dass eine politische Übersetzung der technologischen Risiken zur Schaffung neuer, wertebasierter Ansätze und neuer Institutionen beigetragen hat, die – wie *„ein neues Staatsziel im Grundgesetz" (Handelsblatt 11.03.2020)* –darauf abzielen, bestehende Wertedifferenzen zu den US-amerikanischen und chinesischen Modellen der Datenökonomie auszugleichen.

(3) Wirtschaft
In dieser Episode befasst sich der Wirtschaftsdiskurs mit Folgeproblemen von Big Data: (1) mit Investitionen in mehr Rechenleistung über Quantencomputing, um den Anforderungen größerer Datenmengen und komplexerer Rechenmodelle gerecht zu werden und (2) mit Investitionen in Modelle für den Klimawandel. Beide stellen neue Investitionsfelder für Technologieanbieter und Unternehmen dar.

Ein neues Investitionsfeld für Unternehmen wie Eon, BASF und BMW stellen Quantencomputing-Systeme dar, die die erhöhte Rechenleistung für komplex vernetzte Systeme bereitstellen, die beispielsweise in der Zusammenarbeit von unterschiedlichen Unternehmen und Organisationen in Ökosystemen oder Plattformen entstehen. Ein Unternehmensvertreter von Eon beschreibt die technische Nebenfolge wie folgt:

‚Die Quantentechnologie ist für die Energiebranche sehr interessant', sagt Karsten Wildberger, im Eon-Vorstand für Vertrieb und digitale Transformation zuständig: ‚Das Energiesystem wird immer komplexer. Es gibt immer mehr Parameter, die wechselseitig agieren – und die Steuerung könnten Quantencomputer mit ihrer enormen Rechenleistung besser abdecken.' (Handelsblatt 25.12.2020)

Das nachfolgende Zitat macht deutlich, dass der Markt erst am Entstehen ist und es noch wenig Anbieter gibt:

Bisher gibt es die nur in wenigen Forschungseinrichtungen und Firmen. Diese gewähren aber auch anderen Firmen als Dienstleistung Zugang, um Erfahrungen zu sammeln. Das ‚Data.on'-Team, das die Möglichkeiten der Technologie für Eon und die Energiewirtschaft auslotet, kauft die Rechenleistung bei DWAve Systems ein. Den Code schreiben die Eon-Mitarbeiter aber mit. (Handelsblatt 25.12.2020)

Die gestiegene öffentliche Aufmerksamkeit für den Klimawandel in dieser Episode ist auch Auslöser für Projekte, die Daten nutzen, um ökologische Probleme zu adressieren, wie das nachfolgende Beispiel zur Entwicklung eines Systems für Landwirte aufzeigt:

> *Auf dieses kostenlose System sollen etwa Landwirte und Winzer zugreifen können. Die Nutzer sollen damit in die Zukunft schauen und sehen, wie sich Temperatur, Niederschlag, UV-Belastung und vieles mehr bis zum Ende des Jahrhunderts auf ihren Weinbergen oder Äckern entwickeln werden. Mit diesen Informationen könnten sie laut Paeth besser entscheiden, welche Pflanzen sie anbauen sollten. Die Wissenschaftler kombinieren dafür große Datenmengen (Big Data) verschiedener Quellen, etwa Satellitendaten, digitale Geländemodelle und Bodenkarten. Zum Abschluss dieses EU-Projektes im Herbst 2021 soll die Webseite etwa für die Weinbauern nutzbar sein. (Süddeutsche Zeitung 16.02.2020)*

Während in Deutschland wissenschaftliche Projekte durch entsprechende Institutionen abgedeckt sind, sehen in den USA insbesondere Technologieunternehmen neue Geschäftsmodelle im Aufbau großer Datenbanken und im Zusammenhang damit in Anwendungen zur Lösung von Klimaproblemen, wie das nachfolgende Beispiel aufzeigt, in dem ein Manager von Microsoft über das Programm „AI for the Earth" berichtet, das Tech Startups fördert, die Nachhaltigkeitsprobleme adressieren:

> *Die Idee: Eine digitale Plattform soll Umweltdaten aus aller Welt mithilfe von maschinellem Lernen und computergestützten Prozessen verarbeiten und die Ergebnisse Wissenschaftlern, Unternehmen, Regierungen und Naturschützern zur Verfügung stellen. Diese können sich dann über den ‚Planetary Computer' auch vernetzen. Mithilfe von Big Data soll so ein Überblick über die komplexen Ökosysteme des Planeten entstehen. ‚Wir fliegen oftmals blind, wenn es um die Gesundheit unserer Umwelt geht. Wir müssen die digitale Lücke schließen, bei dem, was wir über uns selbst wissen, und bei dem, was wir über den Rest der Welt wissen. Und diese Lücke ist groß', warnt Joppa. Er ist überzeugt, dass der Einsatz von KI im Kampf gegen den Klimawandel eine wichtige Rolle spielen wird. (Handelsblatt 16.04.2020)*

Experten in Deutschland verfolgen die Gewinnerzielungsabsicht von Technologieunternehmen kritisch, wie das nachfolgende Beispiel eines Projektverantwortlichen des DFKI zeigt:

> *Dass Microsoft jetzt den ersten Schritt in diese Richtung geht, findet Zielinski gut, betont aber gleichzeitig, dass Gewinnung und Verarbeitung der gesammelten Daten gerade bei einem börsennotierten Großkonzern ‚so transparent wie möglich sein muss'. Auch*

Google, IBM und andere Tech-Konzerne fördern mittlerweile den Einsatz Künstlicher Intelligenz für den Klimaschutz. (Handelsblatt 16.04.2020)

Er ruft deshalb zu mehr Transparenz und Vernetzung in der Nachhaltigkeitsforschung auf: *„,Der Werkzeugkasten muss sichtbar werden, damit er in die Breite gehen kann', fordert der KI-Experte.“ (Handelsblatt 16.04.2020).* Ähnlich argumentieren zwei Professoren in einem Gastbeitrag in der Frankfurter Allgemeine Zeitung:

> *,KI ist zu wichtig, um die Führung privatwirtschaftlichen Interessen alleine zu überlassen.' Die dritte Welle der KI bietet enorme Chancen für Deutschland und Europa. Der Fokus sollte dabei klar auf KI-Methoden und -Anwendungen liegen, die menschliche Intelligenz zuverlässig erweitern, anstatt sie ersetzen zu wollen, und die möglichst allen Teilen der Gesellschaft nützlich und zugänglich sind. Hierbei gilt es auch sicherzustellen, dass KI-Forschung im öffentlichen Bereich - insbesondere an den Universitäten und öffentlichen Forschungszentren - auf demselben hohen Niveau stattfinden kann wie in der Industrie.* **KI ist zu wichtig, um die Führung privatwirtschaftlichen Interessen alleine zu überlassen.** *(Frankfurter Allgemeine Zeitung 14.12.2020; Hervorhebung durch die Verfasserin)*

4.1.4 Ergebnisse Phase 2 und Ausblick

Charakteristisch für Phase 1 war die Reproduktion etablierter Wissensbestände durch Akteure in Politik und Wirtschaft: Die Politik passt etablierte Datenschutzregulierungen an die Datenschutzrisiken neu aufkommender Datenschutzpraktiken an, die Wirtschaft übersetzt technisch-ökonomische Risiken in Implementierungshürden und lehnt die Verantwortung für soziale Risiken ab. In Phase 2 ist ein weitgehender Umschwung zu verzeichnen. Politische Maßnahmen werden im Rahmen der neuen Handlungsorientierung zur Souveränität verhandelt. Das Ergebnis ist ein Maßnahmenpaket, welches die Überführung des zuvor abgelehnten Massendatenprinzips in einen werteorientierten Ansatz einerseits und eine breite institutionelle Verankerung in Leitlinien, Gesetzen, Behörden und Infrastrukturmaßnahmen andererseits umfasst. In den folgenden Jahren werden insbesondere weitere Regulierungsvorhaben auf EU-Ebene angestoßen, die den begonnenen Daten-Regulierungsprozess um Regulierungen von Plattformen und KI ergänzen. In der Wirtschaft sind im Umgang mit KI Ansätze von Unternehmen erkennbar, ethische Leitlinien als Selbstregulierungsmaßnahmen zu implementieren. Da viele dieser Maßnahmen noch in der Entwicklung und Implementierung sind, bleibt abzuwarten, ob die gewünschten Effekte erzielt werden.

Data Governance Act (DGA) und Data Act (DA): Der DGA wird im Mai 2022 veröffentlicht und regelt ab September 2023 die Art und Weise, in der öffentliche Stellen Daten, die unter die Regelungen des DGA fallen, weitergeben können, sowie die Tätigkeit von Vermittlern, die diesen Datenaustausch erleichtern. Den DGA ergänzend hat die EU-Kommission im Februar 2022 einen Entwurf für eine Verordnung zur Regelung des fairen Zugangs zu und der Nutzung von Daten vorgestellt (Data Act, DA) *(Europäische Kommission, 2022, S. 3).* Zum Zeitpunkt der Veröffentlichung dieser Arbeit ist der DA noch in Verhandlung.

Digital Markets Act (DMA) und Digital Services Act (DMA): Im Dezember 2020 veröffentlicht die Kommission die Ankündigung *„neuer Regeln für digitale Plattformen"* und zwei Vorschläge für das Gesetz über digitale Dienste (DSA) und das Gesetz über digitale Märkte (DMA, *Europäische Kommission, 2020b; Europäische Kommission 2020c),* die 2022 beide angenommen werden.

Artificial Intelligence (AI) Act: Im Jahre 2019 ruft der Europäische Rat zur Überprüfung der Rechtsvorschriften für die Risiken im Einsatz von KI auf und fordert zudem eine klare Festlegung von als hochriskant einzustufenden KI-Anwendungen. Im Oktober 2020 fordert der Europäische Rat darüber hinaus, dass Probleme der Intransparenz, des *„Bias",* der Unberechenbarkeit und des teil-autonomen Verhaltens einiger KI-Systeme angegangen werden müssten. Daraufhin veröffentlicht die Europäische Kommission im April 2021 einen Vorschlag für eine KI-Regulierung, der zum Zeitpunkt der Veröffentlichung dieser Arbeit noch in Verhandlung ist *(Europäische Kommission, 2021, S. 2).*

4.2 Analyse der hybriden Foren

Anhand der vorangegangenen Analyse wird deutlich, dass der Diskurs mit Kontroversen über die Risiken und Nebenfolgen der Big Data-Entwicklung durchsetzt ist. Mithilfe der chronologischen Analyse lässt sich nachvollziehen, wie sich die verschiedenen Kontroversen über die Datenökonomie – d. h. Big Data und angrenzende Themen wie die Cloud, Plattformen und KI – über die Zeit entwickelt haben. Damit derartige Kontroversen und Technologieentwicklungen den gesellschaftlichen Fortschritt und die beteiligten Akteure nicht lähmen, erfordert es ein abgestimmtes Vorgehen. Wie die Literatur aufzeigt, muss kein einheitliches Verständnis bezüglich der Technologie, sondern bezüglich einer übergeordneten Handlungsorientierung bestehen *(z. B. Donnellon et al., 1986, S. 43; Gray et al., 2015, S. 127),* auf die sich verschiedene Akteure mit ihren unterschiedlichen Interessen und Verantwortlichkeiten beziehen können *(z. B. Ferraro & Beunza, 2018, S. 1217; Levy et al., 2016, S. 39).*

Callon und Kollegen *(2009)* führen „hybride Foren" als öffentliche Räume ein, in denen Kontroversen ausgehandelt werden. Um die zweite Forschungsfrage zu beantworten, **welche kollektiven Wissensprozesse es gab und wie sie die Entwicklung der Datenökonomie beeinflusst haben**, soll in diesem Abschnitt auf verschiedene hybride Foren eingegangen werden, die entlang der zwei Phasen insbesondere von Regierungsvertretern eingesetzt wurden, um die Kontroversen zu begleiten und Handlungsempfehlungen für die Regierung und weitere beteiligte Akteure zu entwickeln *(Callon et al., 2009, S. 35)*. Obwohl die nachfolgend beschriebenen hybriden Foren nicht alle so demokratisch und inklusiv sind, wie die idealtypische Vorstellung hybrider Foren nach Callon und Kollegen *(2009)*, sollen sie in dieser Arbeit dennoch als Beispiele für ihr Potenzial herangezogen werden (für einen ähnlichen Ansatz siehe z. B. *Gond & Nyberg, 2017, S. 1141)*. Die Grenzen der Foren werden in Kapitel 5 aufgegriffen und diskutiert.

Die Analyse hat ergeben, dass sich die hybriden Foren nach dem Zeitpunkt ihres Einsatzes und nach ihrer Wirkung auf den Diskurs unterscheiden lassen. In Anlehnung an die Kategorien der Übersetzung 1–3 von Callon und Kollegen *(2009, S. 35; siehe auch Kapitel 2)* wird im Folgenden zwischen Foren unterschieden, die vor allem zur Problemdefinition (Übersetzung 1), Umsetzung (Übersetzung 2) und Reflektion (Übersetzung 3) der Technologieentwicklung beigetragen haben. Die nachfolgende Analyse wird die drei Funktionen im politischen Strategieprozess verorten und ihre Effekte auf die Technologiegestaltung nachzeichnen.

4.2.1   Hybride Foren zur Problemdefinition und ihre Beiträge zur Strategieformulierung

In ihrem Buch argumentieren Callon und Kollegen *(2009)*, dass ein erster Übersetzungsmoment (Übersetzung 1; siehe Abschnitt 2.2) in Technologieentwicklungsprozessen darin bestehe, eine größere Problemlage zu definieren und handhabbar zu machen *(Callon et al., 2009, S. 49)*. Dieser notwendigerweise mit einer Reduktion der Komplexität einer Technologie verbundene Prozess unterliegt dem Risiko, spezifische Problemwahrnehmungen nicht zu berücksichtigen, wenn die betroffenen Gruppen nicht in den Prozess eingebunden sind *(Callon et al., 2009, S. 98)*. De Autoren argumentieren, dass der Einbezug von heterogenen Akteursgruppen in die Problemdefinition zu einer umfangreicheren Problemdefinition beitrage. In welchem Umfang der Einbezug von heterogenen Akteursgruppen in die Problemdefinition in Phase 1 und Phase 2 des Diskurses stattgefunden hat, soll im Folgenden ausgeführt werden.

4.2.1.1 Hybride Foren zur Problemdefinition in Phase 1

In Phase 1 des Diskurses steht insbesondere das Spannungsverhältnis zwischen Datenschutz und Datennutzung im Vordergrund. Im zeitlichen Verlauf haben sich die zunächst verhärteten Positionen – d. h., die vorwiegende ökonomische Fokussierung auf den aufstrebenden Daten-trend in der Wirtschaft und die hauptsächliche Datenschutzorientierung durch Experten wie Verbraucherschützer und die Politik – aufgelöst und es hat sich ein Konsens darüber etabliert, dass der Schutz personenbezogener Daten und die ökonomische Verwertung von personenbezogenen und nicht-personenbezogenen Daten vereint werden müssen. In einer frühen Phase des Diskurses ist diese Auflösung nicht absehbar, da die Akteure keine gemeinsame Problemdefinition und Handlungsorientierung haben. Insbesondere fällt auf, dass unterschiedliche Risikovorstellungen herrschen: *Datenschutzrisiken*, aufgegriffen durch Politiker und Verbraucherschützer, die die Ängste der Verbraucher adressieren, und *Investitionsrisiken*, geäußert von Unternehmen, die in die neuen Technologien investieren und eine fehlende Amortisation befürchten. Um die diverseren offenen Fragen, Unsicherheiten und Risiken, die insbesondere in der Anfangsphase der Phase 1 herrschen, zusammenzufassen und handhabbar zu machen, beruft der Deutsche Bundestag im Jahr 2010 eine „Enquete-Kommission Internet und digitale Gesellschaft" ein, die den Auftrag hat, im Zeitraum von Mai 2010 bis April 2013 die Auswirkungen des Internets auf Politik und Gesellschaft zu untersuchen und Empfehlungen für den Deutschen Bundestag zu erarbeiten.

Enquete-Kommission Internet und digitale Gesellschaft
Die Enquete-Kommission Internet und digitale Gesellschaft wird im Jahre 2010 beauftragt und veröffentlicht in 2012 einen Bericht mit Handlungsempfehlungen. Nachfolgend werden der Auftrag, die Perspektivenvielfalt, die die Enquete-Kommission als hybrides Forum qualifiziert, und die Handlungsempfehlungen in Bezug auf die Datenökonomie zusammengefasst.

 Auftrag: Der Einsetzungsantrag der Enquete-Kommission Internet und digitale Gesellschaft sieht vor, dass bis zur parlamentarischen Sommerpause 2012 Handlungsempfehlungen zu verschiedenen Themen veröffentlicht werden. Die Kommission organisiert sich daraufhin in themenspezifischen Arbeitsgruppen. Die Kontroversen um Datennutzung und Datenschutz werden durch die Projektgruppe „Datenschutz und Persönlichkeitsrechte" bearbeitet. Der in 2012 veröffentlichte Bericht trägt dazu bei, eine umfassende Wissensgrundlage über die Themen Datennutzung und Datenschutz zu liefern.

Perspektivenvielfalt: Die Enquete-Kommission wird durch 17 Bundestags-abgeordnete und 17 Sachverständige aus den Bereichen Wirtschaft, Forschung, Kultur und Medien unterstützt. Der nachfolgende Berichtsausschnitt betont die Perspektivenvielfalt:

> *Die heterogene Zusammensetzung der Kommission entspricht der Vielfältigkeit der Themen. Die Abgeordneten und Sachverständigen bringen sehr unterschiedliche Kenntnisse in die Arbeit des Gremiums ein. Unter den Mitgliedern sind IT-Unternehmer, Juristen, Blogger, Verbraucherschützer, Bildungsforscher und Programmierer. (Deutscher Bundestag, 2011, S. 3)*

Zudem richtet die Enquete-Kommission ein Portal im Internet für die Online-Beteiligung von Bürgern ein. Dort werden die von den Projektgruppen erarbeiteten Papiere noch vor ihrer offiziellen Verabschiedung veröffentlicht und die Öffentlichkeit in Abstimmungsprozesse eingebunden. Die Enquete-Kommission betont, dass diese Beteiligung *„Neuland" (Deutscher Bundestag, 2011, S. 4)* sei und unterstreicht ihren experimentellen Charakter wie folgt: *„Wir haben in der Projektgruppe neue Beteiligungsmöglichkeiten der Bürgerinnen und Bürger ausprobiert. Den so genannten 18. Sachverständigen – die Netzgemeinde – haben wir um Meinungen und Beteiligung gebeten." (Deutscher Bundestag, 2012, S. 7).* Die Projektgruppe „Datenschutz und Persönlichkeitsrechte" gibt an, die Öffentlichkeit bei *„strittigen Fragen"* über Einwilligung und Widerspruch einzubeziehen. Insgesamt gehen 63 Antworten und 25 Vorschläge ein, die nach Angaben der Enquete-Kommission an verschiedenen Stellen in den Bericht einfließen *(Deutscher Bundestag, 2012, S. 86–88).*

Zentrale Handlungsempfehlungen: Der in 2012 veröffentlichte Bericht der Enquete-Kommission formuliert Handlungsempfehlungen, die sich insbesondere auf die geplante Novellierung des europäischen Datenschutzrechts beziehen. Unter anderem fasst die Enquete-Kommission den aktuellen Problemstand in drei Kontroversen zusammen und leitet Handlungsempfehlungen ab: *1) Auseinanderfallen von Datenschutzsorgen und Realverhalten, 2) Transparenz und Einwilligung, 3) Sonderthemen „Soziale Netzwerke" und „Cloud Computing".*

1) Auseinanderfallen von Datenschutzsorgen und Realverhalten. Die Enquete-Kommission untersucht die unterschiedlichen Stimmungen in der Gesellschaft in Bezug auf Daten und erkennt eine gesellschaftliche Sensibilisierung für den Umgang mit personenbezogenen Daten im Internet in Deutschland: *„In Umfragen wünscht sich regelmäßig eine deutliche Mehrheit der Bundesbürger einen verbesserten Schutz ihrer Daten" (Deutscher Bundestag, 2012, S. 52).* Sie stellt jedoch auch fest, dass sich die *„öffentliche Diskussion aus datenschutzrechtlicher Sicht"* an *„wenig geeigneten Themen entzündet"*. Diskussionen über Geodatendienste wie Google Street View beispielsweise zeigen auf, dass zwar die sachliche Richtigkeit strittig ist, dass sich darin jedoch die fundamentalen Sorgen über die möglichen Folgen des technologischen Fortschritts zeigen:

> *Gesellschaftliche Veränderungen hinsichtlich der Wahrnehmung des Umgangs mit (personenbezogenen) Daten im Internet sind in Deutschland spätestens seit der breiten öffentlichen Diskussion über Anbieter von Geodatendiensten im Jahr 2010 erkennbar. Zwar entzündete sich diese öffentliche Diskussion aus datenschutzrechtlicher Sicht an einem wenig geeigneten Thema, weil es sich zumindest bei den bildmäßig erfassten Hausfassaden um überwiegend öffentlich wahrnehmbare Objekte handelt, bei denen bereits der Personenbezug streitig ist. Dennoch kommt darin eine zunehmende Besorgnis gegenüber den möglichen Folgen des technologischen Fortschritts im Internet zum Ausdruck. Die gesellschaftliche Reaktion auf die genannten Veränderungen ist in Deutschland deutlich. (Deutscher Bundestag, 2012, S. 52)*

Dabei betont die Enquete-Kommission das Auseinanderfallen von Datenschutzsorgen und Realverhalten im Umgang mit Diensten. Sie stellt eine hohe Akzeptanz digitaler Dienste in Deutschland trotz der bestehenden Datenschutzsorgen fest und schließt daraus, dass Anwender die Datenschutzfolgen bei der Anwendung vernachlässigen. Die Enquete-Kommission schlussfolgert, dass *„bei einer Nutzen-Risiko-Abwägung der Nutzen zu überwiegen scheint."* (Deutscher Bundestag, 2012, S. 52). Die Enquete-Kommission betont darüber hinaus unterschiedliche Datenschutzsensibilitäten:

> *Während der eine weniger Wert auf die Zweckbestimmung der erhobenen Daten legt, weil sich im Zeitpunkt der Informationspreisgabe die künftigen Verwendungszwecke noch nicht absehen lassen und weil er in der unterschiedlichen Verwendung seiner Daten gerade einen Vorteil sieht, ist für den anderen genau eine solche exakte Zweckbestimmung unverzichtbar. Hier ergeben sich in regulatorischer Hinsicht erhebliche Probleme. (Deutscher Bundestag, 2012, S. 38)*

Insgesamt trägt die Enquete-Kommission zu einem differenzierteren Bild des Auseinanderfallens von Datenschutzsorgen und Realverhalten bei, indem sie aufzeigt, dass *„es ,den' Nutzer nicht gibt"* (Deutscher Bundestag, 2012, S. 38). Sie empfiehlt, pauschalisierte Anwenderbilder abzulösen, die die verschiedenen Haltungen von Politik und Wirtschaft erklären und eine gemeinsame Handlungsorientierung erschweren – während Datenschützer vorwiegend von unwissenden Betroffenen ausgingen, sahen Unternehmen das Realverhalten der Verbraucher und gingen von einer hohen Akzeptanz aus.

2) Transparenz und Einwilligung. Als problematisch fasst die Enquete-Kommission zusammen, dass für Verbraucher eine informierte und freiwillige Einwilligung oft nicht stattfinde und ein Überblick über erteilte Einwilligungen und Änderungen der Datenschutzbestimmungen fehle. Die Kommission formuliert eine Reihe von Empfehlungen, darunter eine Verpflichtung zur aktiven, elektronischen Einwilligung in die Datenerhebung und -verarbeitung (*„Opt-in-Verfahren", Deutscher Bundestag, 2012, S. 54*), eine verpflichtende Vorgabe zur Verschlüsselung von Daten (*„Privacy by Design", Deutscher Bundestag, 2012, S. 55*), eine aktive Nutzer-Einwilligung in eine Reduzierung des Datenschutzniveaus (*„Privacy by Default", Deutscher Bundestag, 2012, S. 55*) sowie die Verpflichtung, Informationen über Datenschutzregelungen leicht zugänglich zu machen (*Deutscher Bundestag, 2012, S. 54*).

Insbesondere bei Profilbildungen warnt die Enquete-Kommission vor der Intransparenz und einer fehlenden Einwilligung bei Kategorisierungen von Nutzern nach Neigungen oder Verhalten. Sie empfiehlt der Bundesregierung, eine verpflichtende Einwilligung für bestimmte Profilbildungen zu prüfen:

> *Durch solche Profile können in einigen Bereichen Verhalten, Gewohnheiten und Neigungen eines Nutzers abgebildet und kategorisiert werden, ohne dass es diesem zuvor offengelegt wird. Für bestimmte Profilbildungen sind daher eine gesetzliche Definition dieses Begriffs sowie Regelungen zum Umgang mit ihnen zu erwägen. (Deutscher Bundestag, 2012, S. 59)*

Maßnahmen zur Umkehr des Auskunftsrechts in eine Informationspflicht lehnt die Kommission ab. Bei dieser vorgeschlagenen Variante zur Ausgestaltung des Auskunftsrechts würden Behörden, Unternehmen und andere Institutionen gesetzlich dazu verpflichtet, Bürgern über einen *„Datenbrief"* regelmäßig Auskunft über Umfang und Zweck der von ihn erhobenen Daten zu erteilen. Befürworter des Datenbriefs argumentieren, dass er für Bürger eine Erleichterung darstellen würde. Die Enquete-Kommission sieht im Datenbrief jedoch einen Widerspruch zum Prinzip der Datensparsamkeit sowie einen erhöhten bürokratischen Aufwand und ein Sicherheitsrisiko bei der Verwaltung der Daten:

> *Die Enquete-Kommission empfiehlt dem Deutschen Bundestag, ein Datenbrief-Konzept nicht weiter in Erwägung zu ziehen. Der Datenbrief entspräche nicht dem Grundsatz der Datensparsamkeit (vergleiche § 3a BDSG). (...). Der bürokratische Aufwand aller Beteiligten steht in keinem Verhältnis zum erwarteten Nutzen. (Deutscher Bundestag, 2012, S. 58)*

3) Soziale Netzwerke und Cloud Computing. Gesondert beschäftigt sich die Enquete-Kommission mit sozialen Netzwerken und Cloud Computing, die aus datenschutzrechtlicher Sicht eine Reihe von spezifischen Fragestellungen aufwerfen. Sie spricht Empfehlungen aus, den Datenschutz bei sozialen Netzwerken und Cloud Computing in geeigneter Weise zu verbessern. Als problematisch in diesem Zusammenhang stellt die Enquete-Kommission fest, dass Nutzer bei der Kontoeröffnung weder über die Datenerhebung noch über die Kombination ihrer Daten aus sozialen Netzwerken mit Daten aus anderen Kommunikationsformen informiert würden. Die Enquete-Kommission warnt vor diesem Mangel an Datenschutzvoreinstellungen:

> *Zwar gibt es beispielsweise bei Facebook zahlreiche differenzierte Möglichkeiten, unter den Konto- oder Privatsphäre-Einstellungen den Zugriff auf Daten durch Dritte einzuschränken. Aber auf diese Möglichkeiten wird der Nutzer bei Einrichtung des Kontos nicht hingewiesen. Hier ist die datenschutzrechtliche Gefährdung höher als bei einer Opt-out-Lösung, bei der der Nutzer bei Kontoeröffnung über die Möglichkeit der Einstellungen informiert wird. (Deutscher Bundestag, 2012, S. 48)*

Sie empfiehlt, soziale Netzwerke zu datenschutzfreundlichen Grundeinstellungen zu verpflichten: *„Für soziale Netzwerke sollten datenschutzfreundliche Grundeinstellungen (Privacy by Default) gesetzlich vorgeschrieben sein."* (Deutscher Bundestag, 2012, S. 56).

Die Kommission beschreibt die Besonderheit des Cloud Computing mit der *„flexiblen und grenzüberschreitenden Bereitstellung von Cloud Ressourcen"* zur Datensammlung und -verarbeitung und nennt als Beispiele einige Anbieter: *„(...) zum Beispiel Google, Amazon, IBM, SAP oder die Deutsche Telekom."* (Deutscher Bundestag, 2012, S. 43). Sie warnt vor datenschutzrechtlichen Problemen, wenn personenbezogene Daten in weltweit vernetzten Cloud-Systemen verwaltet werden und sich der datenschutzrechtlichen Kontrolle europäischer Behörden entziehen: *„Über das europäische Territorium hinaus sind koordinierte oder gemeinsame Kontrollen in Clouds mit Drittlandsbezug praktisch nicht möglich."* (Deutscher Bundestag, 2012, S. 45). Dies kann insbesondere dann problematisch sein, wenn die Anbieter in Ländern mit anderen Datenschutzstandards tätig sind. Daher empfiehlt die Enquete-Kommission neue Regelungen für Cloud Computing in die europäische Datenschutzgrundverordnung aufzunehmen: *„Diese Regelungen sollten gleichzeitig ein hohes Datenschutzniveau sicherstellen und damit die Belange der Nutzerinnen und Nutzer berücksichtigen sowie den Wirtschaftsstandort Europa stärken."* (Deutscher Bundestag, 2012, S. 53).

Die Projektgruppe „Bildung und Forschung" empfiehlt zudem, Forschungsförderungen im Bereich des Datenschutzes sowie *„zusätzliche finanzielle Anstren-*
gungen zu prüfen, um die Entwicklung von Datenschutztechnologien zu fördern"
(Deutscher Bundestag, 2013b, S. 57). Sie stellt in ihrem Bericht *„Defizite (…)*
in der wissenschaftlichen Forschung (…) im Bereich einer folgenabschätzenden,
gesellschaftsorientierten Perspektive" fest und betont die Notwendigkeit, die technische Perspektive um eine gesellschaftliche Perspektive zu ergänzen: *„Hier ist*
eine Lücke zwischen rein anwendungsorientierten, oft technikgetriebenen Projekten
und solchen Vorhaben, die das Internet aus der Perspektive traditioneller Diszipli-
nen ohne Rücksicht auf die gesellschaftliche Bedeutung bearbeiten, zu beobachten."
(Deutscher Bundestag, 2013b, S. 98).

Die Kommission empfiehlt daher die *„Einrichtung eines interdisziplinären*
Kompetenznetzes", um die technischen, wirtschaftlichen, politischen, rechtlichen
und ethischen Aspekte der Technologieentwicklung in der Datenschutzforschung
zu verbinden: *„Für eine breite Ausrichtung der Forschungspolitik braucht es daher*
vermehrt inter- und transdisziplinäre Ansätze, die Geistes-, Rechts- und Sozialwis-
senschaften mehr Gewicht verleihen und sie gleichberechtigt neben Technik- und
Naturwissenschaften stellen." *(Deutscher Bundestag, 2013b, S. 97).*

Insgesamt trägt die Enquete-Kommission zur Problemkonstruktion bei und
empfiehlt die Aufrechterhaltung der Datenschutz-Grundsätze, wie das nachfolgende Zitat verdeutlicht. Insofern zeichnet sich Phase 1 den Empfehlungen der
Enquete-Kommission folgend durch den Erhalt dieser Prinzipien aus. Die Zeit-
mäßigkeit des Prinzips der Datensparsamkeit wird in Phase 2 wieder aufgegriffen
und hinterfragt.

> *Die Enquete-Kommission geht davon aus, dass trotz rasanter technischer Weiter-*
> *entwicklungen diese Grundprinzipien auch in Zukunft einen Anspruch auf Geltung*
> *haben müssen. Dabei sollten die Grundsätze der Verhältnismäßigkeit, der Datensicher-*
> *heit und -sparsamkeit, der Zweckbindung und Transparenz noch stärker zur Geltung*
> *gebracht werden. (Deutscher Bundestag, 2012, S. 57)*

Viele der Vorschläge fließen in die Strategieformulierung der Digitalen Agenda
der Bundesregierung 2014–2017 ein: Den Empfehlungen folgend werden *„Da-*
tenschutz als Standortfaktor" sowie *„Datenschutz als Voraussetzung für Akzeptanz*
und Vertrauen" *(Deutscher Bundestag, 2012, S. 54)* in der Digitalen Agenda der
Bundesregierung 2014–2017 als politische Leitlinien verankert:

> *Wir werden das europäische Datenschutzrecht im digitalen Binnenmarkt rasch moder-*
> *nisieren und harmonisieren, um die Rechte der Bürgerinnen und Bürger in der*

*vernetzten Welt zu stärken und der Bedeutung des Datenschutzes als entscheidendem
wirtschaftlichen Standortfaktor gerecht zu werden. (Bundesregierung, 2014a, S. 33)*

In der Umsetzung der Digitalen Agenda der Bundesregierung 2014–2017 wer-
den der Empfehlung folgend drei interdisziplinäre Forschungsprogramme durch
BMBF und BMWi ins Leben gerufen: das Trusted Cloud-Programm, das Smart
Data-Programm und zwei Big Data-Kompetenzzentren. Ferner sind in der verab-
schiedeten Version der DSGVO unter anderem die Empfehlungen zu *„Privacy by
Design"* und *„Privacy by Default"* in Artikel 25 DSGVO, *„Cloud Computing"* in
Artikel 28 DSGVO und *„Profilbildungen"* in Artikel 22 DSGVO verankert.

4.2.1.2   Hybride Foren zur Problemdefinition in Phase 2

In Phase 2 ist ein weitgehender Umschwung zu verzeichnen, da in dieser Phase
insbesondere das Spannungsfeld zwischen einer Zusammenarbeit mit außereuropäischen Technologieanbietern und der Abhängigkeit von diesen Anbietern im
Fokus der Debatten steht. In dieser Phase werden politische Maßnahmen mit
Bezug auf die neue Handlungsorientierung zur Souveränität verhandelt. Impulse
und Wissensakkumulationen leisten die Datenethikkommission (DEK) und die
Enquete-Kommission Künstliche Intelligenz. Ihre Beiträge fließen unter anderem
in die Entwicklung der KI-Strategie und die Datenstrategie der Bundesregierung
ein, indem sie neue Impulse für ein europäisches Prinzip der Datenökonomie
setzen und Handlungsempfehlungen zur Umsetzung formulieren.

Datenethikkommission (DEK)
Die Datenethikkommission (DEK) wird im Juni 2018 von der Bundesregierung
eingesetzt und veröffentlicht im Oktober 2019 ein Gutachten, das Handlungsempfehlungen für den Umgang mit den politischen Herausforderungen in Bezug auf
die Datenökonomie in Phase 2 formuliert.
Auftrag: Im Juni 2018 wird die DEK eingesetzt, um unbeantwortete rechtliche
und ethische Fragen zu adressieren: *„Die Klärung datenethischer Fragen kann
Geschwindigkeit in die digitale Entwicklung bringen und auch einen Weg definieren,
der gesellschaftliche Konflikte im Bereich der Datenpolitik auflöst." (BMI & BMJ,
2018, S. 1).* Die DEK erhält von der Bundesregierung den Auftrag:

> *Innerhalb eines Jahres ethische Maßstäbe und Leitlinien sowie konkrete Handlungs-
> empfehlungen für den Schutz des Einzelnen, die Wahrung des gesellschaftlichen
> Zusammenlebens und die Sicherung und Förderung des Wohlstands im Informa-
> tionszeitalter zu entwickeln. (Datenethikkommission der Bundesregierung, 2019,
> S. 13)*

Die von der Regierung vorgelegten Fragestellungen beziehen sich auf ethische und rechtliche Fragen um Daten und KI, darunter Fragen wie:

Welche Auswirkungen können umfassende Datensammlungen auf das Funktionieren der Marktwirtschaft (z. B. Wettbewerbsfähigkeit, Informationsasymmetrie zwischen Anbietern und Verbrauchern, Möglichkeit, innovative Produkte zu entwickeln) und der Demokratie (z. B. Erfassung und Auswertung des Verhaltens in sozialen Netzwerken) haben? Wie kann erforderlichenfalls gegen Datenmacht/Datensilos (insbesondere Intermediäre) vorgegangen werden? (...) Ist es sinnvoll, in Dateninfrastrukturen zu investieren? Wenn ja, in welche? (BMI & BMJ, 2018, S. 5; Datenethikkommission der Bundesregierung, 2019, S. 233)

Perspektivenvielfalt: Die DEK besteht aus 16 Mitgliedern aus Wirtschaft, Wissenschaft und Politik *(Datenethikkommission der Bundesregierung, 2019, S. 234–235)*. Die Öffentlichkeit wird im Rahmen von zwei öffentlichen Tagungen einbezogen, die nach Angaben der DEK *„einen intensiven Austausch der DEK mit Experten, Stakeholdern sowie der Öffentlichkeit und interessierten Bürgerinnen und Bürgern"* erlauben *(Datenethikkommission der Bundesregierung, 2019, S. 35)*. Ergänzend erfolgen der Austausch mit Experten und Konsultationstreffen mit anderen Institutionen und Gremien wie der Enquete-Kommission Künstliche Intelligenz, der Kommission Wettbewerbsrecht 4.0,[8] dem Digitalrat der Bundesregierung und dem Sachverständigenrat für Verbraucherfragen. Der Bundeskanzlerin und Mitgliedern der Bundesregierung gibt die DEK über den Bericht hinaus Handlungsempfehlungen, u. a. *„zwei konkrete Empfehlungen für die Ausgestaltung der ‚Strategie Künstliche Intelligenz'"* (Datenethikkommission der Bundesregierung, 2019, S. 35).

Zentrale Handlungsempfehlungen: Im Oktober 2019 veröffentlicht die DEK ein Gutachten. Die darin enthaltenen Empfehlungen beziehen sich auf *1) alternative Prinzipien der Massendatenanalyse, 2) Datensouveränitätsmaßnahmen* und *3) Vollzugsdefizite und Felder, für die es zusätzliche Regulierung bedarf.*

1) Alternative Prinzipien der Massendatenanalyse. Diese Position besteht zum einen in einer Ablehnung von Maßnahmen, die zur weiteren Kommerzialisierung

---

[8] Die Kommission Wettbewerbsrecht 4.0 greift in ihrem Bericht vom September 2019 Empfehlungen der DEK in Bezug auf eine notwendige Open-Data-Gesetzgebung und die Erarbeitung übergreifender Datenstrategien (BMWi, 2019b, S. 6) sowie die Einrichtung von Datentreuhändern (BMWi, 2019b, S. 35–47) auf und unterstreicht das Zusammenspiel dieser Faktoren für Wettbewerbsfragen in der Datenökonomie: *„Ein Charakteristikum der digitalen Ökonomie ist das Zusammenspiel dieser verschiedenen Aspekte in einem Prozess, der zur Entstehung neuer Machtpositionen, zu deren ständiger Verstärkung und zu einer Fähigkeit der Ausdehnung von Machtpositionen über herkömmliche Marktgrenzen hinaus führen kann."* *(BMWi, 2019, S. 6).*

personenbezogener Daten beitragen würden und zum anderen in der Empfehlung, Datenmanagement- und Datentreuhandsysteme zu entwickeln, die eine Alternative zur kommerziellen Massendatenanalyse darstellen sollten.

Die DEK äußert sich kritisch zu verschiedenen Modellen eines finanziellen Ausgleichs für *„Daten als Eigentum"*, da sie die Kommerzialisierung personenbezogener Daten weiter vorantrieben, *„zweifelhafte finanzielle Anreize zur Produktion möglichst vieler personenbezogener Daten"* darstellten und Widersprüche zu den datenschutzrechtlichen Prinzipien der *„Freiwilligkeit und jederzeitige[n] Widerruflichkeit der Einwilligung und des Löschungsanspruchs"* schaffen würden *(Datenethikkommission der Bundesregierung, 2019, S. 121)*. Dies sei bereits bei der zu dieser Zeit häufig verwendeten Bezeichnung von Daten als *„Gegenleistung"* kritisch. Diese Bezeichnung hat sich etabliert, um Verbraucher für das Geschäftsmodell von Suchmaschinen oder sozialen Netzwerken zu sensibilisieren, bei denen Endnutzer mit ihren Daten für Dienste *„zahlen"*, weil diese durch personalisierte Werbung auf der Basis von Personendaten und Profilbildungen finanziert werden. Die DEK weist auf die Problematik hin, wenn diese Bezeichnung sich weiter festigt und Eingang in Gesetzgebungsverfahren oder neue Geschäftsmodelle findet, weil Verbraucher ihre Datenschutzrechte verlieren, wenn sie zum wirtschaftlichen Vertragspartner werden. Zusammengefasst sieht die DEK:

> ***Keine hinreichenden Gründe***, *zusätzliche eigentumsähnliche Verwertungsrechte einzuführen, welche eine wirtschaftliche Partizipation an mithilfe von Daten generierten Gewinnen ermöglichen würden (oft unter dem Stichwort **„Dateneigentum"** oder „Datenerzeugerrecht" diskutiert). (Datenethikkommission der Bundesregierung, 2019, S. 121; Hervorhebungen im Original)*

Stattdessen sieht die DEK *„großes Potenzial"* in alternativen, *„innovativen Datenmanagement- und Datentreuhandsystemen"*, die Verbraucher bei der Wahrnehmung ihrer Datenrechte in immer komplexeren Datenzugriffen unterstützen können, indem sie *„etwaige Datenzugangsbeteiligungen und Datenweitergaben fortlaufend nachverfolgen und steuern"* *(Datenethikkommission der Bundesregierung, 2019, S. 133)*. Die Datenethikkommission empfiehlt daher der Regierung die Unterstützung von *„Privacy Management Tools (PMT)"*, die Übersichten über Daten liefern und individuelle Nutzerpräferenzen automatisch umsetzen sowie *„Personal Information Management Systems (PIMS)"*, die Daten treuhänderisch verwalten. In Datentreuhandsystemen sieht die DEK eine Möglichkeit, das Teilen von Daten in einer Datenwirtschaft zu fördern, wenn sichergestellt ist, dass die Interessen der Verbraucher gewahrt bleiben. Die Modelle sind durch ergänzende

Regulierung gegen Missbrauch abzusichern und die Treuepflichten der Akteure zu regeln:

> Die DEK empfiehlt, Forschung und Entwicklung im Bereich von Datenmanagement-
> und Datentreuhandsystemen intensiv zu fördern, mahnt aber auch an, dass eine die
> Rechte und Interessen aller Beteiligten wahrende Entwicklung ohne eine **beglei-
> tende europäische Regulierung** nicht zu erwarten ist. Diese Regulierung müsste
> zentrale Funktionen absichern, ohne die Betreiber solcher Systeme nur sehr ein-
> geschränkt tätig werden können. Andererseits geht es um den Schutz des Einzelnen
> vor vermeintlichen Interessensverwaltern, die in Wahrheit vorrangig wirtschaftliche
> Eigeninteressen oder Interessen Dritter vertreten. Sofern dieser Schutz auch in der Pra-
> xis garantiert werden kann, kann Datentreuhandmodellen die Funktion einer wichtigen
> Schnittstelle zwischen Belangen des Datenschutzes und der Datenwirtschaft zukom-
> men. (Datenethikkommission der Bundesregierung, 2019, S. 140; Hervorhebung im
> Original)

2) *Datensouveränitätsmaßnahmen.* Die DEK begrüßt Initiativen zur Entwick-lung europäischer Infrastrukturen und zum Teilen von Daten im privaten und öffentlichen Sektor, kommentiert aktuelle Probleme und offene Fragen und gibt Handlungsempfehlungen zum Ausbau von Datenzugang und Infrastruktur. Vor dem „*Hintergrund sich wandelnder globaler Machtverhältnisse*" sei es für Europa wichtig, die „*richtige Balance zu finden zwischen gewollter internationaler Koope-ration und Vernetzung einerseits und andererseits der entschlossenen Übernahme von Verantwortung für nachhaltige Sicherheit und Wohlfahrt in Europa.*" (Date-nethikkommission der Bundesregierung, 2019, S. 155). Die DEK problematisiert, dass „*amerikanische und zunehmend auch chinesische Technologieunternehmen, wichtige Daten- und Analyseinfrastrukturen bereitstellen*" (Datenethikkommission der Bundesregierung, 2019, S. 142) und betont die Notwendigkeit zur „*Auflö-sung bestehender Abhängigkeiten von wenigen Datenoligarchen*" und zur Stärkung der digitalen Souveränität Deutschlands und Europas *(Datenethikkommission der Bundesregierung, 2019, S. 141)* durch die Förderung von europäischen Plattfor-men. Sie fordert zudem Konsortien zur Entwicklung von offenen Standards und Programmierschnittstellen (sog. „APIs") für einen rechtssicheren Datenaustausch:

> Daher liegen viele europäische Daten – sowohl Konsumentendaten als auch
> Unternehmens- und Forschungsdaten – außerhalb Europas und werden durch Software
> nichteuropäischer Unternehmen in Drittländern analysiert. Der Entwicklung **eigener
> Infrastrukturen** für eine datenbasierte Ökonomie kommt daher eine herausgehobene
> Rolle zu. (Datenethikkommission der Bundesregierung, 2019, S. 142; Hervorhebung
> im Original)

3) Vollzugsdefizite und zusätzlicher Regulierungsbedarf. Die DEK weist auf ein *„strukturelles Vollzugsdefizit"* *(Datenethikkommission der Bundesregierung, 2019, S. 99; Hervorhebung im Original)* der DSGVO hin, die viele unbestimmte Rechtsbegriffe und Generalklauseln enthielte. Während diese zwar den Vorteil der Flexibilität und Zukunftsoffenheit beinhalteten, seien sie durch Aufsichtsbehörden und Gerichte zu konkretisieren, was *„häufig Jahre bis Jahrzehnte"* dauere *(Datenethikkommission der Bundesregierung, 2019, S. 99).*

Konkretisierungsbedarf besteht bei der Profilbildung, die in Art. 4 Nr. 4 DSGVO geregelt wird und die automatisierte Verarbeitung personenbezogener Daten mit dem Ziel der Bewertung und Vorhersage definiert. Die DEK weist auf Risiken bei bestimmten Formen der Profilbildung hin, bei denen eine automatisierte Zuordnung von Nutzern zu einer vordefinierten Kategorie erfolgt, um basierend auf den Merkmalen dieser Kategorie z. B. Verhaltensvorhersagen abzuleiten *(Datenethikkommission der Bundesregierung, 2019, S. 99).* Die DEK hält eine Verschärfung des Rechtsrahmens für persönlichkeitssensible Profilbildungen *„für dringend geboten"*, um Gefahren der Manipulation und Diskriminierung zu begegnen. Sie empfiehlt daher ein Verbot von kritischen Einsatzzwecken mit *„unvertretbarem Risikopotenzial".* Für diese sollten Kennzeichnungspflichten über Profilbildungen und Einwirkungsmöglichkeiten (z. B. die Löschungsmöglichkeit von Profilen) eingeführt und Einwilligungs- bzw. Widerspruchslösungen festgesetzt werden *(Datenethikkommission der Bundesregierung, 2019, S. 99).* Der risikoorientierte Ansatz hat den Vorteil, dass Systeme zur Profilbildung und Personalisierung von einer zusätzlichen Regulierung ausgenommen sind, wenn sie den Komfort des Verbrauchers erhöhen, ohne ein nennbares Risiko darzustellen *(Datenethikkommission der Bundesregierung, 2019, S. 100).* Einen ähnlichen risikoadaptierten Regulierungsansatz empfiehlt die DEK für algorithmische Systeme, die auf Basis unterschiedlicher Kritikalitätsstufen des Schädigungspotenzials zu bewerten seien *(Datenethikkommission der Bundesregierung, 2019, S. 183).*

Insgesamt trägt die DEK durch die Handlungsempfehlung, die Kommerzialisierung personenbezogener Daten nicht weiter voranzutreiben, sondern alternative, treuhänderische Datenmodelle zu etablieren, zu einem neuen, wertebasierten Modell der Massendatenanalyse bei. Die Empfehlungen fließen in die KI-Strategie und die Datenstrategie der Bundesregierung ein. Darüber hinaus sind die treuhänderischen Datenmodelle im Data Governance Act verankert.

Enquete-Kommission Künstliche Intelligenz
Die Enquete-Kommission „Künstliche Intelligenz – Gesellschaftliche Verantwortung und wirtschaftliche, soziale und ökologische Potenziale" (kurz: Enquete-Kommission Künstliche Intelligenz) wird im Jahre 2018 durch den Deutschen

Bundestag eingesetzt und veröffentlicht im Jahre 2020 einen Bericht mit Handlungsempfehlungen, die sich zum Teil auch auf den Umgang mit den aktuellen politischen Herausforderungen der Datenökonomie beziehen.

Auftrag: Der Auftrag der Enquete-Kommission besteht darin, *„existierende und zukünftige Auswirkungen auf verschiedene Gesellschaftsbereiche"* zu untersuchen und *„gemeinsam Handlungsempfehlungen für den Gesetzgeber"* zu entwickeln *(Deutscher Bundestag, 2020, S. 28)*. Die verschiedenen Themenbereiche umfassen unter anderem die *„Befassung mit Grundlagen und Arten von KI sowie den Akteurinnen und Akteuren auf nationaler und internationaler Ebene"*, die Beschäftigung mit *„Konzepten zum Ausbau der Dateninfrastruktur"* und die Betrachtung von *„Wertschöpfungsketten sowie von Auswirkungen auf die Soziale Marktwirtschaft"* *(Deutscher Bundestag, 2020, S. 44)*.

Perspektivenvielfalt: Die Enquete-Kommission wird durch *„19 Mitglieder des Deutschen Bundestages und 19 Sachverständige"* gebildet *(Deutscher Bundestag, 2020, S. 43)*. Zusätzlich werden weitere Expertinnen und Experten *„sowohl zu den Sitzungen der Projektgruppen als auch zu den Sitzungen der Enquete-Kommission"* eingeladen, die *„die Diskussionen mit Denkanstößen und Detailwissen bereicherten"* *(Deutscher Bundestag, 2020, S. 28)*. Der Bericht führt diverse Anhörungssitzungen mit Experten aus Wirtschaft und Wissenschaft sowie mit Vertretern von Verbraucherschutzverbänden und anderen gemeinnützigen Organisationen an *(Deutscher Bundestag, 2020, S. 709–722)*.

Darüber hinaus werden mithilfe einer Online Befragung: *„Meinungen und Perspektiven aus der Fachöffentlichkeit sowie von Bürgerinnen und Bürgern zur Bedeutung und zur zukünftigen Entwicklung von KI im Hinblick auf soziale, ökologische und ökonomische Chancen, Herausforderungen und Handlungsbedarfe"* erhoben *(Deutscher Bundestag, 2020, S. 727)*. Im Zeitraum vom 10. März bis zum 19. April 2020 können registrierte Teilnehmer aus Wirtschaft, Wissenschaft, (zivilgesellschaftlichen) Verbänden und Teilnehmerinnen und Teilnehmer ohne erkennbaren wirtschaftlichen oder institutionellen Hintergrund auf einer Online Plattform offene Fragen zu verschiedenen Kategorien, unter anderem der Kategorie „Datennutzung und Datenschutz", beantworten. Von den 130 registrierten Teilnehmerinnen und Teilnehmern werden 680 Beiträge verfasst. Die Online Befragung ist an die Form einer qualitativen Studie angelehnt. Durch offene Fragen sollen ein Meinungsbild erhoben sowie eine Diskussion zwischen den Teilnehmern angestoßen werden: *„Die Online-Beteiligung ermöglicht einen Eindruck der gesellschaftlichen Perspektiven auf KI und deren Auswirkungen und zeigt argumentative Zusammenhänge auf, welche beispielsweise durch eine quantitative Umfrage nicht hätten erhoben werden können."* *(Deutscher Bundestag, 2020, S. 727)*. Im Bereich „Datennutzung und Datenschutz" gibt es Hinweise auf eine Bereitschaft zum freiwilligen Teilen von Daten mit Verwaltungen und Forschungseinrichtungen:

> *Hinsichtlich des Teilens der persönlichen Daten äußern die Teilnehmenden eher Bereitschaft, ihre Daten zu teilen, wenn diese entweder dringend notwendig z. B. für Verwaltungsvorgänge sind oder aber gemeinnützigen oder Forschungszwecken (insbesondere medizinische Forschung) dienen, weniger, wenn diese von Akteuren der Wirtschaft abgefragt werden. (Deutscher Bundestag, 2020, S. 783)*

Zentrale Handlungsempfehlungen: In 2020 wird der Bericht der Enquete-Kommission veröffentlicht. Anders als andere Berichte formuliert die Enquete-Kommission Künstliche Intelligenz zunächst ein Zielbild und leitet daraus Impulse und Maßnahmen zur Zielerreichung ab. Ein für die Weiterentwicklung der Datenökonomie zentraler Abschnitt beschreibt, dass Datenplattformen, Datenpools und Datengenossenschaften für das Teilen von nicht-personenbezogenen oder anonymisierten personenbezogenen Daten etabliert sind und als effektive Maßnahmen gegen Monopolisierungstendenzen in der Technologiepolitik der digitalen Ökonomie wirken. Der entsprechende Passus dieser Zielvision lautet:

> *Deutschland hat sich in die Erarbeitung einer innovationsoffenen europäischen Datenstrategie aktiv eingebracht. Die Freiheit der Datenübertragung wurde als fünfte Freiheit des europäischen Binnenmarktes etabliert. Daneben wurden wettbewerbsrechtlich Möglichkeiten geschaffen, die es Unternehmen erlauben, nicht-personenbezogene Daten über vertrauenswürdige Dritte auszutauschen, um mithilfe von KI neue Innovationen entwickeln zu können. Eine wichtige Rolle dabei spielen **Datenplattformen, Datenpools bzw. Datengenossenschaften**, mit denen Unternehmen und andere Akteure freiwillig nicht-personenbezogene Daten oder anonymisierte Daten und KI-Erkenntnisse austauschen. Um den Aufbau von neutralen und am Gemeinwohl orientierten Plattformen zu ermöglichen, wurden europaweit die regulatorischen Rahmenbedingungen geschaffen sowie genormte Trainingsverfahren und einheitliche Standards für Daten und Schnittstellen eingeführt, die den Monopolisierungstendenzen in der Technologiepolitik der digitalen Ökonomie aktiv entgegenwirken und auf kooperative Modelle setzen. (Deutscher Bundestag, 2020, S. 135; Hervorhebung durch die Verfasserin)*

Die Enquete-Kommission geht auf zwei Effekte der Marktentwicklung ein, die für die weitere Entwicklung und Souveränität der Datenökonomie maßgeblich sind: zum einen auf die Integration von Cloud- und KI-Lösungen und zum anderen auf die hohe Konzentration der entsprechenden Anbieter von integrierten Lösungen im Cloud- und KI-Markt. Die Kommission fordert daher *(1) den Aufbau europäischer Cloudstrukturen* und *(2) eine Verbesserung des Datenzugangs.*

(1) Aufbau europäischer Cloudstrukturen: Cloud- und KI-Lösungen werden von Unternehmen häufig zusammen eingekauft, weil:

> *Verschiedenste Angebote von Speicherplatz, Rechenkapazitäten und KI-Komponenten häufig gemeinsam vertrieben werden. Solche Produktbündelungen, die Cloud-Infrastrukturen sowie verschiedene KI-Dienstleistungen als Paket mitbringen, sind für viele Unternehmen in diesem Bereich der schnellere und deutlich kostensparendere Weg. (Deutscher Bundestag, 2020, S. 143).*

Marktführer in diesem integrierten Segment sind außereuropäische Anbieter:

> *Bei den eingekauften Produkten und Dienstleistungen dominieren mit 77 Prozent (98 Milliarden US-Dollar) integrierte KI-Service-Angebote, bei denen Software, Hardware, Trainingsdaten und weitere Komponenten als Komplett-Dienstleistung bereitgestellt werden, mit großem Abstand den Markt. Die wichtigsten Anbieter sind dabei die großen IT-Unternehmen aus den USA und China – Amazon Web Services, Microsoft, Google Cloud Platform und Baidu. (Deutscher Bundestag, 2020, S. 156)*

Die Enquete-Kommission warnt, dass es aufgrund der aktuellen Marktstruktur *„zu einseitigen Abhängigkeiten der deutschen KI-Akteure" (Deutscher Bundestag, 2020, S. 173)* kommen kann, weil *„viele Unternehmen mit hohen Anforderungen an Daten und Rechenkapazität selten passende alternative Anbieter im hiesigen Wirtschaftsraum finden" (Deutscher Bundestag, 2020, S. 166)*. Eine Alternative zu einer hohen Marktkonzentration könne geschaffen werden, wenn *„Unternehmen durch diverse Technologien verschiedene Cloud-Anbieter parallel nutzen, bei sich änderndem Bedarf zu anderen Anbietern wechseln oder auf eigene Technologie-Infrastrukturen zurückgreifen." (Deutscher Bundestag, 2020, S. 166)*. Um die Probleme der Marktkonzentration zu adressieren und einen Wandel hin zu einer europäischen Datenökonomie zu unterstützen, empfiehlt die Enquete-Kommission den:

> *Aufbau und Betrieb einer zentralen, nationalen, vertrauensvollen, allgemein zugänglichen Daten- und Analyseinfrastruktur inklusive des Aufbaus einer zugrundeliegenden europäischen Cloud-Plattform mit skalierbarer Speicher- und Rechenkapazität durch Politik und Wirtschaft gemeinsam – auf Basis offener und interoperabler Standards – zu forcieren, damit Europa aus Deutschland heraus als starker Wirtschaftsstandort gesichert ist. (Deutscher Bundestag, 2020, S. 173)*

Dabei verweist die Enquete-Kommission auf das begonnene Projekt GAIA-X, kann in diesem frühen Entwicklungsstadium jedoch keine weitergehenden

Handlungsempfehlungen zum Projekt formulieren, wie aus dem folgenden Zitat hervorgeht:

> *Das Für und Wider einer ‚deutschen bzw. europäischen Cloud' konnte in der Projekt-gruppe nicht abschließend diskutiert werden, da konkrete Umsetzungsvorschläge dazu (noch) nicht vorlagen. Ob und wie das technisch wie finanziell funktionieren könnte, ob es genügend Interessenten geben würde, die sich am Infrastrukturaufbau beteiligen und das Cloud-Angebot später nutzen würden, wird sich in den nächsten Monaten im öffentlichen Diskurs zeigen. Das BMWi hat hierzu die Initiative GAIA-X vorgestellt. (Deutscher Bundestag, 2020, S. 173)*

(2) Verbesserung des Datenzugangs: Ein weiteres Problem, das als Folge der Marktkonzentration entstehen kann, ist ein Ungleichgewicht im Datenzugang. Um auf die aktuellen Probleme der Abhängigkeit und auf die *„Kritik an starker Konzentration des Zugangs zu Daten bei großen, globalen Internet-plattformen"* *(Deutscher Bundestag, 2020, S. 58)* zu reagieren, empfiehlt die Enquete-Kommission, *„insbesondere dezentrale, auf Kooperation setzende Daten-nutzungsmodelle anzustreben" (Deutscher Bundestag, 2020, S. 58).* In Abgrenzung zu diesen etablierten außereuropäischen Modellen der Datenökonomie fordert die Enquete-Kommission *„ein europäisches Modell einer Datenökonomie" (Deut-scher Bundestag, 2020, S. 180),* das sich insbesondere durch die Einführung von Intermediären, *„die nicht primär der eigenen Rendite verpflichtet sind (Genossen-schaftsmodelle etc.)",* unterscheiden soll, um die bisherigen Prinzipien der von außereuropäischen Unternehmen praktizierten Plattformökonomie abzulösen:

> *Wichtige ‚Taker', d. h. Daten-Plattformen, deren Geschäftsmodelle vor allem auf der Vermarktlichung der persönlichen Daten ihrer Nutzerinnen und Nutzer beruhen, wie zum Beispiel GAFAM/BAT,[9] ziehen zunehmend Renditen von den ‚Makern', d. h. pro-duzierenden Unternehmen, ab und agieren nach dem wettbewerbszerstörenden ‚The winner takes it all'-Prinzip. (Deutscher Bundestag, 2020, S. 180)*

Die Enquete-Kommission fordert daher eine *„Gesamtstrategie für Datensharing",* da Deutschland eine *„fragmentierte Datenlandschaft über viele Unternehmen hin-weg"* habe, die aus diversen kleinen Initiativen bestehe: *„Die Stiftung Neue Verantwortung hat im Jahr 2019 rund 60 verschiedene Sharing-Initiativen ermittelt,*

---

[9] GAFAM steht für die fünf großen Konzerne der Tech-Branche: Google, Amazon, Face-book, Apple und Microsoft *(Deutscher Bundestag, 2020, S. 134).* Die Abkürzung BAT steht für die chinesischen Unternehmen Baidu, Alibaba und Tencent *(Deutscher Bundestag, 2020, S. 180).*

die von Forschungspools zu Industrie-Plattformen reichen und vorwiegend öffentlich finanziert sind. ". Für die zentrale Organisation der Datenökonomie fehle jedoch *„ein zentraler Marktplatz im Sinne eines ‚Amazons für Daten', das den deutschen bzw. europäischen Unternehmen einen Wettbewerbsschub geben könnte"* *(Deutscher Bundestag, 2020, S. 181).* Die Enquete-Kommission betont, dass die breite Entwicklung und Implementierung von KI-Anwendungen entsprechende Daten und Infrastrukturen voraussetzten:

> *Für die Entfaltung von KI-Anwendungen in Deutschland und Europa wird es als maßgeblich erachtet, dass der Zugang zu Daten optimiert wird und vorhandene Datenbestände und vorhandenes Know-how in der Datenanalyse besser vernetzt werden; dafür werden verschiedene Modelle vorgeschlagen. Wichtig ist der Projektgruppe, dass Anreize zum Datenteilen gesetzt werden, um Datensilos zu öffnen, dezentrale Datenbestände stärker interoperabel zu vernetzen, Synergien zu heben etc. (Deutscher Bundestag, 2020, S. 120).*

Zusammenfassend lässt sich festhalten, dass die Enquete-Kommission Künstliche Intelligenz der Regierung empfiehlt, in den Aufbau von Infrastrukturen zu investieren und den Datenzugang zu verbessern, um *„einen eigenständigen Weg in der Datenökonomie durchzusetzen"* *(Deutscher Bundestag, 2020, S. 118).* Sie definiert eine Reihe von Maßnahmen zum Aufbau von *„technisch-wissenschaftlichen Fähigkeiten"* und *„einer robusten Infrastruktur"*, um das europäische Ziel, *„Ethik-Vorreiter"* zu werden, umzusetzen: *„Ein Ethik-Vorreiter ohne technisch-wissenschaftliche Fähigkeiten, eine robuste Infrastruktur und skalierbare Geschäftsmodelle ist jedoch wenig erfolgsversprechend."* *(Deutscher Bundestag, 2020, S. 118).*

4.2.1.3 Beiträge der Problemdefinition für die Strategieformulierung

Wie gezeigt werden konnte, haben die verschiedenen hybriden Foren sowohl in Phase 1 als auch in Phase 2 zur Wissenskonstruktion über die Problemdefinition der Technologieentwicklung sowie ihrer Nebenfolgen und Risiken beigetragen. Im politischen Prozess war dieser Schritt insbesondere in der *Strategieformulierung* von Bedeutung, um eine neue strategische Zielrichtung zu definieren. Die verschiedenen Handlungsempfehlungen wurden in den politischen Strategien (insbesondere in Digital Strategie 2014–2017, KI-Strategie und Datenstrategie) verankert und haben zur Schaffung einer neuen Handlungsorientierung beigetragen. Zur Umsetzung dieser Strategien wiederum wurden politisch neue hybride Foren beauftragt, die im Folgenden vorgestellt werden.

4.2.2 Hybride Foren zur Entwicklungsbegleitung und ihre Beiträge zur Strategieimplementierung

Während die zuvor beschriebene Einbindung der Enquete-Kommission zur Problemdefinition beigetragen hat, die zunächst eher den Charakter der Strategieformulierung hatte, hat die Analyse des Diskurses aufgezeigt, dass ab 2013 verschiedene Maßnahmen zur Umsetzung der Digital Strategie 2014–2017 auf den Weg gebracht wurden, die der *Strategieimplementierung* dienen. Callon und Kollegen *(2009)* argumentieren in diesem Zusammenhang, dass ein weiteres Defizit von Technologieentwicklungsprozessen darin bestehe, dass Forscherkollektive isoliert von gesellschaftlichen Risikodebatten arbeiteten und den Gegenstand ihrer Forschung von der externen Welt immunisierten *(Callon et al., 2009, S. 51–53; siehe auch Kapitel 2)*. Politisch wurden verschiedene Technologieprogramme in Phase 1 und Phase 2 gefördert, um sowohl politischen Einfluss auf deren Gestaltung auszuüben als auch strategische Ziele umzusetzen *(Beck, 2012, S. 363)*. Diese Programme sollen nachfolgend kurz zusammengefasst werden.

4.2.2.1 Hybride Foren zur Entwicklungsbegleitung in Phase 1
In Phase 1 werden drei Technologieprogramme gefördert, die dem politischen Ziel, Datenschutz und Datennutzung zu verbinden, dienen sollen: Das Trusted-Programm, das Smart Data-Programm und zwei Big-Data-Kompetenzzentren. Wie im vorangegangenen Abschnitt werden die drei Programme in Bezug auf ihren Auftrag, die Perspektivenvielfalt, die sie als hybride Foren qualifiziert, und ihre Maßnahmen zur Strategieimplementierung vorgestellt.

Trusted Cloud-Programm
Das Programm „*Trusted Cloud – Innovatives, sicheres und rechtskonformes Cloud Computing*" (kurz: Trusted Cloud-Programm) wird durch das BMWi im Zeitraum von 2010 bis 2016 mit ca. 42 Mio. Euro gefördert *(BMWi, 2015c, S. 7; Deutscher Bundestag, 2018, S. 6)*.

Auftrag: Mit der Förderung des Trusted Cloud-Programms wird das Ziel verfolgt, die Akzeptanz von Cloud-Anwendungen in der Wirtschaft zu steigern und die Implementierung der Cloud zu unterstützen. In der IKT-Strategie „Deutschland Digital 2015" werden zur Erreichung dieses Ziels die Chancen der Cloud in Bezug auf ihre flexible Nutzung und die Kostenvorteile durch eine nutzungsgerechte Abrechnung unterstrichen. Gleichzeitig werden die Risiken und Bedenken in Bezug auf die Sicherung und den Schutz von Daten adressiert:

Damit Cloud Computing sicher und zuverlässig eingesetzt werden kann, sind eine Reihe von Herausforderungen zu lösen. Bestehende IT-Konzepte sind an die spezifischen Anforderungen von Cloud Computing anzupassen. Dies betrifft insbesondere die Bereiche Sicherung und Schutz von Daten, Standardisierung und Interoperabilität sowie Servicequalität. (BMWi, 2010b, S. 12)

Perspektivenvielfalt: Der IT-Gipfel wird ab 2010 auf die Umsetzung der IKT-Strategie „Deutschland Digital 2015" ausgerichtet und es werden themenspezifische Unterarbeitsgruppen gebildet. Ziel der Verbindung der Agenda ist es, dass Risiken entlang der Umsetzung *„im Dialog gelöst werden" (BMWi, 2011, S. 7)* und ein *„enger Schulterschluss zwischen Wirtschaft, Wissenschaft und Politik" (BMWi, 2011, S. 5)* erreicht wird. Das Trusted Cloud-Programm wird durch eine Arbeitsgruppe begleitet, die Leitlinien einer *„akzeptablen und vertrauenswürdigen Cloud-Technologie" (BMWi, 2011, S. 92)* erarbeiten soll. Sie wird gemeinsam durch den amtierenden Bundesinnenminister und den Partner einer Technologieberatung geleitet. Die Arbeitsgruppe besteht aus IKT-Anbietern, Unternehmensvertretern, Vertretern der Wissenschaft und Vertretern von Verbraucherschutzorganisationen *(BMWi, 2011, S. 22)*. Ihr Ziel ist es, *„Anwendergruppen Handreichungen zu Informations- und Datensicherheit bereitzustellen"*, in denen *„sowohl die technischen Anforderungen zur Nutzung von Cloud Services (...), als auch rechtliche Anforderungen an Cloud Computing" (BMWi, 2011, S. 22)* definiert sind.

Zentrale Umsetzungsmaßnahmen: Im Rahmen der jährlichen IT-Gipfel und in einem abschließenden Kompendium-Bericht werden verschiedene Handlungsempfehlungen formuliert. Im Jahre 2012 veröffentlicht die Arbeitsgruppe einen Leitfaden, der zwölf Sicherheitsaspekte beinhaltet, die es beim Cloud Computing zu beachten gilt *(BMWi, 2012, S. 86)*. Beim IT-Gipfel 2014 berichtet die Arbeitsgruppe über ein *„Maßnahmenbündel von Sicherheitspraktiken"*, die in Zusammenarbeit mit dem Bundesamt für Sicherheit in der Informationstechnik (BSI) ausgearbeitet und veröffentlicht werden:

> *Bereits Anfang 2014 wurden in einem ersten Schritt entsprechende Sicherheitsprofile im Cloud Computing gemeinsam mit dem BSI erarbeitet und veröffentlicht. Die Inhalte wurden anlässlich der Cebit als Broschüre des IT-Gipfels von BSI, Deutscher Telekom, Microsoft und HP publiziert und können von den Internetnutzern jederzeit selbstständig über ein eigenes Webportal abgerufen werden. (BMWi, 2014b, 21–22; Hervorhebung durch die Verfasserin)*

Das Trusted Cloud-Programm sieht eine Zertifizierungsmöglichkeit für Unternehmen vor, die durch den 2015 gegründeten Verein „Kompetenznetzwerk Trusted

Cloud e. V." erfolgt. Im Abschlussbericht des Trusted Cloud-Programms wird hervorgehoben, dass die Zertifizierung die DSGVO ergänzt und die Vertrauenswürdigkeit von Cloud-Diensten erhöhen soll: *„Dazu wird die für das Programm Trusted Cloud eingeführte Wort-Bild-Marke ‚Trusted Cloud' als ein Label, mit dem die Zusicherung bestimmter Charakteristika von Cloud-Angeboten garantiert wird, etabliert werden." (BMWi, 2015c, S. 8).* Der Abschlussbericht betont den Beitrag des Programms zur Strategieimplementierung in der gestiegenen Akzeptanz von Cloud-Diensten als Folge von Beispielen für eine *„sichere und rechtskonforme Cloudnutzung":*

> *Zu Beginn des Programms im Jahr 2010 herrschte noch große Zurückhaltung – das betraf gerade den Mittelstand. Inzwischen werden die Cloud-Angebote jedoch immer häufiger genutzt, weil immer mehr Unternehmen erkennen, dass die Cloud Wertschöpfungspotenziale und Wettbewerbsvorteile ermöglicht. Hier hat sicherlich auch das Programm ‚Trusted Cloud' einen Anteil. Denn es geht darin um das Kernthema für die Akzeptanz der Cloud: **mit guten Beispielen zu zeigen, dass eine sichere und rechtskonforme Cloud-Nutzung möglich und wirtschaftlich umsetzbar ist.** (BMWi, 2015c, S. 4; Hervorhebung durch die Verfasserin)*

Im Abschlussbericht wird vor neuen Datenschutzrisiken durch vernetzte Cloud-Infrastrukturen gewarnt und daher die Entwicklung von ganzheitlichen, vernetzten Trusted Cloud-Infrastrukturen vorgeschlagen: *„Die geschilderten Probleme [vernetzter Cloudstrukturen] sind der Anlass dafür, eine über das Trusted-Cloud-Programm hinausgehende Initiative vorzuschlagen: die Entwicklung von ganzheitlichen ‚Trusted-Cloud-Infrastrukturen'." (BMWi, 2015d, S. 6).* Aus einem Experteninterview geht hervor, dass Vertreter des Wirtschaftsministeriums das Projekt GAIA-X als Antwort auf die diversen Impulse von Experten und aus der Wirtschaft geplant hatten. Das Kompetenznetzwerk Trusted Cloud e. V. wurde in das Projekt GAIA-X einbezogen, wie aus einer Mitteilung auf deren Website hervorgeht: *„In das Projekt [GAIA-X] einbezogen ist das Kompetenznetzwerk Trusted Cloud, dessen Vorarbeiten in die Definition der Vertrauenswürdigkeit von Teilnehmern am Ökosystem unmittelbar einfließen." (BMWi, 2019c, S. 1).*

„Smart Data – Innovationen aus Daten" und Big-Data-Kompetenzzentren
Während das Trusted Cloud-Programm zur Implementierung der IKT-Strategie „Deutschland Digital 2015" beiträgt, indem es die Verbreitung von Cloud Computing als Infrastruktur für Big Data unterstützt, werden ab 2013 zwei weitere Technologieprogramme für Big Data aufgesetzt: Das Programm „Smart Data – Innovationen aus Daten" (kurz: Smart Data-Programm) des Bundesministeriums für Wirtschaft und Technologie (BMWT) und das Programm „Big

Data-Kompetenzzentren" des Bundesministeriums für Bildung und Forschung (BMBF).

Auftrag: Im November 2013 kündigt das BMWT das Smart Data-Programm an. Gefördert werden sollen 12 bis 16 Pilotvorhaben im Zeitraum von 2014 bis 2017 mit einer Gesamtfördersumme von ca. 30 Mio. Euro. Das BMWT formuliert die Absicht, Pilotprojekte mit „Leuchtturmcharakter" zu fördern, die *„praktikable Geschäftsmodelle"* einerseits und Lösungen für einen *„rechtskonformen und verantwortungsvollen Umgang mit Daten"* andererseits zum Ziel haben sollen. Im Rahmen der Projekte sollen technische Verfahren der Verschlüsselung, Authentifizierung, Anonymisierung und Pseudonymisierung entwickelt werden, um handhabbare Privacy by Design-Lösungen anzubieten *(BMWT, 2013, S. 2)* und zur offenen Nutzung öffentlicher und privater Datensammlungen („Open Data") sowie zur offenen Bereitstellung von Softwarekomponenten („Open Source-Software") beizutragen *(BMWT, 2013, S. 4)*.

Im Jahre 2013 werden Förderungen für Big Data-Kompetenzzentren ausgeschrieben und *„Skalierbarkeit"* *(BMBF, 2014a, S. 1)* und *„Anwendungsorientierung"* *(BMBF, 2014c, S. 1)* als Bedingungen für die Förderung hervorgehoben. Daraufhin werden 2014 zwei Big-Data-Kompetenzzentren eingerichtet: Das Berlin Big Data-Center soll *„automatisch skalierbare Technologien entwickeln (...), die riesige heterogene Datenmengen organisieren und gleichzeitig aus all diesen Datenmengen intelligent Informationen gewinnen"* kann, und das Competence Center for Scalable Data Services mit Standorten in Dresden und Leipzig soll durch einen *„service-orientierten Ansatz (...) ein Portfolio von Big Data-Lösungen für die Wissenschaft und die Industrie erforschen, entwickeln und zugänglich machen."* *(BMBF, 2014b, S. 3)*.

Perspektivenvielfalt: Das Smart Data-Programm besteht aus sechzehn „Leuchtturmprojekten" im Bereich Industrie, Mobilität, Energie und Gesundheit *(BMWi, 2017a, S. 3)*. Eine entsprechende Begleitforschung evaluiert die wirtschaftlichen Potenziale, die gesellschaftliche Akzeptanz sowie die rechtlichen Rahmenbedingungen *(BMWi, 2017a, S. 4)*. Für den Fachgruppen-übergreifenden Austausch werden fünf Fachgruppentreffen zu den Themen „Smart-Data Geschäftsmodelle", „Smart Data und B2B", „Open Data" und „Corporate Digital Responsibility" organisiert. Wesentlicher Output der Treffen sind die Veröffentlichungen „Smart-Data Geschäftsmodelle" (November 2015), „Open Data in Deutschland" (November 2016) und „Corporate Digital Responsibility" (Dezember 2017) sowie ein Smart Data Jahreskongress (November 2016), ein Smart Data Dialog (Mai 2017) und ein Symposium (November 2017). Zu diesen Treffen werden externe

Experten eingeladen: „*Nach der Gruppenbildungsphase des ersten Fachgruppen-treffens öffnete die Fachgruppe ihre Treffen zunehmend für externe Experten.*" *(BMWi, 2017a, S. 46)*.

Während der gesellschaftliche Beitrag der Big Data-Kompetenzzentren in der Ausschreibung zunächst keine Erwähnung fand, wird im Ankündigungsschreiben des BMBF betont, dass ein besonderer Fokus auf den „*verantwortungsvollen Umgang mit Daten*" gesetzt und ein „*Transfer der Ergebnisse in den gesellschaftlichen Diskurs*" gewährleistet werde:

> *Alle Anwendungen von Big Data bergen gleichzeitig Potenziale und Herausforderungen juristischer und gesellschaftlicher Art. So verschwimmen zum Beispiel durch Big Data die Grenzen zwischen personenbezogenen und nicht-personenbezogenen Daten. Nicht-personalisierte Daten können immer mehr auch wieder auf einzelne Personen zurückgeführt werden. Diese und andere Aspekte gilt es stets mit im Blick zu haben. (BMBF, 2014b, S. 4)*

Das BMBF kündigt an, „*durch begleitende Forschung die Fragen zum verant-wortungsvollen Umgang mit Big Data anzugehen und die Ergebnisse in den gesellschaftlichen Diskurs einzubringen.*" *(BMBF, 2014b, S. 4)*.

Zentrale Umsetzungsmaßnahmen: Im Rahmen des Forschungsprogramms Smart Data werden im Zeitraum von 2014 bis 2018 insgesamt 16 Projekte mit 36 Millionen Euro gefördert *(BMWi, 2017a, S. 3)*. Dem Bericht zufolge besteht der Beitrag der Projekte darin, als Beispiele zu fungieren, wie Datennutzung und Datenschutz zusammen umgesetzt werden können und so zu einer höheren Akzeptanz beitragen. Sie seien daher als „*Vorreiter auf diesen Gebieten zu bewerten*" *(BMWi, 2017a, S. 5)*. Als eines der wesentlichen Ergebnisse aller Smart Data-Projekte wird festgehalten, dass diese zu einem „*Umdenken*" geführt hätten, indem Datenschutzfragen am Anfang jedes Projektes gestanden hätten und nicht „*erst bei bereits fortgeschrittenem Projektverlauf*" berücksichtigt worden seien. Insofern trägt das Projekt zur praktischen Erprobung neuer, in der DSGVO festgelegter Datenschutzstandards wie „Privacy by Design" bei:

> *So wurde im Laufe der Projektarbeit deutlich, dass insbesondere das Inkrafttreten der Datenschutz-Grundverordnung und ihr absehbarer Anwendungsbeginn Einfluss auf den Entwicklungsprozess einer Technologie haben kann. Mit Blick auf die Sensibilität von Daten hat die neue Norm zu einem Umdenken geführt und dazu beigetragen, dass Datenschutz nun am Anfang des Entwicklungsprozesses steht. (BMWi, 2017a, S. 4)*

Das Smart Data-Programm veröffentlicht zudem Impulse für die Weiterentwick-lung von Open Data, in denen die Verfasser auf das Fehlen eines organisierten

Datenhandels und von Anreizsystemen zur Datenfreigabe hinweisen: *„Mit Blick auf notwendige Anreizstrukturen muss auch die öffentliche Hand ihre Daten wegbereitend systematisch und strukturiert bereitstellen, um so innovative Smart-Data-Dienste substanziell zu unterstützen."* (*Smart-Data-Begleitforschung & FZI Forschungszentrum Informatik, 2015, S. 6*). Sie identifizieren drei Hürden für den Durchbruch von Open Data: Überwachungsängste in der Bevölkerung („gläserne Bevölkerung"), Sicherheitsbedenken von staatlichen Institutionen und Verwaltungen („Datenschutz") und ökonomische Risiken für Unternehmen („Einnahmeausfälle") (*Smart-Data-Begleitforschung & FZI Forschungszentrum Informatik, 2016, S. 9–11*). Von der Politik fordern sie, einen *„Paradigmenwechsel"* einzuleiten, der allerdings ein *„weitreichendes Umdenken und [eine] drastische Umorientierung seitens beteiligter Akteure aus Politik und Wirtschaft"* voraussetze (*Smart-Data-Begleitforschung & FZI Forschungszentrum Informatik, 2016, S. 11*). Der Bericht fordert systembildende Maßnahmen durch die Politik – z. B. die Förderung von Best Practices, den Aufbau von Infrastrukturen, Systemen und Plattformen (*Smart-Data-Begleitforschung & FZI Forschungszentrum Informatik, 2016, S. 11*).

Insgesamt haben die hybriden Foren die Strategieimplementierung gefördert, indem sie zur Erprobung der „neuen Logik" in Phase 1, Datenschutz und Datennutzung zu verbinden, insofern beigetragen haben, als Projekte gefördert wurden, die diese neue Logik umsetzen und Datenschutzprinzipien wie „Privacy by Design" anwenden. Im Rahmen des Trusted Cloud-Programms wurde eine neue Cloud-Zertifizierung eingeführt, die den Datenschutz von Cloud-Diensten sicherstellen und Unternehmen bei der Auswahl von Cloud-Anbietern unterstützen soll.

4.2.2.2 Hybride Foren zur Entwicklungsbegleitung in Phase 2

Die politischen Strategien in Phase 2 beziehen sich auf das Spannungsfeld zwischen Abhängigkeit und Zusammenarbeit mit außereuropäischen Technologieanbietern. Mit der zunehmenden Bedeutung von KI – die sich beispielsweise in der KI-Strategie 2018 manifestiert – wird die Datenverfügbarkeit wichtiger und löst Fragen über die Datensouveränität aus, wenn die Verwaltung von Daten durch außereuropäische Anbieter erfolgt. In dieser Phase werden Technologieprogramme gefördert, die die Datensouveränität stärken sollen. Zwei Programme sollen im Folgenden näher betrachtet werden, die zur Strategieimplementierung beitragen: die Plattform Lernende Systeme und das Projekt GAIA-X.

Plattform Lernende Systeme
In der KI-Strategie 2018 wird das Ziel formuliert, zwölf Kompetenzzentren für KI aufzubauen. Zur Umsetzung sollen neue und bestehende Kompetenzzentren, darunter die Plattform Lernende Systeme gefördert und ausgebaut werden. Am Beispiel der Plattform Lernende Systeme wird exemplarisch dokumentiert, welchen Auftrag die Forschungszentren erhalten, wie sie die Perspektivenvielfalt zur kollektiven Wissensproduktion herstellen und welchen Beitrag sie zur Strategieimplementierung in Phase 2 leisten.

Auftrag. Die Plattform Lernende Systeme wird im Jahre 2017 durch das BMBF initiiert, um die *„Zusammenarbeit von Forschung und Wirtschaft"* zu fördern *(BMBF, 2017, S. 1)*. Im Rahmen der KI-Strategie erhält die Plattform den Auftrag, *„als begleitendes Gremium für F&E-Kooperationen im Bereich KI praxisnahe Empfehlungen für wirtschaftlich und gesellschaftlich präferierte Entwicklungen zu geben."* *(Bundesregierung, 2018b, S. 14)*. Über die Forschungsbegleitung hinaus soll ein *„Austausch zwischen Politik, Wissenschaft und Wirtschaft mit der Zivilgesellschaft"* organisiert werden *(Bundesregierung, 2018b, S. 7)*. Das Vorhaben kommt damit Aufrufen in *„zahlreiche[n] Stellungnahmen aus Wissenschaft und Wirtschaft"* nach, *„die Strukturen auch hinsichtlich ihres Repräsentativitätscharakters und möglicher partizipativer Maßnahmen"* weiterzuentwickeln *(Bundesregierung, 2018b, S. 46)*. Die Kompetenzzentren erhalten folglich den Auftrag, partizipative Strukturen in interdisziplinären Forschungsprojekten zu schaffen, um gesellschaftliche Belange und politische Leitlinien in *„gesellschaftlich präferierten"* Technologieentwicklungen durch Wirtschaft und Wissenschaft zu verankern *(Bundesregierung, 2018b, S. 46)*.

Perspektivenvielfalt. Die Plattform Lernende Systeme ist in Arbeitsgruppen organisiert, die *„Expertinnen und Experten aus Wissenschaft, Wirtschaft und Politik mit zivilgesellschaftlichen Organisationen aus den Bereichen Lernende Systeme und Künstliche Intelligenz"* zusammenbringt *(Deutscher Bundestag, 2018, S. 8)*. Die Experten erörtern *„technologische, wirtschaftliche und gesellschaftliche Fragen, die mit der Entwicklung und Einführung von Lernenden Systemen und Künstlicher Intelligenz verbunden sind"* und formulieren Handlungsempfehlungen *(Deutscher Bundestag, 2018, S. 8)*. Die Bundesforschungsministerin und der acatech Präsident entscheiden gemeinsam über die *„strategische und inhaltliche Ausrichtung der Plattform"* *(Lernende Systeme – Die Plattform für Künstliche Intelligenz, 2020, S. 13)*.

Zentrale Umsetzungsmaßnahmen. Die Plattform Lernende Systeme veröffentlicht im Jahre 2020 einen Fortschrittsbericht, in dem die verschiedenen Arbeitsgruppen ihre bisherigen Ergebnisse zusammenfassen. Durch den *„Aufbau einer KI-Landkarte"* werden umgesetzte Anwendungsbeispiele dokumentiert

(Lernende Systeme – Die Plattform für Künstliche Intelligenz, 2020, S. 43). Der Bericht belegt *„950 Anwendungsbeispiele aus Forschung und Praxis nach Branchen und Region, aber auch nach Einsatzfeld, zugrundeliegender KI-Technologie"* *(Lernende Systeme – Die Plattform für Künstliche Intelligenz, 2020, S. 62)*. Darüber hinaus wird betont, eine *„wichtige Stimme im deutschsprachigen Diskurs um KI-Geschäftsmodelle und deren wirtschaftliche und gesellschaftliche Auswirkungen"* *(Lernende Systeme – Die Plattform für Künstliche Intelligenz, 2020, S. 43)* darzustellen und auf *„hochkarätigen Veranstaltungen wie der CEBIT 2018, den Digital-Gipfeln 2018 und 2019 sowie bei Veranstaltungen der Plattform Industrie 4.0 wichtige inhaltliche Impulse für die Debatte um innovative Geschäftsmodelle mit KI geben [zu] können"* *(Lernende Systeme – Die Plattform für Künstliche Intelligenz, 2020, S. 43)*. Darüber hinaus wird berichtet, dass Arbeitsgruppen sich in Debatten zur Regulierung und Zertifizierung und in ethische KI-Leitlinien einbringen, indem Workshops veranstaltet und Stellungnahmen veröffentlicht werden *(Lernende Systeme – Die Plattform für Künstliche Intelligenz, 2020, S. 40)*.

Die Plattform Lernende Systeme formuliert Handlungsempfehlungen zur Umsetzung der Souveränitätsziele der Bundesregierung: Unternehmen sollen sich durch einen *„Multi-Cloud-Ansatz"* *(Lernende Systeme – Die Plattform für Künstliche Intelligenz, 2019, S. 57)*, bei dem verschiedene Clouds genutzt und verknüpft sowie Daten verschlüsselt ausgetauscht werden, von einzelnen Cloud-Anbietern unabhängig machen. Cloud-Anbietern in Deutschland und Europa wird empfohlen, Allianzen zu schließen, um Lern- und Skalenvorteile zu generieren, wie dies im Projekt GAIA-X angedacht sei: *„Deutsche und europäische Infrastruktur- und Technologieanbieter könnten Allianzen eingehen, um Skalenvorteile in Konzeption, Aufbau und Betrieb zu erzielen, wie sie etwa in der von der Bundesregierung initiierten europäischen Cloud-Infrastruktur GAIA-X angedacht sind"* *(Lernende Systeme – Die Plattform für Künstliche Intelligenz, 2019, S. 57)*.

Die Handlungsempfehlung an die Politik lautet, durch eine *„verpflichtende Interoperabilität"* und ein *„Recht auf Entkopplung"* die Voraussetzungen zur Umsetzung von Multi Cloud-Strategien zu verbessern *(Lernende Systeme – Die Plattform für Künstliche Intelligenz, 2019, S. 57; Lernende Systeme – Die Plattform für Künstliche Intelligenz, 2020, S. 43)*. Durch diese Maßnahmen sollen die erforderlichen *„Datenplattformen"* für ein *„Trusted open data-Ökosystem"* geschaffen werden, die sich durch *„eine nachprüfbare, vertrauenswürdige und vom Datengeber steuerbare Datenverarbeitung"* auszeichnen *(Lernende Systeme – Die Plattform für Künstliche Intelligenz, 2019, S. 16)*.

Das Projekt „GAIA-X"
Im Oktober 2019 veröffentlichen das BMWi und das BMBF gemeinsam das Projekt GAIA-X für eine vernetzte Dateninfrastruktur. Auslöser für das Projekt sind die zentrale Bedeutung von Cloud-Modellen in der Digitalisierung und das gleichzeitige Fehlen entsprechender Angebote auf europäischer Ebene:

> *Die existierenden Cloud-Angebote werden von außereuropäischen Anbietern mit hoher Marktmacht und schnell skalierenden Cloud-Infrastrukturen dominiert. Europäische Alternativen bieten keine vergleichbare Marktkapitalisierung, Skalierbarkeit und Anwendungsbreite und sind allenfalls in fachspezifischen Nischen aktiv. (BMWi, 2019b, S. 7)*

Auftrag: Mit GAIA-X soll eine vernetzte Dateninfrastruktur geschaffen werden, um die bisher fehlende Alternative zu außereuropäischen Anbietern zu bieten und insbesondere kleineren Anbietern die Möglichkeit zu geben, ihre Dienste in ein größeres Netzwerk einzubringen. Ziel des Projektes ist es, eine europäische Dateninfrastruktur als Gegenpol zu den *„Oligopoltendenzen in der Plattformökonomie"* aufzubauen, um im internationalen Wettbewerb, der zunehmend geprägt ist von *„Internationale[n] Spannungen, Handelskonflikte[n]"* und einer *„digitale[n] Zweiteilung"*, Abhängigkeiten von außereuropäischen Anbietern zu reduzieren:

> *Europa steht vor der Herausforderung, sein liberales und soziales Wirtschafts- und Gesellschaftsmodell gegen zunehmende Abhängigkeiten von kritischen Digitaltechnologien (zum Beispiel zur Erhebung, zum Austausch, zur Speicherung und zur Analyse von Daten) und Oligopoltendenzen in der Plattformökonomie zu erhalten und im internationalen Wettbewerb zu positionieren. Internationale Spannungen, Handelskonflikte und die digitale Zweiteilung verschärfen das Problem. Diese Diskussion spiegelt sich auch auf europäischer Ebene wider. Wir müssen unsere strategische Handlungsfähigkeit erhalten, um auf Dauer digital frei und selbstbestimmt agieren zu können. Wir müssen dafür auch im Bereich der Daten digital souverän sein. (BMWi, 2019b, S. 8)*

Perspektivenvielfalt: Die Umsetzung soll durch die Bundesregierung und verschiedene Unternehmen erfolgen und von einer neu gegründeten Gesellschaft koordiniert werden:

> ‚*Die Bundesregierung sieht sich nicht nur als Impulsgeber für die Cloud, sondern will als Nutzer der Cloud eine ‚Schlüsselrolle' einnehmen', wie es in dem Papier heißt. Kommende Woche sollen die abschließenden Gespräche mit den beteiligten Unternehmen geführt werden. (...) Noch ist freilich unklar, in welcher Form GAIA-X laufen soll. Ob als Unternehmen, Verein oder Stiftung (...). (Frankfurter Allgemeine Zeitung 23.08.2019)*

Im Januar 2021 wird von 22 Unternehmen und Organisationen der Verband „Gaia-X European Association for Data and Cloud AISBL" gegründet, dem nach Angaben des Verbands bis 2023 über 340 Mitglieder beigetreten sind *(Gaia-X European Association for Data and Cloud AISBL, 2023)*.

Zentrale Umsetzungsmaßnahmen. Mit dem Projekt GAIA-X wird eine erste systembildende Infrastrukturmaßnahme vorgestellt, die Unternehmen den *„Zugang zu Daten"* und ein *„kontrolliertes Teilen"* ermöglicht und dadurch die europäische Souveränität sicherstellen soll:

> *Genau hier setzen wir mit dem „Projekt GAIA-X" an. In vielen Industriedomänen besteht ein hohes Maß an Sensibilität bzw. Schutzbedürftigkeit von Daten. Die derzeitige Marktstruktur bringt das Risiko der Abhängigkeit von internationalen Anbietern mit sich. Technische, wirtschaftliche und vertragliche Hürden bei einer Datenmigration hin zu einem anderen Infrastrukturanbieter (sogenannte Lock-in-Effekte) schränken die Handlungsfreiheit von Unternehmen ein – sowohl in betriebswirtschaftlicher Hinsicht als auch im Falle politischer Konflikte. Damit Plattformen und ganze Industrien ihre Wertschöpfung weiter erfolgreich sichern und ausbauen können, bedarf es einer Dateninfrastruktur, die die digitale Souveränität der Nutzer stärkt. (BMWi, 2019b, S. 10)*

4.2.2.3 Beiträge der Entwicklungsbegleitung für die Strategieimplementierung

Insgesamt kann konstatiert werden, dass die hybriden Foren zur Technologieentwicklung beigetragen haben, indem sie insbesondere die politische und die gesellschaftliche Dimension der Nebenfolgen und Risiken in den Technologieentwicklungsprozessen verankert haben. Im politischen Prozess war dieser Schritt insbesondere in der *Strategieimplementierung* von Bedeutung, um die politischen Handlungsorientierungen in traditionell verschlossenen Technologieentwicklungsprozessen zu verankern. In Phase 1 haben die Technologieprogramme zur Erprobung von Datenschutzprinzipien beigetragen, in Phase 2 hat sich der politische Anspruch der Systembildung in umfangreicheren Projetförderungen manifestiert.

4.2.3 Hybride Foren zur Reflektion und ihre Beiträge zur Strategiekontrolle

Die zunehmende Verbreitung von Datenspeicherdiensten und Datenanalyseanwendungen am Ende von Phase 1 wirft neue Fragen auf, die zum Übergang in

Phase 2 führen. Charakteristisch für Phase 2 sind ein stärkerer Fokus auf geopolitische Machtkonstellationen und eine neue Beschäftigung mit dem Spannungsfeld zwischen der Zusammenarbeit mit außereuropäischen In–frastrukturanbietern und der Abhängigkeit von diesen, die schließlich einen politischen Umschwung und Investitionen in systembildende Maßnahmen einleiten. Dieser strategische Wandel wird durch Maßnahmen zur strategischen Prämissenkontrolle und Impulse zu neuen strategischen Handlungsorientierungen unterstützt. Callon und Kollegen *(2009)* gehen davon aus, dass die Einbindung hybrider Foren in die Entwicklungskontrolle dazu beitragen kann, Fehlentwicklungen zu erkennen und adäquatere Impulse zu setzen („Übersetzung 3"; siehe Kapitel 2). Im Folgenden werden hybride Foren beschrieben, die zum Übergang von Phase 1 in Phase 2 beigetragen haben.

4.2.3.1 Hybride Foren zur Reflektion im Übergang von Phase 1 zu Phase 2

Der Begriff der Souveränität, der Phase 2 prägt, wird erstmals in der Digital Strategie 2014–2017 verwendet und beschreibt Maßnahmen zum Aufbau einer eigenen, nationalen Cloud und IT, um die staatliche Unabhängigkeit zu stärken. Um den Stand der Souveränität über staatliche Infrastrukturen hinaus zu untersuchen, verankert die Bundesregierung die offenen Fragen zur Souveränität in einer Fokusgruppe beim IT-Gipfel 2015–2016 und gibt, den Empfehlungen der Arbeitsgruppe folgend, eine Studie in Auftrag, die den Entwicklungsstand ermitteln soll.

Digital-Gipfel-Fokusgruppe und Souveränitäts-Studie
Zwei hybride Foren befassen sich mit den Souveränitätsfragen im Übergang zwischen Phase 1 und Phase 2: eine Fokusgruppe beim IT-Gipfel 2015–2016 sowie eine Forschungsgruppe FZI Forschungszentrum Informatik, Accenture und Bitkom Research.

Auftrag: Beim begleitenden Nationalen IT-Gipfel zur Digitalen Agenda 2014–2017 übernimmt die Fokusgruppe 1 *„Digitale Souveränität in einer vernetzten Welt"* die Bearbeitung weiterführender Souveränitätsfragen *„in einer globalen Datenwirtschaft"* *(BMWi, 2015b, S. 38)* und veröffentlicht 2015 das Papier *„Leitplanken Digitaler Souveränität"*. Dort wird der Begriff der Souveränität eingeführt und als Spannungsverhältnis zwischen Selbst- und Fremdbestimmung definiert:

Souverän zu sein bedeutet daher, zu selbstbestimmtem Handeln und Entscheiden fähig zu sein, ohne dabei ausschließlich auf eigene Ressourcen zurückzugreifen.
Dazu gehört, dass Wirtschaft, Wissenschaft und Gesellschaft (digitale) Produkte,

Dienstleistungen, Plattformen und Technologien so nutzen können, dass beispiels-
weise eigene Sicherheits- oder Datenschutzinteressen nicht beeinträchtigt sind, dass
***keine unausweichlichen Abhängigkeiten entstehen** und dass eigene Geschäftsideen*
und -modelle verwirklicht werden können. Digitale Souveränität bedeutet darüber hin-
aus, dass Wirtschaft, Wissenschaft (und in einigen Fällen die öffentliche Verwaltung)
in der Lage sind, digitale Technologien zu entwickeln, zur Marktreife auf internatio-
nalem Spitzenniveau zu bringen und national wie international zu vertreiben. (BMWi,
2015a, S. 1; Hervorhebungen durch die Verfasserin)

Das Papier fasst eine Reihe von Handlungsfeldern zusammen, die zum Aufbau
souveräner Infrastrukturen und zur Beherrschung von Schlüsselkompetenzen und
-technologien in einer globalen Datenökonomie beitragen sollen. Den Empfehlungen der Fokusgruppe folgend, wird eine Studie in Auftrag gegeben, um zu
identifizieren, *„welche digitalen Fähigkeiten und Schlüsselkompetenzen in Deutsch-*
land – auch im internationalen Vergleich – vorhanden sind." (BMWi, 2016, S. 35).
Ziel der Studie ist es, ein *„laufendes Kompetenzmonitoring"* zu schaffen, um
„Schlüsseltechnologien und -kompetenzen, die zum Erhalt und Aufbau digita-
ler Souveränität notwendig sind, gezielt zu fördern." (BMWi, 2016, S. 35). Dies
Monitoring soll künftig angewendet werden, um Monopolstrukturen in Schlüsseltechnologien *„ständig kritisch [zu] hinterfragen und Alternativen [zu] prüfen."*
(FZI Forschungszentrum Informatik et al., 2017, S. 62).

Aus einem informellen verbalen Austausch ging hervor, dass die Studie eine
Entscheidungsgrundlage für zukünftige politische Investitionen in die Datenökonomie darstellen sollte. Im Legislaturbericht zur Digitalen Agenda 2014–2017
werden die aufeinanderfolgenden Maßnahmen wie folgt beschrieben: *„Die Platt-*
form [Fokusgruppe auf dem IT-Gipfel] hat Leitplanken für die digitale Souveränität
in einer globalen Datenwirtschaft beschrieben. Sie identifiziert zurzeit in einer
Studie Schlüsseltechnologien und -kompetenzen, die für künftige Wertschöpfungs-
prozesse besonders relevant sind." (Bundesregierung, 2017a, S. 18; Einfügung
durch die Verfasserin).

Perspektivenvielfalt: Die Fokusgruppe, die das Papier *„Leitplanken Digita-*
ler Souveränität" verfasst hat, besteht nach eigenen Angaben aus Akteuren aus
Wirtschaft, Politik und Wissenschaft *(BMWi, 2015b, S. 38)*. Um unterschiedliche
Perspektiven im Prozess einzuholen, werden die entwickelten Ideen im September 2015 in einem Experten-Workshop in Berlin mit Akteuren aus Wirtschaft
und Wissenschaft überprüft und weiterentwickelt. Das Papier wird im November 2015 beim IT-Gipfel vorgestellt *(BMWi, 2015a, S. 1)*, wobei die Fokusgruppe
versichert, die Entwicklung der Studie weiter *„konstruktiv zu begleiten"* (BMWi,
2015b, S. 38).

Den Auftrag für die Studie erhält ein Forschungskonsortium des FZI Forschungszentrums Informatik, Accenture und Bitkom Research im Jahre 2015. Ziel
der Studie ist es, den aktuellen Stand der Souveränität zu messen und ein Monitoring zu entwickeln, das jährlich wiederholt werden kann. In die Erarbeitung
des Kompetenzmonitorings werden unterschiedliche Experten durch Befragun-
gen einbezogen und es wird ein entsprechender Workshop durchgeführt *(FZI
Forschungszentrum Informatik et al., 2017, S. 15)*. Zudem wird die thematische
Perspektivenvielfalt durch ein umfassendes Analyse-Framework abgedeckt, das
gesellschaftliche, politische und ökonomische Faktoren zur Bewertung heran-
zieht:

> *Um den Status quo und die Perspektiven Deutschlands in den einzelnen Techno-
> logiefeldern zu untersuchen, wurde das STEP-Modell zur Makroumweltanalyse für
> die spezielle Fragestellung hinsichtlich der Kompetenzen für eine digitale Souve-
> ränität angepasst. Zusätzlich zu sozialen bzw. gesellschaftlichen, technologischen,
> ökonomischen und politischen Faktoren werden ergänzend die Kompetenz- und Bil-
> dungslandschaft sowie das Innovationsumfeld in den Technologiefeldern untersucht,
> analysiert und eingeordnet. (FZI Forschungszentrum Informatik et al., 2017, S. 15)*

Zentrale Handlungsempfehlungen: Im Jahre 2017 veröffentlichen das FZI
Forschungszentrum Informatik, Accenture und Bitkom Research den Abschluss-
bericht der zweijährigen Studie *„Kompetenzen für eine digitale Souveränität"*. In
diesem Bericht werden Technologieabhängigkeiten in Bezug auf *1) Cloud und
Datenmanagementsysteme* sowie auf *2) Datenanalysesysteme* festgestellt[10] und
Handlungsempfehlungen zum Erhalt der Souveränität abgeleitet.

1) Cloud und Datenmanagementsysteme. Für den Bereich Cloud und Datenmanagementsysteme stellt der Abschlussbericht zunächst eine zunehmende
Akzeptanz und Verbreitung von Clouds fest und führt diese auf die Kosten-
und Effizienzvorteile der Flexibilisierung und Skalierbarkeit zurück. Begünstigt
wird die Cloud-Adaption durch die Einbeziehung von Schnittstellentechnologien
(APIs), die insbesondere bei häufig modular aufgebauten IT-Systemen eine Auslagerung einzelner Aufgaben in die Cloud ermöglichen. Der Abschlussbericht
stellt jedoch auch Entwicklungen fest, die zu einer zunehmenden Abhängigkeit
von außereuropäischen Anbietern führt: US-amerikanische Cloud-Anbieter haben
Rechenzentren in Deutschland und in der EU aufgebaut, als vor Risiken bei der

---

[10] Der Abschlussbericht beschreibt insgesamt sieben Technologiefelder, von denen in dieser Arbeit nur auf die beiden näher eingegangen wird, die einen direkten Bezug zum
Datenökonomie-Diskurs haben *(FZI Forschungszentrum Informatik et al., 2017)*.

Auslagerung in außereuropäische Rechenzentren gewarnt wurde, weil „nichtdeutsche bzw. nichteuropäische Anbieter nicht in der Lage sind, die aus Sicht deutscher Unternehmen relevanten Standards einzuhalten." (FZI Forschungszentrum Informatik et al., 2017, S. 40). In der Folge konnten insbesondere US-amerikanische Cloud-Anbieter ihre Marktanteile weiter ausbauen, was zu einer zunehmenden Marktkonsolidierung geführt hat, die es deutschen Anbietern erschwert, ihre Lösungen am Markt anzubieten: „Das hatte zur Folge, dass zahlreiche ausländische Anbieter – z. B. auf Anraten der US-Regierung hin – in den vergangenen Jahren Rechenzentren in Deutschland bzw. in der EU aufgebaut haben." (FZI Forschungszentrum Informatik et al., 2017, S. 40). Während deutsche Anbieter sich in den Bereichen Interoperabilität und Substituierbarkeit weiterentwickelt haben, können sie sich aufgrund der Dominanz großer Anbieter am Cloud-Markt nicht durchsetzen. Der Abschlussbericht stellt daher eine persistierende Abhängigkeit von US-amerikanischen Anbietern fest:

> Durch die Vielzahl der Anbieter verteilter Anwendungen, Betriebsplattformen und Architekturen haben sich die Interoperabilität, aber auch die Substituierbarkeit gerade auch deutscher Produkte weiterentwickelt. Die zunehmende Konsolidierung des Marktes führt aktuell nicht nur dazu, dass die Anforderungen in Bezug auf die Kenntnisse über die so ausspezifizierten Technologien kontinuierlich angepasst werden müssen, sondern auch dazu, **dass die Abhängigkeit von diesen Technologien sich auf allen Branchenebenen verstärkt.** (FZI Forschungszentrum Informatik et al., 2017, S. 40; Hervorhebung durch die Verfasserin)

Im Zusammenhang mit Abhängigkeiten empfehlen die Autoren des Abschlussberichts eine ganzheitliche Strategie zur Marktgestaltung und -regulierung und warnen vor Fehlentwicklungen. Beispielsweise hätten die Maßnahmen zur Cloud-Zertifizierung die Konzentration im Markt begünstigt und die Testierung der Amazon Cloud (AWS) habe die Konzentration noch verstärkt:

> Beispielhaft für den Mangel an einer solchen Strategie ist die Einführung eines Testats nach dem Anforderungskatalog „Cloud-Computing C5" durch das BSI, das über Sicherheitsmaßnahmen informiert, die ein Cloud-Anbieter zum Schutz von Daten ergreift. Dies führte jedoch dazu, dass der welt- und deutschlandweite Cloud-Marktführer mit jeweils mehr als 30 Prozent Marktanteil [AWS] der erste Anbieter war, der sich im Dezember 2016 hat zertifizieren lassen – **was wiederum zur Folge haben dürfte, dass sich die ohnehin hohe Konzentration und Intransparenz auf dem Markt für Infrastructure-as-a-Service (IaaS) eher erhöht, weil der betreffende Anbieter nun sogar stärker als bisher von Plattform- oder Softwareanbietern, aber auch von der öffentlichen Verwaltung als Dienstleister ausgewählt wird.** (FZI Forschungszentrum Informatik et al., 2017, S. 44; Hervorhebung durch die Verfasserin)

2) *Datenanalysemethoden.* Der Abschlussbericht stellt zunächst einen positiven Trend bei den Investitionen in Softwarelösungen fest, weist jedoch gleichzeitig auf rückläufige Quoten bei der Akquise von Neukunden von Softwareherstellern hin und schlussfolgert, dass insbesondere Bestandskunden und Großunternehmen Softwarelösungen einkaufen, während es sich bei den fehlenden Neukunden um Klein- und Mittelständische Unternehmen handelt, die aufgrund der hohen Anschaffungskosten und einer negativen Kosten-Nutzen-Abwägung nicht in Datenanalysesoftware investieren. Der Abschlussbericht stellt fest, dass ein Markt für preislich attraktive Angebote fehlt und führen dies auf Oligopolstrukturen der *„fünf umsatzstärksten Hersteller von Analysesoftware"* zurück, die *„allesamt Tochterunternehmen amerikanischer Business-Intelligence-Experten sind" (FZI Forschungszentrum Informatik et al., 2017, S. 50):*

> *Das Ausbleiben neuer Kunden lässt sich insbesondere vor dem Hintergrund erklären, dass das Herz der deutschen Wirtschaft, der deutsche Mittelstand, die Potenziale von Big Data Analytics zwar erkannt hat, aber diese noch nicht umsetzt und noch nicht nutzt – im Gegensatz zu Großunternehmen, die bereits verstärkt auf den Einsatz von Analysetools setzen. Eine Erklärung dafür könnten die hohen Kosten für die Anschaffung von Analysesoftware sein, die in Abwägung gegen den eigentlichen Nutzen für das Unternehmen jedes fünfte Unternehmen in Deutschland als Barriere für die Nutzung von Big Data Analytics einstuft. **An dieser Stelle mangelt es seitens der Anwender an Modellen, die für neue, auch kleine, Kunden preislich attraktiv sind.** (FZI Forschungszentrum Informatik et al., 2017, 49–50; Hervorhebung durch die Verfasserin)*

Zum Umgang mit diesen Abhängigkeiten empfehlen die Verfasser des Abschlussberichts das Aufbrechen von Oligopolstrukturen durch die Förderung von Ökosystemen mit offenen Schnittstellen, die zur stärkeren Anbieter-Vernetzung beitragen sollen:

> *Wer statt auf eigene Insellösungen auf **möglichst offene Schnittstellen**, transparente Datenverwendung und den unvoreingenommenen Austausch zwischen den beteiligten Akteuren setzt, baut damit ein stabiles, vertrauenswürdiges Ökosystem auf, das wiederum eine Basis für neue Innovationen sein kann. (FZI Forschungszentrum Informatik et al., 2017, S. 74; Hervorhebung durch die Verfasserin)*

Weitere Handlungsempfehlungen betreffen die Verpflichtung zur Veröffentlichung der *„in öffentlich geförderten Projekten erhobenen Daten, Ergebnisse und Erkenntnisse"* für Dritte, um *„eigene Geschäftsmodelle zu erproben" (FZI Forschungszentrum Informatik et al., 2017, S. 67)* sowie die Förderung von

Großprojekten, in denen unterschiedliche Akteure genossenschaftlich zusammenarbeiten: *„Eine vertrauenswürdige Plattformökonomie für Deutschland und Europa
kann durch das Zusammenspiel von sinnvoller Regulierung und ergänzender Förderung geschaffen werden. Als Vorbilder könnten hier Genossenschaftsmodelle
dienen".* (*FZI Forschungszentrum Informatik et al., 2017, 67–68*). Ferner empfehlen
die Verfasser, die Entwicklung von eigenen Rechenzentren an Klimaschutzziele
in einem koordinierten *„Aktionsplan für nachhaltige Rechenzentren „Placed in
Germany"* gemeinsam mit Klimaschutzakteuren, der IT-Wirtschaft sowie der Energiewirtschaft"* zu binden: *„Auch durch die Möglichkeit, sich als wichtiger Anbieter
auf einem wachsenden Markt zu platzieren, wandeln sich bestehende Machtverhältnisse – dadurch werden Abhängigkeiten neu gewichtet und somit die digitale
Souveränität Deutschlands gestärkt."* (*FZI Forschungszentrum Informatik et al.,
2017, S. 63*). Alle Maßnahmen sollten in einer übergreifenden europäischen
Agenda abgestimmt und in der Umsetzung koordiniert werden: *„Für eine konkrete
Umsetzung müssen aber wiederum die Zuständigkeiten geklärt und dann entsprechend Kompetenzen aufgebaut oder verteilt werden."* (*FZI Forschungszentrum
Informatik et al., 2017, 67–68*).

Insgesamt tragen das Papier *„Leitplanken Digitaler Souveränität"* und die
Studie *„Kompetenzen für eine digitale Souveränität"* zu einer neuen Perspektive in der Betrachtung bei, die in der zweiten Phase des Diskurses stärker
das Handeln von Politik und Wirtschaft bestimmt. Die Studie *„Kompetenzen für
eine digitale Souveränität"* liefert eine erste, empirisch fundierte Forschungsrich-
tung für Fragen der Datensouveränität in einer globalen Datenwirtschaft, zeigt
Abhängigkeiten auf und liefert Impulse für offene Standards, Schnittstellen sowie
genossenschaftlich organisierte Großprojekte zur Auflösung von Konzentrationen
und Oligopolstrukturen. Aus einem Interview ging hervor, dass die Studie entge-
gen der ursprünglichen Planung nicht in ein regelmäßiges Kompetenzmonitoring
überführt wurde. Die Förderung des GAIA-X Projektes sollte die Konzentrations-
und Oligopolstrukturen ausländischer Anbieter durch eine vernetzte Infrastruktur
beheben.

Legislaturbericht der Digital Strategie 2014–2017 und Ausblick
Um die politische Perspektive auf den Wandel zwischen Phase 1 und Phase 2
einzufangen, soll abschließend der Legislaturbericht der Digital Strategie 2014–
2017 zusammengefasst werden. Die nachfolgenden Ausschnitte deuten darauf
hin, dass die Perspektivenvielfalt, die in den vorangegangenen Abschnitten als
„hybride Foren" bezeichnet wird, politisch gewollt ist, rückblickend bewertet wird
und die geplante Fortführung zum Ausdruck bringt.

Auftrag: Zur Bewertung des eigenen Handlungsfortschritts veröffentlicht die Bundesregierung 2017 einen Legislaturbericht, der die in der Legislaturperiode 2014–2017 erzielten Erfolge der umgesetzten Maßnahmen zusammenfasst.

Perspektivenvielfalt: Als umgesetzte Maßnahmen zur Perspektivenvielfalt werden Forschungsförderungen zum Aufbau von Fähigkeiten beim Umgang mit großen Datenmengen aufgeführt: *„Seit 2013 fördert die Bundesregierung in Berlin und Dresden zwei Big-Data-Kompetenzzentren, die interdisziplinäre Fähigkeiten beim Umgang mit großen Datenmengen bündeln sollen." (Bundesregierung, 2017a, S. 33).* Der Legislaturbericht kündigt eine Fortsetzung von Maßnahmen zur Perspektivenvielfalt in der nächsten Legislaturperiode an:

> *Vertrauen, Sicherheit, Datenschutz und Datensouveränität in einer zunehmend digitalisierten Welt zu gewährleisten und fortzuentwickeln, ist eine Gemeinschaftsaufgabe. Neben dem Staat sind auch Wirtschaft, Wissenschaft und die Anwender selbst gefragt.* **Der Weg in eine moderne Datenpolitik muss im Dialog mit den unterschiedlichen Interessensgruppen aus Wirtschaft, Forschung und Zivilgesellschaft beschritten werden.** *(Bundesregierung, 2017a, S. 46; Hervorhebung durch die Verfasserin)*

Zentrale Handlungsempfehlungen: Für die nächste Legislaturperiode kündigt die Bundesregierung Maßnahmen zum *„Erhalt der Datensouveränität und informationelle[n] Selbstbestimmung, fairen Wettbewerb, (…), [zur] Verfüg- und Nutzbarkeit von Daten, zuverlässige[n] Datensicherheit und [zum] Verbraucherschutz sowie [zur] schnelle[n] Rechtsdurchsetzung, die der Dynamik in der vernetzten Welt Rechnung trägt"* *(Bundesregierung, 2017a, S. 46)* an. Dabei stellt sie in Aussicht, bereits einen Strategieprozess begonnen zu haben, um *„mit Fachexperten den Bereich Daten(analyse)wissenschaften auszubauen"* *(Bundesregierung, 2017a, S. 33)*, womit die geplante Fortführung einer kollektiven Technologieentwicklung zum Ausdruck gebracht wird.

4.2.3.2 Beiträge der Reflektion auf die Strategiekontrolle

Beide Veröffentlichungen – das Papier *„Leitplanken Digitaler Souveränität"* und die Studie *„Kompetenzen für eine digitale Souveränität"* – tragen dazu bei, das Spannungsfeld zwischen Zusammenarbeit und Abhängigkeit stärker in den politischen Fokus zu rücken. Sie reflektieren dabei vergangene strategische Programme, weisen auf Fehlentwicklungen hin, die zu Konzentrations- und Oligopolstrukturen ausländischer Technologieanbieter geführt haben und liefern Impulse für die neue strategische Ausrichtung auf Datensouveränität, die Phase 2 maßgeblich prägt.

Insgesamt zeigt die Analyse der verschiedenen hybriden Foren entlang des
Datenökonomie-Diskurses auf, dass eine umfassende Demokratisierung des Technologieentwicklungsprozesses stattgefunden hat und viele Handlungsmonopole
aufgebrochen wurden – z. B. die alleinige Technologieentwicklung durch Wis-
senschaft/Wirtschaft *(siehe Beck, 2012, S. 28; Lau, 1989, S. 428)*. Im Gegenzug
wird deutlich, dass Prozesse dadurch lange dauern, extrem komplex sind und die
Kontinuität der Umsetzung stark an einzelne Personen gebunden ist. Es erfordert
neue Arten, diese kollektiven Prozesse zu organisieren, um Kontinuität sicherzustellen, da sonst die Gefahr droht, dass viele Ergebnisse übersehen und verworfen
werden. Einen Ansatz für eine solche Organisation soll das Modell liefern, das im
nächsten Kapitel auf Basis der bisher erzielten Ergebnisse vorgestellt wird und die
Rolle der verschiedenen hybriden Foren im Prozess der Technologieentwicklung
verankert.

Modell der kollektiven Wissensproduktion in kontroversen Technologieentwicklungsprozessen

5

In dieser Arbeit wurden zwei Forschungsfragen untersucht: (1) Wie hat sich der Diskurs der Datenökonomie entwickelt und welche Kontroversen spielen in der Entwicklung eine Rolle? (2) Welche kollektiven Wissensprozesse gab es und wie haben sie die Entwicklung der Datenökonomie beeinflusst? Die Diskursanalyse bezüglich der Datenökonomie in Deutschland zeigt auf, dass der Diskurs von Kontroversen über die Chancen und Risiken der Datenökonomie durchsetzt ist – von Kontroversen über Datenschutz und Datennutzung (Phase 1) und über die Zusammenarbeit mit und die Abhängigkeit von außereuropäischen Technologieanbietern (Phase 2). Diese Kontroversen werden im öffentlichen Diskurs sowie in verschiedenen hybriden Foren ausgetragen und es werden kollektive Strategien im Umgang mit ihnen entwickelt, die zunächst auf den Erhalt bestehender Institutionen (europäische Datenschutzregulierung) ausgerichtet sind und im weiteren Verlauf zur Schaffung neuer Institutionen (europäische Cloud-Strukturen, Datentreuhandmodelle) beitragen. Insgesamt zeigt sich eine kontinuierliche Demokratisierung des Technologieentwicklungsprozesses der Datenökonomie in Deutschland. Die Ergebnisse werden in einem Modell zur kollektiven Wissensproduktion in kontroversen Technologieentwicklungsprozessen zusammengefasst (siehe Abbildung 5.1).

Das Modell zeigt entlang von **drei Ebenen im Diskurs** auf, wie die Entwicklung der Datenökonomie kollektiv organisiert war: entlang der nationalen Ebene der *Strategieprozessorganisation,* der Ebene der *hybriden Foren* und der Ebene der *meta-strategischen Kopplung.* Innerhalb dieser Ebenen wirken unterschiedliche Mechanismen der Organisation, die den Diskurs aufrechterhalten und die Kontroversen im Prozess der Technologieentwicklung verankern.

© Der/die Autor(en), exklusiv lizenziert an Springer Fachmedien Wiesbaden GmbH, ein Teil von Springer Nature 2023
P. C. M. Reinecke, *Diskurse der Datenökonomie*,
https://doi.org/10.1007/978-3-658-43513-4_5

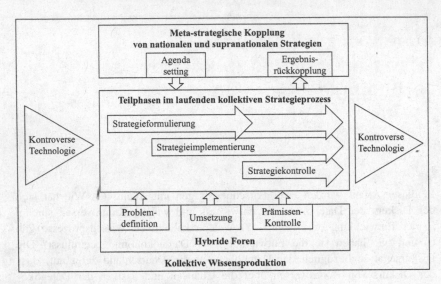

Abbildung 5.1 Modell der kollektiven Wissensproduktion in kontroversen Technologieentwicklungsprozessen. (Eigene Darstellung)

5.1   Strategische Teilphasen im kollektiven Strategieprozess

Auf der nationalen Ebene erfordert die Organisation der Technologieentwicklung die Koordination verschiedener Interessensgruppen mit teilweise widersprüchlichen Interessen und Anforderungen an die Technologie. Die Analyse
des Datenökonomie-Diskurses deutet insbesondere auf politische Bestrebungen hin, diese Komplexität zu organisieren. In diversen politischen Papieren
werden die wirtschaftlichen Interessen und die gesellschaftlichen Stimmungen
zusammengeführt und es wird die Notwendigkeit dialogischer Maßnahmen, Mul-
tistakeholderprozessen, etc. hervorgehoben, die dann in Form unterschiedlicher
Maßnahmen zur Schaffung dialogischer Räume umgesetzt (z. B. IT-/Digital-
Gipfel, Enquete-Kommissionen) werden. Diese politischen Bestrebungen können
als Versuch verstanden werden, die „organisierte Unverantwortlichkeit" *(Beck,
1988, S. 11)* in der funktional differenzierten Gesellschaft aufzuheben, indem ein
dezentrales Steuerungssystem für systemübergreifende Risiken als „Superreprä-
sentation" *(Luhmann, 2008, S. 142)* eingeführt wurde. Alle diese Maßnahmen

stellen Bestrebungen der Bundesregierung dar, einen laufenden, kollektiven Prozess zu organisieren. Diese politischen Bestrebungen werden im Folgenden als „strategisch" bezeichnet, da sie eine übergreifende Handlungsorientierung schaffen, die die verschiedenen kollektiven Einzelmaßnahmen koordiniert. Die Analyse des Datenökonomie-Diskurses hat allerdings gezeigt, dass diese Bestrebungen sich aus diversen Maßnahmen und Programmen zusammensetzen, deren Gesamtübersicht schwer erkennbar ist. Soll der Technologieentwicklungsprozess als strategischer Prozess verstanden werden, so verhilft dieses Sprachspiel gleichzeitig auch dazu, die verschiedenen Maßnahmen und Aktivitäten in Teilphasen eines Strategieprozesses zusammenzufassen und eine konzeptionelle Ordnung in den Prozess zu bringen. Diese Teilphasen werden im Folgenden als Phasen der *Strategieformulierung*, *Strategieimplementierung* und *Strategiekontrolle* bezeichnet.

Strategieformulierung: Die Analyse des Datenökonomie-Diskurses zeigt auf, dass eine Vielzahl an Maßnahmen und Programmen auf die Problemdefinition abgezielt hat und in die *Strategieformulierung* der verschiedenen Strategien eingeflossen ist: Die Enquete-Kommissionen wurden beauftragt, um die uneindeutige Wissenslage zusammenzufassen, den aktuellen Entwicklungsstand aufzuzeigen und Handlungsempfehlungen abzuleiten. Die Ergebnisse unterstützen die Formulierung der verschiedenen strategischen Agenden im betrachteten Zeitraum – z. B. die IKT-Strategie 2015, die Digital-Strategie 2014–2017, die Digital-Strategie 2025, die KI-Strategie und die Datenstrategie. In Phase 1 haben die Maßnahmen zur Problemdefinition dazu beigetragen, das Spannungsfeld zwischen Datenschutz und Datennutzung zu beleuchten, das sich insbesondere daraus ergab, dass Wirtschaftsvertreter das Anwendungsverhalten von Verbrauchern als ökonomische Chance sahen, während die Stimmungslage in der Gesellschaft von Datenschutzängsten geprägt war, die u. a. von Politikern aufgegriffen wurden. Diese Widersprüchlichkeit zwischen Stimmungslage (Datenschutz) und Verhalten (Nutzung) löste Kontroversen aus, die den Technologieentwicklungsprozess zu blockieren drohten: Wirtschaftsvertreter befürchteten, dass die überhitzten Datenschutzdebatten den technologischen Fortschritt aufhalten würden, Politiker sahen in der fehlenden Akzeptanz dieser Technologien ein Hemmnis für das Wirtschaftswachstum mit diesen Technologien. Die Kopplung der Themen in der Strategieformulierung – d. h. Datenschutz und Datennutzung zusammen zu denken – diente zur kommunikativen Überwindung der Blockade und löste Handlungen aus, Datenschutzprinzipien in Datenanwendungen zu integrieren.

In Phase 2 trugen die Maßnahmen dazu bei, das Spannungsfeld zwischen Abhängigkeit und Zusammenarbeit mit außereuropäischen Technologieanbietern zu erkennen und machten die unterschiedlichen Zielstellungen und Werthaltungen von Politik und Wirtschaft deutlich: Während die politische Haltung in Zeiten globaler Instabilität auf den Erhalt der Souveränität abzielte, sahen Unternehmen in der Zusammenarbeit (auch) mit (außereuropäischen) Technologieanbietern Lern- und Kostenvorteile, mit denen sie bei einer Eigenentwicklung nicht hätten konkurrieren können. Dieser Widerspruch der politischen und ökonomischen Systeme löste politische Handlungen im Hinblick auf den Infrastrukturaufbau aus, der ohne politische Förderung im freien Markt aufgrund der Lern- und Skalenvorteile außereuropäischer Unternehmen nicht wettbewerbsfähig gewesen wäre.

Ein Phasen-übergreifender Vergleich von Phase 1 und Phase 2 offenbart ähnliche Muster des Einsatzes von Enquete-Kommissionen und anderen externen Wissensquellen zur Unterstützung der Strategieformulierung, während gleichzeitig Unterschiede zwischen den beiden Phasen in Bezug auf die Taktung der neuen Strategien deutlich wurden: Der Prozess der Strategieformulierung wurde in Phase 1 entlang der Wahlperioden organisiert und in Phase 2 von den Wahlperioden entkoppelt. Diese Entkopplung lässt sich auf verschiedene Gründe zurückführen: Einerseits wurden in der zweiten Phase zunehmend Technologie-spezifische Strategien (KI-Strategie, Datenstrategie, etc.) entwickelt, die zu einer geringeren Legitimationskraft der einzelnen Strategien im Wahlkampf geführt hätten. Andererseits wurden die Strategien in Anlehnung an Strategien der Europäischen Kommission veröffentlicht. Insofern zeigt sich, dass kollektive Wissensräume in einer Phase der Formulierung neuer strategischer Orientierungen zur umfassenden Beschreibung der Problemsituation beitragen, indem sie unterschiedliche Sichtweisen legitimieren und zusammenführen und ein Repertoire an Handlungen vorschlagen. Daraus ergibt sich der Übergang zur Strategieimplementierung.

Strategieimplementierung: Die Analyse des Datenökonomie-Diskurses zeigt verschiedene Maßnahmen auf, die zur *Umsetzung* der formulierten Strategien eingesetzt wurden – darunter die Ausrichtung des IT-/Digital-Gipfels auf die strategischen Agenden sowie die Einrichtung von interdisziplinären Forschungsteams, um jeweils direkt (über Forschungsförderungen) und indirekt (über IT-/Digital-Gipfel als Austauschforen) Einfluss auf die Technologieentwicklung zu nehmen: In Phase 1 wurden Forschungsförderungen ausgeschrieben, um Leuchtturmprojekte zu entwickeln, die die politische Kopplung von Datenschutz und Datennutzung umsetzen sollten – z. B. durch die technische Verankerung der in der DSGVO festgeschriebenen Prinzipien wie „Privacy by Design". In Phase 2 wurden Forschungsförderungen für Infrastrukturprojekte wie GAIA-X ausgeschrieben. Viele dieser Maßnahmen wurden mit Ko-Governance-Strukturen ausgestattet, bei denen die Steuerung der Projekte in die geteilte Verantwortung von Politik, Wirtschaft und Wissenschaft fiel. Diese Maßnahmen trugen direkt zur Verankerung der strategischen Ziele in die Technologieentwicklung bei und wurden von indirekten Maßnahmen flankiert – beispielsweise wurde das Thema „Trusted Cloud" sowohl auf dem IT-Gipfel durch eine Fokusgruppe als auch im Rahmen eines Forschungsprogramms des BMWi bearbeitet.

Der Vergleich der in Phase 1 und in Phase 2 durchgeführten Maßnahmen zeigt ebenfalls Ähnlichkeiten in der Organisation und Unterschiede in der Skalierung der Projekte auf. Während in Phase 1 zwei Big Data-Kompetenzzentren gefördert wurden, erhöhte sich deren Anzahl in Phase 2 auf zwölf. Zudem wies das Projekt GAIA-X erstmals eine europäische Dimension auf. Diese Beschleunigung war einerseits eine Folge der politische Dringlichkeit, angesichts der überlegenen technologischen Positionen Chinas und der USA mehr zu investieren, und andererseits lässt sich auf einen gewissen Lerneffekt aus der mangelnden Wirksamkeit der klein angelegten Projekte in Phase 1 schließen. Über die Effektivität der verschiedenen Maßnahmen kann im Rahmen dieser Forschungsarbeit allerdings nur begrenzt geurteilt werden. Immerhin sind der wiederholte Verweis auf die fehlende Unterstützung für KMU und die anschließende Entwicklung von KMU-Kompetenzzentren Hinweise darauf, dass das politische Programm der Phase 2 eine Reaktion auf die mangelnde Wirksamkeit der Maßnahmen der ersten Phase darstellt.

Strategiekontrolle: Einen Wendepunkt im Diskurs über die Datenökonomie stellt der Wechsel zwischen Phase 1 und Phase 2 dar. Während Phase 1 durch den Erhalt und Schutz bestehender Institutionen (Datenschutz) geprägt war, wurde in Phase 2 ein neuer, werteorientierter Ansatz entwickelt und über Infrastrukturmaßnahmen, Leitlinien, Gesetze und Behörden institutionell verankert. Dieser Ansatz unterscheidet sich von Phase 1 insbesondere dadurch, dass er Institutionen ablöst und erneuert – z. B. durch die Überführung des Datenminimierungsprinzips in ein Programm des freien und treuhänderischen Datenflusses. Die Analyse des Diskurses zeigt auch, wie es zu diesem Wendepunkt kam: Aus einem politischen Impuls der Technologiesouveränität heraus wurden kollektive Wissensprozesse zur Prämissenkontrolle angestoßen – über eine Fokusgruppe beim IT-Gipfel (*„Leitplanken Digitaler Souveränität"*) und eine interdisziplinär angelegte Studie (*„Kompetenzen für eine digitale Souveränität"*). Diese sowie weitere Impulse trugen zu einer neuen Betrachtungsperspektive bei, die sich von der Datenschutzfrage löste und eine neue politische Orientierung einleitete. Bemerkenswert sind die Beiträge dieser Foren, überkommene Maßnahmen kritisch zu reflektieren und Fehlentwicklungen aufzudecken – z. B. die Konzentrationsverstärkungseffekte der Cloud-Testierungen. Ein zentrales Ergebnis der Analyse ist es folglich, dass die von Beck geforderte institutionelle Einrichtung von „Selbstkritik" und „zwischenfachlichen Teilöffentlichkeiten" *(Beck, 2012,*

S. 373) in der Phase der Strategiekontrolle ersichtlich wird und zu einer Wende im Technologieentwicklungsprozess beigetragen hat und noch trägt.

Insgesamt zeigt die vorliegende Arbeit einen **kollektiven Strategieprozess in drei Teilphasen:** *Strategieformulierung, -umsetzung und -kontrolle,* der sich in den Phasen der Studie (Phase 1, Phase 2) wiederholt. Ein Ergebnis der Analyse besteht darin, dass mit der technologischen Weiterentwicklung neue Kontroversen entstehen, die einen neuen Strategieprozess auslösen und einen institutionellen Rahmen für ihre Erörterung erfordern. Hybride Foren zur kollektiven Wissensproduktion können in den Teilphasen des Strategieprozesses verankert werden.

5.2   Hybride Foren im Strategieprozess

Auf der Ebene der hybriden Foren wurden im Verlauf der Analyse verschiedene hybride Foren zur kollektiven Wissenskonstruktion vorgestellt, die im Prozess der Technologieentwicklung unterschiedliche Funktionen erfüllten: *Hybride Foren zur Problemdefinition, hybride Foren zur Umsetzung* und *hybride Foren zur Prämissenkontrolle.*

Hybride Foren zur Problemdefinition: Die verschiedenen hybriden Foren, die in dieser Studie untersucht wurden, haben zur Wissenskonstruktion auf den Gebieten der Problemdefinition der Technologieentwicklung und ihrer Nebenfolgen und Risiken beigetragen – z. B. die Enquete-Kommission Internet und digitale Gesellschaft, die Datenethikkommission und die Enquete-Kommission Künstliche Intelligenz. Im Zusammenhang mit der politischen Organisation der Technologieentwicklung waren sie insbesondere für die *Strategieformulierung* von Bedeutung, um eine neue strategische Zielrichtung zu definieren. In dieser Phase hatten die eingesetzten hybriden Foren den Auftrag, offene Fragen zu klären und uneindeutige Problemlagen zusammenzufassen, um darauf basierend Handlungsempfehlungen herzuleiten. Sie können als institutionalisierte Perspektivenvielfalt verstanden werden, die einerseits Probleme aus unterschiedlicher Sicht betrachtet – z. B. aus einer ökonomischen, sozialen, politischen oder technischen Sicht auf Big Data oder Künstliche Intelligenz – und andererseits in ihrer Konstellation selbst verschiedene Perspektiven einbezieht – z. B. Vertreter aus Wirtschaft, Wissenschaft, Politik und Gesellschaft. Insbesondere fiel auf, dass hybride Foren eingesetzt wurden, wenn die Fülle an Kontroversen und die Geschwindigkeit der technischen Entwicklung Fragen aufwarfen, die den Verantwortungsbereich und die Fähigkeiten einzelner Akteure oder Subsysteme überschritten. Ein solcher

Fall trat beispielsweise ein, als eine Datenethikkommission mit der Begrün-
dung einberufen wurde, dass bestimmte Fragen aufgeschoben worden und daher
unbeantwortet geblieben seien. In der Phase der Problemdefinition trugen somit
die hybriden Foren im Wesentlichen dazu bei, die Komplexität von Problemen
zu erkennen und systematisch aufzuarbeiten, die unterschiedlichen Sichten auf
das Problem zu legitimieren und ein Handlungsrepertoire vorzuschlagen, das
die Komplexität handhabbar machen und den Umgang mit den Kontroversen
ermöglichen sollte.

Hybride Foren zur Umsetzung: Die Foren, die zur Entwicklung der Datenökonomie und zur Umsetzung der politischen Agenda in Deutschland eingesetzt
wurden und Betrachtungsgegenstand der Analyse waren, erhielten den Auftrag, die wirtschaftlichen und gesellschaftlichen Dimensionen der Datenökonomie
im Technologieentwicklungsprozess zusammenzuführen und Lösungsvorschläge,
Leuchttürme oder Best Practices zu entwickeln – z. B. das Trusted Cloud-
Programm, das Smart Data-Programm, die Big Data-Kompetenzzentren, die
Plattform Lernende Systeme oder das Projekt GAIA-X. Da die hybriden Foren
interdisziplinär zusammengesetzt waren, können sie als Versuch gedeutet werden, das Handlungsmonopol von Wirtschaft und Wissenschaft zu durchbrechen
und eine politische Steuerung in traditionell verschlossenen Technologieentwicklungsprozessen zu verankern *(Beck, 2012, S. 28).* Dies wird beispielsweise
dadurch deutlich, dass seit den Enthüllungen durch die NSA die Datenschutz-
konformität stärker in den Ausschreibungen betont wird, um auf die mit den
Enthüllungen verbundenen Stimmungslagen in der Gesellschaft zu reagieren. Ein
phasenübergreifender Vergleich der hybriden Umsetzungsforen zeigt zudem eine
zunehmende Beteiligung an der Technologieentwicklung auf, die sich sowohl in
der größeren Skalierung der Foren als auch in direkteren Eingriffen in den Aufbau von Infrastrukturen manifestiert. Der politische Wille, Souveränität durch
neue Formen einer dezentralen Cloud-Infrastruktur zu etablieren, wird von den
hybriden Foren direkt umgesetzt. Interessanterweise zeigte sich allerdings insbesondere beim Projekt GAIA-X eine große Unsicherheit bezüglich der Akzeptanz
und Teilnahme von Unternehmen am Projekt – ein Indiz dafür, dass die stärkere
politische Steuerung neue politisch-ökonomische Zielkonflikte auslöst. Während
die vorliegende Arbeit kein umfassendes Urteil über die Effektivität der hybriden
Foren in Bezug auf die Technologieumsetzung zulässt, konnte dennoch aufgezeigt
werden, dass Forschungsförderungen und Projekte mit Ko-Governance-Strukturen
zur Verankerung strategischer Ziele in Technologieprojekten und letztlich zur
Demokratisierung von Technologieentwicklung beigetragen haben.

Hybride Foren zur Prämissenkontrolle: Strategische Prozesse, sowohl auf orga-
nisationaler als auch auf interorganisationaler Ebene, unterliegen immer der

Gefahr von Fehlentwicklungen oder Pfadabhängigkeiten, wenn sie sich auf einen bestimmten Weg festlegen und alternative Pfade nicht weiter in Betracht gezogen werden *(Wrona & Reinecke, 2019a, S. 459; Wrona & Reinecke, 2020, S. 14).* So zeig auch die vorliegende Analyse, dass die starke Fokussierung auf Datenschutzfragen erst aufgebrochen wurde, als die Kritik an den Grundsätzen der Datenminimierung, die den Erfordernissen der Datenökonomie nicht gerecht wurden, ein Ausmaß annahm, das neue Räume für die Erörterung der zugrundeliegenden strategischen Prämissen erforderte. Die hybriden Foren, die eingesetzt wurden, um Fragen der Datensouveränität zu erörtern, trugen insbesondere dazu bei, die zunehmende Abhängigkeit von außereuropäischen Anbietern aufzudecken sowie Fehlentwicklungen und die Bedrohung einer Pfadabhängigkeit anzuzeigen. Im Wandel von Phase 1 zu Phase 2 wurde dadurch insbesondere deutlich, dass das Erreichen eines höheren Maßes an Souveränität die Abkehr von bisherigen Prinzipien (z. B. der Datenminimierung) und mehr staatliche Eingriffe in den Aufbau neuer Infrastrukturen erfordern würden (z. B. dezentrale Cloud-Strukturen). Damit tragen hybride Foren zu einer Wende im Diskurs bei, wenn sie Raum für eine strategische Prämissenkontrolle schaffen.

Ein interessantes Ergebnis dieser Studie liegt darin, dass der ursprüngliche Plan, einen ständigen Apparat zur strategischen Kontrolle einzurichten, infolge eines Personalwechsels im zuständigen Ministerium verworfen wurde. Dieses Ergebnis unterstreicht die Bedeutung der Organisation des Technologieentwicklungsprozesses, da die Komplexität des Gesamtprozesses leicht dazu führen kann, dass Projekte übersehen und verworfen werden. Darüber hinaus belegt die Analyse, dass Maßnahmen zur Überprüfung der strategischen Ausrichtung verschleppt wurden – erst in 2017 wurden neue politische Maßnahmen eingeleitet, bis dahin als selbstverständlich angenommene Grundsätze in Frage gestellt und neue strategische Wege entwickelt. Diese Versäumnisse spiegeln sich im häufig lamentierten *„Hinterhersein"* ab 2017 wider, ebenso wie in der Kritik verschiedener Wirtschaftsvertreter an der *„Verschlafenheit"* des Diskurses bis 2016.

Insgesamt werden in der vorliegenden Arbeit drei **hybride Foren zur kollektiven Wissensproduktion in Strategieprozessen** betrachtet: *hybride Foren zur Problemdefinition, zur Umsetzung* und *zur Prämissenkontrolle.* Dazu zeigt die Arbeit auf, dass hybride Foren dazu beitragen, den Entwicklungsstand eines Strategieprozesses zu erfassen und Handlungsempfehlungen zu formulieren, zu deren Umsetzung beizutragen sowie deren Fortschritt zu verfolgen und Fehlentwicklungen aufzudecken. Als ein Ergebnis dieser Arbeit konnte daher aufgezeigt

werden, dass unterschiedliche Foren während eines fortlaufenden Strategieprozesses unterschiedlichen Zwecken dienen und eine entsprechende Organisation
erfordern.

5.3   Meta-strategische Kopplung von nationalen und supranationalen Strategien

Die Technologieentwicklung in Deutschland kann nicht losgelöst von ihrer
Einbettung in den Kontext der Europäischen Union betrachtet werden, da
supranationale Vorhaben die Koordinierung mehrerer Länder ohne eine Zentralregierung erfordern und insofern mit einer besonderen Komplexität behaftet sind.
Das unterscheidet den europäischen Kontext von anderen Kontexten der Technologieentwicklung und insbesondere von denen der USA und Chinas, die häufig
als Referenzbeispiele der Technologieentwicklung gewählt werden. Gleichzeitig
erfordern die globalen Machtkonstellationen insbesondere in Fragen der Abhängigkeit und der Souveränität ein koordiniertes Vorgehen in Europa, da die
Wirtschaftsräume der einzelnen europäischen Länder für eine Technologieentwicklung keine wettbewerbsfähige Skalierbarkeit aufweisen und das politische
Machtspektrum dieser Länder gegenüber Nationen wie China und den USA
abfällt. Damit zeigt die vorliegende Analyse auf, dass die meta-strategische
Kopplung der nationalen Strategien mit der Europäischen Kommission ein
inhärenter Teil des Technologieprozesses ist: Vorhaben der Europäischen Kommission wie z. B. die Modernisierung der Datenschutzgrundverordnung oder die
KI- und Datenstrategie kreieren Effekte der *Agenda-Setzung* für den deutschen
Datenökonomie-Diskurs, indem sie die Beschäftigung mit dem zugrundeliegenden Problem, die Beteiligung an der Aushandlung und Ausgestaltung der
Lösungen sowie Adaptionen der nationalen Strategien und deren Regulierungen
zur Folge haben. Gleichzeitig werden strategische Vorhaben einzelner Länder
durch *Ergebnisrückkopplungen* auf die superanationale Ebene „gehoben", wenn
sie sich als Best Practice bewährt haben oder wenn es ihnen auf der nationalen
Ebene an Durchschlagskraft fehlt – wie z. B. das Projekt GAIA-X. Insofern ist
die **meta-strategische Kopplung von nationalen und supranationalen Strategien** durch *Agenda-Setzung* und *Ergebnisrückkopplung* ein inhärenter Bestandteil
des kollektiven strategischen Technologieentwicklungsprozesses. Ein zentrales
Ergebnis der Analyse ist es damit, diese Meta-Ebene der Demokratisierung von
Technologieentwicklungsprozessen aufzuzeigen, da diese in der bisherigen Literatur unterrepräsentiert, für den Kontext der Europäischen Union jedoch von
größter Bedeutung ist.

Zusammenfassend kann festgehalten werden, dass die Ergebnisse der Datenökonomie-Diskursanalyse und das daraus abgeleitete Modell einen Ansatz aufzeigen, die kollektive Technologieentwicklung als einen demokratisierten und strategischen Prozess zu verstehen, der in jeder Phase des Prozesses Raum für die kollektive Wissensproduktion schafft.

Diskussion der Ergebnisse und Beiträge zur Forschung

6

Die Ergebnisse der Arbeit zeigen auf, dass die Organisation des Prozesses zur Entwicklung der Datenökonomie eine hohe Komplexität aufweist und die Koordination unterschiedlicher Interessensgruppen mit teilweise widersprüchlichen Anforderungen an die Technologieentwicklung erfordert. Zusätzlich wird die Technologieentwicklung im Kontext der Europäischen Union dadurch erschwert, dass supranationale Vorhaben eine polyzentrische Koordination mehrerer Länder ohne eine Zentralregierung erfordern. Die Arbeit zeigt auf, wie hybride Foren verschiedene Funktionen der Wissensproduktion entlang des strategischen Technologieentwicklungsprozesses übernehmen und zur Demokratisierung dieses Prozesses in der Datenökonomie beitragen können. Die Ergebnisse der Arbeit schließen an die Forschung zu Technologiediskursen, großen gesellschaftlichen Herausforderungen und hybriden Foren an und bieten theoretische Erweiterungen zum aktuellen Stand der jeweiligen Forschungszweige. Tabelle 6.1 fasst den Stand der Forschung und die theoretische Erweiterung der einzelnen Forschungszweige zusammen.

© Der/die Autor(en), exklusiv lizenziert an Springer Fachmedien Wiesbaden GmbH, ein Teil von Springer Nature 2023
P. C. M. Reinecke, *Diskurse der Datenökonomie*,
https://doi.org/10.1007/978-3-658-43513-4_6

Tabelle 6.1   Stand der Forschung und theoretische Erweiterung. (Eigene Darstellung)

	Bestehende Literatur	Theoretische Erweiterung
Technologiediskurse	Die bestehende Literatur betrachtet Technologieentwicklungen als: – Organisationsdiskurse *(z. B. Orlikowski & Gash, 1994, S. 198; Orlikowski, 2000, S. 420)* – Risikodiskurse *(z. B. Beck, 2012 , S. 26–30; Maguire & Hardy, 2013, 2020, S. 685–689)*	Technologieentwicklung als kollektive Strategiediskurse: – „Strategische Linse" auf Technologieentwicklung – Betrachtet Organisation von Technologieentwicklung entlang der „typischen Phasen" des Strategieprozesses
Große gesellschaftliche Herausforderungen	Datenökonomieliteratur: – In der Forschung zu großen gesellschaftlichen Herausforderungen unterrepräsentiert *(z. B. Howard-Grenville & Spengler, 2022, S. 285)* – Fragmentiert *(z. B. Trittin-Ulbrich et al., 2021, S. 8; Zuboff, 2022, S. 53)*	Datenökonomie als große gesellschaftliche Herausforderung: – Bringt fragmentierte Literatur zusammen – Zeigt Potenziale der wechselseitigen theoretischen Befruchtung auf
Hybride Foren	Hybride Foren zur: – Organisation kollektiver Wissensprozesse *(Callon et al., 2009; Ferraro et al., 2015, S. 375)* – Einrichtung partizipativer Strukturen *(z. B. Gehman et al., 2022, S. 265)*	Erweitert Funktionen hybrider Foren: – Problemdefinition in der Strategieformulierung – Umsetzung in der Strategieimplementierung – Prämissenkontrolle in der Strategiekontrolle

6.1   Theoretische Erweiterung der Forschung zu Technologiediskursen

Wie die Übersicht der Technologiestudien aus der Management- und Organisationsforschung gezeigt hat, lassen sich Technologiestudien insbesondere in *Organisationsdiskurse,* die die Entwicklung von Technologien in Organisationen untersuchen (siehe Abschnitt 2.1), sowie in *Risikodiskurse,* die die Risikokonstruktion von Technologien betrachten, unterscheiden (siehe Abschnitt 2.2). Ein Großteil der Technologieliteratur konzentriert sich auf die Organisationsebene

und untersucht, wie die Anwendung einer Technologie durch die Wahrnehmung
(z. B. Rice & Aydin, 1991, S. 238), Interpretation *(z. B. Orlikowski & Gash, 1994,
S. 198)* und Interaktion mit der Technologie *(z. B. Orlikowski, 2000, S. 420)*
beeinflusst wird. Da diese Studien häufig kommunikative Aushandlungsprozesse
der Anwender betrachten, können sie auch als *Organisationsdiskurse* verstanden werden. Während die vorhandenen Studien in diesem Bereich Technologien
wie Kommunikations- oder Kollaborationstools untersuchen, die in der Gesellschaft vergleichsweise weniger kontrovers aufgeladen sind, widmen sich Studien
zu *Risikodiskursen* kontroversen Technologien, die eine erhebliche sozioökono-
mische Wirkung auf die Gesellschaft haben *(Rotolo et al., 2015, S. 1846–1855)*.
Risikodiskursstudien untersuchen die gesellschaftlichen Folgen technologischer
Modernisierungen *(Beck, 2012, S. 27–28; Lau, 1989, S. 421–424)* sowie die
Aushandlungsprozesse der Risikokonstruktionen *(z. B. Hardy & Maguire, 2020,
S. 685–689)*. Der Forschungsbeitrag dieser Arbeit knüpft an die Technologie-
literatur zu Organisations- und Risikodiskursen an und erweitert diese. Die
Erweiterungen werden im Folgenden näher erläutert.

Die vorliegende Arbeit etabliert eine Sicht auf Technologiediskurse als *kollektive Wissensprozesse*, die die strategische Entwicklung der Technologie in
Multiparteienprozessen gestalten. Anders als *Organisationsdiskurse* der Technologie setzt die Arbeit damit einen interorganisationalen Fokus und betrachtet die
Aushandlungsprozesse multipler Akteure im Feld. Zusätzlich wird die institutionelle Ebene der nationalen und supranationalen Normsetzung und Regulierung in
die Analyse einbezogen, um aufzuzeigen, welche Wirkung die Aushandlungsprozesse multipler Akteure auf die institutionelle Ebene – und vice versa – haben.
Damit folgt die Studie der Erkenntnis, dass Prozesse der Technologieentwicklung auf Feldebene von Prozessen der Technologieentwicklung in Organisationen
abweichen können *(z. B. Leonardi & Barley, 2010, S. 35; Misa, 1994, S. 139;
Hughes, 1994, S. 112)*. Sie richtet einen gesonderten Betrachtungsfokus auf die
Untersuchung der Datenökonomie, indem sie auf der „Mikroebene" einzelne
Innovationen (z. B. Cloud, Big Data, KI), auf der „Mesoebene" die Dynami-
ken und Besonderheiten einzelner Industrien (z. B. der Medizinbranche) und
auf der „Makroebene" gesamtgesellschaftliche Wirkungen (z. B. Privatsphäre,
Arbeitsmarkt) betrachtet. Damit folgt die Studie der Forderung von Leonardi und
Barley *(2010)*, dass die Forschung mikrosoziale Dynamiken und makrosoziale
Prozesse der Technologieentwicklung zusammen untersuchen müsse, um Adaptionen von Technologien und die Verschiebungen sozialer Ordnungen im Feld, die
diese verursachen, zu erkennen *(Leonardi & Barley, 2010, S. 37)*. Insofern erweitern die Ergebnisse dieser Studie die Management- und Organisationsforschung
zu Technologien, indem eine Multilevel-Perspektive in der Technologieforschung

etabliert wird, die bislang gefehlt hat *(z. B. Bailey & Barley, 2020, S. 3)*. Die Management- und Organisationsforschung zu Big Data und KI hat in den vergangenen Jahren verstärkt den Fokus auf die Mikroprozesse der Technologieentwicklung gerichtet *(z. B. van den Broek et al., 2021, S. 1565)* und untersucht, wie diese neuen Technologien in Unternehmen entwickelt und adaptiert werden und welche Folgen das auf die Organisation oder die Position des Unternehmens im Feld hat *(z. B. Khanagha et al., 2022, S. 501)*. Diese durchaus wichtigen Beiträge haben zwar das Verständnis bezüglich der organisationalen Implikationen der Technologieentwicklung erweitert und die häufig kritisierte „Blackbox" ihrer Entwicklung geöffnet *(Faraj et al., 2018, S. 63)*, gleichzeitig bleiben jedoch Fragen zu den Zusammenhängen zwischen gesellschaftlichen und organisationalen Entwicklungen unbeantwortet. Die vorliegende Arbeit unternimmt einen Schritt in diese Richtung, indem sie verschiedene Ebenen (supranational, national, interorganisational) zusammenbringt und neue Erkenntnisse über das Zusammenspiel dieser Ebenen generiert.

Gleichzeitig erlaubt eine strategische Perspektive die Aktivierung strategischer Konzepte und ergänzt damit die einseitige Risikofokussierung von *Risikodiskursen* der Technologie. Risikodiskurse betrachten schwerpunktmäßig, welche unterschiedlichen Risiken die technologische Modernisierung für verschiedene Akteure birgt und erklären vor diesem Hintergrund, warum Verursacher und Betroffene auseinanderfallen *(z. B. Beck, 2012, S. 26–28; Keller, 2006, S. 41; Lau 1989, S. 421–425)*. Sie erklären ferner, wie Risiken sozial konstruiert werden, welche Akteure an der Aushandlung von Risiken beteiligt sind und inwiefern die endgültige Definition eines Risikos ein Ergebnis dieser Verhandlungen ist *(Hardy & Maguire, 2020, S. 710; Hardy et al., 2020, S. 1033)*. Die vorliegende Arbeit schließt an diese Erkenntnisse an und zeigt auf, dass Technologieentwicklungsprozesse fundamental strategisch sind – sie adressieren *komplexe Probleme* unter *Unsicherheit* und erfordern einen *Wertbezug (Wrona & Reinecke, 2019b, S. 444; Wrona & Reinecke, 2020, S. 13–14)*. Die *Komplexität* der Technologieentwicklung, die in der Risikoliteratur auf unklare Kausalitätszusammenhänge von Ursachen und Wirkungen zurückgeführt wird *(Beck, 2012, S. 26–28; Lau, 1989, S. 421–425)*, äußert sich im Datenökonomie-Diskurs in den Kontroversen über Datennutzung und Datenschutzrisiken (Phase 1), beziehungsweise über Abhängigkeitsrisiken in der Zusammenarbeit mit Technologieanbietern (Phase 2). Die Komplexität erhöht sich, wenn die Lösung eines dieser Probleme zu neuen Problemen führt. So hat diese Arbeit beispielsweise aufgezeigt, dass die Datenschutzregulierung in Phase 1 neue Probleme erzeugt. Sie hat auch gezeigt, dass mit der Weiterentwicklung der Technologie in Phase 2 Folgeprobleme entstehen, weil das Massendatenerfordernis von KI im fundamentalen Widerspruch zu den bis dato etablierten Datenschutzprinzipien (Datenminimierung) steht. Insofern stellen die in dieser Arbeit betrachteten Strategien (z. B. Digital Strategie 2014–2017, KI-Strategie) einen Versuch dar, die Komplexität der Datenökonomie unter *Unsicherheit* zu untersuchen, obwohl die zukünftige Entwicklung schwer vorhersehbar ist. Die Analyse zeigt dabei auf, dass der Diskurs von vielen unterschiedlichen Vorstellungen von Zukunft charakterisiert wird, die sich in zum Teil utopischen und dystopischen Zukunftsbildern widerspiegeln und unterschiedliche Handlungen auslösen – z. B. rufen Zukunftsbilder einer Automatisierung von Routinearbeiten technisch-ökonomische Investitionen in KI hervor, während dystopische Bilder über die Rationalisierung von Arbeitsplätzen Bildungs- und Arbeitsmarktprogramme initiieren. Damit untersuchen die in dieser Arbeit betrachteten Strategien *Unsicherheiten* über ein mögliches *„Risikoverstärken"* (Beck, 2012, S. 44) und führen zu Handlungsorientierungen, um dieses zu verhindern – z. B. in Bezug auf zukünftige Wettbewerbsstrukturen, Machtpositionen, Selbstbestimmungsfähigkeiten, etc. Dabei beziehen die Strategien einen *„Wertstandpunkt" (Beck, 2012, S. 38)*, indem sie technisch-ökonomische Dimensionen der Technologieentwicklung durch soziale und moralische Werte erweitern. Zusammenfassend kann festgehalten werden, dass die Arbeit die Technologieliteratur erweitert, indem sie eine neue Perspektive auf Technologiediskurse als *kollektive strategische Entwicklungsprozesse* vorschlägt und für die Organisationsebenen die *meta-strategische Kopplung von nationalen und supranationalen Strategien*, die *kollektive Strategieformulierung, -implementierung und -kontrolle* sowie die *kollektive Wissensproduktion* durch hybride Foren einführt. Eine strategische Perspektive auf Technologiediskurse führt folglich eine neue Sichtweise ein, die die Technologieentwicklung in einer Gesellschaft auf deren strategische Problemkonstruktion und deren Wertbezug zurückführt.

Die zukünftige Forschung kann auf dem hier entwickelten Prozessmodell aufbauen und es in anderen Technologiekontexten (z. B. Blockchain-Technologien, generativen KI-Technologien wie ChatGPT) oder in anderen institutionellen Kontexten testen, um die Ergebnisse zu kontrastieren. Ferner können Forscher einzelne Phasen und Foren vertiefen, Primärdaten erheben (z. B. durch teilnehmende Beobachtungen von Enquete-Kommissionen) und die Dynamiken der Aushandlungen, die in dieser Arbeit nicht betrachtet wurden, untersuchen, um die hier entwickelten Ergebnisse zu erweitern.

Einen weiteren Beitrag leistet die Arbeit zur Forschung über große gesellschaftliche Herausforderungen, die typischerweise den Nexus zwischen der abstrakten, institutionellen Ebene und der situativ-konkreten, lokalen Ebene betrachtet *(z. B. Dittrich, 2022, S. 189)*. Indem die Aushandlungen zwischen multiplen Ebenen *(Ostrom, 2012, S. 353)* einen Schwerpunkt dieser Arbeit bilden – z. B. im öffentlichen Diskurs und in dafür eingerichteten, hybriden Foren –, wird mit der Arbeit ein Versuch unternommen, institutionelle und lokale Ebene zu verbinden und hybride Foren als Mechanismus der Überbrückung einzuführen. Die angesprochenen Erweiterungen sollen im Folgenden näher ausgeführt werden.

6.2 Theoretische Erweiterung der Forschung zu großen gesellschaftlichen Herausforderungen

In der Literatur zu großen gesellschaftlichen Herausforderungen sind die Entwicklungen der Datenökonomie unterrepräsentiert: Trotz wiederholter Forderung, sich mit den Problemen der Datenökonomie zu befassen *(Trittin-Ulbrich et al., 2021, S. 8; Zuboff, 2022, S. 53)*, hat sich noch kein einheitlicher Forschungsstrang über Big Data oder die Datenökonomie als große gesellschaftliche Herausforderung entwickelt *(Howard-Grenville & Spengler, 2022, S. 285)*. Dies ist überraschend, wenn man bedenkt, dass die Datenökonomie die Definition der großen Herausforderungen erfüllt. Die vorliegende Arbeit hat aufgezeigt, dass die Entwicklung der Datenökonomie komplex, unsicher und evaluativ *(Ferraro et al., 2015, S. 365)* ist. Die Komplexität und Unsicherheit der Datenökonomie wurden bereits im vorigen Abschnitt erläutert. Der vielschichtige und kontroverse Charakter der Datenökonomie klassifiziert sie darüber hinaus als *evaluativ*, weil die Datenökonomie wirtschaftliche, gesellschaftliche und politische Interessen und Verantwortlichkeiten hervorruft, die zum Teil interdependent und widersprüchlich sind. Im Sinne eines gesamtgesellschaftlichen Fortschritts erfordern die unterschiedlichen Interessenlagen eine kontinuierliche Aushandlung der Chancen und Risiken der technologischen Entwicklung, die Kommunikationsprobleme und Interessenskonflikte zwischen den verschiedenen Akteuren, Subsystemen und Logiken erzeugt *(Ferraro et al., 2015, S. 367; Reinecke & Ansari, 2015, S. 300; Stjerne et al., 2022, S. 140)*. Dies wird in der vorliegenden Arbeit insbesondere anhand der wiederholten Forderungen verschiedener Akteure nach einem „Dialog" deutlich, z. B., wenn Wirtschaftsvertreter die Akzeptanz ihrer Investitionen und Anwendungen fürchten oder wenn Politiker die unterschiedlichen Interessenlagen in einer Technologiepolitik anzusprechen versuchen. Insofern stellt diese Arbeit einen ersten Versuch dar, die Datenökonomie in den akademischen Diskurs über die großen gesellschaftlichen Herausforderungen zu integrieren, die

Evaluativität *(„evaluativeness", Ferraro et al., 2015, S. 365)* der zugrundeliegenden Problematik zu verdeutlichen und den mehrseitigen Prozess des Umgangs mit den Kontroversen der Datenökonomie aufzuzeigen.

Die Datenökonomie kann auch als „wicked problem" verstanden werden *(z. B. Pradilla et al., 2022, S. 94 mit Verweis auf Rittel & Webber, 1973)*. Eine Autorin, die die *Unlösbarkeit* der Datenökonomie hervorhebt, ohne sie jedoch als solche zu bezeichnen und sie in der Forschung zu großen gesellschaftlichen Herausforderungen zu verorten, ist Shoshana Zuboff mit ihren bahnbrechenden Arbeiten über den Überwachungskapitalismus *(Zuboff, 2015, 2019, 2022)*. Zuboff argumentiert, dass die Datenökonomie eine *„Meta-Krise" (Zuboff, 2022, S. 1)* der Gesellschaft darstelle und *unlösbar* sei, weil die Machtstrukturen der großen amerikanischen Technologiekonzerne etabliert und die Intransparenz ihrer Datensammlungspraktiken institutionalisiert seien *(Zuboff, 2022, S. 11)*, sodass viele Regulierungen bis heute ineffektive Kompromisse blieben, die die fundamentalen Probleme der Datenökonomie nicht beheben könnten *(Zuboff, 2022, S. 53)*. Zuboff bezeichnet die Datensammlungspraktiken der großen amerikanischen Technologiekonzerne als *„geheime Massendatenförderung" („secret massive-scale extraction of data"; Zuboff, 2022, S. 53)* und fordert ihre *„Abschaffung" („abolition"; Zuboff, 2022, S. 53)* sowie eine Neuerfindung der zugrundeliegenden Massendatensammlungslogik. Diese Maßnahmen sieht sie als einzige probate Mittel zur Überwindung der Risiken der Datenökonomie *(Zuboff, 2022, S. 53)*. Die vorliegende Arbeit setzt an diesen Forderungen an und verweist auf verschiedene Bestrebungen in dieser Richtung auf deutscher und europäischer Ebene – unter anderem durch das 2020 eingeleitete, breite Regulierungsprogramm der Europäischen Kommission sowie durch die Intentionen, eine neue „demokratisierte" Massendatenlogik durch dezentrale Cloud-Strukturen und treuhänderische Datenverwaltungsmodelle zu etablieren. Da der Technologieentwicklungsprozess jedoch noch nicht abgeschlossen ist, sind weitere Studien erforderlich, die an den Grenzen dieser Arbeit ansetzen und empirisch untersuchen, ob und wie sich diese neuen Logiken institutionalisieren und ob und wie sie tatsächlich den Wandel herbeiführen können, den Zuboff als einzige Möglichkeit zur Überwindung der aktuellen Meta-Krise der Demokratie durch die Datenökonomie bezeichnet *(Zuboff, 2022, S. 53)*.

Generell kann festgehalten werden, dass die Probleme der Datenökonomie definitorische Überschneidungen mit großen gesellschaftlichen Herausforderungen aufweisen. Die vorliegende Arbeit hat aufgezeigt, dass die Forschungsergebnisse zu großen gesellschaftlichen Herausforderungen zum Verständnis der Datenökonomie beitragen und die Untersuchung von Mehrparteienprozessen in der Datenökonomie anregen können. Eine Verankerung der Datenökonomie in der Forschung zu großen gesellschaftlichen Herausforderungen kann folglich dazu führen, dem fragmentierten Feld einen neuen Blickwinkel und eine neue Dynamik zu verleihen. Derzeit bleibt ein Großteil der Literatur fragmentiert – z. B. die technische Literatur zur Gestaltung von Systemen *(z. B. Riemer & Peter, 2021, S. 409)*, die normativ-ethische Literatur *(z. B. Martin, 2020, S. 65)*, die Literatur zu Problemen der Regulierung *(z. B. Kokshagina et al., 2023, S. 1)* und die Strategieliteratur über Märkte und Geschäftsmodelle *(z. B. Khagana et al., 2022, S. 501)*. Die Überwindung dieser Fragmentierung und die Verknüpfung der verschiedenen Beiträge in einem kohärenten Forschungsfeld kann die diesbezügliche Forschung vorantreiben und dazu beitragen, verschiedene theoretische Teilaspekte gewinnbringend zu verbinden, um die Entwicklung der Datenökonomie und den Umgang mit ihren Kontroversen zu begleiten. Beispielsweise kann eine technische Sicht auf die Institutionalisierung neuer Logiken wie datenschutzfreundlicher Anwendungen, dezentraler Cloud-Strukturen und treuhänderischer Datenverwaltungsmodelle technische Umsetzungsschwierigkeiten näher beleuchten. Eine ethische Perspektive auf die Datenökonomie kann Selbstregulierungsbestrebungen von Unternehmen befeuern, wie dies in Phase 2 gezeigt wurde, als verschiedene Akteure ethische Leitlinien für KI entworfen haben. Untersuchungen zu Regulierungsprozessen können Aufschluss über die Schwierigkeiten, Unsicherheiten und Interessenskonflikte dieser Mehrparteienprozesse geben und Regulierungen als partiellen Konsens vor dem Hintergrund von Anpassungen und Kompromissen anregen. Eine strategische Sicht auf die Datenökonomie kann helfen, die Rolle von Werten und von Zukunft in den unterschiedlichen Modellen der Datenökonomie zu erklären und Umsetzungsschwierigkeiten vor dem Hintergrund globaler Wettbewerbskonstellationen und ökonomischer Geschäftsmodelle zu erläutern. Zukünftige Forschungen können sich auf die Ergebnisse dieser Arbeit stützen, um die Datenökonomie als große gesellschaftliche Herausforderung zu definieren und sie mithilfe der Kombination der Literatur, wie sie hier vorgeschlagen wurde, neu zu untersuchen. Die in dieser Arbeit angeregte Verankerung der Datenökonomie in der Forschung zu großen gesellschaftlichen Herausforderungen zeigt auf, dass die beiden isolierten Themenfelder sich wechselseitig befruchten können. Nachdem die Potenziale für die Technologieforschung vorstehend beschrieben wurden, sollen die Potenziale für die Forschung zu den großen gesellschaftlichen Herausforderungen im nächsten Abschnitt erläutert werden.

Die Arbeit hat aufgezeigt, dass die Organisation der Datenökonomie Multiparteienprozesse erfordert, um die Kontroversen über ihre Ausgestaltung und den Umgang mit ihren Risiken zu organisieren. Erkenntnisse aus der Risikoforschung *(z. B. Beck, 2012, S. 27–28; Hardy & Maguire, 2020, S. 685–689)* und über hybride Foren *(z. B. Callon et al., 2009, S. 48–70)* konnten genutzt werden, um das

Wissen über große gesellschaftliche Herausforderungen zu erweitern. Zum einen wurde der unterschiedliche Umgang mit Risiken als Quelle von Kontroversen und deren verschiedenen Übersetzungen aufgezeigt – beispielsweise wurde die Stimmung in der Gesellschaft zum Datenschutz von Unternehmen als ökonomisches Investitionsrisiko übersetzt, das es zu reduzieren gilt, und in der Politik als Probleme von Vertrauen und Akzeptanz, die institutionelle Maßnahmen erfordern, um diese wiederherzustellen. Zum anderen konnte gezeigt werden, dass kollektive Wissensproduktionen in hybriden Foren einen Mechanismus der Kopplung unüberwindbarer Kontroversen darstellen, wenn einzelne Akteure widersprüchliche Handlungen als fortschrittshemmend sehen. Beispielsweise haben hybride Foren zur Etablierung neuer Datenschutzprinzipien wie „Privacy by Design" sowie zur Schaffung neuer Prinzipien der Massendatenverwaltung wie „Datentreuhandmodellen" beigetragen. Damit erweitert die Forschung das Verständnis der Rolle von Kontroversen in der Forschung zu großen gesellschaftlichen Herausforderungen und unterstützt die Annahme, dass Kontroversen ein fruchtbarer Motor des Fortschritts sein können *(Gehman et al., 2022, S. 264)*.

Die Management- und Organisationsforschung hat gezeigt, dass verschiedene Parteien mit unterschiedlichen Interessen zusammenarbeiten können, obwohl zwischen den Parteien kein umfangreicher Konsens über ein Problem und dessen Lösung besteht *(Gray et al., 1985, S. 43)*. Empirische Studien zeigen auf, dass Akteure in Multiparteienprozessen zusammenarbeiten, indem sie die Handlungen anderer Parteien anerkennen und die eigenen Handlungen anpassen *(z. B. Ferraro & Beunza, 2018, S. 1216; Levy et al., 2016, S. 901)*. Diese Studien haben dazu beigetragen, das Spannungsfeld zwischen Konsens und Dissens aufzulösen und anzuerkennen, dass Handlung trotz eines fehlenden Konsenses möglich ist, wenn die Parteien partielle Einigungen – z. B. *„ethische Waffenstillstände"* *(Reinecke & Ansari, 2015, S: 898)* – erreichen. Trotz dieser Beiträge der Literatur zur Bewältigung großer gesellschaftlicher Herausforderungen fehlen derzeit Studien, die das Konzept der hybriden Foren aufgreifen, um aufzuzeigen, wie partizipative Strukturen bewusst aufgebaut und in kontroversen Prozessen genutzt werden können, um in Konfliktsituationen oder ausweglosen Situationen voranzukommen. Die vorliegende Arbeit stellt somit eine erste empirische Studie über hybride Foren im Zusammenhang mit großen gesellschaftlichen Herausforderungen dar. Hybride Foren wurden in der Management- und Organisationsforschung als Konzept zur Einrichtung partizipativer Strukturen im Umgang mit großen gesellschaftlichen Herausforderungen eingeführt *(z. B. Ferraro et al., 2015, S. 375; Gehman et al., 2022, S. 265)*. In einigen Studien werden sie anekdotisch eingebunden *(z. B. Gond & Nyberg, 2017, S. 1141)*. Ansonsten fehlt es jedoch an empirischen Untersuchungen zu Rolle und Funktionen von hybriden Foren in

Multiparteienprozessen. Gehman und Kollegen *(2022, S. 265)* greifen das Fehlen dieser Studien in ihrer Literaturübersicht zum Stand der Forschung zu großen gesellschaftlichen Herausforderungen auf und argumentieren, dass eine weiterführende Beschäftigung mit hybriden Foren in der zukünftigen Forschung einen Beitrag zur Gestaltung effektiver partizipativer Prozesse leisten könne. Der Empfehlung von Gehman und Kollegen *(2022, S. 265)* folgend, baut diese Arbeit auf dem Konzept des hybriden Forums von Callon und Kollegen *(2009)* auf, um diese Lücke zu schließen. Die hier vorgestellten Ergebnisse in Bezug auf die Eignung hybrider Foren als Mechanismus für den Fortschritt in kontroversen (Technologie)-Diskursen können die Grundlage für zukünftige empirische Studien über hybride Foren in anderen Diskursen über große gesellschaftliche Herausforderungen wie Klimawandel oder Ungleichheit bilden *(George et al., 2016, S. 1880; Howard-Grenville et al., 2014, S. 615)*.

Neben dem zuvor beschriebenen Beitrag zur Erforschung großer gesellschaftlicher Herausforderungen durch die Untersuchung der Rolle hybrider Foren leistet die vorliegende Arbeit einen grundsätzlichen Beitrag zu den ursprünglichen Arbeiten über hybride Foren von Callon und Kollegen *(Callon et al., 2009)*. Die genannten Beiträge sollen im Folgenden noch einmal zusammengefasst werden.

6.3 Theoretische Erweiterung der Forschung zu hybriden Foren

Callon und Kollegen entwickeln in ihrem Buch „Acting in an uncertain world" einen Ansatz, der beschreibt, inwieweit hybride Foren kollektive Wissensprozesse fördern und damit die derzeitigen Lücken füllen können, die delegativ organisierte Institutionen in demokratischen Gesellschaften hinterlassen *(Callon et al., 2009, S. 120)*. Damit schließen sie an diverse Debatten in unterschiedlichen wissenschaftlichen Feldern an – z. B. in der Management- und Organisationsforschung *(Ansari et al., 2013; Wijen & Ansari, 2007)*, in der Volkswirtschaftslehre *(Ostrom, 2012, S. 353)*, in der Philosophie *(Habermas, 1996)* und in der Soziologie *(Beck, 2012; Luhmann, 2008)* –, die sich mit der Fragen nach der Verankerung sozialer und ökologischer Verantwortung in verschiedenen Subsystemen der Gesellschaft und über Subsysteme hinweg beschäftigen.

Das Konzept der hybriden Foren beschreibt die Idee, Räume der kollektiven Wissensproduktion zu schaffen und traditionell exkludierte Wissensquellen in den Prozess der Technologieentwicklung einzubinden, um sozialen Definitionsprozessen von technologischen Effekten und Risiken mehr Raum zu geben und überlieferte Wissensmonopole aufzubrechen *(Callon et al., 2009, S. 18)*.

Anhand verschiedener Beispiele zeigen die Autoren auf, wie hybride Foren zur Problemdefinition, Technologieentwicklung und Technologiereflektion beitragen können *(Callon et al., 2009, S. 48–70)*. Die vorliegende Arbeit baut auf diesen Ideen auf und untersucht die Rolle hybrider Foren in der Datenökonomie in Deutschland im Zeitraum von 2010 bis 2020. Als Ergebnis werden verschiedene hybride Foren gezeigt, die sich in ihrer Funktion und Zusammensetzung unterscheiden: hybride Foren zur Problemdefinition in der Strategieformulierung, hybride Foren zur Umsetzung in der Strategieimplementierung und hybride Foren zur Prämissenkontrolle im Rahmen der strategischen Kontrolle des Technologieentwicklungsprozesses. Die in dieser Studie identifizierten Funktionen schließen direkt an die von Callon und Kollegen *(2009)* beschriebenen *„Übersetzungen"* an, greifen die Engpässe auf, die sich aus der Exklusion externer Wissensquellen ergeben und entwickeln sie weiter. Die identifizierten Funktionen, Beiträge und Randbedingungen der Foren stellen theoretische Erweiterungen für die Forschung über hybride Foren dar und werden nachfolgend noch einmal kurz beschrieben.

Hybride Foren zur Problemdefinition in der Strategieformulierung: Die Ergebnisse der vorliegenden Untersuchung zeigen auf, dass hybride Foren zur Problemkonstruktion beitragen, wenn uneindeutige Wissenslagen zum Stand der Technologieentwicklung vorliegen und Kontroversen im Diskurs dominieren, weil wirtschaftliche und gesellschaftliche Positionen divergieren. Die in dieser Studie untersuchten hybriden Foren haben dazu beigetragen, den aktuellen Problemstand zu dokumentieren, gegensätzliche Sichtweisen zu legitimieren und Blockaden durch die Kopplung von zunächst als widersprüchlich angenommenen Problemen zu überwinden. Datenschutzängste (Phase 1) und Prinzipien der Datenminimierung (Phase 2) galten zunächst als unvereinbar mit unternehmerischen Bestrebungen zur Datennutzung (Phase 1) und zum Aufbau von umfangreichen Datensammlungen zur Entwicklung von KI (Phase 2). Hybride Foren leisteten einen Beitrag durch die Anerkennung und Kopplung der unterschiedlichen Anforderungen an die Technologieentwicklung, wobei die Kopplung zur Etablierung neuer Prinzipien wie „Privacy by Design" oder „Datentreuhandmodellen" beigetragen hat. Auch wenn diese Prinzipien nicht erst mithilfe der hybriden Foren erfunden wurden, leisteten Letztere dennoch einen Beitrag dazu, Konzepte und Ideen, die im breiten und öffentlichen Diskurs bislang keine Verankerung gefunden hatten, aufzuarbeiten und sie in ihre Empfehlungen aufzunehmen, um die Verankerung dieser neuen Prinzipien zu unterstützen und neue Handlungen auszulösen.

Gleichzeitig hat die Arbeit wichtige *Beschränkungen* hybrider Foren bei der Problemkonstruktion aufgedeckt: Die Problemkonstruktionen und Handlungsempfehlungen bildeten zum Zeitpunkt der Untersuchung einen Momentzustand

ab. Die schnelle Entwicklung der Technologie erfordert jedoch Anpassungen –
beispielsweise schien das Prinzip der Datenminimierung schon überholt zu sein,
bevor die DSGVO in Kraft trat. Ferner sind die beschriebenen Prozesse zeitin-
tensiv. Während beispielsweise im Jahre 2016 erstmals die Notwendigkeit einer
Datenethikkommission erkannt wurde, wurde diese erst 2018 gebildet und beauftragt und der Abschlussbericht im Jahre 2019 veröffentlicht. Insbesondere bei
Technologieentwicklungsprozessen, die eine hohe Entwicklungsdynamik aufweisen, sind kürzere Zyklen der Wissensproduktion wichtig, damit der Wissensstand
nicht bereits bei der Veröffentlichung überholt ist. Die erzielten Ergebnisse stellen eine Erweiterung der Arbeit* von Callon und Kollegen *(2009)* dar, indem
sie hybride Foren zur „Übersetzung 1" aufzeigen, Quellen der externen Wissenskonstruktion identifizieren, ihren Beitrag in kontroversen Debatten erklären
und ihre Grenzen darlegen. Wie bereits mehrfach erläutert wurde, unterscheiden
sich die hybriden Foren dieser Studie vom Idealtypus von Callon und Kollegen
(2009), da sie Nicht-Experten nur teilweise in den Prozess der Problemkonstruktion einbeziehen. Zukünftige Forschung, z. B. in Form von *„action research"*
(Langley, 2021, S. 255), könnte sich mit radikaleren Formen hybrider Foren befassen und die erzielten Ergebnisse und abgeleiteten Handlungsempfehlungen den
Ergebnissen dieser Studie vergleichend gegenüberstellen. Darüber hinaus sollte
künftige Forschung untersuchen, wie hybride Foren dazu beitragen können, eine
Handlungsdringlichkeit zu kreieren und in Situationen aufrechtzuerhalten, die
durch kurze Zeithorizonte und permanente Änderungen gekennzeichnet sind, um
so die besondere Temporalität von Technologieentwicklungsprozessen stärker zu
berücksichtigen.

Hybride Foren zur Umsetzung in der Strategieimplementierung: Eine zweite
Kategorie hybrider Foren im Datenökonomie-Diskurs sind Forschungsförderungen und Projekte zur Entwicklung technologischer Lösungen oder Infrastrukturen.
Die Analyse hat aufgezeigt, dass Multiperspektivität im Wesentlichen mithilfe
zweier Mechanismen verankert wurde: durch die Auftragstellung selbst und durch
geteilte Steuerungssysteme von Wirtschaft und Politik, bei denen die Steuerung
der Projekte durch Vertreter von Wirtschaft und Politik übernommen wurde.
Hybride Foren zur Umsetzung strategischer Programme bieten Möglichkeiten
zur direkten Verankerung politischer Ziele in Technologieentwicklungen – und
wie Beck vorschlägt, dazu, Wissensmonopole und Entscheidungsautonomien
aufzubrechen, die üblicherweise der Wirtschaft vorbehalten sind *(Beck, 2012,
S. 29)*.

Gleichzeitig zeigt die zeitliche Entwicklung der Foren einen interessanten
Wandel auf, den es in nachfolgenden Studien näher zu untersuchen gilt: Mit

zunehmendem politischem Gestaltungsanspruch haben sich Entscheidungsprozesse von der Wirtschaft zur Politik verschoben und haben die Vorbehalte
wirtschaftlicher Akteure, sich an Projekten zu beteiligen, zugenommen – ein Beispiel sind die Vorbehalte der Wirtschaft gegen das Projekt GAIA-X. Die Studie
weist auf vielschichtige Governance-Strukturen, multiple Anforderungen, erhöhte
Komplexität und fehlende ökonomische Anreize als Ursache für diese Vorbehalte
hin. Insofern stellen die Ergebnisse eine Erweiterung der „Übersetzung 2" von
Callon und Kollegen *(2009)* dar und zeigen gleichzeitig den notwendigen Forschungsbedarf auf, die Rolle der politischen Einflussnahme auf hybride Foren
zur Technologiegestaltung zu untersuchen, um die Mechanismen und Hürden
der Partizipation besser zu verstehen. Die Ergebnisse dieser Studie können dabei
als Grundlage dienen, hybride Foren zur Technologiegestaltung zu identifizieren,
ihren Auftrag im Kontext der Datenökonomie zu verstehen und ihre Entwicklung
zu untersuchen.

*Hybride Foren zur strategischen Kontrolle des Technologieentwicklungsprozes-
ses:* Die letzte Kategorie hybrider Foren, die im Kontext der Datenökonomie in
dieser Studie bestimmt wurde, diente der strategischen Prämissenkontrolle im
laufenden Prozess der Technologieentwicklung. Im hier untersuchten Kontext
haben sie dazu beigetragen, Abhängigkeitsrisiken aufzudecken, die im Rahmen
der zunehmenden Unsicherheit über die Stabilität globaler Wirtschaftsbeziehungen an Bedeutung gewonnen haben. Während Callon und Kollegen *(2009)* in
ihrer „Übersetzung 3" insbesondere auf Effekte der Technologieimplementierung abzielen, stellt diese Studie insofern eine Erweiterung des ursprünglichen
Konzepts dar, als die strategische Perspektive auf kollektive Technologieentwicklungen für potenzielle Risiken der strategischen Pfadabhängigkeit sensibilisiert.
Anders gesagt: Indem Technologieentwicklungsprozesse in dieser Studie als
fundamental strategisch verstanden werden, kann auf Konzepte der Strategieforschung zurückgegriffen werden, um zu erklären, warum die Reaktion auf die
seit 2014 zunehmende Kritik an den Datenschutzprinzipien insbesondere politisch lange keine Beachtung gefunden hat. Der Prozess der Strategieentwicklung
in Phase 1 zielte insgesamt auf den Erhalt und die Adaption der Datenschutzprinzipien ab und zeigte keine Offenheit für Kritik daran oder Alternativen dazu.
Erst als die Kritik legitimiert wurde, konnte ein alternativer Pfad kreiert und ein
neues, europäisches Prinzip der Massendatenanalyse geschaffen werden.

Während die Arbeit aufzeigt, wie hybride Foren im Diskurs zum Wandel zwischen Phase 1 und Phase 2 beitrugen, zeigt die Analyse auch, dass
die ursprünglich geplante Verdauerung der strategischen Kontrolle wieder verworfen wurde, als es einen personellen Wechsel im Ministerium gab. Damit
wird deutlich, dass hybride Foren zwar als Bestrebungen zur Aufhebung der

„organisierten Unverantwortlichkeit" *(Beck, 1988, S. 11)* in der funktional differenzierten Gesellschaft gedeutet werden können, ihre Institutionalisierung in Form der von Beck vorgeschlagenen dauerhaften Einrichtung von Räumen der institutionellen *„Selbstkritik"* *(Beck, 2012, S. 373)* allerdings ausbleibt.

Zusammenfassend lässt sich konstatieren, dass die Arbeit zur Untersuchung von partizipativen Strukturen in kontroversen Technologiediskursen beiträgt und damit der Forderung von Gehman und Kollegen *(2022)* nachkommt, an die politikwissenschaftliche Literatur über Deliberation anzuknüpfen *(Gehman et al., 2022, S. 265)*. Die Arbeit zeigt auf, dass hybride Foren in kontroversen Technologiediskursen unterschiedliche Funktionen übernehmen können, um die Technologieentwicklung durch Prozesse der kollektiven Wissensproduktion zu unterstützen. Sie bestätigt die Erkenntnis, dass etablierte Institutionen *(Howard-Grenville et al., 2014, S. 615; Lamla & Laux, 2012, S. 132–133)* und selbstreferentielle Systeme *(Luhmann, 2008, S. 178)* eine Hürde für die Verankerung von sozialen und ökologischen Risiken *(Beck, 2012, S. 30)* in Gesellschaften darstellen, was beispielsweise zur Überforderung von Politikern und zur Ablehnung von Verantwortung durch Wirtschaftsvertreter führt. Hybride Foren schaffen folglich nicht nur Räume zur grenzübergreifenden Wissensproduktion, sondern sind ein Motor des institutionellen Wandels „von innen heraus". Viele wissenschaftliche Studien zur Datenökonomie stellen die NSA-Enthüllungen *(Knorre et al., 2020, S. 18; Pohle, 2020, S. 7; Pohle & Thiel, 2020, S. 7)* oder den Cambridge Analytica-Fall *(Knorre et al., 2020, S. 20)* als dystopische Diskursmomente heraus, in denen diese externen Ereignisse Auslöser „von außen" darstellen, die zu einer höheren Sensibilität in der Bevölkerung beigetragen haben. Die Datenökonomie-Diskursanalyse dieser Arbeit versteht die Ereignisse nicht als Auslöser von Wandel, sondern als Teil der strategischen Mobilisierung des Diskurses durch soziale Akteure – z. B. mobilisierten die NSA-Enthüllungen die Politik zur Beschleunigung der Verhandlungen über die DSGVO. Insofern zeigt die Arbeit, dass hybride Foren und ihr Beitrag zur Wissensproduktion Auslöser „von innen" darstellen und durch ihre konkreten Handlungsempfehlungen einen wirkungsvollen Mechanismus des Wandels in Gang setzen können.

Abschließend bleibt die Frage offen: Kann die Institutionalisierung hybrider Foren systemische Grenzen permanent aufheben? Die Literatur bleibt hier uneindeutig: Während Callon und Kollegen *(2009)* für dialogische Strukturen wie hybride Foren plädieren, um delegative Strukturen *temporär* zu ergänzen *(Callon et al., 2009, S. 10)*, fordert Beck insbesondere in seinen frühen Arbeiten zur Risikogesellschaft eine Institutionalisierung von Selbstkritik in neuen Subsystemen *(Beck, 2012, S. 373)*. Bestehen bleibt ein Spannungsfeld zwischen temporären

Strukturen und permanenten Institutionen zur Ergänzung institutioneller und systemischer Defizite. Die Ergebnisse dieser Arbeit weisen auf drei Formen hybrider Foren hin: auf temporäre, permanente und geplant-temporäre hybride Foren, die nicht verdauert wurden: Enquete-Kommissionen wurden temporär gebildet und wieder aufgelöst; Kompetenzzentren wurden in Phase 2 verdauert; die geplante Verdauerung des Souveränitätsmonitorings wurde wieder verworfen. Die zukünftige Forschung sollte daher an den Ergebnissen dieser Arbeit ansetzen und die hier identifizierten hybriden Foren oder neue Formen hybrider Foren in Technologieentwicklungsprozessen untersuchen, um die Bedingungen, Effekte und Grenzen ihrer Verdauerung zu verstehen.

Limitationen der Arbeit und zukünftige Forschung

7

Die vorliegende Arbeit weist drei entscheidende Limitationen auf, die an dieser Stelle diskutiert werden sollen. Limitationen geben einerseits Aufschluss über die Verallgemeinerbarkeit der Ergebnisse und bieten andererseits fruchtbare Ansatzpunkte für die künftige Forschung.

Erstens stellt Deutschland einen besonderen Kontext für die Untersuchung von Diskursen über die Datenökonomie dar, da es sich um ein technologiekritisches Land handelt, in dem Risiken generell konservativ behandelt werden *(Álvarez, 2022)*. Diese Randbedingung wird noch dadurch verstärkt, dass während des gesamten Betrachtungszeitraums *eine* deutsche Bundeskanzlerin regierte, wenn auch mit unterschiedlichen Koalitionsparteien, aber mit einer konstanten politischen Linie, wie seit dem Regierungswechsel in 2021 wiederholt hervorgehoben wird *(Lobo, 2021; Riecke, 2021)*. Diese Ausgangsbedingungen unterscheiden sich von Kontexten in weniger technologiekritischen Ländern, in Ländern mit häufigerem politischem Wechsel oder in weniger demokratisch organisierten Ländern im Allgemeinen. Aber gerade wegen dieser Randbedingungen konnten Kontroversen und ihr Ausdruck im öffentlichen Diskurs und in hybriden Foren beobachtet werden, die in anderen Kontexten weniger ausgeprägt sind und weniger politisch gefördert werden. Der hier untersuchte Fall kann daher als Extremfall betrachtet werden, der zu Vergleichen mit anderen, weniger extremen Fällen auffordert. Dazu können künftige Studien an diesen Limitationen ansetzen und eine ähnliche Langzeitstudie in einem anderen europäischen oder außereuropäischen Land durchführen, um die Dynamiken, Akteurskonstellationen und die Rolle hybrider Foren in der Technologieentwicklung in anderen Kontexten und die Prozesse der Wissenskonstruktion in diesen Kontexten mit den Ergebnissen der vorliegenden Studie zu vergleichen. Schließlich kann eine ähnliche Studie auch in fünf oder zehn Jahren wiederholt werden, um die Dynamik der weiteren Entwicklung

© Der/die Autor(en), exklusiv lizenziert an Springer Fachmedien Wiesbaden GmbH, ein Teil von Springer Nature 2023

P. C. M. Reinecke, *Diskurse der Datenökonomie*, https://doi.org/10.1007/978-3-658-43513-4_7

der Datenökonomie mit dem hier entwickelten Modell zu vergleichen und es zu erweitern.

Zweitens folgt die Arbeit einem wissenssoziologischen Ansatz: Sie rekonstruiert diskursiv die Entwicklung der Datenökonomie und untersucht die Wissensproduktionen im Diskurs. Die Deutungen und Handlungen sozialer Akteure im Diskurs werden über typisierte Aussageereignisse auf Basis von Sekundärdaten rekonstruiert und interpretiert *(Keller, 2011a, S. 70–72)*. Wie im Kapitel 3 aufgezeigt, unterliegen die Sekundärdaten in dieser Studie einer Reihe von Verzerrungen – z. B. Erfolgsverzerrungen von Politikdokumenten und *„aufmerksamkeitsökonomische“ (Rau, 2014, S. 113)* Verzerrungen von Zeitungsartikeln (siehe Kapitel 3). Obwohl diese Verzerrungen durch die Triangulation von Zeitungsartikeln, Dokumenten und Interviews sowie durch ein theoretisches Sampling in der Datensammlung reduziert werden konnten *(Keller, 2011a, S. 92; Strauss & Corbin, 2015, S. 134)*, bleibt das Fehlen von Primärdaten und Beobachtungen eine Limitation dieser Arbeit. Gleichzeitig ist es jedoch auch gerade die Stärke der Arbeit, dass über Sekundärdaten verschiedene Ebenen der Technologieentwicklung verbunden wurden. Bailey und Barley *(2020)* betonen die Schwierigkeit, Fragen der Macht, der Ideologie und der Institutionen anzusprechen und sie mit Entscheidungen über die Technologieentwicklung und -implementierung zu verbinden. Sie argumentieren, dass *„kein einzelner Forscher ein Projekt von solchem Umfang vernünftigerweise übernehmen kann“ (Bailey & Barley, 2020, S. 4)*. Basierend auf dem theoretischen Ansatz der WDA, der die wissenssoziologische Theorie von Berger und Luckmann mit der kritischen Diskurstheorie von Foucault verbindet *(siehe dazu umfassend Keller, 2011b, S. 179–192)*, stellt die vorliegende Studie einen empirischen Versuch dar, Macht, Ideologie und Institutionen mit Entscheidungen bezüglich der Technologieentwicklung und -implementierung zu verbinden. Weiterführende Studien können an diesen empirischen Limitationen ansetzen und für ihre Untersuchungen ethnografische Ansätze hinzuziehen, um mehr Erkenntnisse über die Motive der Akteure und die politischen Dynamiken der Aushandlungsprozesse zwischen Akteuren zu gewinnen.

Drittens liegt eine erkenntnistheoretische Limitation in der vorwiegend konstruktivistischen Basis der Arbeit. Sie untersucht, wie Phänomene der Datenökonomie diskursiv geschaffen, institutionalisiert und als selbstverständlich angesehen werden und wie sie eine von Akteuren wahrgenommene *„Realität“* konstituieren *(Alvesson & Karreman, 2000, S. 1126)*. Während die Studie partiell auf die Rolle von Macht-/Wissensregimen in den Passivierungen und Subjektivierungen der Verbraucher eingeht, bleibt der Fokus auf den Deutungskonstruktionen und damit verbundenen Handlungen der Akteure. Eine entsprechend kritische

Studie kann einen stärkeren Fokus auf die Dynamik von Macht, Wissen und Ideologie in diskursiven Prozessen legen. Eine solche Studie kann z. B. die disziplinierende Auswirkung von Diskursen in der Datenökonomie untersuchen und der Frage nachgehen, welche Akteure sprechen dürfen und welche Akteure keine Stimme im Diskurs bekommen. Beispielsweise wird immer wieder kritisiert, dass zum jährlichen IT/Digital-Gipfel vor allem Personen aus Wirtschaft, Wissenschaft und Politik eingeladen werden und Stimmen der Zivilgesellschaft fehlen *(Biederbeck-Ketterer, 2022; Stiens, 2022)*. Hybride Foren bilden als Spezialdiskurse Subformationen innerhalb öffentlicher Diskurse, bei denen Sprecherpositionen einerseits beschränkt sind und die andererseits eine große Handlungswirkung haben können. Eine kritische Diskursanalyse kann diese Machtaspekte stärker beleuchten und der Frage nachgehen, wie und warum bestimmte Akteure im Diskurs eine Stimme bekommen und welche Akteure nicht gehört werden. Darüber hinaus kann eine kritische Studie die Subjektivierungen in dieser Analyse vertiefen, indem das Rollenbild von Verbrauchern theoretisch und empirisch tiefergehend untersucht wird *(Phillips & Hardy, 2002, S. 20)*. Und schließlich können „Diskursversagen" untersucht und mit Machtkonstellationen in Verbindung gebracht werden: Verzögerte Regulierungsprozesse, private und öffentliche Investitionsdefizite, verschleppte Entscheidungsprozesse können auf Lobbyismus, Mutlosigkeit, Legitimationsdruck und andere diskursive Machtfaktoren zurückgeführt werden.

Im Einklang mit den grundlegenden Zielen qualitativer Studien erhebt die Arbeit keinen Anspruch auf Generalisierbarkeit per se *(Pratt et al., 2020, S. 10)*, sondern strebt eine analytische Generalisierbarkeit an *(Yin, 2009, S. 15)*. Darüber hinaus können die Ergebnisse eine naturalistische Verallgemeinerung begünstigen, da sie auf natürlichen Diskursdaten basieren, die eine hohe Wiedererkennung der hier aufgezeigten Deutungsmuster in unterschiedlichen Technologiediskursen ermöglichen *(Stake, 1995, S. 85)*.

Schlussfolgerung und Ausblick 8

Ausgangspunkt dieser Arbeit war die Feststellung, dass die Datenökonomie als große gesellschaftliche Herausforderung in der Organisations- und Managementliteratur empirisch und theoretisch zu wenig erforscht ist. Angesichts der enormen sozioökonomischen Auswirkungen der Datenökonomie auf die heutigen Gesellschaften ist es dringend notwendig zu verstehen, wie Gesellschaften von der Datenökonomie betroffen sind und wie die kollektiven Prozesse der Wissensproduktion von unterschiedlichen betroffenen Akteure aus Politik, Wirtschaft, Wissenschaft und Zivilgesellschaft organisiert sind, um die großen gesellschaftlichen Herausforderungen zu bewältigen, die die Datenökonomie mit sich bringt.

Diese Arbeit war ein Schritt in diese Richtung. Durch die erstmalige Zusammenführung verschiedener Literaturströme aus der fragmentierten Organisations- und Managementforschung eröffnet sie eine neue Perspektive auf die Untersuchung der Datenökonomie, indem sie verschiedene Ebenen und unterschiedliche Aspekte der Verhandlung berücksichtigt, wie z. B. die Konstruktion von Risiken und die Aushandlung von Kontroversen durch unterschiedliche Akteure. Durch den wissenssoziologischen Ansatz ist diese Arbeit für die Wissensabhängigkeit von Technologieentwicklungsprozessen sensibilisiert und berücksichtigt Machtaspekte im Diskurs, die durch die Subjektivierung sozialer Akteure zum Tragen kommen.

Die Arbeit leistet somit einen Beitrag zum Verständnis der komplexen Wissensprozesse, die der Technologieentwicklung zugrunde liegen und bietet ein Modell, das die Koordinierung dieser Prozesse theoretisch erklärt: Es erläutert die Entwicklung der Datenökonomie entlang von drei Ebenen im Diskurs: der Ebene der *Strategieprozessorganisation,* der Ebene der *hybriden Foren* und der Ebene der *meta-strategischen Kopplung.* Ferner erklärt es die Wissensorganisation in drei Teilphasen der *Strategieformulierung, -umsetzung und -kontrolle,* in hybriden

© Der/die Autor(en), exklusiv lizenziert an Springer Fachmedien Wiesbaden GmbH, ein Teil von Springer Nature 2023
P. C. M. Reinecke, *Diskurse der Datenökonomie,*
https://doi.org/10.1007/978-3-658-43513-4_8

Foren zur Unterstützung der Technologieentwicklung durch *Problemdefinition, Umsetzung und Reflektion* sowie durch *Agenda-Setzung* und *Ergebnisrückkopplung* zur meta-strategischen Kopplung nationaler und supranationaler Strategien.

Um die Ergebnisse dieses spezifischen Umfelds (Deutschland, Europa) vergleichen und kontrastieren zu können, sollten künftige Forschungsarbeiten diese Ergebnisse auf andere Kontexte ausweiten oder einzelne strategische Teilphasen und Wissensprozesse vertiefen, um unser Wissen über die Organisation der Datenökonomie zu erweitern.

Literaturverzeichnis

Álvarez, S. (9. Dezember 2022). „Wir sind wirklich der Weltmeister in politischer Langsamkeit". *WirtschaftsWoche.*

Alvesson, M. & Karreman, D. (2000). Varieties of Discourse: On the Study of Organizations through Discourse Analysis. *Human Relations, 53*(9), 1125–1149. https://doi.org/10.1177/0018726700539002

Ansari, S., Wijen, F. & Gray, B. (2013). Constructing a Climate Change Logic: An Institutional Perspective on the "Tragedy of the Commons". *Organization Science, 24*(4), 1014–1040. https://doi.org/10.1287/orsc.1120.0799

Augsberg, S. (2022). Datenschutz, Datensouveränität, Data Governance: Überlappungen, Spannungen und mögliche Lerneffekte. In S. Augsberg & P. Gehring (Hrsg.), *Datensouveränität: Positionen zur Debatte* (1. Aufl., S. 121–134). Campus.

Backer, L. C. (2019). China's Social Credit System: Data-Driven Governance for a 'New Era'. *Current History, 118*(809), 209–214. https://doi.org/10.1525/curh.2019.118.809.209

Bailey, D. E. & Barley, S. R. (2020). Beyond design and use: How scholars should study intelligent technologies. *Information and Organization, 30*(2), 1–12. https://doi.org/10.1016/j.infoandorg.2019.100286

Bailey, D. E., Faraj, S., Hinds, P. J., Leonardi, P. M. & Krogh, G. von (2022). We Are All Theorists of Technology Now: A Relational Perspective on Emerging Technology and Organizing. *Organization Science, 33*(1), 1–18. https://doi.org/10.1287/orsc.2021.1562

Barley, S. R. (1986). Technology as an Occasion for Structuring: Evidence from Observations of CT Scanners and the Social Order of Radiology Departments. *Administrative Science Quarterly, 31*(1), 78–108. https://doi.org/10.2307/2392767

Beck, U. (1988). *Gegengifte: Die organisierte Unverantwortlichkeit* (8. Aufl.). *Edition Suhrkamp.* Suhrkamp Taschenbuch.

Beck, U. (2012). *Risikogesellschaft: Auf dem Weg in eine andere Moderne* (21. Aufl.). *Edition Suhrkamp.* Suhrkamp.

Beck, U. & Bonß, W. (2001). *Die Modernisierung der Moderne. Suhrkamp Taschenbuch Wissenschaft: Bd. 1508.* Suhrkamp Verlag.

Beck, U., Giddens, A. & Lash, S. (Hrsg.). (2019). *Edition Suhrkamp Neue Folge: Bd. 705. Reflexive Modernisierung: Eine Kontroverse* (1. Aufl.). Suhrkamp.

Beck, U. & Lau, C. (2004). *Entgrenzung und Entscheidung: Was ist neu an der Theorie reflexiver Modernisierung?* (1. Aufl.). *Edition zweite Moderne.* Suhrkamp.

© Der/die Herausgeber bzw. der/die Autor(en), exklusiv lizenziert an Springer Fachmedien Wiesbaden GmbH, ein Teil von Springer Nature 2023
P. C. M. Reinecke, *Diskurse der Datenökonomie,*
https://doi.org/10.1007/978-3-658-43513-4

Berger, P. L. & Luckmann, T. (1966). *The social construction of reality: A treatise in the sociology of knowledge* (Repr). Anchor Book.

Biederbeck-Ketterer, M. (9. Dezember 2022). Der Digitalgipfel zementiert das Merkelsche Neuland. *WirtschaftsWoche.*

Bijker, W. E. (1995). *Of Bicycles, Bakelites, and Bulbs. Toward a Theory of Sociotechnical Change* (2002. Aufl.). *Inside Technology.* Mit Press.

Bitkom (2016). Stellungnahme – Kommentierung Grünbuch digitale Plattformen. [online] https://www.bitkom.org/sites/main/files/file/import/20161014-Stellungnahme-Gruenb uch-Bitkom.pdf [abgerufen am 25.07.2023].

Bitkom (2023). *Über uns.* [online] https://www.bitkom.org/Bitkom/Ueber-uns [abgerufen am 25.07.2023].

Bodó, B., Irion, K., Janssen, H. & Giannopoulou, A. (2021). Personal data ordering in context: the interaction of meso-level data governance regimes with macro frameworks. *Internet Policy Review, 10*(3), 2022–2039. https://doi.org/10.14763/2021.3.1581

Bodrožić, Z. & Adler, P. S. (2022). Alternative Futures for the Digital Transformation: A Macro-Level Schumpeterian Perspective. *Organization Science, 33*(1), 105–125. https://doi.org/10.1287/orsc.2021.1558

Bradford, A. (2015). The Brussels Effect. *Northwestern University Law Review, 107*(1), 1–68. [online] https://scholarlycommons.law.northwestern.edu/cgi/viewcontent.cgi?art icle=1081&context=nulr [abgerufen am 25.07.2023].

Bradford, A. (2020). *The Brussels Effect.* Oxford University Press. https://doi.org/10.1093/oso/9780190088583.001.0001

Brummans, B. H. J. M., Putnam, L. L., Gray, B., Hanke, R., Lewicki, R. J. & Wiethoff, C. (2008). Making Sense of Intractable Multiparty Conflict: A Study of Framing in Four Environmental Disputes. *Communication Monographs, 75*(1), 25–51. https://doi.org/10.1080/03637750801952735

Bundesregierung (2014). Digitale Agenda 2014 – 2017. [online] https://www.bmwk.de/Redaktion/DE/Publikationen/Digitale-Welt/digitale-agenda.pdf?__blob=publicationFile &v=3 [abgerufen am 25.07.2023].

Callon, M. (1986). The Sociology of an Actor-Network: The Case of the Electric Vehicle. In M. Callon, J. Law & A. Rip (Hrsg.), *Mapping the Dynamics of Science and Technology* (S. 19–34). Palgrave Macmillan UK. https://doi.org/10.1007/978-1-349-07408-2_2

Callon, M., Barthe, Y. & Lascoumes, P. (2009). *Acting in an uncertain world: An essay on technical democracy* (1. Aufl.). *Inside Technology.* Mit Press.

Callon, M., Méadel, C. & Rabeharisoa, V. (2002). The economy of qualities. *Economy and Society, 31*(2), 194–217. https://doi.org/10.1080/03085140220123126

Carbon Tracker Initiative. (2023). *Home – Carbon Tracker Initiative.* [online] https://carbon tracker.org/?lang=de [abgerufen am 25.07.2023].

Chander, A. (2014). How Law Made Silicon Valley. *Emory Law Journal, 63*(3), 639–694. [online] https://scholarlycommons.law.emory.edu/elj/vol63/iss3/3 [abgerufen am 25.07.2023].

Chander, A., Kaminski, M. E. & McGeveral, W. (2021). Catalyzing Privacy Law. *Minnesota Law Review,* 1732–1802. [online] https://minnesotalawreview.org/wp-content/upl oads/2021/04/3-CKM_MLR.pdf [abgerufen am 25.07.2023].

Cloutier, C., & Ravasi, D. (2021). Using tables to enhance trustworthiness in qualitative research. *Strategic Organization, 19*(1), 113–133. https://doi.org/10.1177/147612702097 9329

Dittrich, K. (2022). Scale in Research on Grand Challenges. In A. A. Gümüşay, E. Marti, H. Trittin-Ulbrich & C. Wickert (Hrsg.), *Research in the Sociology of Organizations: volume 79. Organizing for societal grand challenges* (S. 187–204). Emerald Publishing.

Donnellon, A., Gray, B. & Bougon, M. G. (1986). Communication, Meaning, and Organized Action. *Administrative Science Quarterly, 31*(1), 43–55. https://doi.org/10.2307/2392765

dpa (2013): Überwachungsaffäre: Google aufgebracht über NSA-Datenspionage. In: Spiegel, 31.10.2013. Online verfügbar unter https://www.spiegel.de/netzwelt/netzpolitik/goo gle-aufgebracht-ueber-nsa-datenspionage-a-930969.html [abgerufen am 25.07.2023].

Europäische Kommission (2020). Mitteilung der Kommission an das Europäische Parlament, den Rat, den Europäischen Wirtschafts- und Sozialausschuss und den Ausschuss der Regionen: Eine europäische Datenstrategie. [online] https://eur-lex.europa.eu/legal-content/DE/TXT/PDF/?uri=CELEX:52020DC0066 [abgerufen am 25.07.2023].

Europäisches Parlament (2016). *Parlament verabschiedet EU-Datenschutzreform – EU fit fürs digitale Zeitalter.*

Faraj, S., Pachidi, S. & Sayegh, K. (2018). Working and organizing in the age of the learning algorithm. *Information and Organization, 28*(1), 62–70. https://doi.org/10.1016/j.infoan dorg.2018.02.005

Ferraro, F. & Beunza, D. (2018). Creating Common Ground: A Communicative Action Model of Dialogue in Shareholder Engagement. *Organization Science, 29*(6), 1187–1207. https://doi.org/10.1287/orsc.2018.1226

Ferraro, F., Etzion, D. & Gehman, J. (2015). Tackling Grand Challenges Pragmatically: Robust Action Revisited. *Organization Studies, 36*(3), 363–390. https://doi.org/10.1177/0170840614563742

Flyverbom, M. (2022). Overlit: Digital Architectures of Visibility. *Organization Theory, 3*(3). https://doi.org/10.1177/26317877221090314

Flyverbom, M., Deibert, R. & Matten, D. (2019). The Governance of Digital Technology, Big Data, and the Internet: New Roles and Responsibilities for Business. *Business & Society, 58*(1), 3–19. https://doi.org/10.1177/0007650317727540

Foucault, M. (1972). *The archeology of knowledge and the discourse on language.* Pantheon Books.

Foucault, M. (1980). *Power/knowledge. a selected interviews and other writings 1972–77.* Pantheon Books.

Foucault, M. (1982). *I, Pierre Riviere, having slaughtered my mother, my sister, and my brother: A case of parricide in the nineteenth century.* University of Nebraska Press.

Foucault, M. (1984). Polemics, politics and problematizations. Interview with Paul Rabinow. In P. Rabinow (Hrsg.), *The Foucault reader* (2010. Aufl., S. 381–398). Vintage Books/Random House.

Foucault, M. (1988). *Archäologie des Wissens* (9. Aufl.). *Suhrkamp-Taschenbuch Wissenschaft: Bd. 356.* Suhrkamp Taschenbuch-Verl.

Freeman, R. & Maybin, J. (2011). Documents, practices and policy. *Evidence & Policy, 7*(2), 155–170. https://doi.org/10.1332/174426411X579207

Fulk, J. (1993). Social Construction of Communication Technology. *Academy of Management Journal, 36*(5), 921–950. https://doi.org/10.2307/256641

Fulk, J., Steinfeld, C. W., Schmitz, J. & Power, J. G. (1987). A Social Information Processing Model of Media Use in Organizations. *Communication Research, 14*(5), 529–552. https://doi.org/10.1177/009365087014005005

Gehman, J., Etzion, D. & Ferraro, F. (2022). Robust Action: Advancing a Distinctive Approach to Grand Challenges. In A. A. Gümüşay, E. Marti, H. Trittin-Ulbrich & C. Wickert (Hrsg.), *Research in the Sociology of Organizations: volume 79. Organizing for societal grand challenges* (S. 259–278). Emerald Publishing. https://doi.org/10.1108/S0733-558X20220000079024

George, G., Howard-Grenville, J., Joshi, A. & Tihanyi, L. (2016). Understanding and Tackling Societal Grand Challenges through Management Research. *Academy of Management Journal, 59*(6), 1880–1895. https://doi.org/10.5465/amj.2016.4007

Gephart, R. P., van Maanen, J. & Oberlechner, T. (2009). Organizations and Risk in Late Modernity. *Organization Studies, 30*(2–3), 141–155. https://doi.org/10.1177/0170840608101474

Giddens, A. (2019). Leben in einer posttraditionalen Gesellschaft. In U. Beck, A. Giddens & S. Lash (Hrsg.), *Edition Suhrkamp Neue Folge: Bd. 705. Reflexive Modernisierung: Eine Kontroverse* (1. Aufl.). Suhrkamp.

Gond, J.-P. & Nyberg, D. (2017). Materializing Power to Recover Corporate Social Responsibility. *Organization Studies, 38*(8), 1127–1148. https://doi.org/10.1177/0170840616677630

Gray, B. (1997). Framing and reframing of intractable environmental disputes. In R. J. Lewicki, R. J. Bies & B. H. Sheppard (Hrsg.), *Research on negotiation in organizations: 7, 1999. Research on negotiation organizations.* JAI Press.

Gray, B. (2004). Strong opposition: frame-based resistance to collaboration. *Journal of Community & Applied Social Psychology, 14*(3), 166–176. https://doi.org/10.1002/casp.773

Gray, B., Bougon, M. G. & Donnellon, A. (1985). Organizations as Constructions and Destructions of Meaning. *Journal of Management, 11*(2), 83–98. https://doi.org/10.1177/014920638501100212

Gray, B., Purdy, J. M. & Ansari, S. (2015). From Interactions to Institutions: Microprocesses of Framing and Mechanisms for the Structuring of Institutional Fields. *Academy of Management Review, 40*(1), 115–143. https://doi.org/10.5465/amr.2013.0299

Günther, W. A., Rezazade Mehrizi, M. H., Huysman, M. & Feldberg, F. (2017). Debating big data: A literature review on realizing value from big data. *The Journal of Strategic Information Systems, 26*(3), 191–209. https://doi.org/10.1016/j.jsis.2017.07.003

Habermas, J. (1996). *Between facts and norms: Contributions to a discourse theory of law and democracy.* Mit Press.

Hardy, C. & Maguire, S. (2016). Organizing Risk: Discourse, Power, and "Riskification". *Academy of Management Review, 41*(1), 80–108. http://www.jstor.org/stable/43699320

Hardy, C. & Maguire, S. (2020). Organizations, Risk Translation, and the Ecology of Risks: The Discursive Construction of a Novel Risk. *Academy of Management Journal, 63*(3), 685–716. https://doi.org/10.5465/amj.2017.0987

Hardy, C., Maguire, S., Power, M. & Tsoukas, H. (2020). Organizing Risk: Organization and Management Theory for the Risk Society. *Academy of Management Annals, 14*(2), 1032–1066. https://doi.org/10.5465/annals.2018.0110

Harley, B., & Cornelissen, J. (2022). Rigor with or without templates? The pursuit of methodological rigor in qualitative research. *Organizational Research Methods, 25*(2), 239–261. https://doi.org/10.1177/1094428120937786

Heracleous, L. & Barrett, M. (2001). Organizational change as discourse: communicative actions and deep structures in the context of information technology implementation. *Academy of Management Journal, 44*(4), 755–778. https://doi.org/10.2307/3069414

Hilgartner, S. & Lewenstein, B. V. (2014). *The speculative world of emerging technologies.* [online] https://ecommons.cornell.edu/handle/1813/36320 [abgerufen am 25.07.2023].

Howard-Grenville, J., Buckle, S. J., Hoskins, B. J. & George, G. (2014). Climate Change and Management. *Academy of Management Journal, 57*(3), 615–623. https://doi.org/10.5465/amj.2014.4003

Howard-Grenville, J. & Spengler, J. (2022). Surfing the Grand Challenges Wave in Management Scholarship: How Did We Get Here, Where are We Now, and What's Next? In A. A. Gümüşay, E. Marti, H. Trittin-Ulbrich & C. Wickert (Hrsg.), *Research in the Sociology of Organizations: volume 79. Organizing for societal grand challenges* (S. 279–295). Emerald Publishing.

Hughes, T. P. (1994). Technological momentum. In M. R. Smith & L. Marx (Hrsg.), *Does technology drive history? The dilemma of technological determinism* (S. 101–113). Mit Press.

Jablin, F. & Putnam, L. (Hrsg.). (2001). *The New Handbook of Organizational Communication.* SAGE Publications, Inc. https://doi.org/10.4135/9781412986243

Jasanoff, S. (1998). The political science of risk perception. *Reliability Engineering & System Safety, 59*(1), 91–99. https://doi.org/10.1016/S0951-8320(97)00129-4

Keller, R. (2006). Wissenschaftliche Kontroversen und die politische Epistemologie der Ungewissheit: Diskurstheoretische und diskursanalytische Perspektiven. In W.-A. Liebert (Hrsg.), *Science studies. Kontroversen als Schlüssel zur Wissenschaft? Wissenskulturen in sprachlicher Interaktion* (S. 39–56). transcript.

Keller, R. (2009). *Müll – Die gesellschaftliche Konstruktion des Wertvollen.* VS Verlag für Sozialwissenschaften. https://doi.org/10.1007/978-3-531-91731-3

Keller, R. (2011a). *Diskursforschung.* VS Verlag für Sozialwissenschaften. https://doi.org/10.1007/978-3-531-92085-6

Keller, R. (2011b). The Sociology of Knowledge Approach to Discourse (SKAD). *Human Studies, 34*(1), 43–65. https://doi.org/10.1007/s10746-011-9175-z

Keller, R. (2011c). *Wissenssoziologische Diskursanalyse.* VS Verlag für Sozialwissenschaften. https://doi.org/10.1007/978-3-531-92058-0

Keller, R. (2013). *Doing Discourse Research: An Introduction for Social Scientists.* SAGE Publications Ltd. https://doi.org/10.4135/9781473957640

Keller, R., Hornidge, A.-K. & Schünemann, W. (2018). *The Sociology of Knowledge Approach to Discourse: Investigating the Politics of Knowledge and Meaning-making.* Routledge. https://doi.org/10.4324/9781315170008

Keller, R., Schneider, W. & Viehöver, W. (2012). Theorie und Empirie der Subjektivierung in der Diskursforschung. In R. Keller, W. Schneider & W. Viehöver (Hrsg.), *Diskurs – Macht – Subjekt* (S. 7–20). VS Verlag für Sozialwissenschaften. https://doi.org/10.1007/978-3-531-93108-1_1

Keller, R. & Truschkat, I. (2013). *Methodologie und Praxis der Wissenssoziologischen Diskursanalyse.* VS Verlag für Sozialwissenschaften. https://doi.org/10.1007/978-3-531-933 40-5

Khanagha, S., Ansari, S., Paroutis, S. & Oviedo, L. (2022). Mutualism and the dynamics of new platform creation: A study of Cisco and fog computing. *Strategic Management Journal, 43*(3), 476–506. https://doi.org/10.1002/smj.3147

Klein, H. K. & Kleinman, D. L. (2002). The Social Construction of Technology: Structural Considerations. *Science, Technology, & Human Values, 27*(1), 28–52. https://doi.org/10. 1177/016224390202700102

Knorre, S., Müller-Peters, H. & Wagner, F. (2020). *Die Big-Data-Debatte: Chancen und Risiken der digital vernetzten Gesellschaft.* Springer Fachmedien Wiesbaden. https://doi.org/ 10.1007/978-3-658-27258-6

Kokshagina, O., Reinecke, P. C. & Karanasios, S. (2023). To regulate or not to regulate: unravelling institutional tussles around the regulation of algorithmic control of digital platforms. *Journal of Information Technology, 38*(2), 160–179. https://doi.org/10.1177/ 02683962221114408

Lamla, J. (2001). Die politische Theorie der reflexiven Modernisierung: Anthony Giddens. In A. Brodocz & G. S. Schaal (Hrsg.), *Politische Theorien der Gegenwart II* (S. 283–315). VS Verlag für Sozialwissenschaften. https://doi.org/10.1007/978-3-663-12320-0_10

Lamla, J. & Laux, H. (2012). Die Theorie reflexiver Modernisierung. In V. Tiberius (Hrsg.), *Zukunftsgenese* (S. 129–141). VS Verlag für Sozialwissenschaften. https://doi.org/10. 1007/978-3-531-93327-6_6

Langley, A. (1999). Strategies for Theorizing from Process Data. *Academy of Management Review, 24*(4), 691–720. https://doi.org/10.2307/259349

Langley, A. (2021). What Is "This" a Case of? Generative Theorizing for Disruptive Times. *Journal of Management Inquiry, 30*(3), 251–258. https://doi.org/10.1177/105649262110 16545

Latour, B. (1987). *Science in action: How to follow scientists and engineers through society.* Harvard University Press.

Lau, C. (1989). Risikodiskurse: Gesellschaftliche Auseinandersetzungen um die Definition von Risiken. *Soziale Welt. Zeitschrift für sozialwissenschaftliche Forschung und Praxis,* 418–436. [online] https://opus.bibliothek.uni-augsburg.de/opus4/frontdoor/deliver/ index/docId/3377/file/Lau_Risikodiskurse.pdf [abgerufen am 25.07.2023].

Leonardi, P. M. & Barley, S. R. (2010). What's Under Construction Here? Social Action, Materiality, and Power in Constructivist Studies of Technology and Organizing. *Academy of Management Annals, 4*(1), 1–51. https://doi.org/10.5465/19416521003654160

Levy, D., Reinecke, J. & Manning, S. (2016). The Political Dynamics of Sustainable Coffee: Contested Value Regimes and the Transformation of Sustainability. *Journal of Management Studies, 53*(3), 364–401. https://doi.org/10.1111/joms.12144

Lewicki, R. J. & Gray, B. (2003). Introduction. In R. J. Lewicki, B. Gray & M. Elliott (Hrsg.), *Making Sense of Intractable Environmental Conflicts: Concepts and Cases* (S. 1–10). Island Press.

Lobo, S. (10. Juni 2021). Nora, E-Rezept und ID Wallet: Deutschland ist das digitale Schilda. *DER SPIEGEL.* [online] https://www.spiegel.de/netzwelt/netzpolitik/nora-e-rez ept-und-id-wallet-deutschland-ist-das-digitale-schilda-a-b1c6458f-4857-4449-beab-fff 8b683484e [abgerufen am 25.07.2023].

Luhmann, N. (2008). *Ökologische Kommunikation: Kann die moderne Gesellschaft sich auf ökologische Gefährdungen einstellen?* VS Verlag für Sozialwissenschaften Wiesbaden.

Maguire, S. (2004). The Co-Evolution of Technology and Discourse: A Study of Substitution Processes for the Insecticide DDT. *Organization Studies, 25*(1), 113–134. https://doi.org/10.1177/0170840604038183

Maguire, S. & Hardy, C. (2013). Organizing Processes and the Construction of Risk: A Discursive Approach. *Academy of Management Journal, 56*(1), 231–255. https://doi.org/10.5465/amj.2010.0714

Mannheim, K. (1929). *Ideologie und Utopie.* Cohen.

Mantere, S. & Vaara, E. (2008). On the Problem of Participation in Strategy: A Critical Discursive Perspective. *Organization Science, 19*(2), 341–358. http://www.jstor.org/stable/25146183 [abgerufen am 25.07.2023].

Martin, K. (2015). Ethical Issues in the Big Data Industry. *MIS Quarterly Executive 14*(2), 67–85.

Martin, K. (2020). Breaking the Privacy Paradox: The Value of Privacy and Associated Duty of Firms. *Business Ethics Quarterly, 30*(1), 65–96. https://doi.org/10.1017/beq.2019.24

Maschewski, F. & Nosthoff, A.-V. (2021). Der plattformökonomische Infrastrukturwandel der Öffentlichkeit: Facebook und Cambridge Analytica revisited. In M. Seeliger & S. Sevignani (Hrsg.), *Ein neuer Strukturwandel der Öffentlichkeit? Sonderband Leviathan* (1. Aufl.). Nomos, S. 320–341.

Mazzei, M. J. & Noble, D. (2017). Big data dreams: A framework for corporate strategy. *Business Horizons, 60*(3), 405–414. https://doi.org/10.1016/j.bushor.2017.01.010

Misa, T. J. (1994). Retrieving sociotechnical change from technological determinism. In M. R. Smith & L. Marx (Hrsg.), *Does technology drive history? The dilemma of technological determinism* (S. 115–141). Mit Press.

Orlikowski, W. J. (2000). Using Technology and Constituting Structures: A Practice Lens for Studying Technology in Organizations. *Organization Science, 11*(4), 404–428. https://doi.org/10.1287/orsc.11.4.404.14600

Orlikowski, W. J. & Gash, D. C. (1994). Technological frames. *ACM Transactions on Information Systems, 12*(2), 174–207. https://doi.org/10.1145/196734.196745

Ostrom, E. (2012). Nested externalities and polycentric institutions: must we wait for global solutions to climate change before taking actions at other scales? *Economic Theory, 49*(2), 353–369. http://www.jstor.org/stable/41408716

Phillips, N. & Hardy, C. (2002). *Discourse Analysis.* SAGE Publications, Inc. https://doi.org/10.4135/9781412983921

Pinch, T. J. & Bijker, W. E. (1984). The Social Construction of Facts and Artefacts: or How the Sociology of Science and the Sociology of Technology might Benefit Each Other. *Social Studies of Science, 14*(3), 399–441. https://doi.org/10.1177/030631284014003004

Pohle, J. (2020). *Digital sovereignty: A new key concept of digital policy in Germany and Europe.* Konrad-Adenauer-Stiftung e. V. 2020.

Pohle, J. & Thiel, T. (2020). Digital sovereignty. *Internet Policy Review, 9*(4). https://doi.org/10.14763/2020.4.1532

Porter, M. E. & Heppelmann, J. E. (2014). How Smart, Connected Products Are Transforming Competition. *Harvard Business Review, 92*(11), 64–88. https://hbr.org/2014/11/how-smart-connected-products-are-transforming-competition

Pradilla, C. A., da Silva, J. B. & Reinecke, J. (2022). Wicked problems and new ways of organising: How Fe y Alegria confronted changing. In A. A. Gümüşay, E. Marti, H. Trittin-Ulbrich & C. Wickert (Hrsg.), *Research in the Sociology of Organizations: volume 79. Organizing for societal grand challenges* (S. 93–114). Emerald Publishing.

Prasad, P. (1993). Symbolic processes in the implementation of technological change: A symbolic interactionist study of work computerization. *Academy of Management Journal, 36*(6), 1400–1429. https://doi.org/10.2307/256817

Prasad, P. & Prasad, A. (1994). The Ideology of Professionalism and Work Computerization: An Institutionalist Study of Technological Change. *Human Relations, 47*(12), 1433–1458. https://doi.org/10.1177/001872679404701201

Pratt, M. G., Kaplan, S. & Whittington, R. (2020). Editorial Essay: The Tumult over Transparency: Decoupling Transparency from Replication in Establishing Trustworthy Qualitative Research. *Administrative Science Quarterly, 65*(1), 1–19. https://doi.org/10.1177/0001839219887663

Purtova, N. (2018). The law of everything. Broad concept of personal data and future of EU data protection law. *Law, Innovation and Technology, 10*(1), 40–81. https://doi.org/10.1080/17579961.2018.1452176

Putnam, L. L. & Fairhurst, G. T. (2001). Discourse Analysis in Organizations. Issues and Concerns. In F. Jablin & L. Putnam (Hrsg.), *The New Handbook of Organizational Communication* (S. 87–136). SAGE Publications, Inc.

Rau, H. (2014). Medienkrise – Journalismuskrise – Managementkrise: Aufmerksamkeitsökonomisch induziertes Krisengeschehen und Hinweise für eine zukunftsorientierte Ökonomie des Journalismus. In F. Lobigs & G. von Nordheim (Hrsg.), *Journalismus ist kein Geschäftsmodell: Aktuelle Studien zur Ökonomie und Nicht-Ökonomie des Journalismus* (S. 113–138). Nomos.

Reichertz, J. (2016). *Qualitative und interpretative Sozialforschung.* Springer Fachmedien Wiesbaden. https://doi.org/10.1007/978-3-658-13462-4

Reinecke & Ansari, S. (2015). What Is a "Fair" Price? Ethics as Sensemaking. *Organization Science, 26*(3), 867–888. https://doi.org/10.1287/orsc.2015.0968

Reinecke, P. C., Küberling-Jost, J. A., Wrona, T. & Zapf, A. K. (2023). Towards a dynamic value network perspective of sustainable business models: the example of RECUP. *Journal of Business Economics, 93,* 635–665. https://doi.org/10.1007/s11573-023-01155-7

Reinecke, P. C., Wrona, T. & Küberling-Jost, J. A. (2023). Tackling the global waste problem as a multi-level process: strategies of hybrid organizations in complex environments. In *Academy of Management Proceedings* (Vol. 2022, No. 1, p. 16430). Briarcliff Manor, NY 10510: Academy of Management.

Rice, R. E. & Aydin, C. (1991). Attitudes Toward New Organizational Technology: Network Proximity as a Mechanism for Social Information Processing. *Administrative Science Quarterly, 36*(2), 219–244. https://doi.org/10.2307/2393354

Riecke, T. (9. Februar 2021). Drittletzter von 20 Staaten: Frankreich und Italien hängen Deutschland bei der Digitalisierung ab. *Handelsblatt.* [online] https://www.handelsblatt.com/politik/international/standortwettbewerb-drittletzter-von-20-staaten-frankreich-und-italien-haengen-deutschland-bei-der-digitalisierung-ab/27569412.html [abgerufen am 25.07.2023].

Riemer, K. & Peter, S. (2021). Algorithmic audiencing: Why we need to rethink free speech on social media. *Journal of Information Technology, 36*(4), 409–426. https://doi.org/10. 1177/02683962211013358

Riggins, S. H. (1997). The rhetoric of othering. In S. H. Riggins (Hrsg.), *Communication and human values. The language and politics of exclusion: Others in discourse.* SAGE.

Rittel, H. W. J. & Webber, M. M. (1973). Dilemmas in a general theory of planning. *Policy Sciences, 4*(2), 155–169. https://doi.org/10.1007/BF01405730

Rotolo, D., Hicks, D. & Martin, B. R. (2015). What is an emerging technology? *Research Policy, 44*(10), 1827–1843. https://doi.org/10.1016/j.respol.2015.06.006

Rouleau, L. & Balogun, J. (2011). Middle Managers, Strategic Sensemaking, and Discursive Competence. *Journal of Management Studies, 48*(5), 953–983. https://doi.org/10.1111/j. 1467-6486.2010.00941.x

Rudolf, P. (2019). *Der amerikanisch-chinesische Weltkonflikt.* [online] https://www.ssoar. info/ssoar/bitstream/handle/document/65536/ssoar-2019-rudolf-Der_amerikanisch-chinesische_Weltkonflikt.pdf?sequence=1&isAllowed=y&lnkname=ssoar-2019-rud olf-Der_amerikanisch-chinesische_Weltkonflikt.pdf   https://doi.org/10.18449/2019S23 [abgerufen am 25.07.2023].

Schifeling, T. & Hoffman, A. J. (2019). Bill McKibben's Influence on U.S. Climate Change Discourse: Shifting Field-Level Debates Through Radical Flank Effects. *Organization & Environment, 32*(3), 213–233. https://doi.org/10.1177/1086026617744278

Schildt, H. (2022). The Institutional Logic of Digitalization. In T. Gegenhuber, D. Logue, C. R. Hinings & M. Barrett (Hrsg.), *Research in the Sociology of Organizations. Digital Transformation and Institutional Theory* (S. 235–251). Emerald Publishing Limited. https://doi.org/10.1108/S0733-558X20220000083010

Schulze, M. (2015). Patterns of Surveillance Legitimization. The German Discourse on the NSA Scandal. *Surveillance & Society, 13*(2), 197–217. https://doi.org/10.24908/ss.v13i2. 5296

Schumpeter, J. A. (1937). *The Theory of Economic Development: An Inquiry into Profits, Capital, Credit, Interest, and the Business Cycle.* Harvard University Press.

Schumpeter, J. A. (1939). *Business Cycles: A Theoretical, Historical, and Statistical Analysis of the Capitalist Process.* McGraw-Hill Book Company.

Schumpeter, J. A. (1942). *Capitalism, Socialism and Democracy.* Harper & Brothers.

Schünemann, W. J. & Windwehr, J. (2021). Towards a 'gold standard for the world'? The European General Data Protection Regulation between supranational and national norm entrepreneurship. *Journal of European Integration, 43*(7), 859–874. https://doi.org/10. 1080/07036337.2020.1846032

Schütz, A. (1973). *Collected papers: The Problem of Social Reality* (4. Aufl.). *Pheanomenologica: Bd. 11.* Martinus Nijhoff.

Schütz, A. & Luckmann, T. (1984). *Strukturen der Lebenswelt* (2. Bd.). Suhrkamp.

Stake, R. E. (1995). *The art of case study research.* Sage Publishing.

Stiens, T. (9. Dezember 2022). Kommentar : Beim Digital-Gipfel feiert eine homogene Masse sich selbst. *Handelsblatt.* [online] https://www.handelsblatt.com/meinung/kom mentare/kommentar-beim-digital-gipfel-feiert-eine-homogene-masse-sich-selbst-/288 58894.html [abgerufen am 25.07.2023].

Stjerne, I. S., Wenzel, M. & Svejenova, S. (2022). Stjerne, I. S., Wenzel, M. and Svejenova, S. (2022). Commitment to grand challenges in fluid forms of organizing: The role of narratives' temporality. In A. A. Gümüşay, E. Marti, H. Trittin-Ulbrich & C. Wickert (Hrsg.), *Research in the Sociology of Organizations: volume 79. Organizing for societal grand challenges.* Emerald Publishing.

Strauss, A. & Corbin, J. (2015). *Basics of qualitative research: Techniques and procedures for developing grounded theory* (4. Aufl.). *Core textbook.* SAGE Publications.

Strauss, A. L. (1998). *Grundlagen qualitativer Sozialforschung: Datenanalyse und Theoriebildung in der empirischen soziologischen Forschung* (2. Aufl.). Fink.

Trittin-Ulbrich, H., Scherer, A. G., Munro, I. & Whelan, G. (2021). Exploring the dark and unexpected sides of digitalization: Toward a critical agenda. *Organization, 28*(1), 8–25. https://doi.org/10.1177/1350508420968184

Tsoukas, H. (1999). David and Goliath in the Risk Society: Making Sense of the Conflict between Shell and Greenpeace in the North Sea. *Organization, 6*(3), 499–528. https://doi.org/10.1177/135050849963007

Ulnicane, I., Knight, W., Leach, T., Stahl, B. C. & Wanjiku, W.-G. (2021). Framing governance for a contested emerging technology:insights from AI policy. *Policy and Society, 40*(2), 158–177. https://doi.org/10.1080/14494035.2020.1855800

van den Broek, E., Sergeeva, A. & Huysman Vrije, M. (2021). When the Machine Meets the Expert: An Ethnography of Developing AI for Hiring. *MIS Quarterly, 45*(3), 1557–1580. https://doi.org/10.25300/MISQ/2021/16559

Weick, K. E. (1969). *The social psychology of organizing* (9. Aufl.). *Topics in social psychology: Bd. 8593.* Addison-Wesley.

Wetherell, M. (2001). Debates in discourse research. In M. Wetherell, S. Yates & S. Taylor (Hrsg.), *Discourse theory and practice: A reader* (S. 380–399). SAGE.

Wijen, F. & Ansari, S. (2007). Overcoming Inaction through Collective Institutional Entrepreneurship: Insights from Regime Theory. *Organization Studies, 28*(7), 1079–1100. https://doi.org/10.1177/0170840607078115

Woodward, J. (1958). *Management and technology.* H.M. Stationery Office.

Walsham, G. & Sahay, S. (1999). GIS for District-Level Administration in India: Problems and Opportunities. *MIS Quarterly, 23*(1), 39–66.

Wrona, T. & Reinecke, P. C. (2019a). The "dark side" of Big Data Analytics – Uncovering path dependency risks of BDA-investments. *In Proceedings of the 27th European Conference on Information Systems (ECIS), Stockholm & Uppsala, Sweden, June 8–14, 2019.* [online] https://www.semanticscholar.org/paper/THE-%E2%80%9CDARK-SIDE%E2%80%9D-OF-BIG-DATA-ANALYTICS-%E2%80%93-UNCOVERING-Wrona-Reinecke/162c7d1159d66502754593f75135de7696bc0a05 [abgerufen am 25.07.2023].

Wrona, T. & Reinecke, P. C. (2019b). Wie strategisch sind Algorithmen? Die Rolle von Big Data und Analytics im Rahmen strategischer Entscheidungsprozesse. In M. Schröder & K. Wegner (Hrsg.), *Logistik im Wandel der Zeit – Von der Produktionssteuerung zu vernetzten Supply Chains* (S. 443–467). Springer Fachmedien Wiesbaden. https://doi.org/10.1007/978-3-658-25412-4_21

Wrona, T. & Reinecke, P. C. (2020). Strategy in Discovery Mode – Wie Big Data & Analytics strategisches Denken verdrängen kann. *WiSt – Wirtschaftswissenschaftliches Studium, 49*(5), 11–17. https://doi.org/10.15358/0340-1650-2020-5-11

Yang, D. L. (2006). Economic Transformation and Its Political Discontents in China: Authoritarianism, Unequal Growth, and the Dilemmas of Political Development. *Annual Review of Political Science, 9*(1), 143–164. https://doi.org/10.1146/annurev.polisci.9.062 404.170624

Yin, R. K. (2009). *Case study research: Design and methods* (4. Aufl.). *Applied Social Research Methods: Bd. 5.* SAGE.

Zilber, T. B. (2006). The Work of the Symbolic in Institutional Processes: Translations of Rational Myths in Israeli High Tech. *The Academy of Management Journal, 49*(2), 281–303. http://www.jstor.org/stable/20159764

Zuboff, S. (2015). Big other: Surveillance Capitalism and the Prospects of an Information Civilization. *Journal of Information Technology, 30*(1), 75–89. https://doi.org/10.1057/jit.2015.5

Zuboff, S. (2019). *The age of surveillance capitalism: The fight for human future at the new frontier of power.* PublicAffairs.

Zuboff, S. (2022). Surveillance Capitalism or Democracy? The Death Match of Institutional Orders and the Politics of Knowledge in Our Information Civilization. *Organization Theory, 3*(3), 1–79. https://doi.org/10.1177/26317877221129290

Belegverzeichnis zitierter Dokumente

Bernet, D. (Regie, 2015). *Democracy – Im Rausch der Daten.* Dokumentarfilm zur Europäischen Datenschutzgrundverordnung (DSGVO).

Bitkom (2012a). *Big Data im Praxiseinsatz – Szenarien, Beispiele, Effekte.* [online] https://www.bitkom.org/sites/main/files/file/import/BITKOM-LF-big-data-2012-online1.pdf [abgerufen am 25.07.2023].

Bitkom (2012b). *Stellungnahme zum Vorschlag der EU-Kommission für eine EU-Datenschutz-Grundverordnung vom 25.01.2012.* [online] https://docplayer.org/518 221-Stellungnahme-zum-vorschlag-der-eu-kommission-fuer-eine-eu-datenschutz-gru ndverordnung-vom-25-01-2012-18-mai-2012-seite-1.html [abgerufen am 25.07.2023].

Bitkom (2013a). *ITK-Branche will mehr Verantwortung beim Datenschutz zeigen* [Press release]. https://www.bitkom.org/presse/presseinformation/itk-branche-will-mehr-verant wortung-beim-datenschutz-zeigen.html [abgerufen am 25.07.2023].

Bitkom (2013b, 22. Oktober). *Weiterer Schritt auf dem Weg zu einem einheitlichen Datenschutz in Europa* [Press release]. https://www.it-times.de/news/weiterer-schritt-auf-dem-weg-zu-einem-einheitlichen-datenschutz-in-europa-100573/ [abgerufen am 25.07.2023].

Bitkom. (2013c, 7. November). *Bitkom fordert Konsequenzen aus der Abhöraffäre* [Press release]. https://www.it-times.de/news/bitkom-fordert-konsequenzen-aus-der-abh oraffare-100896/ [abgerufen am 25.07.2023].

Bitkom (2014a). *Potenziale und Einsatz von Big Data: Ergebnisse einer repräsentativen Befragung von Unternehmen in Deutschland.* [online] https://www.bitkom.org/sites/def ault/files/file/import/Studienbericht-Big-Data-in-deutschen-Unternehmen.pdf [abgerufen am 25.07.2023].

Bitkom (2014b). *Rede zum IT-Gipfel von Prof. Dieter Kempf.* [online] https://www.bitkom. org/sites/default/files/file/import/20141021-Rede-IT-Gipfel-Kempf.pdf [abgerufen am 25.07.2023].

Bitkom (2015). Bitkom Position zur EU-Konsultation über die wirtschaftliche Rolle von Online-Plattformen. [online] https://www.bitkom.org/Bitkom/Publikationen/Bitkom-Position-zur-EU-Konsultation-ueber-die-wirtschaftliche-Rolle-von-Online-Plattformen.html [abgerufen am 25.07.2023].

Bitkom Research GmbH (2015). Mit Daten Werte schaffen. [online] https://www.bitkom.org/sites/default/files/file/import/KPMG-Bitkom-Research-Studie-MDWS-final-2.pdf [abgerufen am 25.07.2023].

BMBF (2014a). Berlin Big Data Center – Kompetenzzentrum für den intelligenten Umgang mit großen Datenmengen (Big Data). [online] https://www.bmbf.de/bmbf/shared docs/downloads/files/factsheet_bbdc.pdf?__blob=publicationFile&v=1 [abgerufen am 25.07.2023].

BMBF (2014b). *Big Data – Management und Analyse großer Datenmengen.* [online] https://www.bmbf.de/bmbf/de/forschung/digitale-wirtschaft-und-gesellschaft/informati onsgesellschaft/big-data/big-data-management-und-analyse-grosser-datenmengen.html [abgerufen am 25.07.2023].

BMBF (2014c). Competence Center for Scalable Data Services and Solutions – Kompetenzzentrum für den intelligenten Umgang mit großen Datenmengen (Big Data). [online] https://www.bmbf.de/bmbf/shareddocs/downloads/files/factsheet_scads.pdf?__blob=publicationFile&v=2 [abgerufen am 25.07.2023].

BMBF (2017, 12. September). *Innovationsschub mit Künstlicher Intelligenz* [Press release]. https://www.bmbf.de/bmbf/shareddocs/pressemitteilungen/de/innovationsschub-mit-kue nstlicher-intelligenz.html [abgerufen am 25.07.2023].

BMBF (2019). Zwischenbericht ein Jahr KI-Strategie. [online] https://www.bmbf.de/bmbf/shareddocs/downloads/files/zwischenbericht-ki-strategie_final.pdf?__blob=publicationF ile&v=3 [abgerufen am 25.07.2023].

BMI (2017, 25. Januar). *Daten als Rohstoff der Zukunft. Neues Gesetz soll Zugang zu öffentlich finanzierten Daten verbessern* [Press release] [online] https://www.cio.bund.de/Webs/CIO/DE/digitale-loesungen/datenpolitik/zugang-zu-verwaltungsdaten/open-data/open-data-node.html [abgerufen am 25.07.2023].

BMI & BMJ (2018). Leitfragen der Bundesregierung an die Datenethikkommission. [online] https://www.bmi.bund.de/SharedDocs/downloads/DE/veroeffentlichungen/themen/it-dig italpolitik/datenethikkommission/leitfragen-datenethikkommission.pdf?__blob=public ationFile&v=2 [abgerufen am 25.07.2023].

BMJ (2013). *Organisationserlass der Bundeskanzlerin (BKOrgErl 2013).* [online] https://www.gesetze-im-internet.de/bkorgerl_2013/BJNR431000013.html [abgerufen am 25.07.2023].

BMWi (2010a). Fünfter Nationaler IT-Gipfel: Programm – Personen – Projekte. [online] https://www.de.digital/DIGITAL/Redaktion/DE/IT-Gipfel/Publikation/2010/it-gipfel-2010-programm-personen-projekte.pdf?__blob=publicationFile&v=6 [abgerufen am 25.07.2023].

BMWi (2010b). IKT-Strategie der Bundesregierung „Deutschland Digital 2015". [online] https://www.post-und-telekommunikation.de/PuT/1Fundus/Dokumente/5._Nationaler_ IT-Gipfel_2010_Dresden/ikt-strategie-der-bundesregierung,property=pdf,bereich=bmw i,sprache=de,rwb=true.pdf [abgerufen am 25.07.2023].

BMWi (2011). Sechster Nationaler IT-Gipfel vernetzt – mobil – smart: Programm, Personen, Projekte. [online] https://www.de.digital/DIGITAL/Redaktion/DE/IT-Gipfel/Publik ation/2011/it-gipfel-2011-personen-programm.pdf?__blob=publicationFile&v=5 [abgerufen am 25.07.2023].

BMWi (2012). Nationaler IT-Gipfel 2012 digitalisieren_vernetzen_gründen: Programm, Personen, Projekte. [online] https://www.de.digital/DIGITAL/Redaktion/DE/IT-Gipfel/Publikation/2012/it-gipfel-2012-gipfelbroschuere.pdf?__blob=publicationFile&v=7 [abgerufen am 25.07.2023].

BMWi (2014a). *Minister stellen Handlungsfelder der Digitalen Agenda für Deutschland vor.* [abgerufen am 26.01.2022].

BMWi (2014b). Nationaler IT-Gipfel 2014 Arbeiten und Leben im digitalen Wandel gemeinsam.innovativ.selbstbestimmt: Programm, Personen, Projekte. [online] https://www.de.digital/DIGITAL/Redaktion/DE/IT-Gipfel/Publikation/2014/it-gipfel-2014-nationaler-it-gipfel-2014.pdf?__blob=publicationFile&v=1 [abgerufen am 25.07.2023].

BMWi (2014c). Rolle des BMWi im Rahmen der Digitalen Agenda. [online] https://www.bmwk.de/Redaktion/DE/Downloads/P-R/rolle-des-bmwi-im-rahmen-der-digitalen-agenda.pdf?__blob=publicationFile&v=1 [abgerufen am 25.07.2023].

BMWi (2014d). *Minister stellen Handlungsfelder der Digitalen Agenda für Deutschland vor* [abgerufen am 26.01.2022].

BMWi (2015a). Leitplanken Digitaler Souveränität. [online] https://www.de.digital/DIGITAL/Redaktion/DE/Downloads/it-gipfel-2015-leitplanken-digitaler-souvcraenitaet.pdf?__blob=publicationFile&v=1 [abgerufen am 25.07.2023].

BMWi (2015b). Nationaler IT-Gipfel 2015: Digitale Zukunft gestalten – Innovativ_sicher_leistungsstark. [online] https://de.digital/DIGITAL/Redaktion/DE/IT-Gipfel/Download/2015/nationaler-it-gipfel-2015.pdf?__blob=publicationFile&v=1 [abgerufen am 25.07.2023].

BMWi (2015c). Trusted Clouds für die digitale Transformation in der Wirtschaft. [online] https://www.digitale-technologien.de/DT/Redaktion/DE/Downloads/Publikation/Trusted-Cloud/trustedcloud-kompendium-vorwort-einleitung.pdf?__blob=publicationFile&v=1 [abgerufen am 25.07.2023].

BMWi (2015d). Trusted Clouds für die digitale Transformation in der Wirtschaft: Teil 4: Von Trusted Clouds zu Trusted-Cloud-Infrastrukturen. [online] https://www.digitale-technologien.de/DT/Redaktion/DE/Downloads/Publikation/Trusted-Cloud/trustedcloud-kompendium-4.pdf?__blob=publicationFile&v=3 [abgerufen am 25.07.2023].

BMWi (2016a). Digitale Strategie 2025. [online] https://www.bmwk.de/Redaktion/DE/Publikationen/Digitale-Welt/digitale-strategie-2025.pdf?__blob=publicationFile&v=8 [abgerufen am 25.07.2023].

BMWi (2016b). Grünbuch Digitale Plattformen. [onilne] https://www.bmwk.de/Redaktion/DE/Publikationen/Digitale-Welt/gruenbuch-digitale-plattformen.pdf?__blob=publicationFile&v=1 [abgerufen am 25.07.2023].

BMWi (2017a). Smart Data – Innovationen aus Daten – Ergebnisbroschüre. [online] https://www.bmwk.de/Redaktion/DE/Publikationen/Digitale-Welt/smart-data-innovationen-aus-daten.pdf?__blob=publicationFile&v=1 [abgerufen am 25.07.2023].

BMWi (2017b). Weissbuch Digitale Plattformen: Digitale Ordnungspolitik für Wachstum, Innovation, Wettbewerb und Teilhabe. [online] https://www.bmwk.de/Redaktion/DE/Publikationen/Digitale-Welt/weissbuch-digitale-plattformen.pdf?__blob=publicationFile&v [abgerufen am 25.07.2023].

BMWi (2019a). *Der Digital-Gipfel 2019: Keynote von Bitkom-Präsident Achim Berg.* [online] https://www.de.digital/DIGITAL/Redaktion/DE/Digital-Gipfel/Video/2019/2029-digital-gipfel-7-berg.html [abgerufen am 25.07.2023].

BMWi (2019b). Ein neuer Wettbewerbsrahmen für die Digitalwirtschaft: Bericht der Kommission Wettbewerbsrecht 4.0. [online] https://www.bmwk.de/Redaktion/DE/Publikati onen/Wirtschaft/bericht-der-kommission-wettbewerbsrecht-4-0.pdf?__blob=publicati onFile&v=1 [abgerufen am 25.07.2023].

BMWi (2019c). Das Projekt GAIA-X – Eine vernetzte Dateninfrastruktur als Wiege eines vitalen, europäischen Ökosystems. [online] https://www.bmwk.de/Redaktion/DE/Pub likationen/Digitale-Welt/das-projekt-gaia-x.pdf?__blob=publicationFile&v=16 [abgerufen am 25.07.2023].

BMWi (2019d). *Startschuss für GAIA-X mit Trusted Cloud!* [online] https://www.trusted-cloud.de/en/node/2569/ [abgerufen am 25.07.2023].

BMWi (2020). *Digitalgipfel 2020 – Angela Merkel im Gespräch mit Miriam Meckel und Achim Berg.*

BMWK (2018). Datensouveränität. [online] https://www.digitale-technologien.de/DT/Red aktion/DE/Downloads/Smart-Data-Forum/wissen-datensouveraenitaet.pdf?__blob=pub licationFile&v=1 [abgerufen am 25.07.2023].

BMWT (2013). Bekanntmachung Technologiewettbewerb „Smart Data – Innovationen aus Daten" Vom 5. November 2013. [online] https://www.bundesanzeiger.de/pub/de/amt liche-veroeffentlichung?1 [abgerufen am 25.07.2023].

Bundesregierung (2013). Pressekonferenz von Bundeskanzlerin Merkel und US-Präsident Obama [abgerufen am 02.12.2020].

Bundesregierung (2014a). Digitale Agenda 2014 – 2017. [online] https://www.bmwk.de/ Redaktion/DE/Publikationen/Digitale-Welt/digitale-agenda.pdf?__blob=publicationFile &v=3 [abgerufen am 25.07.2023].

Bundesregierung (2014b). *Rede von Bundeskanzlerin Merkel anlässlich des 8. Nationalen IT-Gipfels am 21. Oktober 2014.* [online] https://www.bundesregierung.de/breg-de/ suche/rede-von-bundeskanzlerin-merkel-anlaesslich-des-8-nationalen-it-gipfels-am-21-oktober-2014-423386 [abgerufen am 25.07.2023].

Bundesregierung (2015). *Rede von Bundeskanzlerin Merkel beim 9. Nationalen IT-Gipfel am 19. November 2015.* [online] https://www.bundesregierung.de/breg-de/aktuelles/ rede-von-bundeskanzlerin-merkel-beim-9-nationalen-it-gipfel-am-19-november-2015-454268 [abgerufen am 25.07.2023].

Bundesregierung (2016a). *Rede von Bundeskanzlerin Merkel beim 10. Nationalen IT-Gipfel am 17. November 2016.* [online] https://www.bundesregierung.de/breg-de/suche/ rede-von-bundeskanzlerin-merkel-beim-10-nationalen-it-gipfel-am-17-november-2016-411456 [abgerufen am 25.07.2023].

Bundesregierung (2016b). *Rede von Bundeskanzlerin Merkel beim Tag der Deutschen Industrie am 6. Oktober 2016 in Berlin.* [online] https://www.bundesregierung.de/breg-de/aktuelles/rede-von-bundeskanzlerin-merkel-beim-tag-der-deutschen-industrie-am-6-oktober-2016-in-berlin-371946 [abgerufen am 25.07.2023].

Bundesregierung (2017a). Legislaturbericht Digitale Agenda 2014–2017. [online] https:// www.bmwk.de/Redaktion/DE/Publikationen/Digitale-Welt/digitale-agenda-legislaturbe richt.pdf%3F__blob%3DpublicationFile%26v%3D16 [abgerufen am 25.07.2023].

Bundesregierung (2017b). *Rede von Bundeskanzlerin Merkel beim Digital-Gipfel 2017 in Ludwigshafen am 13. Juni 2017.* [online] https://www.bundesregierung.de/breg-de/ suche/rede-von-bundeskanzlerin-merkel-beim-digital-gipfel-2017-in-ludwigshafen-am-13-juni-2017-420482 [abgerufen am 25.07.2023].

Bundesregierung (2018a). *Rede von Bundeskanzlerin Merkel beim Digital-Gipfel am 4. Dezember 2018 in Nürnberg.* [online] https://www.bundeskanzler.de/bk-de/aktuelles/rede-von-bundeskanzlerin-merkel-beim-digital-gipfel-am-4-dezember-2018-in-nuernb erg-1557288 [abgerufen am 25.07.2023].

Bundesregierung (2018b). Strategie Künstliche Intelligenz der Bundesregierung. [online] https://www.bundesregierung.de/resource/blob/997532/1550276/3f7d3c41c6e0569574 1273e78b8039f2/2018-11-15-ki-strategie-data.pdf [abgerufen am 25.07.2023].

Bundesregierung (2019). *Rede von Bundeskanzlerin Merkel beim Digital-Gipfel am 29. Oktober 2019 in Dortmund.* [online] https://www.bundeskanzler.de/bk-de/aktuelles/rede-von-bundeskanzlerin-merkel-beim-digital-gipfel-am-29-oktober-2019-in-dortmund-168 6444 [abgerufen am 25.07.2023].

Bundesregierung (2021). Datenstrategie der Bundesregierung. [online] https://www.bun desregierung.de/resource/blob/992814/1845634/0bab2b7d06c82f45361620f0c22891a2/ datenstrategie-der-bundesregierung-download-bpa-data.pdf?download=1 [abgerufen am 25.07.2023].

Cadwalladr, C. (18. März 2018). 'I made Steve Bannon's psychological warfare tool': meet the data war whistleblower. *The Guardian.* [online] https://www.theguardian. com/news/2018/mar/17/data-war-whistleblower-christopher-wylie-faceook-nix-bannon-trump [abgerufen am 25.07.2023].

Datenethikkommission der Bundesregierung (2019). Gutachten der Datenethikkommis sion. [online] https://www.bmi.bund.de/SharedDocs/downloads/DE/publikationen/the men/it-digitalpolitik/gutachten-datenethikkommission.pdf?__blob=publicationFile&v=6 [abgerufen am 25.07.2023].

Deutscher Bundestag (2011). Zwischenbericht der Enquete-Kommission „Internet und digi-tale Gesellschaft". [online] https://dserver.bundestag.de/btd/17/056/1705625.pdf [abge-rufen am 25.07.2023].

Deutscher Bundestag (2012). Fünfter Zwischenbericht der Enquete-Kommission „Internet und digitale Gesellschaft": Datenschutz, Persönlichkeitsrechte. [online] https://dserver. bundestag.de/btd/17/089/1708999.pdf [abgerufen am 25.07.2023].

Deutscher Bundestag (2013a). Deutschlands Zukunft gestalten: Koalitionsvertrag zwi-schen CDU, CSU und SPD 18. Legislaturperiode. [online] https://www.bundestag.de/ resource/blob/194886/696f36f795961df200fb27fb6803d83e/koalitionsvertrag-data.pdf [abgerufen am 25.07.2023].

Deutscher Bundestag (2013b). Sechster Zwischenbericht der Enquete-Kommission „Internet und digitale Gesellschaft": Bildung und Forschung. [online] https://dserver.bundestag.de/ btd/17/120/1712029.pdf [abgerufen am 25.07.2023].

Deutscher Bundestag (2018a). Forschungsförderung Künstlicher Intelligenz in ausgewählten Ländern. [online] https://www.bundestag.de/resource/blob/577842/1748d550112ec1d 4915c5cf9074b295e/WD-8-095-18-pdf-data.pdf [abgerufen am 25.07.2023].

Deutscher Bundestag (2018b). Sachstand. Forschungsförderung Künstlicher Intelligenz in ausgewählten Ländern. [online] https://www.bundestag.de/resource/blob/577842/1748d5 50112ec1d4915c5cf9074b295e/WD-8-095-18-pdf-data.pdf [abgerufen am 25.07.2023].

Deutscher Bundestag (2020). Bericht der Enquete-Kommission Künstliche Intelli-genz – Gesellschaftliche Verantwortung und wirtschaftliche, soziale und ökologische Potenziale. [online] https://dserver.bundestag.de/btd/19/237/1923700.pdf [abgerufen am 25.07.2023].

Europäische Kommission (2010). Mitteilung der Kommission an das Europäische Parlament, den Rat, den Europäischen Wirtschafts- und Sozialausschuss und den Ausschuss der Regionen: Eine Digitale Agenda für Europa. [online] https://eur-lex.europa.eu/Lex UriServ/LexUriServ.do?uri=COM:2010:0245:FIN:de:PDF [abgerufen am 25.07.2023].

Europäische Kommission (2011). Stellungnahme des Europäischen Datenschutzbeauftragten zur Mitteilung der Kommission an das Europäische Parlament, den Rat, den Europäischen Wirtschafts- und Sozialausschuss und den Ausschuss der Regionen – „Gesamtkonzept für den Datenschutz in der Europäischen Union". [online] https://edps.europa.eu/sites/edp/files/publication/11-01-14_personal_data_protection_de.pdf [abgerufen am 25.07.2023].

Europäische Kommission (2012). Vorschlag für Verordnung des Europäischen Parlaments und des Rates zum Schutz natürlicher Personen bei der Verarbeitung personenbezogener Daten und zum freien Datenverkehr (Datenschutz-Grundverordnung). [online] https://eur-lex.europa.eu/legal-content/DE/TXT/PDF/?uri=CELEX:52012PC0011&from=EN [abgerufen am 25.07.2023].

Europäische Kommission (2015). Mitteilung der Kommission an das Europäische Parlament, den Rat, den Europäischen Wirtschafts- und Sozialausschuss und den Ausschuss der Regionen: Strategie für einen digitalen Binnenmarkt für Europa. [online] https://eur-lex.europa.eu/legal-content/DE/TXT/PDF/?uri=CELEX:52015DC0192&from=PT [abgerufen am 25.07.2023].

Europäische Kommission (2016). Mitteilung der Kommission an das Europäische Parlament, den Rat, den Europäischen Wirtschafts- und Sozialausschuss und den Ausschuss der Regionen: Online-Plattformen im digitalen Binnenmarkt Chancen und Herausforderungen für Europa. [online] https://eur-lex.europa.eu/legal-content/DE/TXT/PDF/?uri=CELEX:52016DC0288 [abgerufen am 25.07.2023].

Europäische Kommission (2017). *Mitteilung der Kommission an das Europäische Parlament, den Rat, den Europäischen Wirtschafts- und Sozialausschuss und den Ausschuss der Regionen über die Halbzeitüberprüfung der Strategie für einen digitalen Binnenmarkt: Ein vernetzter digitaler Binnenmarkt für alle.* [online] https://eur-lex.europa.eu/legal-content/DE/TXT/HTML/?uri=CELEX:52017DC0228&from=GA [abgerufen am 25.07.2023].

Europäische Kommission (2018a). Mitteilung der Kommission an das Europäische Parlament, den Rat, den Europäischen Wirtschafts-und Sozialausschuss und den Ausschuss der Regionen: Künstliche Intelligenz für Europa. [online] https://eur-lex.europa.eu/legal-content/DE/TXT/PDF/?uri=CELEX:52018DC0237&from=DE [abgerufen am 25.07.2023].

Europäische Kommission (2018b, 9. März). *Künstliche Intelligenz: Die Europäische Kommission beginnt Arbeit um Ethikstandards und modernste Technik zusammen zu bringen* [Press release]. [online] https://ec.europa.eu/commission/presscorner/detail/de/IP_18_1381 [abgerufen am 25.07.2023].

Europäische Kommission (2019). *Ethik-Leitlinien für eine vertrauenswürdige KI.* [online] https://digital-strategy.ec.europa.eu/en/library/ethics-guidelines-trustworthy-ai [abgerufen am 25.07.2023].

Europäische Kommission (2020a). Mitteilung der Kommission an das Europäische Parlament, den Rat, den Europäischen Wirtschafts- und Sozialausschuss und den Ausschuss der Regionen: Eine europäische Datenstrategie. [online] https://eur-lex.europa.eu/legal-content/DE/TXT/PDF/?uri=CELEX:52020DC0066 [abgerufen am 25.07.2023].

Europäische Kommission (2020b). Vorschlag für eine Verordnung des Europäischen Parlaments und des Rates über bestreitbare und faire Märkte im digitalen Sektor (Gesetz über digitale Märkte). [online] https://eur-lex.europa.eu/legal-content/DE/TXT/PDF/?uri=CELEX:52020PC0842&from=de [abgerufen am 25.07.2023].

Europäische Kommission (2020c). Vorschlag für eine Verordnung des Europäischen Parlaments und des Rates über einen Binnenmarkt für digitale Dienste (Gesetz über digitale Dienste) und zur Änderung der Richtlinie 2000/31/EG. [online] https://eur-lex.europa.eu/legal-content/DE/TXT/PDF/?uri=CELEX:52020PC0825&from=EN [abgerufen am 25.07.2023].

Europäische Kommission (2020d). Vorschlag für eine Verordnung des Europäischen Parlaments und des Rates über europäische Daten-Governance (Daten-Governance-Gesetz). [online] https://eur-lex.europa.eu/legal-content/DE/TXT/PDF/?uri=CELEX:52020PC0767&from=DE [abgerufen am 25.07.2023].

Europäische Kommission (2021). Vorschlag für eine Verordnung des Eurpäischen Parlaments und des Rates zur Feststellung harmonisierter Vorschriften für künstliche Intelligenz (Gesetz über künstliche Intelligenz) und zur Änderung bestimmter Rechtsakte der Union. [online] https://eur-lex.europa.eu/resource.html?uri=cellar:c0649735-a372-11eb-9585-01aa75ed71a1.0019.02/DOC_1&format=PDF [abgerufen am 25.07.2023].

Europäische Kommission (2022). Vorschlag für eine Verordnung des Europäischen Parlaments und des Rates über harmonisierte Vorschriften für einen fairen Datenzugang und eine faire Datennutzung (Datengesetz). [online] https://eur-lex.europa.eu/legal-content/DE/TXT/PDF/?uri=CELEX:52022PC0068&from=EN [abgerufen am 25.07.2023].

Europäische Kommission, Generaldirektion Kommunikation & von der Leyen, U. (2019). *Eine Union, die mehr erreichen will: meine Agenda für Europa : politische Leitlinien für die künftige Europäische Kommission 2019–2024.* Publications Office. https://doi.org/10.2775/23027

Europäische Union (2022a). Verordnung (EU) 2022/1925 des Europäischen Parlaments und des Rates vom 14. September 2022 über bestreitbare und faire Märkte im digitalen Sektor und zur Änderung der Richtlinien (EU) 2019/1937 und (EU) 2020/1828 (Gesetz über digitale Märkte). [online] https://eur-lex.europa.eu/legal-content/DE/TXT/PDF/?uri=CELEX:32022R1925&from=EN [abgerufen am 25.07.2023].

Europäische Union (2022b). Verordnung (EU) 2022/2065 des Europäischen Parlaments und des Rates vom 19. Oktober 2022 über einen Binnenmarkt für digitale Dienste und zur Änderung der Richtlinie 2000/31/EG (Gesetz über digitale Dienste). [online] https://eur-lex.europa.eu/legal-content/DE/TXT/PDF/?uri=CELEX:32022R2065&from=EN [abgerufen am 25.07.2023].

Europäischer Rat (2017). Tagung des Europäischen Rates (19. Oktober 2017) – Schlussfolgerungen. [online] https://www.consilium.europa.eu/media/21602/19-euco-final-conclusions-de.pdf [abgerufen am 25.07.2023].

Europäisches Parlament (2014). *Personal data protection: processing and free movement of data (General Data Protection Regulation).* [online] https://oeil.secure.europarl.europa.eu/oeil/popups/summary.do?id=1342337&t=e&l=en [abgerufen am 25.07.2023].

FZI Forschungszentrum Informatik, Accenture GmbH & Bitkom Research GmbH (2017). Kompetenzen für eine digitale Souveränität. [online] https://www.bmwk.de/Redaktion/DE/Publikationen/Studien/kompetenzen-fuer-eine-digitale-souveraenitaet.pdf?__blob=publicationFile&v=1 [abgerufen am 25.07.2023].

Gaia-X European Association for Data and Cloud AISBL (2023). *Who are we?* [online] https://gaia-x.eu/who-we-are/association/ [abgerufen am 25.07.2023].

Lernende Systeme – Die Plattform für Künstliche Intelligenz (2019). Neue Geschäftsmodelle mit Künstlicher Intelligenz: Zielbilder, Fallbeispiele und Gestaltungsoptionen. [online] https://www.plattform-lernende-systeme.de/files/Downloads/Publikationen/ AG4_Bericht_231019.pdf [abgerufen am 25.07.2023].

Lernende Systeme – Die Plattform für Künstliche Intelligenz (2020). Künstliche Intelligenz zum Nutzen der Gesellschaft gestalten: Potenziale und Herausforderungen für die Erforschung und Anwendung von KI. [online] https://www.plattform-lernende-sys teme.de/files/Downloads/Publikationen/PLS_Fortschrittsbericht_2020.pdf [abgerufen am 25.07.2023].

Rosenberg, M., Cadwalladr, C. & Confessore, N. (17. März 2018). How Trump Consultants Exploited the Facebook Data of Millions. *The New York Times*. [online] https://www. nytimes.com/2018/03/17/us/politics/cambridge-analytica-trump-campaign.html [abgerufen am 25.07.2023].

Sachverständigenrat für Verbraucherfragen (2018). Verbrauchergerechtes Scoring. [online] https://www.svr-verbraucherfragen.de/wp-content/uploads/SVRV_Verbrauchergerec htes_Scoring.pdf [abgerufen am 25.07.2023].

Smart-Data-Begleitforschung & FZI Forschungszentrum Informatik (2015). Smart Data Geschäftsmodelle: Fachgruppe „Wirtschaftliche Potenziale & gesellschaftliche Akzeptanz". [online] https://www.digitale-technologien.de/DT/Redaktion/DE/Downloads/Pub likation/SmartData_Positionspapier_Geschaeftsmodelle.pdf%3F__blob%3Dpublicatio nFile%26v%3D13 [abgerufen am 25.07.2023].

Smart-Data-Begleitforschung & FZI Forschungszentrum Informatik (2016). Open Data in Deutschland: Sieben Forderungen der Fachgruppe „Wirtschaftliche Potenziale und gesellschaftliche Akzeptanz" der Smart-Data-Begleitforschung. [online] https://www. digitale-technologien.de/DT/Redaktion/DE/Downloads/Publikation/smart-data-brosch% C3%BCre_open_data_deutschland.pdf?__blob=publicationFile&v=9 [abgerufen am 25.07.2023].

World Economic Forum (2012). Big Data, Big Impact: New Possibilities for International Development. [online] https://www3.weforum.org/docs/WEF_TC_MFS_BigDataBigIm pact_Briefing_2012.pdf [abgerufen am 25.07.2023].

Belegverzeichnis zitierter Zeitungsartikel

Frankfurter Allgemeine Zeitung vom 11.09.2012: Big Data wird zum neuen Wachstumstreiber der IT

Frankfurter Allgemeine Zeitung vom 11.09.2012: Jetzt kommt Big Data

Taz vom 11.11.2012: „Es wird größer als das Internet"

Taz vom 21.11.2012: Das Unbehagen im Datenhaufen

Handelsblatt vom 06.12.2012: Abkehr von der Bauchentscheidung

Welt vom 08.12.2012: Google-Wolf im Schafspelz

Handelsblatt vom 17.12.2012: „Es geht hier nicht um die Hemdenfarbe"

WirtschaftsWoche vom 04.01.2013: Diese Technik-Trends kommen 2013

WirtschaftsWoche vom 22.01.2013: Big Data und das Daten-Paradoxon

Handelsblatt vom 04.02.2013: Wer hebt das Datengold?

WirtschaftsWoche vom 05.02.2013: Aigner fordert hohen Datenschutz

Welt vom 28.02.2013: Wie Big Data die Welt der Unternehmen verändern wird

Welt vom 05.03.2013: Der Siegeszug von Big Data

Frankfurter Allgemeine Zeitung vom 06.03.2013: Profiteure der massenhaften Datenanalyse

Handelsblatt vom 11.03.2013: Wie aus Daten ein Wettbewerbsvorteil wird

Welt vom 13.06.2013: Digi-Tal der Ahnungslosen

Handelsblatt 14.06.2013: Schluss mit Kleinstaaterei

Taz vom 17.06.2013: Der menschliche Faktor

Welt vom 28.06.2013: Datenschutz war gestern

taz vom 05.07.2013: CDU entdeckt den Cyber-Raum

WirtschaftsWoche vom 08.07.2013: Der Spion, der mich siebte. Big Data. Neue Waffe im Wirtschaftskrieg

Frankfurter Allgemeine Zeitung vom 14.08.2013: Big Data nicht nur böse

Frankfurter Allgemeine Zeitung vom 14.08.2013: IBM will erneuerbare Energien planbarer machen

Frankfurter Allgemeine Zeitung vom 29.08.2013: Die nächste Cebit führt die „Big Data" Debatte

Handelsblatt vom 06.09.2013: Die digitalen Angreifer

Süddeutsche Zeitung vom 11.09.2013: Computermesse Cebit lädt NSA-Chef ein

WirtschaftsWoche vom 07.10.2013: Die dunkle Seite von Big Data

Handelsblatt vom 21.11.2013: Risikofaktor Big Data?

Manager Magazin vom 29.11.2013: Warum Amazon weiß, was Ihre Frau mag

Süddeutsche Zeitung vom 11.12.2013: LeWeb: Tech-Visionäre zwischen Big-Data-Träumen und NSA

Süddeutsche Zeitung vom 08.01.2014: Deutschland will Weltmeister im Daten-Schürfen werden

WirtschaftsWoche vom 08.01.2014: Industrie will bei Big Data führend werden

Süddeutsche Zeitung 20.01.2014: Schatten der NSA-Affäre auf Münchner DLD-Konferenz

Süddeutsche Zeitung vom 20.02.2014: Vom Rebellen zum Vasallen

Frankfurter Allgemeine Zeitung vom 26.02.2014: Big Data allein reicht nicht

Welt vom 27.02.2014: Smarter Umgang mit „Big Data"

Süddeutsche Zeitung vom 06.03.2014: Hintergrund: Die Schwerpunkte der Ce–BIT 2014

Süddeutsche Zeitung vom 09.03.2014: CeBIT 2014: Weltgrößte Computermesse stellt sich Daten-Ängsten

Süddeutsche Zeitung vom 09.03.2014: Jedes zehnte Unternehmen nutzt Big-Data-Anwendungen

Welt vom 12.03.2014: „Wir automatisieren das Denken"

Frankfurter Allgemeine Zeitung vom 31.03.2014: Big Data auf der Autobahn

Süddeutsche Zeitung vom 08.05.2014: Internet-Konferenz nimmt Google auf die Schippe

Welt vom 10.05.2014: Digitale Wildnis haben wir noch, Freiheit keine

Welt vom 31.12.2014: „Big Data ist wie der Sex bei Teenagern"

Frankfurter Allgemeine Zeitung vom 10.01.2015: Big Data für jedermann

Welt vom 13.02.2015: Wie Big Data die Arbeitswelt verändert

Welt vom 16.03.2015: Der nächste digitale Meilenstein

Süddeutsche Zeitung vom 19.03.2015: Big Data sorgt für Goldgräberstimmung in der IT-Branche

Welt vom 04.04.2015: Yvonne Hofstetter, die Frau, die uns Big Data erklärt

Handelsblatt vom 09.04.2015: Der Chef des Technologiekonzerns Voith erklärt, warum die Industrie sich auf Big Data einstellen muss, von welchen Ingenieursleistungen sie profitiert und wie sich Produktivität steigern lässt

WirtschaftsWoche vom 15.04.2015: Wenn die Firma vor Ihnen weiß, wann Sie kündigen wollen

Handelsblatt vom 12.05.2015: „Big Data allein revolutioniert die Branche nicht"

Welt vom 11.06.2015: Wider die German Angst

Frankfurter Allgemeine Zeitung vom 16.06.2015: EU-Staaten beschließen neue Datenschutzregeln

Welt vom 18.07.2015: VW-Chef will Kofferraum zur Paketannahme machen

Welt vom 31.07.2015: Angst vor der eigenen Schöpfung

Frankfurter Allgemeine Zeitung vom 06.08.2015: „Die Auswertung von Big Data ist revolutionär"

Süddeutsche Zeitung vom 11.08.2015: Weltmacht Google

Süddeutsche Zeitung vom 13.09.2015: Winterkorn: Volkswagen muss sich in digitaler Revolution neu erfinden

Süddeutsche Zeitung vom 15.09.2015: Technik-Innovationen nicht immer erst in der Oberklasse

WirtschaftsWoche vom 24.09.2015: Die sinnlose Angst vor der Datenkrake

WirtschaftsWoche vom 29.09.2015: BWLer sind keine Big-Data-Spezialisten

Frankfurter Allgemeine Zeitung vom 22.10.2015: Big Data: Das Kapital der Zukunft?

Frankfurter Allgemeine Zeitung vom 02.11.2015: EWE setzt auf einen Mix aus Strom und Big Data

Welt vom 10.11.2015: Indiana Jones und der Tempel der Daten

Welt vom 14.11.2015: „Die Vision der Null-Fehler-Produktion wird greifbar"

Manager Magazin vom 10.12.2015: Drei Dinge, die Sie noch nicht über die Cloud wussten

Welt vom 19.01.2016: Europäer im Daten-Widerspruch

Handelsblatt vom 28.01.2016: Neue Regeln für Big Data

Handelsblatt vom 01.02.2016: Anwälte und Big Data – Auch die Kanzlei wird digital

Süddeutsche Zeitung vom 02.02.2016: Warum die Google-Mutter der wertvollste Konzern der Welt ist

Süddeutsche Zeitung vom 08.02.2016: Krankenkasse wirbt: Fitness-Armband für alle

Handelsblatt vom 22.02.2016: Banken entdecken Big Data für sich

Handelsblatt vom 25.02.2016: Big Data belebt das Geschäft

WirtschaftsWoche vom 11.03.2016: Werkzeuge für Arbeiter in der Datenmine

Handelsblatt vom 15.03.2016: Big Data braucht Ethik

WirtschaftsWoche vom 18.03.2016: WINTERSPORT – Big Data für die Piste

Handelsblatt vom 24.03.2016: Lebensretter Big Data

Handelsblatt vom 24.03.2016: Markt für digitale Gesundheit – Lebensretter Big Data

Manager Magazin vom 29.03.2016: Big Data Hype – Schluss mit blinder Dummheit!

WirtschaftsWoche vom 15.04.2016: Elektronischer Inspektor

WirtschaftsWoche vom 20.04.2016: Warum die Datenanalyse in Unternehmen scheitert

WirtschaftsWoche vom 06.05.2016: BIG DATA – Pulsmesser für Weichen

Frankfurter Allgemeine Zeitung vom 09.05.2016: Wie Big-Data-Analysen die Unternehmen verändern

Manager Magazin vom 18.05.2016: So leicht werden Unternehmen zum Fall fürs Kartellamt

Frankfurter Allgemeine Zeitung vom 20.06.2016: Deutschland muss bei Big Data schneller werden

Handelsblatt vom 24.06.2016: HVB-Chef Weimer zu Big Data

Handelsblatt vom 07.07.2016: Transparenter Staat

Frankfurter Allgemeine Zeitung vom 16.08.2016: Big Data in der Hand des kleinen Mannes

Frankfurter Allgemeine Zeitung vom 05.09.2016: „Die Software ist treffsicherer als der Mensch"

Frankfurter Allgemeine Zeitung 09.09.2016: Pharmakonzern Roche flirtet mit Big Data

WirtschaftsWoche vom 24.09.2016: Big Data bringt hohen Nutzen für Patienten

Handelsblatt vom 29.09.2016: Wachstumstreiber Big Data

Handelsblatt vom 03.11.2016: Debatte um Big Data – Digitalverbände fordern Ende der Datensparsamkeit

WirtschaftsWoche vom 07.11.2016: Wahlkampf der Datenmaschinen

Handelsblatt vom 16.11.2016: Deutsche Telekom – Ein Spiel liefert Big Data für die Demenzforschung

Handelsblatt vom 16.11.2016: Verbraucherschützer zu Big Data – ‚Nicht jedes Geschäftsmodell kann realisiert werden'

Handelsblatt vom 21.11.2016: Big Data für den Mittelstand

Handelsblatt vom 16.01.2017: Medizin und Big Data – Mercks verschwiegener neuer Partner

Handelsblatt vom 21.01.2017: Big-Data-Projekte in Unternehmen – Das Schürf-Wunder

Handelsblatt vom 24.05.2017: Neues Kreditsystem in China – Big Data trifft Planwirtschaft

Süddeutsche Zeitung vom 19.06.2017: Lebensmittelhändler wollen ein bisschen mehr wie Amazon werden

Frankfurter Allgemeine Zeitung vom 21.06.2017: Airbus und Boeing machen Flugzeuge zu Datenbanken

Handelsblatt vom 03.07.2017: Big Data und die Folgen – Heiko Maas kämpft gegen Algorithmen

Taz vom 24.07.2017: Big Data und Überwachung in China – Ihr werdet schon sehen

Handelsblatt vom 14.11.2017: Mohamed El-Erian über Big Data und Big Government -Wer kontrolliert denn wen?

Manager Magazin vom 01.12.2017: Die Ökonomie des Big-Data-Kommunismus

WirtschaftsWoche vom 12.01.2018: Big Data für alle

Welt vom 19.01.2018: Dr. Big Data, bitte in den OP

Handelsblatt vom 16.02.2018: Übernahme von Flatiron Health – Roche will mit Big Data gegen Krebs kämpfen

WirtschaftsWoche vom 21.03.2018: Was mit Ihren Daten im Netz passiert

Handelsblatt vom 22.03.2018: Big-Data-Experte – ‚Da ist noch immer ein enormes Unwissen in der Gesellschaft'

Welt vom 23.03.2018: Eine Achillesferse bleibt

Handelsblatt vom 09.04.2018: Facebook-Datenskandal – Ethikrat-Chef Dabrock fordert Umdenken bei Big Data

Handelsblatt vom 19.04.2018: „Big Data ist mehr als nur Statistik"

Handelsblatt vom 22.05.2018: Unbemannte Bohrinseln und Ölförderung per App – Big Oil setzt auf Big Data

Süddeutsche Zeitung vom 30.05.2018: Medienanstalt: Löschaktionen bei Facebook kontrollieren

Handelsblatt vom 21.06.2018: In die Badewanne zum Hautkrebs-Screening – Wie Big Data und KI die Medizin revolutionieren

Welt vom 21.06.2018: Der digitale Einfluss

Frankfurter Allgemeine Zeitung vom 13.08.2018: Big Data revolutioniert die Arzneientwicklung

Handelsblatt vom 20.08.2018: Novartis, Roche, Pfizer, Merck – Big Pharma setzt auf Big Data gegen die Forschungsflaute

Welt vom 11.01.2019: In Twittergewittern

Frankfurter Allgemeine Zeitung vom 16.01.2019: Big Data für die Krebsdiagnostik

Frankfurter Allgemeine Zeitung vom 20.02.2019: Mit Milliarden gegen den schlechten Ruf der Bahn

Frankfurter Allgemeine Zeitung vom 15.04.2019: Aus Big Mac wird Big Data

Frankfurter Allgemeine Zeitung vom 03.05.2019: Generali bläst zum Angriff auf die Allianz

Frankfurter Allgemeine Zeitung vom 05.06.2019: Versicherer sitzen auf einem Datenschatz

Handelsblatt vom 05.06.2019: Du sollst nicht diskriminieren!

Süddeutsche Zeitung vom 12.06.2019: Lidl will Kaufverhalten der Kunden im großen Stil auswerten

Welt vom 03.07.2019: Wir wollen es ja selber

Handelsblatt vom 26.07.2019: Geopolitische Analyse – Big Data wird zum Kriegsschauplatz

Frankfurter Allgemeine Zeitung vom 23.08.2019: Altmaiers europäische Cloud soll Gaia-X heißen

Taz vom 29.01.2020:Big Data gegen Seuchen

Süddeutsche Zeitung vom 16.02.2020: Klimamodelle und Drohnen gegen den Wassermangel im Weinberg

WirtschaftsWoche vom 04.03.2020: Mostly AI: Wiener Start-up nimmt Big Data den Schrecken

Handelsblatt vom 11.03.2020: Big Data für Ermittler

Welt vom 23.03.2020: „Wir dürfen die VERNUNFT nicht dem Virus überlassen"

Handelsblatt vom 06.04.2020: Big Data gegen Corona – Viele Daten, wenig Nutzen

Handelsblatt vom 16.04.2020: Daten für die Umwelt

Frankfurter Allgemeine Zeitung vom 30.06.2020: Corona-App als digitaler Vorreiter

Welt vom 29.08.2020: Big Data gegen das Corona-Virus

Handelsblatt vom 14.10.2020: Kooperation statt Verschwiegenheit

Handelsblatt vom 12.11.2020: Mit Big Data gegen Corona

Frankfurter Allgemeine Zeitung vom 18.11.2020: EU zieht in die Datenschlacht

Handelsblatt vom 25.11.2020: Eon testet Quantencomputer

Frankfurter Allgemeine Zeitung vom 14.12.2020: Die dritte Welle der Künstlichen Intelligenz

Printed in the United States
by Baker & Taylor Publisher Services

Printed in the United States
by Baker & Taylor Publisher Services